U0234198

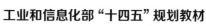 工业和信息化部"十四五"规划教材

 国家出版基金项目
NATIONAL PUBLICATION FOUNDATION

 "十四五"时期
国家重点出版物出版专项规划项目

高效毁伤系统丛书

EXPLOSION AND IMPACT TESTING TECHNIQUE

爆炸与冲击测试技术

刘　彦　闫俊伯　黄风雷　段卓平●编著

北京理工大学出版社
BEIJING INSTITUTE OF TECHNOLOGY PRESS

版权专有　侵权必究

图书在版编目（CIP）数据

爆炸与冲击测试技术／刘彦等编著． —— 北京：北京理工大学出版社，2023.1

ISBN 978-7-5763-2077-0

Ⅰ．①爆… Ⅱ．①刘… Ⅲ．①爆炸–测试技术②冲击波–测试技术 Ⅳ．①O643.2②O347.5

中国国家版本馆 CIP 数据核字（2023）第 010888 号

责任编辑：李颖颖　　　**文案编辑**：李丁一
责任校对：周瑞红　　　**责任印制**：李志强

出版发行 / 北京理工大学出版社有限责任公司
社　　址 / 北京市丰台区四合庄路 6 号
邮　　编 / 100070
电　　话 / （010）68944439（学术售后服务热线）
网　　址 / http://www.bitpress.com.cn

版 印 次 / 2023 年 1 月第 1 版第 1 次印刷
印　　刷 / 三河市华骏印务包装有限公司
开　　本 / 710 mm×1000 mm　1/16
印　　张 / 27.25
字　　数 / 505 千字
定　　价 / 128.00 元

图书出现印装质量问题，请拨打售后服务热线，负责调换

《高效毁伤系统丛书》
编 委 会

名誉主编：朵英贤　王泽山　王晓锋

主　　编：陈鹏万

顾　　问：焦清介　黄风雷

副主编：刘　彦　黄广炎

编　　委（按姓氏笔画排序）

王亚斌　牛少华　冯　跃　任　慧

李向东　李国平　吴　成　汪德武

张　奇　张锡祥　邵自强　罗运军

周遵宁　庞思平　娄文忠　聂建新

柴春鹏　徐克虎　徐豫新　郭泽荣

隋　丽　谢　侃　薛　琨

丛书序

　　国防与国家的安全、民族的尊严和社会的发展息息相关。拥有前沿国防科技和尖端武器装备优势，是实现强军梦、强国梦、中国梦的基石。近年来，我国的国防科技和武器装备取得了跨越式发展，一批具有完全自主知识产权的原创性前沿国防科技成果，对我国乃至世界先进武器装备的研发产生了前所未有的战略性影响。

　　高效毁伤系统是以提高武器弹药对目标毁伤效能为宗旨的多学科综合性技术体系，是实施高效火力打击的关键技术。我国在含能材料、先进战斗部、智能探测、毁伤效应数值模拟与计算、毁伤效能评估技术等高效毁伤领域均取得了突破性进展。但目前国内该领域的理论体系相对薄弱，不利于高效毁伤技术的持续发展。因此，构建完整的理论体系逐渐成为开展国防学科建设、人才培养和武器装备研制与使用的共识。

　　《高效毁伤系统丛书》是一项服务于国防和军队现代化建设的大型科技出版工程，也是国内首套系统论述高效毁伤技术的学术丛书。本项目瞄准高效毁伤技术领域国家战略需求和学科发展方向，围绕武器系统智能化、高能火炸药、常规战斗部高效毁伤等领域的基础性、共性关键科学与技术问题进行学术成果转化。

　　丛书共分三辑，其中，第二辑共26分册，涉及武器系统设计与应用、高能火炸药与火工烟火、智能感知与控制、毁伤技术与弹药工程、爆炸冲击与安全防护等兵器学科方向。武器系统设计与应用方向主要涉及武器系统设计理论与方法，武器系统总体设计与技术集成，武器系统分析、仿真、试验与评估等；高能火炸药与火工烟火方向主要涉及高能化合物设计方法与合成化学、高能固体推进剂技术、火炸药安全性等；智能感知与控制方向主要涉及环境、目标信息感知与目标识别，武器的精确定位、导引与控制，瞬态信息处理与信息对抗，新原理、新体制探测与控制技术；毁伤技术与弹药工程方向主要涉及毁伤理论与方法，弹道理论与技术，弹药及战斗部技术，灵巧与智能弹药技术，新型毁伤理论与技术，毁伤效应及评估，毁伤威力仿真与试验；爆炸冲击与安全防护方向主要涉及爆轰理论，炸药能量输出结构，武器系统安全性评估与测试技术，安全事故数值模拟与仿真技术等。

本项目是高效毁伤领域的重要知识载体，代表了我国国防科技自主创新能力的发展水平，对促进我国乃至全世界的国防科技工业应用、提升科技创新能力、"两个强国"建设具有重要意义；愿丛书出版能为我国高效毁伤技术的发展提供有力的理论支撑和技术支持，进一步推动高效毁伤技术领域科技协同创新，为促进高效毁伤技术的探索、推动尖端技术的驱动创新、推进高效毁伤技术的发展起到引领和指导作用。

《高效毁伤系统丛书》
编委会

前　言

爆炸与冲击测试技术是以采集和处理炸药起爆、传爆、爆炸以及物体冲击等快速反应过程的动态信息为目的的综合性技术。爆炸与冲击测试过程具有高速、高压、高温和瞬时性等特征，因此，测试难度明显增加，形成了与一般动态测试技术不同的鲜明特征。由于爆炸与冲击过程涉及时间和空间的跨尺度变化以及多种物理效应耦合的复杂性，理论分析与数值模拟技术难以完整描述该过程、难以进行客观计算，因此爆炸与冲击测试技术成为分析爆炸与冲击复杂过程的最重要手段之一。爆炸与冲击测试技术在民用和国防领域，特别是在兵器、航空、航天等领域应用广泛，可为兵器科学与技术、爆炸力学、航空宇航科学与技术、机械工程等学科的研究提供可靠的试验数据。

本书融合了编者多年的研究成果和教学实践，继承和引用了黄正平教授的《爆炸与冲击电测技术》部分内容，将爆炸与冲击测试技术的基础知识与专业知识相结合，进行了系统编排，并结合实际应用，编入了大量爆炸与冲击测试技术的工程应用实例。本书可作为爆炸力学、弹药工程与爆炸技术、特种能源技术与工程、安全工程本科专业的教学用书，也可作为兵器科学与技术、力学、安全科学与工程等学科研究生的教学用书，也可为从事爆炸与冲击相关的科技工作者提供参考。

本书共 14 章，分为测试技术基础（第 1 章～第 3 章）、信息获取技术（第 4 章～第 11 章）和信号分析与处理（第 12 章～第 14 章）3 部分。

第 1 章为绪论，主要介绍了爆炸与冲击、测试技术的基本概念及发展方向。

第 2 章为信号特征，详细介绍了信号的基本概念和特征。

第 3 章为测试系统的基本特性，主要描述了测试系统的组成、特征以及基本特性。

第 4 章～第 11 章分别介绍了压电测试技术、压阻测试技术、电探极测试技术、电磁测试技术、光电测试技术、光学测试技术、温度测试技术以及虚拟试验测试技术，重点介绍了测试技术原理、传感器的结构与种类、测试系统及工程应用。

第 12 章为信号调理，介绍了调理与解调、滤波器测试技术基础以及信号记录仪器。第 13 章为信号分析，主要介绍信号的频谱分析与相关分析。

第 14 章为误差估算与数据处理，主要介绍误差的基本概念、误差分析以及测试结果的表示方法。

在本书的编写过程中，西安近代化学研究所宋浦研究员给予了大力支持和帮助；闫子辰、吴雯、何超等博士生以及张琪悦、朱浩、高硕等硕士生做了大量文字输入和图表绘制工作，在此一并表示衷心感谢。

由于编者水平有限，书中难免存在错误或疏漏，敬请读者批评指正。

编　者

目　录

第一篇　测试技术基础

第二篇 信息获取技术

第三篇 信号分析与处理

第一篇

测试技术基础

第 1 章

绪论

|1.1 基本概念|

1.1.1 爆炸与冲击

1. 爆炸

爆炸主要是指在较短时间和较小空间内，能量从一种形式向另一种或几种形式转化并伴有强烈机械效应的过程。在这个极为迅速的物理或化学能量释放过程中，空间内的物质以极快的速度把其内部所含能量（物理能、化学能或核能）以机械能、光和热等能量的形态释放出来。爆炸体系和它周围介质之间发生急剧的压力突变是爆炸的最重要特征，这种压力的急剧变化是产生爆炸破坏的最主要原因。

空气和可燃性气体的混合气体的爆炸、空气和煤屑或面粉的混合物爆炸等，都由化学反应引起，但爆炸并不都是化学反应，如蒸汽锅炉爆炸、汽车轮胎爆炸等则是物理变化。炸药爆炸是一种常见的爆炸现象，它是一种极为迅速的化学物理变化，在这种快速变化过程中，物质所含能量得到快速释放和转变，即爆炸物快速释放出的能量快速转变为产物及周围介质的压缩能或动能，导致周围介质的运动及其结构形态的变化或破坏。

爆炸的发生源于不同的能量释放机制，按引起爆炸的性质可将爆炸分为以下两类。

（1）物理爆炸，是由物理变化（温度、体积和压力等因素）引起的，所释放的是物理势能。在物理爆炸的前后，爆炸物质的性质及化学成分均不改变。最常见的物理爆炸多为蒸汽和气体膨胀力作用的瞬时表现，它们的破坏性取决于蒸汽或气体的压力。锅炉的爆炸是典型的物理爆炸，其原因是过热的水迅速蒸发出大量蒸汽，使蒸汽压力不断提高，当压力超过锅炉的极限强度时，就会发生爆炸。例如，氧气钢瓶受热升温，引起气体压力增高，当压力超过钢瓶的极限强度时即发生爆炸。发生物理爆炸时，气体或蒸汽等介质潜藏的能量在瞬间释放出来，会造成巨大的破坏和伤害。地震是由地壳弹性压缩能释放引起地壳突然变动的一种强烈的物理爆炸现象。带电云层间放电造成雷电现象，高压电流通过细金属丝（网）所引起的电爆炸，穿甲弹、陨石落地等高速碰撞将动能转变为机械能，这些都属于物理爆炸现象的范畴。

（2）化学爆炸，是物质在短时间内完成化学反应，同时产生大量气体和热量的现象。化学爆炸是指物质发生极迅速的化学反应，将物质内潜在的化学能在极短的时间内释放出来，并产生高温、高压的气体。化学爆炸前后物质的性质和成分均发生了根本的变化。

（3）核爆炸，是由原子核的裂变或聚变所引起，其能量来源是核裂变（如 U^{235} 的裂变）或核聚变（如氘、氚、锂核的聚变）反应所释放出的核能。核爆炸反应所释放出的能量要比炸药爆炸的化学能大得多，相当于数万吨到数千万吨 TNT 炸药爆炸的能量。除了在爆炸中心产生极高的压力（数百吉帕）外，还伴随有极强的光、热及射线辐射，破坏力极大。

按照爆炸反应物的不同状态，爆炸可分为以下三类。

（1）气相爆炸，包括可燃性气体和助燃性气体混合物的爆炸，气体的分解爆炸，液体被喷成雾状物在剧烈燃烧时引起的爆炸即喷雾爆炸，以及飞扬悬浮于空气中的可燃性粉尘引起的爆炸等。

（2）液相爆炸，包括聚合爆炸、蒸发爆炸以及由不同液体混合所引起的爆炸。例如硝酸和油脂、液氧和煤粉等混合时引起的爆炸；熔融的矿渣与水接触或钢水包与水接触时，由于过热发生快速蒸发引起的蒸汽爆炸等。

（3）固相爆炸，包括爆炸性化合物及其他爆炸性物质的爆炸（如乙炔铜的爆炸）；导线因电流过载，由于过热，金属迅速汽化而引起的爆炸等。

2. 冲击

冲击是指一个物体以一定的速度对另一个物体的撞击过程，或者冲击波作用于物体上的过程。一般情况下，其载荷强度高、作用时间短。在冲击现象中，作用时间一般为毫秒、微秒甚至毫微秒数量级，短时间内完成高强度载荷的施加，在被作用物体内造成极高的压力（或应力），使被作用物体材料产生动态力学行为。

在军事上，撞击物又称抛射体，是指高速发射的弹体，被撞击物即为靶体，如侵彻战斗部侵彻地下深层工事目标，弹体的撞击速度可高达 1 500 m/s，在冲击靶体的瞬间冲击压力可达 1GPa 甚至更高，以造成靶体的破坏。在日常生活、工程技术中，人们也会经常遇到各式各样的冲击现象，如打桩、高压水柱对物体冲击、鸟撞飞机、汽车碰撞等，都是一个物体与另一个物体发生高速碰撞。一般来说，爆炸后期的效应大都转化为冲击现象，即使是炸药爆炸也转化为高压气体产物对周围介质的冲击。另外，高速撞击本身也是一种爆炸的形式——物理爆炸。因而，冲击与爆炸密切相关，有着许多相同的特征。

冲击速度大小是区别不同冲击现象的最主要原因，对冲击现象的影响最大。按照冲击速度的大小，冲击可分为以下四类。

（1）低速冲击，是指速度在 500 m/s 以下，用一般机械方法进行的冲击，如用气枪发射弹丸所获得的速度。在这个速度范围内，冲击载荷远低于弹体和靶板材料的强度极限，通常假设弹体为刚体，不考虑弹体变形问题，只是对靶板作一些简单强度假设进行计算。

（2）常规弹速冲击，是指冲击速度为 500~1 500 m/s 的冲击，如一般枪、炮发射的弹丸。在这个速度范围内，冲击载荷与弹体、靶板材料强度极限相当，或略低于弹体、靶板材料强度极限，弹体和靶板弹塑性变形、断裂的过程明显地显示出来，材料强度起着明显的作用，问题比较复杂，通常采用一些变形和破坏模型进行描述。

（3）高速冲击，是指冲击速度为 1 500~3 000 m/s 的冲击，如火炮发射的高速弹丸以及杆式穿甲弹。在这个速度范围内，冲击载荷高于弹体、靶板材料强度极限几倍，材料出现流动性状态，但强度依然有很大影响，因而在冲击初期可以用考虑强度的流体模型进行描述。

（4）超高速冲击，是指冲击速度在 3 000 m/s 以上的冲击，如轻气炮驱动的抛射体、爆炸加速推动的翻转弹丸、聚能装药产生的金属射流等。在这个速度范围内，冲击载荷远远高于弹体、靶板材料强度极限，弹体、靶板材料明显地显示出流体特性，因而通常采用流体模型进行分析。

1.1.2 测试技术

1. 测量

测量是按照某种规律，用数据来描述观察到的现象，即对事物作出量化描述。因此，测量是指用特定的工具或仪器直接获得其特性数据。

2. 测试

测试是具有试验性质的测量，即测量和试验的综合，通常是指以预定的标准，用一定的方法和手段，通过试验对物理量进行定量的描述，最后得到被测物理量数值结果的过程。

3. 测试技术

测试过程中借助专门仪器设备，通过合适的试验、必要的测量和数据处理，从研究对象中获得有关信息的认识。这个过程需要用到与获得对象信息相关的测量和试验原理、方法和手段。这些原理、方法和手段构成了测试技术。

测试技术的研究内容主要包括四个方面，即测试原理、测试方法、测试系统和数据处理。测试原理是指实现测试所依据的物理化学等现象及有关定律。根据被测试的性质选取适用的原理进行测量，如加速度可以利用压电晶体的压电效应、温度可以利用热电偶的热电效应来测量，而同一性质的被测量，也可以运用不同的原理实现测量，如位移既可以基于电阻应变效应也可以基于电磁感应定律或光电效应来测量。

在确定了测试原理后，可根据测试目的和测试任务的具体要求和现场实际情况选择不同的测试方法，如直接测试法或间接测量法、接触测试法或非接触测试法、电测法或非电测法、动态测试法或静态测试法等。在测试原理和测试方法确定之后，就可以进行测试装置的设计或选用，从而完成测试系统的构建。数据处理指的是对测试系统得到的数据加以处理和分析，以获得正确可靠的结果。

爆炸与冲击测试技术是以采集和处理炸药起爆、传爆、爆炸以及物体冲击等快速反应过程的动态信息为目的的综合性技术，描述了爆炸、冲击过程中的热力学和运动参数随时间变化的关系。爆炸与冲击测试技术为弹药工程、爆炸理论、冲击理论以及军事化学与烟火技术等相关学科的研究提供可靠的试验数据。由于测试过程具有高速、高压、高温和瞬时性等特征，使测试难度明显增加，形成了与一般动态测试技术所不同的鲜明特征。

爆炸与冲击测试技术测量的物理量主要有温度、压力、速度、时间、冲量、加速度、密度、位移等。选用的测试方法包括电测和光测两大类。电测侧重于温度、压力、速度、时间、冲量等的测量，包括电探针法、电磁法、压阻法、压电法、热电法、应变法和靶网法等方法。光测部分侧重于加速度、密度和位移等的测量，包括扫描高速摄影、分幅高速摄影、多脉冲激光高速摄影、光纤测速法、光电法、脉冲 X 射线和激光高速摄影、数字式高速摄影等方法。

|1.2 测试技术作用|

爆炸与冲击测试技术在国防技术领域以及民用领域（如民用爆破、爆炸加工等）应用广泛，特别在兵器、航空、航天等国防领域。借助先进的测试仪器和测试技术获取燃烧、爆炸反应和冲击过程中包含的各种物理量、化学量是人们认识和研制武器装备、含能材料和爆破器材的首要条件，才能够正确认识和掌握国防技术中的客观规律，推动国防技术进一步发展，研制出性能先进的武器系统，并形成有效的保障力与战斗力。以武器系统为例，爆炸与冲击测试技术对国防技术创新发展所起到的作用，可归纳为以下四个方面。

1. 探索规律与发展理论

在探索性理论与技术研究中，一方面，测试工作可以验证所提出的理论、假设是否符合实际，所采取的技术措施是否有效。若测试结果与期望规律符合，则提出的理论、假设和技术措施正确有效；若不符合或符合程度不高，则提出的理论、假设和技术措施还存在一定的问题，应根据测得的规律性对其进行修正，从而进一步发展、完善武器系统相关理论与技术。另一方面，武器系统在工作过程中会有高温、高压、高速、高冲击性和动态范围大等标志性特点，对此很难通过直观感知的办法认识其客观规律性，仅仅通过理论推导也难以对其客观规律做出全面准确的描述，只有进行测试，才能了解如此复杂的过程。在武器系统理论体系中，这些经验性的理论有着极其重要的地位，只有在大量测试数据的基础上进行归纳、分析和总结，才能提出对应的经验公式和修正系数，例如，钢筋混凝土与黏土中的应力波传导公式，就是从大量测试数据中总结出来的。

2. 验证设计与鉴定性能

以武器系统为例，只有对该武器系统进行全面的测试，用测试数据来证明其是否达到要求或对其达到要求的程度进行评价，才能客观、准确地验证和鉴定武器系统性能。图 1-1 所示为我军武器系统发展与试验程序。

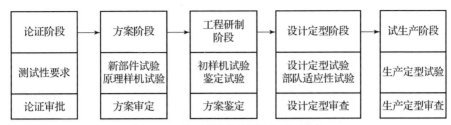

图 1 - 1　我军武器系统发展与试验程序

由图 1 - 1 可见，在论证阶段，应对武器系统的测试性指标提出科学、合理的要求，以保证所研制的武器系统具有良好的测试性，使部队能方便、及时、准确地进行武器系统的性能状态检测与故障诊断。测试性指标是论证审批的一项重要指标。

在方案阶段，需要对方案设计中的新部件或分系统技术进行试验，从而考核其技术是否可行、成熟，是否可用于原理样机。在原理样机或模型样机试制过程中和完成后，要对原理样机或模型样机进行试验，以确定研制方案是否可通过方案审定。

在工程研制阶段，首先要对初样机进行试验，根据其达到的技术状态，确定其是否通过评审并转入正式样机试制。在正式样机研制完成后，还要进行严格的鉴定试验，以确定其是否可通过技术鉴定（图 1 - 1 中为方案鉴定）。通过样机技术鉴定后，研制部门还要协同试验基地拟定设计定型试验大纲。

在设计定型阶段，核心工作是在国家试验基地进行武器系统的设计定型试验，即对被试装备系统各项性能指标进行全面、多条件的测试。试验基地总结各项测试结果，提出试验结果报告，该报告将是被试装备是否通过设计定型的根本依据。

在试生产阶段，要进行生产定型试验，除按验收规范进行产品交验测试外，还要对生产厂家的生产组织、工艺、工装等进行考核，从而确定该生产厂家是否可通过该型号产品的生产定型审查。

图 1 - 2 所示为美国武器系统发展与试验程序。

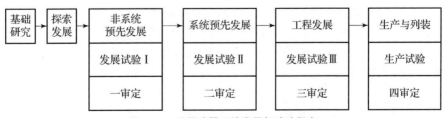

图 1 - 2　美国武器系统发展与试验程序

图 1 - 2 中，发展试验 I 是在装备论证阶段进行的预先发展验证试验，包括组件、子系统和整系统的测试，作用是检查是否满足任务要求，是否有较大把握通过下一步的试验，是否可以依据测试结果决定装备进入全尺寸发展阶段。

发展试验 II 是工程设计试验，作用是通过测试，确定装备系统的关键技术性能是否达到要求，并为改进结构、消除技术风险和论证设计改变提供所需的数据。此试验一般由研制方负责，考核其试验结果及试验系统是试验鉴定局的职能工作。

发展试验 III 是样品鉴定试验，即判断是否生产的鉴定试验。作用是根据测试结果，确定全尺寸研制阶段的元件、子系统和整系统的关键技术性能是否达到合同要求。

生产试验的作用是验证首批次生产的产品是否符合装备合同要求，从而判断是否正式生产和装备部队。在军方看来，测试结果是对新研制装备接收与否或对其进行性能状态与质量状态评价的根本依据。在研制单位看来，对测试结果的分析判断，不但可以明确装备研制效果，还可以确定武器系统研制中是否存在问题，从而有针对性地改进设计和工艺，设计新的、更完善的方案。

3. 检查质量与验收产品

在国外已经有大量先进的测试技术应用到产品检验中，并且有大批先进的测试设备配备到现代化生产线上，甚至有投资研制专用的产品检验测试设备，实现了检测系统的实时化、在线化，并且保证了产品质量和工艺进步。例如，美国华特夫里特兵工厂采用电子和光学测量技术来检验 105 mm 加农炮药室的型面。该装置用于炮身生产线上，快速而精确地检测和记录药室直径、锥度、锥体位置、基准直径位置、各圆锥部分的同轴度以及平截头圆锥体的交线等参数，其分辨力可达 0.002 5 mm。这些详细的测量数据，可以较全面准确地表征该药室的加工质量，军方据此进行产品验收，就能对产品质量提供有效的保证。再如，美陆军试验鉴定局投资，由哈特戴蒙德试验室研制了专门的模态试验系统，可以确保"爱国者"导弹引信的产品质量。该系统可以对总装后的引信进行全面、严格的模态参数检测，以确保每发引信模态参数都符合规定要求，不仅使产品质量有效提高，而且对某些零件加工工序的精度降低要求，从而使生产成本降低。

4. 状态检测与故障诊断

对技术保障、使用与管理人员来说，问题的核心在于所属武器系统性能状态如何，是否存在故障，是什么故障，发生在哪个部位等。解决这些问题的唯一途径就是测试武器系统，根据测试数据来判断武器系统性能状态是否正常。对于存在故障的武器系统，也要在其测试数据的基础上进行诊断运算与推理，从而确定其故障性质与发生部位。

综上所述，爆炸与冲击测试技术对武器系统全寿命过程的每个阶段都是十分重要的，在武器系统的预先研究、基础研究或理论研究中，采用先进有效的测试技术，将会更准确地探索其客观规律，推动武器系统技术的发展。

|1.3　爆炸与冲击测试技术的发展方向|

1.3.1　传感器的发展方向

传感器是测试系统中的关键性环节。传感器正在向智能化、集成化、多功能化、高可靠性、小型化和数据融合技术方向发展。测量仪器的量程、测试精度、测量速度、界面平台和通信系统在不断提高，如美国 TEK 公司的 TDS5000 系列传感器，带宽 1 GHz，采样速率为 5 GS/s，确保了信号重现的精确度；记录长度可达 8 MB，波形捕捉速率 100 000 wfms/s；采用开放式 Windows 平台，备有多种易于连接的接口，如 LAN、GPIB、USB、PS－2、RS－232、Centronics 等，考虑联网的需求，将测量和协作工具通过网络引向世界，用户可全方位访问 Windows 桌面，和其他与试验相关人员分享和探讨测量数据。随着微电子学、微细加工技术和集成化工艺等方面的发展，出现了多种集成化传感器，包括同一功能的多个敏感元件排列成线型、面型的阵列型传感器；或是多种不同功能的敏感元件集成一体，成为可同时进行多种参量测量的传感器；或是传感器与放大、运算、温度补偿、数据记录等电路集成一体，成为智能化传感器。

物性型传感器是依靠敏感材料本身的物性随被测量的变化来实现信号变换的，因此，这类传感器的开发实质上是新材料的开发。目前，发展最迅速的新材料是半导体、陶瓷、光导纤维、磁性材料，以及所谓的"智能材料"，如形状记忆合金、具有自增殖功能的生物体材料等。这些材料的开发，不仅使可测量的量增多，使力、热、光、磁、湿度、气体、离子等方面的一些参量的测量成为现实，也使集成化、小型化和高性能传感器的出现成为可能。

1.3.2　记录、显示设备的发展方向

1. 数据采集与记录向自动化方向发展

对于武器弹药这样的产品，开展弹药的综合性试验，准备时间长，同一时刻需要测试的参数多。光靠人工去检查，就要耗费很长时间。众多的数据依靠手工去处理，不仅精度低，而且周期也太长。现代测试技术的发展，是采用以计算机为核心的自动测试系统，该系统能实现自动校准、自动修正、故障诊断、信号调制、自动分析比较及处理，并能自动打印输出结果。

2. 测试数据的记录向大容量、小体积及小功耗方向发展

随着计算机技术的高速发展，计算机硬盘的存储量也越来越大。固体存储器近几年发展非常迅速，固体存储器具有容量体积比大、功耗低和抗振性能好等特点，但这种存储器目前的存储量还不够大，使其应用范围受到一定限制，需进一步发展。

1.3.3　拓宽测试领域

一般对火炸药爆炸性能的评价指标有燃烧热、爆热、爆温、爆速、爆容和爆轰压力。由于高温高压气体产物具有强烈的破坏作用，以及爆燃和爆轰反应过程的瞬时性，使得燃烧热、爆热、爆温和爆容的精确测定变得十分困难，目前，只能用近似的方法测试水温和气体产物静压力，然后通过计算求得对应的燃烧热、爆热和爆容。爆温的试验测定比较困难，一些单位用热电偶和热敏器件直接接触爆炸源进行过测试，但都因为温度场变化速度快，而温度传感器动态响应特性不高，因此测得的爆温远低于实际爆炸产物的峰值温度。目前，采用红外辐射和比色计测温等方法对爆炸温度进行间接测量，这种测量仪器的时间常数是热电偶的1/10，比较适应于快速变化的温度场测量。它的缺点是不能测定温度场中某一点的温度，因此在实际测量中，它与热电偶测温仪配合使用，互相校正，才能得到较为满意的结果。还有些研究人员尝试用光导纤维或其他新的感温材料测爆温，如何在这一领域找到有效的测温材料和测试方法，是目前燃烧爆炸测试技术中十分关注的研究内容。

爆速和爆轰压力的测试方法比较多，采用直接测定方法可以得到较好的试验数据。但随着高科技的不断发展，精确制导和精确打击武器成为发展重点，灵巧型、智能化、小型化和高效能成为装备主要研究方向。大量新的做功器件性能指标需要进行测定，这为燃烧爆炸测试技术带来了生机，同时也带来了新

研究课题。例如，冲击片或飞片速度测量，可以用电探针和光测法得到试验数据。但是，对于爆炸箔一类的直径小于 1 mm 的小型飞片，由于瞬间极小空间内的高压脉冲产生很强的电磁干扰，使电探针无法正常工作，而常用的光测方法，也因冲击片的直径太小而难以适应，因此拓宽测试领域是今后人们关注的重点。

1.3.4 计算机测试技术的发展方向

目前，"虚拟试验技术"得到各领域的关注，这种技术的支撑平台是由计算机和计算软件两部分组成，其特点是通过采用先进的数值模拟方法对爆炸现象的作用过程进行仿真，可直观而详细地观测作用机理、作用过程及作用结果。运用这项技术能很大程度地减少试验量，缩短产品的研制周期。

燃烧、爆炸和冲击过程的测试需要花费大量的资金和使用很多贵重的仪器设备，特别是进行弹箭发射和打靶试验等，一批试验完成，价格十分昂贵。因此，国内外都在开发各种模拟仿真软件，配以实物或半实物仿真技术，以减少试验数量和过大的资金投入。目前常用的一维、二维和三维模拟计算程序很多，针对不同的爆炸反应物和产物，可选用适当的计算模型。例如，用 TVD (Total Variation Diminishing) 差分格式与 MacCormack 格式结合，进行气液两相爆轰数值模拟。ANSYS 动力学计算软件是集结构、流体、电场、磁场、热分析于一体的通用有限元分析软件，能与多数 CAD 软件连接实现数据的共享和交换，是现代产品设计的高级 CAD 工具，用于爆炸过程及效应的模拟仿真。Fluent 软件是应用计算流体力学理论和方法，编制计算机运行程序，数值求解满足不同种类流体的运动和传热传质规律的三大守恒定律，及附加的各种模型方程所组成的非线性偏微分方程组，得到确定边界条件下的数值解，为现代科学中复杂流动与传热问题提供了有效的解决方法。AUTODYN 动力学计算软件是美国世纪动力公司研制的非线性动力分析软件之一，它是一个显式有限元分析程序，用来解决固体、流体、气体及其相互作用的高度非线性动力学问题，广泛应用于包含碰撞、侵彻、冲击和爆炸问题的数值模拟，在战斗部设计、航天飞机与火箭等点火发射、装甲和反装甲的优化设计、爆炸驱动、内弹道气体冲击波、高速动态载荷下材料的特性和爆破工程中取得较好的使用效果。AUTOREGAS 软件是三维气体燃烧、爆炸和冲击效应的计算流体分析软件，可用于模拟仿真。REAL 软件是一个通用的热力学程序，用来计算模拟高温（最高 6 000 K）高压（最高 600~800 MPa）下复杂化学系统的化学平衡，该软件可以用来确定任意化学系统在给定条件下的化学组成和相组成，也可以用于计算热力学和热物理性质，可完成含能材料燃烧爆炸热力学的参数计算。MDT

辅助设计软件主要解决燃烧爆炸装置等的设计。JVSIGNAL 动态测试及数据处理软件，用于动态测试自动化及数据处理。DYNA 软件是以显式为主，只需建立一次有限元模型，利用 LS – DYNA 核心求解程序，即可求解各式不同的物理现象及多阶段分析，隐式为辅的通用非线性动力分析有限元程序，可以求解各种二维、三维非线性结构的高速碰撞、爆炸和金属成型等非线性问题，以结构分析为主，兼有热分析、流体一结构耦合功能。

第 2 章

信号特征

|2.1 基本概念|

1. 信息

信息不是物质，也不具有能量。信息是物质所固有的，是其客观存在或运动状态的特征。信息可理解为事物的运动状态和方式，信息具有可识别、可存储、可传输、存在形式多样等主要特征。信息的传输依靠物质和能量。一般来说，传输信息的载体称为信号，信息蕴含于信号之中。

2. 信号

对于被测对象，它的反应过程和运动状态是通过一系列物理参数如电压或电流随时间的变化过程反映出来的，这就是信号。信号是物理性的，是物质，故具有能量。

按照物理特性，通常将信号分为两种类型。一种是电信号，如电流、电压、电阻、电容、电感、电荷等；另一种是非电信号，如力、位移、速度、加速度、温度、应力、扭矩等。非电信号可以通过相应传感器转换为电信号，以便于信号传输、存储和处理。信号也有其他分类方法，根据信号随时间的变化规律不同，信号可以分为确定性信号和随机信号；根据信号幅值随时间变化的连续性，信号可以分为连续信号与离散信号；根据信号用能量或功率表示，可分为能量信号与功率信号。

|2.2　信号分类|

2.2.1　确定性信号和非确定性信号

根据信号随时间的变化规律不同，信号可以分为确定性信号和非确定性信号。

1. 确定性信号

确定性信号是指能明确地用数学关系式或图表来描述其随时间变化关系的信号，因此对于指定时刻可以确定一个相应的函数值，如正弦信号、方波信号、三角波信号、指数衰减信号等，如图 2-1 所示。例如，一个单自由度无阻尼质量的弹簧振动系统（图 2-2）的位移信号 $x(t)$ 可表示为

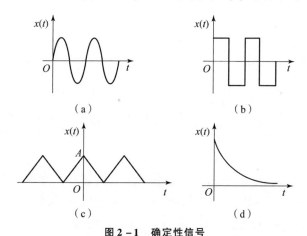

（a）　　　　　　　　　　　（b）

（c）　　　　　　　　　　　（d）

图 2-1　确定性信号

（a）正弦信号；（b）方波信号；（c）三角波信号；（d）指数衰减信号

$$x(t) = X_0 \cos\left(\sqrt{\frac{k}{m}}t + \varphi_0\right) \qquad (2-1)$$

式中：X_0 为初始振幅；k 为弹簧刚度系数；m 为质量；t 为时间；φ_0 为初相位。该信号用如图 2-1（a）所示的图形表达，这种图形称为信号的波形。

图 2-2　无阻尼弹簧质量单自由度系统

2. 非确定性信号

非确定性信号是指无法用明确的数学关系式表达其随时间变化规律的信号。非确定性信号具有某些统计特性，只能用概率统计方法来描述其规律或找出某些统计特征量，因此也称之为随机信号，如环境噪声、机械振动等。随机信号的特征通常用信号的统计学参数（如均值、均方值、方差等）来描述。根据统计特性参数的特点，随机信号可分为平稳随机信号和非平稳随机信号两类。如果这些统计特征参数不随时间变化，则这样的信号称为平稳随机信号，否则称为非平稳随机信号。其中，平稳随机信号可进一步分为各态历经随机信号和非各态历经随机信号。

事实上，纯粹的确定性信号只是在一定条件下出现的特殊情况，或者是忽略了次要的随机因素后抽象出来的模型。通常情况下，信号会受到周围环境噪声的干扰。所以在实际测试中随机信号广泛存在，对随机信号特征的描述、分析、处理等方面进行深入探讨，对理论分析和实际应用具有重要价值。

2.2.2 周期信号和非周期信号

确定性信号可分为周期信号和非周期信号。按一定时间间隔周而复始出现的信号称为周期信号，否则称为非周期信号。

1. 周期信号

周期信号是经过一定时间可以重复出现的信号，其数学表达式为

$$x(t) = x(t + nT) \qquad (2-2)$$

式中：T 为信号的周期，$T = 2\pi/\omega_0$，ω_0 为基频；$n = 0$，± 1，± 2，…。

周期信号包括简单周期信号和复杂周期信号。

（1）简单周期信号为只含有单一频率成分的正弦或余弦信号，也称为简谐信号、谐波信号。如图 2-3 所示的周期为 T_0 的三角波信号和方波信号为简单周期信号，其角频率为 $\omega = \sqrt{k/m}$，周期为 $T = 2\pi/\omega$。

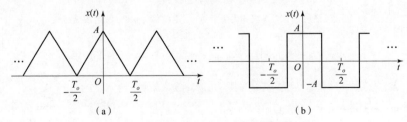

图 2-3　周期为 T_0 的三角波信号和方波信号

（a）三角波；（b）方波

（2）复杂周期信号为由多个乃至无穷多个频率成分叠加而成，任意两个信号的频率之比为有理数，叠加后仍存在公共周期的信号，即

$$x(t) = x_1(t) + x_2(t) \tag{2-3}$$
$$= A_1\cos(2\pi f_1 t + \theta_1) + A_2\cos(2\pi f_2 t + \theta_2)$$
$$= 10\cos\left(2\pi \cdot 3t + \frac{\pi}{6}\right) + 5\cos\left(2\pi \cdot 2t + \frac{\pi}{3}\right)$$

$x(t)$ 由周期信号 $x_1(t)$ 和 $x_2(t)$ 叠加而成，周期分别为 $T_1 = 1/3$、$T_2 = 1/2$，叠加后信号的周期为 T_1 和 T_2 的最小公倍数 1，即最小公共周期为 1，如图 2 - 4 所示。

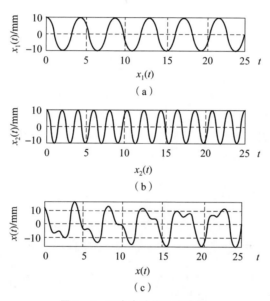

图 2 - 4 两个余弦信号的叠加

2. 非周期信号

确定性信号中不具有周期重复性的信号称为非周期信号，包括准周期信号和瞬变非周期信号。

（1）准周期信号。准周期信号是由一些不同频率的简谐分量叠加而成的，组成它的简谐分量中至少有两个信号的频率之比为无理数，叠加后不存在公共周期，即

$$x(t) = x_1(t) + x_2(t) = A_1\cos(\sqrt{2}t + \theta_1) + A_2\cos(3t + \theta_2) \tag{2-4}$$

信号 $x(t)$ 由信号 $x_1(t)$ 和 $x_2(t)$ 叠加而成，两个信号的频率没有公约数，则叠加后信号无公共周期，如图 2 - 5 所示。

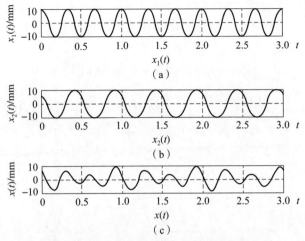

图 2 - 5　两个无公共周期的余弦信号的叠加

准周期信号常发生于两个或几个并无关联的周期信号同时作用的情况。这种信号往往出现于通信和振动系统，用于振动分析、噪声分析等。

（2）瞬变非周期信号。仅有限时间内存在，或随着时间的增加而幅值衰减至零的非周期信号称为瞬变非周期信号，又称一般非周期信号或瞬态信号。如在图 2 - 2（a）中所示的质量 - 弹簧系统中增加阻尼装置后，其质点位移信号表示为

$$x(t) = X_0 \cdot e^{-at} \cdot \sin(\omega t + + \varphi_0) \tag{2 - 5}$$

其图形如图 2 - 6 所示，$x(t) - t$ 曲线变为衰减的谐波，此时 $x(t)$ 为瞬变非周期信号。

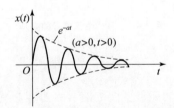

图 2 - 6　质量 - 弹簧 - 阻尼系统位移信号波形

2.2.3　连续信号和离散信号

根据信号幅值随时间变化的连续性，信号可分为连续信号与离散信号。

1. 连续信号

连续信号是指数学表达式中独立变量取值连续的信号。独立变量取值连续

是指在所讨论的间隔内，对于任意独立变量都可给出确定的函数值。连续信号的幅值可以是连续的，此类信号称为模拟信号，如图 2-7（a）所示；也可以是离散的，即信号的幅值只能取某些规定值，此类信号为一般连续信号。

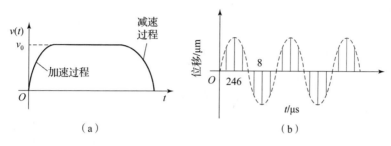

图 2-7 连续信号与离散信号

（a）运动过程；（b）每隔 2 μs 对正弦信号采样的离散信号

2. 离散信号

离散信号的特点是独立变量取值离散，即只是在规定的不连续的瞬时给出函数值。离散信号的幅值可以是连续的也可以是离散的，前者称为一般离散信号（图 2-7（b）），后者称为数字信号。

2.2.4 能量信号和功率信号

根据信号是用能量还是功率表示，可分为能量信号和功率信号。

1. 能量信号

信号 $x(t)$ 在区间 (t_1, t_2) 内的能量为

$$E = \int_{t_1}^{t_2} x^2(t)\,\mathrm{d}t \tag{2-6}$$

如果信号 $x(t)$ 在区间 $(-\infty, +\infty)$ 内的能量是有限的，即满足以下条件：

$$E = \int_{-\infty}^{+\infty} x^2(t)\,\mathrm{d}t < +\infty \tag{2-7}$$

该信号称为能量有限信号，简称能量信号。矩形脉冲、减幅正弦波、衰减指数函数等瞬变非周期信号均属于能量信号。

2. 功率信号

若信号在区间 $(-\infty, +\infty)$ 内满足

$$E = \int_{-\infty}^{+\infty} x^2(t)\,\mathrm{d}t \to +\infty \tag{2-8}$$

而在有限区间(t_1, t_2)内的平均功率是有限的，即

$$P = \frac{1}{t_2 - t_1} \int_{t_1}^{t_2} x^2(t) \, \mathrm{d}t < +\infty \qquad (2-9)$$

则该信号为功率有限信号，简称功率信号。如图 2 - 6 中的正弦信号就是功率信号。

|2.3 信号描述|

信号描述是指采取各种物理的或数学的方法从信号中提取有用信息的过程。常用的信号描述方法有时域描述、频域描述、幅域描述、时频描述等。

1. 时域描述

直接观测或记录的信号一般是随时间变化的，这种以时间为独立变量，用信号的幅值随时间变化的函数或图形来描述信号的方法称为信号的时域描述。时域描述简单直观，只能反映信号的幅值随时间变化的特征，而不能明确揭示信号的频率成分。信号的时域描述就是在以时间为自变量的坐标平面内求取信号的特征参数及信号波形在不同时刻的相似性和关联性。通常描述信号的时域特征参数有峰值、均值、方差、均方值、均方根值等。时域的相关描述主要有自相关函数和互相关函数。

2. 频域描述

为研究信号的频率构成和各频率成分的幅值大小及相位关系，需把时域信号通过数学处理变成以频率为独立变量、相应的幅值或相位为因变量的函数表达式或图形来描述，描述信号的自变量若是频率，则称其为信号的频域描述。频域描述是指在频域内求取信号的特征参数以掌握信号性质的过程。频谱描述的目的是把复杂的时间信号，经傅里叶变换获得信号的频率构成及各谐波幅值和相位信息。通过频谱描述，一是可以了解被测信号的频率构成，选择与其相适应的测试仪器或系统；二是可以从频率的角度了解和描述测试信号，获得测试信号可能包含的更丰富的信息，更好地反映被测物理量的特征。

3. 幅域描述

幅域描述是指自变量为幅值的信号表达方式，它体现了信号与幅值的关系，常用的是概率密度函数。概率密度函数反映了信号在某一个范围内的幅值出现的概率，提供了随机信号沿幅域分布的信息。在信号幅值域进行各种处理称作幅域描述。信号的幅域描述可以用来研究信号中不同强度幅值的分布情况。

随机信号的概率密度函数表示信号瞬时幅值落在指定区间内的概率。图 2 – 8 所示的信号 $x(t)$ 落在 $(x, x + \Delta x)$ 区间内的时间为 T_x，即

$$T_x = \Delta t_1 + \Delta t_2 + \Delta t_3 + \cdots + \Delta t_n = \sum_{i=1}^{n} \Delta t_i \qquad (2-10)$$

当样本函数的记录时间 T 趋于无穷大时，T_x/T 值将趋于确定的概率 p，即

$$p[x < x(t) \leqslant x + \Delta x] = \lim_{T \to \infty} \frac{T_x}{T} \qquad (2-11)$$

当 Δx 很小时，其概率密度函数为

$$p(x) = \lim_{T \to \infty} \frac{p[x < x(t) \leqslant x + \Delta x]}{\Delta x} \qquad (2-12)$$

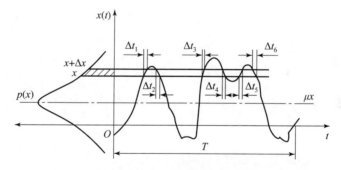

图 2 – 8　随机信号的概率密度函数

4. 时频描述

基于傅里叶变换的信号频谱描述揭示了信号在频域的特征，在传统的信号描述与处理的过程中发挥了极其重要的作用。但是傅里叶变换不能反映信号频谱随时间变化的情况，需要使用时间和频率的联合函数来表示信号，这种表示简称为信号的时频表示。在时频域内求取信号特征，掌握信号信息的过程就是时频描述。时频描述的基本思想是设计时间和频率的联合函数，用它同时描述信号在不同时间和频率的能量密度或强度。

|2.4 爆炸与冲击信号特征|

在爆炸和冲击过程的测试中，需对被测对象的性质有一个比较完整的了解，如被测信号的幅度、前沿上升时间、峰值衰减速率以及时域脉冲宽度等，才可能做好以下几项与测试相关的工作。

（1）正确地选择传感器、放大器和记录仪器等，并合理地配置测试系统。

（2）正确地确定测试系统的量程、频宽、记录长度、同步方法、触发方式、触发电平和触发位置等。

（3）快速地判别记录信号的有效性。

（4）正确地分析爆轰波和冲击波的时间间隔信号和压力模拟信号。

2.4.1 爆轰波信号特征

爆轰波是一种只在含能材料中传播的由快速化学反应支持的冲击波，是一种带有化学反应区的冲击波。其波阵面前为未反应含能材料，其波后为爆轰产物。若爆轰波传播速度（简称爆速）是一个不随时间变化的常量，则把这种爆轰波定义为定常爆轰波；若爆速是一个随时间变化的变量，则把这种爆轰波定义为不定常爆轰波。对于定常爆轰波来说，其波后流动是不定常的。在平面对称一维流动条件下，定常爆轰波的波后流动称为泰勒波。在爆炸与冲击测试技术中，通常应用经典爆轰波理论（如 CJ 理论和 ZND 模型）来宏观地分析和讨论爆轰波信号的特征。

2.4.1.1 定常爆轰波波形特征

根据爆轰波理论，宏观均质炸药中传播的爆轰波按波阵面形状可分为一维、二维及多维的。一维爆轰波又可分为平面对称的、轴对称（或称柱对称）的和中心对称（或称球对称）的。爆轰波的波后流动属于二维轴对称的，在绝大多数爆炸试验中，采用平面波发生器引爆炸药装药试件，只有邻近爆轰波波阵面的波后流动属于或接近宏观统计意义上的平面对称一维流动（或准平面对称一维流动）。

对于平面一维定常爆轰波，如果按照 ZND 模型把参考坐标放到爆轰波的前沿冲击波波阵面上观察炸药的爆轰过程时，会发现爆轰波反应区中所有参量只是空间位置的函数，不随时间而变。图 2-9 示意地表明了定常爆轰波的三个区域：图中Ⅰ区为未反应炸药；Ⅱ区为爆轰反应区；Ⅲ区为泰勒波区，或称爆炸产物不定常流动区。Ⅰ、Ⅱ区之间界面为N，即爆轰波前沿冲击波阵面，对于均质炸药，其空间宽度只有微米（μm）量级，其时域宽度为纳秒（ns）量级。Ⅱ区与Ⅲ区之间界面为CJ面，也就是定常流动区与不定常流动区的边界。该界面上爆炸产物的质点速度等于声速，因此又称为声速面。所以在定常爆轰情况下，流入爆轰波前沿冲击波阵面N的未反应炸药的速度 D_j 为常量，而流出CJ面的爆轰产物的质点速度 u^* 也为常量，且等于声速 C_j。

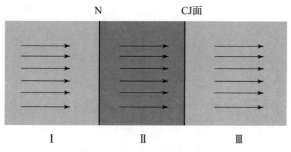

图2-9 定常爆轰波的三个区域

注：Ⅰ区为未反应炸药；Ⅱ区为爆轰反应区；Ⅲ区为泰勒波区，或称爆炸产物不定常流动区。

当站在地面坐标上观察定常爆轰过程时，爆轰波反应区的波形不变，定常爆轰波的压力波形 $p = p(c, t)$ 如图2-10所示。图中反应区的压力曲面，即 N-CJ 曲面，其剖面形状不变，也就是此曲面上所有的等压线均为直线。在反应区中，所有等压线在 $x-t$ 平面上的投影必须满足以下关系，即

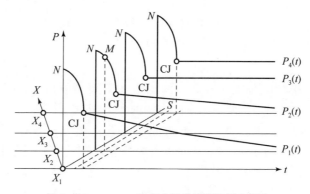

图2-10 $p-x-t$ 空间中定常爆轰波压力波形

$$D_j = \frac{x - x_M}{t - t_M} = \frac{x_N}{t_N} \tag{2-13}$$

式中：x_M，t_M 为 N-CJ 曲面上的任意一点 M 在 $x-t$ 平面上的投影坐标；x_N、t_N 为 N-CJ 曲面上的峰值迹线上某一点的坐标。

因此，在反应区中，对于确定的 x 坐标，所有参量仅是 t 的函数；或对于确定的时刻 t，所有参量仅是空间坐标 x 的函数。在泰勒波中，不能满足上述的定常条件，所有参量是时间和空间的函数，介质的流动是不定常的。

如果采用某种传感器在多个位置上（不论是拉格朗日坐标位置还是欧拉坐标位置）测量爆轰波压力，只要这种传感器的响应速率足够快，必能获得一组压力记录波形，在这些波形中，反应区波形可以重合在一起，如图 2 – 11 所示。图中所有泰勒波波形的起点（或称公共交汇点）是 CJ 点，起点之后就不重合了。测点离起爆面越远，记录波形就越平坦；若测点距起爆面越近，则记录波形衰减越快。

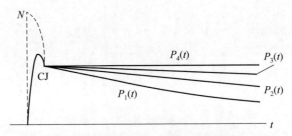

图 2 – 11 不同位置上记录的爆轰波形

在地面坐标条件下，CJ 面上（或声速面上）质点速度为 u_j，则

$$u^* = D_j - u_j = C_j \text{ 或 } D_j = u_j + C_j \tag{2-14}$$

以上关系式为定常爆轰波的 CJ 条件。定常爆轰波主要参量之间的关系为

$$\begin{cases} p_j = \rho_0 D_j u_j \\ u_j = D_j/(\gamma + 1) \\ C_j = \gamma D_j/(\gamma + 1) \\ \rho_j = (\gamma + 1)\rho_0/\gamma \end{cases} \tag{2-15}$$

式中：p_j、u_j、C_j 和 ρ_j 分别为 C 面上的压力（简称爆压）、质点速度、声速和密度；ρ_0 为炸药的初始密度，为爆炸产物的多方指数。

式（2 – 15）中已经忽略了炸药的初始压力 p_0（设 $p_0 \ll p_j$）和炸药的初始质点速度 u_0（即认为 $u_0 \ll u_j$）。这种近似对凝聚炸药的定常爆轰是适用的，但对于气相、粉尘或云雾爆轰则必须考虑初始压力 p_0 和初始质点速度 u_0。

定常爆轰中前沿冲击波压力 p_N、质点速度 u_N 和密度 ρ_N 等参数也必须满足冲击波关系：

$$\begin{cases} (D_j - u_N)\rho_N = \rho_0 D_j \\ p_N = \rho_0 D_j u_N \end{cases} \tag{2-16}$$

式中：p_N、u_N 和 ρ_N 在一般情况下明显大于相应的 CJ 参数 p_j、u_j 和 ρ_j，对于凝

聚炸药，p_N/p_j 或 u_N/u_j 接近 1.5 倍；对于非凝聚炸药则接近 2 ~ 3 倍。

在地面坐标上观察凝聚炸药反应区，会发现其宽度是很窄的，空间域为 0.2 ~ 0.6 mm，时间域为 20 ~ 100 ns。如果使用拉格朗日传感器测量爆轰波及其波后流动的参数，传感器敏感部分的响应时间必须在 1 ~ 2 ns，这样才可能较精确地测量前沿冲击波和反应区的波形。但目前常用的拉格朗日传感器敏感部分的响应时间有 10 ~ 100 ns。当使用这种性能的传感器记录爆轰波反应区的波形时，反应区部分的压力或粒子速度模拟信号记录波形必定会出现严重的畸变，或被湮没在敏感元件的响应过程之中。

实际上，当利用拉格朗日传感器记录炸药的爆轰波压力史或粒子速度史时，只有很少几种炸药的记录波形可分辨出其中一段是描绘爆轰反应区的波形，即使这一段波形已存在严重畸变。例如，一些气体均质炸药、液体均质炸药和固体炸药 TNT 等都具有可分辨的爆轰反应区记录。

在工程上可应用的炸药绝大多数是混合炸药。这些炸药从宏观上看是均匀的，微观上看是不均匀的、多相的，因此数学上的光滑平面或曲面爆轰波阵面是不存在的，爆轰波的波阵面结构是一种十分复杂的多维结构。所有拉格朗日量计的敏感部分所给出的模拟信号只能是一种宏观的统计信息。混合炸药的细观不均匀性以及爆轰波的多维结构完全湮没了 ZND 模型给出的爆轰反应区，因此没有必要要求拉格朗日传感器输出的记录波形出现可分辨的爆轰反应区。但是这种记录的峰值附近或多或少受到多维结构的爆轰反应区的影响，使直接从记录中采用个别特征点来判读定常爆轰波参数变得相当困难。

当用拉格朗日传感器测量定常爆轰波参数时，由简单理论（CJ 理论或 ZND 模型）所确定的基本关系［式（2 – 12）］还是适用的，但也必须注意到，现代的定常爆轰理论已经修正了简单理论，不再把 CJ 面视为反应结束平面，CJ 面仅仅是一个声速面，泰勒波中存在化学反应。泰勒波中的化学反应释放的能量对于爆炸产物对外做功是有贡献的，对记录波形来说，化学反应使泰勒波衰减变得缓慢。

在工程应用中，爆轰波几何形状是复杂的，极少接近平面，其波后流动多半是二维或三维的。如何在复杂的流场中合理地设置拉格朗日传感器或欧拉型传感器，也是一个必须考虑的问题。

2.4.1.2　不定常爆轰波波形特征

炸药在足够强的外界刺激作用下，如热冲击、机械冲击、高速粒子碰撞和冲击波作用等，会发生点火或起爆。当炸药中出现点火之后，可能发生加速燃烧，也可能趋向熄灭。当炸药中出现加速燃烧后，一种可能是由燃烧转化为爆轰；另一种可能是继续保持燃烧状态。当炸药中出现了有持的或自持的爆轰波之后：一种途径是从自持的低速爆轰向定常爆轰发展，称为加速爆轰波；另一种途径是从有持的过压爆轰向自持的定常爆轰发展，称为减速爆轰波，这种减速爆轰波也有可能衰减为无化学反应的冲击波；爆轰波的两种发展途径都属于不定常爆轰过程。

图 2 – 12 所示为在不同拉格朗日位置上压力历史记录。从图中可以看到前沿冲击波强度的增长过程。X_4 截面上爆轰波的波后流动是单调衰减的；X_1、X_2 和 X_3 截面上冲击波后有一个压缩波，这种压缩波不断地追赶并加强前沿冲击波的过程就是不定常爆轰波逐渐向定常爆轰波的过渡过程。这种能追赶前沿冲击波的压缩波强度取决于炸药在冲击波作用下能量释放速率和反应热。根据实测的记录波形分析，可以对不定常爆轰波作如下的定性描述。

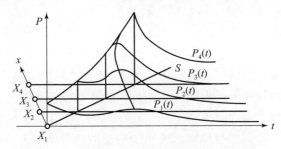

图 2 – 12　在不同拉格朗日位置上压力历史记录

（1）起爆面附近（如图中 X_1），不定常爆轰波的波形类似于炸药中初始入射冲击波。

（2）距起爆面足够远处（如图中 X_4），不定常爆轰已趋近于定常爆轰，因此其波形类似于一般的定常爆轰波波形。

（3）图中压缩波内不包含强间断，所以其频宽必然远小于前沿冲击波的频宽。

（4）利用拉格朗日分析方法和冲击波成长方程，分析类似图 2 – 12 中的记录，可以得到唯象的炸药能量释放速率、反应热和热性系数等爆轰参数。

2.4.1.3　爆轰波信号峰值衰减速率

平面爆轰波信号中，峰值附近或 CJ 面附近泰勒波具有较快的衰减速率，若作傅里叶展开时此处具有最丰富的频谱分量。为了用一个有限频宽的频谱函数来描述峰值附近或 CJ 面附近的波形，在确保达到足够高的峰值精度的条件下，此有限频宽的上限频率主要取决于爆轰波的峰值衰减速率。而爆轰波信号中的峰值波形或 CJ 面附近泰勒波的波形不仅与起爆面位置相关，而且与炸药的爆轰性能以及爆炸产物对外做功的能力等密切相关，因此本节将讨论一维或准一维的泰勒波峰值压力衰减，并着重讨论平面对称一维运动的泰勒波峰值衰减速率。

为使问题简化，先作以下假设。

（1）忽略炸药与爆炸产物的黏性、热传导和扩散。

（2）流动是一维的（层流）。

（3）爆轰波是定常的，泰勒波峰值 D_j、p_j、u_j 和 ρ_j 等是常量，与时间无关，并满足 CJ 条件；对于球面或柱面发散爆轰波的曲率半径 r 已达到足够大，其爆速 D 的亏损可以忽略，则

$$(D_j - D)/D_j = a/r \tag{2-17}$$

式中：a 为试验常数，对于凝聚炸药，$a \approx 0.06$ mm。

（4）爆炸产物具有以下形式的等熵方程：

$$p\rho^{-\gamma} = p_j \rho_j^{-\gamma} \tag{2-18}$$

（5）泰勒波峰值附近，满足自模拟流动条件，流场中所有参量都仅是 $z = x/t$ 的函数。

根据流体动力学一维运动的基本方程组：

$$\begin{cases} \dfrac{\partial \rho}{\partial t} = \dfrac{\partial \rho}{\partial x} + \dfrac{\partial (u\rho)}{\partial x} + (\nu - 1)\dfrac{u\rho}{x} \\ \dfrac{\partial u}{\partial t} + u\dfrac{\partial u}{\partial x} + \dfrac{1}{\rho}\dfrac{\partial p}{\partial x} = 0 \end{cases} \tag{2-19}$$

式中：$\nu = 1$，2，3 分别对应平面对称、轴对称和中心对称流动。

当式（2-19）中所有的流动参量如密度 ρ、质点速度 u 和压力 p 等都是自模拟参量 $z = x/t$ 的函数时，利用特征线方法可以把式（2-19）改写为

$$\begin{cases} (u - z + C)\dfrac{\mathrm{d}(Y + u)}{\mathrm{d}z} + (\nu - 1)\dfrac{\mathrm{d}u}{\mathrm{d}z} = 0 \\ (u - z - C)\dfrac{\mathrm{d}(Y - u)}{\mathrm{d}z} - (\nu - 1)\dfrac{\mathrm{d}u}{z} = 0 \end{cases} \tag{2-20}$$

式中：$Y = 2C(\gamma - 1)$；C 为爆炸产物的当地声速。

1. $\nu = 1$，平面对称条件下泰勒波峰值压力衰减

对于右传爆轰波，式（2-19）可化简为

$$\begin{cases} u - z + C = 0 \\ \mathrm{d}(Y - u)/\mathrm{d}z = 0 \end{cases} \tag{2-21}$$

则

$$\begin{cases} \dfrac{\mathrm{d}C}{\mathrm{d}z} = \dfrac{\gamma - 1}{\gamma + 1} \\[3mm] \dfrac{\mathrm{d}u}{\mathrm{d}z} = \dfrac{2}{\gamma + 1} \end{cases} \tag{2-22}$$

如果采用欧拉型传感器，也就是把传感器固定在欧拉坐标上测量泰勒波峰值压力衰减，例如，把传感器安装在管壁上，测量沿管道轴线传播的爆轰波压力波形。

由式（2-22）进一步演化可得到泰勒波峰值附近压力或质点速度相对衰减速率：

$$\begin{cases} \dfrac{\partial \bar{p}}{\partial t} = \dfrac{1}{p_j} \dfrac{\partial p}{\partial t} = -\dfrac{2z}{D_j t} \bar{p}^{-(\gamma+1)/(2\gamma)} \\[3mm] \dfrac{\partial \bar{u}}{\partial t} = \dfrac{1}{u_j} \dfrac{\partial u}{\partial t} = -\dfrac{2z}{D_j t} \end{cases} \tag{2-23}$$

式中：$\bar{p} = \dfrac{p}{p_j}$；$\bar{u} = u/u_j$。

泰勒波峰值边界就是 CJ 面，$z \to D_j$，$\bar{p} \to 1$，$\bar{u} \to 1$，$t \to \tau$。因此泰勒波的峰值压力和质点速度的无量纲衰减速率相等：

$$\begin{cases} \left(\dfrac{\partial \bar{p}}{\partial t}\right)_j = \left(\dfrac{\partial \bar{u}}{\partial t}\right)_j = -\dfrac{2}{\tau} \\[3mm] \tau = x/D_j \end{cases} \tag{2-24}$$

式中：τ 为泰勒波的波峰到达测点（传感器敏感元件所在位置）的时间；x 为具有自模拟流动特征的泰勒波起始中心（或虚拟中心）到传感器敏感元件所在剖面的距离。

当传感器的敏感元件埋入被测炸药中随爆炸产物一起运动时，也就是使用拉格朗日传感器来测泰勒波中的压力和质点速度。这种情况下，这些参数在拉格朗日坐标中对时间的偏微商等于在欧拉坐标中沿流线：

$$\dfrac{\mathrm{d}x}{\mathrm{d}t} = \dot{x} = u \tag{2-25}$$

对时间的全微商为

$$\begin{cases} \left(\dfrac{\partial \bar{p}}{\partial t}\right)_x = \left(\dfrac{\mathrm{d}\bar{p}}{\mathrm{d}t}\right)_{\dot{x}=u} = -\dfrac{2(z-u)}{D_j t} \bar{p}^{-(\gamma+1)/(2\gamma)} \\[3mm] \left(\dfrac{\partial \bar{p}}{\partial t}\right)_x = \left(\dfrac{\mathrm{d}\bar{u}}{\mathrm{d}t}\right)_{\dot{x}=u} = -\dfrac{2(z-u)}{D_z t} \end{cases} \tag{2-26}$$

式中：X 为用初始时刻质点位置表示的一种拉格朗日坐标。

在泰勒波的峰值边界上，即 CJ 面上峰值衰减速率为

$$\begin{cases} \left(\dfrac{\partial \bar{p}}{\partial t}\right)_{X,j} = \left(\dfrac{\partial \bar{u}}{\partial t}\right)_{X,j} = \left(-\dfrac{\mathrm{d}\bar{p}}{\mathrm{d}t}\right)_{j} = \left(\dfrac{\mathrm{d}\bar{u}}{\mathrm{d}t}\right)_{j} = -\dfrac{2\gamma}{\gamma+1}\dfrac{1}{\tau} \\[2mm] \tau' = X/D_j \end{cases} \tag{2-27}$$

式中：τ' 为泰勒波的自模拟流动特征时间；X 为拉格朗日型传感器的敏感元件所在位置，也就是拉格朗日型传感器的敏感元件与起爆平面之间的距离。

2. $v = 2, 3$，轴对称条件下或球对称条件下的泰勒波峰值衰减速率

由式（2-20）可得

$$\begin{cases} \dfrac{\mathrm{d}u}{\mathrm{d}z} = \dfrac{u}{z}\dfrac{(v-1)C^2}{(z-u)^2 - C^2} \\[3mm] \dfrac{\mathrm{d}Y}{\mathrm{d}z} = \dfrac{u}{z}\dfrac{(v-1)C(z-u)}{(z-u)^2 - C^2} \end{cases} \tag{2-28}$$

记 $\bar{p} = p/p_j$，$\bar{C} = C/C_j$，由等熵方程

$$\bar{p} = \bar{C}^{2\gamma/(r-1)} \tag{2-29}$$

可以得到

$$\frac{\mathrm{d}\bar{p}}{\mathrm{d}z} = \frac{\gamma+1}{D}\bar{p}^{(\gamma+1)/2\gamma} \cdot \frac{\mathrm{d}Y}{\mathrm{d}z} \tag{2-30}$$

1）对于欧拉量计

把传感器固定在欧拉坐标上测量时，泰勒波峰值压力及质点速度的衰减速率为

$$\begin{cases} \dfrac{\partial \bar{p}}{\partial t} = \dfrac{\mathrm{d}\bar{p}}{\mathrm{d}z}\dfrac{\partial z}{\partial t} = -\dfrac{z}{t}\dfrac{\mathrm{d}\bar{p}}{\mathrm{d}z} \\[3mm] \dfrac{\partial u}{\partial t} = \dfrac{\mathrm{d}\bar{u}}{\mathrm{d}z}\dfrac{\partial z}{\partial t} = -\dfrac{z}{t}\dfrac{\mathrm{d}u}{\mathrm{d}z} \end{cases} \tag{2-31}$$

由式（2-28）、式（2-29）及式（2-30）可以得到以下关系：

$$\begin{cases} \dfrac{\partial \bar{p}}{\partial t_2} = -\dfrac{\gamma+1}{D}\bar{p}^{(\gamma+1)/(2\gamma)}\dfrac{u}{t}\dfrac{(v-1)C(z-u)}{(z-u)^2 - C^2} \\[3mm] \dfrac{\partial \bar{u}}{\partial t} = -\dfrac{u}{t}\dfrac{(v-1)C^2}{(z-u)^2 - C^2} \end{cases} \tag{2-32}$$

由于在 CJ 面上，有

$$z - u - C = 0 \tag{2-33}$$

则

$$\begin{cases} \left(\dfrac{\partial p}{\partial t}\right)_j \to \infty \\[3mm] \left(\dfrac{\partial u}{\partial t}\right)_j \to \infty \end{cases} \tag{2-34}$$

这表明，对于非平面对称的定常爆轰波，如果其波后流动满足自模拟条件，在欧拉坐标上观测 CJ 面附近的压力和质点速度时，其衰减速率为无限大。

因为所有的电子量测系统总有一定的响应时间，所以在非平面对称的一维自模拟流动中，CJ 面压力和质点速度原则上是不可能十分精确地测量到的。如果避开这个奇异的 CJ 点，而在此奇异点附近 $\bar{p}=0.98\sim0.99$ 或 $\bar{u}=0.98\sim0.99$，$\frac{\partial\bar{p}}{\partial t}$ 和 $\frac{\partial\bar{u}}{\partial t}$ 则为一个可测的有限值。鉴于峰值衰减速率的计算是为了估算测试系统的上限频率，精度要求不高，可以采用较大步长的差分计算。

（1）当 $\gamma=1.4$（气相炸药或云雾炸药等），$v=3$，$p/p_j=0.99$ 时，压力衰减速率为

$$\left(\frac{\partial\bar{p}}{\partial t}\right)_{0.99}=-76.6\frac{1}{\tau} \tag{2-35}$$

式中：$\tau=\dfrac{X}{D}$，为泰勒波波峰到达测点的时间。

（2）当 $\gamma=3$（凝聚炸药），$v=3$，$p/p_j=0.99$ 时，压力衰减速率为

$$\left(\frac{\partial\bar{p}}{\partial t}\right)_{0.99}\approx-112\frac{1}{\tau} \tag{2-36}$$

2）对于拉氏量计

把传感器固定在拉格朗日坐标上测量时，泰勒波峰值压力及质点速度的衰减速率为

$$\begin{cases}\left(\dfrac{\partial\bar{p}}{\partial t}\right)_X=\left(\dfrac{\mathrm{d}\bar{p}}{\mathrm{d}t}\right)_{\dot{x}=u}=-\dfrac{z-u}{t}\dfrac{\mathrm{d}\bar{p}}{\mathrm{d}z}\\[3mm]\left(\dfrac{\partial\bar{u}}{\partial t}\right)_X=\left(\dfrac{\mathrm{d}\bar{u}}{\mathrm{d}t}\right)_{\dot{x}=u}=-\dfrac{z-u}{t}\dfrac{\mathrm{d}\bar{u}}{\mathrm{d}z}\end{cases} \tag{2-37}$$

式中：X 为拉格朗日空间坐标；x 为欧拉空间坐标，$\dot{x}=\mathrm{d}x/\mathrm{d}t$，$\dot{x}=u$ 为流线方程。

式（2-37）表明，拉格朗日坐标 $\bar{p}$ 对 t 的偏微商等于欧拉坐标上 $\bar{p}$ 对 t 沿流线的全微商，利用式（2-28），式（2-37）可写为

$$\begin{cases}\left(\dfrac{\partial\bar{p}}{\partial t}\right)_x=-\dfrac{\gamma+1}{D}p^{(\gamma+1)/(2\gamma)}\dfrac{u}{x}\dfrac{(v-1)\,C(z-u)^2}{(z-u)^2-C^2}\\[3mm]\left(\dfrac{\partial\bar{u}}{\partial t}\right)_x=-\dfrac{u}{x}\dfrac{(v-1)\,C^2(z-u)}{(z-u)^2-C^2}\end{cases} \tag{2-38}$$

在 CJ 面上，$\left(\dfrac{\partial\bar{p}}{\partial t}\right)_x\to\infty$，$\left(\dfrac{\partial\bar{u}}{\partial t}\right)_x\to\infty$。

（1）当 $\gamma=1.4$，$v=3$，$\bar{p}=p/p_j=0.99$ 时，有

$$\left(\frac{\partial \bar{p}}{\partial t}\right)_{x,0.99} \approx -44.7\,\frac{1}{\tau} \qquad (2-39)$$

（2）当 $\gamma = 3$，$v = 3$，$\bar{p} = p/p_j = 0.99$ 时，有

$$\left(\frac{\partial \bar{p}}{\partial t}\right)_{x,0.99} \approx -65.2\,\frac{1}{\tau} \qquad (2-40)$$

2.4.1.4　平面对称一维条件下泰勒波峰值附近的拟线性衰减区间

任何记录曲线，取其中很小一段时，都可以近似为直线。如果泰勒波峰值附近有足够大的线性区间，就有可能采用线性延拓的方法提高 CJ 压力测试精度。

观测爆轰波及其后随流动时，如果把压力和粒子速度传感器敏感元件安装在某个拉格朗日坐标上，就能实现同时记录该剖面上流场的压力变化历史或粒子速度变化历史，这将有利于提高拉格朗日传感器记录的分析精度，也有利于提高爆轰参数测量精度。下面将讨论压力或质点速度记录中的峰值附近的拟线性区间的大小。

1. 欧拉坐标上记录的压力波形的拟线性衰减区间

用欧拉坐标描述平面对称自模拟爆轰波的压力和质点速度的表达式，可将式（2-22）积分，利用式（2-15）和式（2-29）可得

$$\begin{cases} \bar{p} = \left(\dfrac{1}{\gamma} + \dfrac{\gamma-1}{\gamma}\dfrac{z}{D}\right)^{2\gamma/(\gamma-1)} \\[3mm] \bar{u} = \dfrac{2z}{D} - 1 \end{cases} \qquad (2-41)$$

对于某一个确定测点位置，可以定义一个泰勒波波峰到达测点的时间 $\tau = x/D$，以及无量纲时间 $\bar{t} = t/\tau$，则式（2-41）可以改写为

$$\begin{cases} \bar{p} = \left(\dfrac{1}{\gamma} + \dfrac{\gamma-1}{\bar{t}\gamma}\right)^{2\gamma/(\gamma-1)} \\[3mm] \bar{u} = \dfrac{2}{\bar{t}} - 1\,\bar{t} \geqslant 1 \end{cases} \qquad (2-42)$$

当讨论凝聚炸药的定常爆轰时，多方指数 γ 可以近似地取成 3，则式（2-42）变为

$$\bar{p} = \frac{(1 + 2/\bar{t})^3}{27}\bar{t} \geqslant 1 \qquad (2-43)$$

由式（2-43）可知，在 $\bar{p}^{1/3} - \bar{t}$ 平面上是一条双曲线。对式（2-43）在 C 点作泰勒级数展开，取一阶近似，有

$$\overline{p}_L = 3 - 2\overline{t}(1 + \Delta t) \geqslant \overline{t} \geqslant 1 \qquad (2-44)$$

式（2-44）为直线方程，仅当式中 Δt 较小时，才能近似地取代式（2-42）方程中接近 C 值的一个小段，也就是当

$$\Delta \overline{t} = \overline{t} - 1 \qquad (2-45)$$

足够小，使得直线取代曲线后的误差

$$\delta = \frac{\overline{p} - \overline{p}_L}{\overline{p}} \qquad (2-46)$$

小于等于某一水平（如 1%），则定义 Δt 为有效线性区间。

2. 拉格朗日坐标上记录的质点速度和压力波形的拟线性区间

首先研究拉格朗日坐标上的 $x - t$ 和 $u - t$ 关系。

利用 $z = c/t$，改写式（2-41）中所给出的欧拉坐标上 $u - t$ 关系：

$$\frac{u}{u_j} = \frac{2x}{Dt} - 1 \qquad (2-47)$$

而平面对称一维条件下拉格朗日空间坐标 X 和欧拉空间坐标 x 之间的关系为

$$x = X + w \qquad (2-48)$$

自模拟式中 w 为 X 处质点的位移量。在爆轰波阵面上，$w = 0$，因此，自模拟爆轰波传播时间 $\tau = x/D = X/D$，相应的欧拉坐标上定义的无量纲时间在拉格朗日坐标上形式不变，即

$$\overline{t} = t\tau$$

将式（2-48）代入式（2-47）可得

$$\frac{u}{u_j} = \frac{2(X + w)}{Dt} - 1 \qquad (2-49)$$

考虑到质点速度 u 在拉格朗日坐标上的定义关系为

$$u = \left(\frac{\partial u}{\partial t}\right)_x$$

因此，式（2-49）是位移 w 的一阶线性偏微分方程。由此方程可以解出 $w - t$ 的关系，它的微分形式在拉格朗日坐标下表示的 $u - t$ 关系为

$$\overline{u} = \frac{2\gamma}{\gamma - 1}\overline{t}^{-(\gamma-1)(\gamma+1)} - \frac{\gamma + 1}{\gamma - 1} \geqslant 1 \qquad (2-50)$$

若消去式（2-42）中的 z/D，可得 $p - u$ 关系：

$$\overline{p} = \left[\frac{1}{\gamma} + \frac{\gamma - 1}{2\gamma}(\overline{u} + 1)\right]^{2\gamma/(\gamma-1)} \qquad (2-51)$$

将式（2-49）代入式（2-51）后就可以获得拉格朗日坐标上的 $p - t$ 关系：

$$\overline{p} = \overline{t}^{-2\gamma/(\gamma+1)} \quad t \geqslant 1 \tag{2-52}$$

式（2-50）和式（2-52）在峰值附近的一阶近似表达式为

$$\overline{p}_L = \overline{u}_L = \frac{3\gamma+1}{\gamma+1} + \frac{2\gamma}{\gamma+1}\overline{t} \quad \overline{t} \geqslant 1 \tag{2-53}$$

当 $\gamma = 3$ 时，上面三式可化简为

$$\begin{cases} \overline{p} = \overline{t}^{-1.5} \\ \overline{u} = 3\,\overline{t}^{-0.5} - 2 \end{cases}, \quad \overline{t} \geqslant 1 \tag{2-54}$$

对式（2-54）在 C 点作泰勒级数展开，取一阶近似时，有

$$\overline{p}_L = \overline{u}_L = 2.5 - 1.5\overline{t}(1+\Delta t) \geqslant \overline{t} \geqslant 1 \tag{2-55}$$

式（2-55）为直线方程，仅当式中 Δt 较小时，才能近似地取代式（2-54）方程中接近 C 值的一个小段，也就是当

$$\Delta\overline{t} = \overline{t} - 1 \tag{2-56}$$

足够小，使得直线取代曲线后的误差

$$\delta = \frac{\overline{p} - \overline{p}_L}{\overline{p}} \tag{2-57}$$

小于等于某一水平（例如1%），则定义 Δt 为有效线性区间。

2.4.1.5　泰勒波波峰到达测点的时间

在估算定常爆轰波 CJ 面附近的泰勒波峰值衰减速率或确定拟线性区间的大小时，必须首先确定泰勒波波峰到达测点时间。由于炸药的起爆过程通常总是存在从不定常爆轰向定常爆轰转变的过程，这给泰勒波波峰到达测点时间的估算带来麻烦。

实际上炸药装药的爆轰多数是属于二维轴对称的。仅当用炸药平面波透镜来起爆炸药装药时才可能出现准一维的平面爆轰波，但其波后的流动属于准一维的只占整个波后流场的一小部分。因此在估算泰勒波波峰到达测点时间时也必须注意到平面爆轰波的波后流动。

1. 低爆速炸药引爆高爆速炸药时泰勒波波峰到达测点的时间估算

当采用炸药平面波发生器引爆高级炸药装药试件时，在通常情况下，炸药平面波发生器输出端炸药装药的爆速 D_{j1} 和爆压 p_{j1} 小于被引爆炸药的爆速 D_{j2} 和爆压为 P_{j2}，在被引爆的炸药装药中爆速和爆压都有一个增长过程。试验证明，这种自持爆轰波的成长过程是比较快的，对于高级炸药来说一般都不会超过 $1\sim2$ mm，因此在特征时间的估算中可以忽略这种爆轰成长段，图2-13中示意地绘制了低爆速炸药引爆高爆速炸药的 $x-t$ 平面上的爆轰波流场。图中

Ⅰ区和Ⅲ区为低爆速炸药爆炸产物的流场，Ⅱ区和Ⅳ区为高爆速炸药爆炸产物的流场，Ⅰ区和Ⅲ区的公共边界是强间断 $f-a$，Ⅱ区和Ⅳ区的公共边界是弱间断 $a-c$，Ⅲ区和Ⅳ区的公共边界是切向间断 $a\sim e$，Ⅰ区和Ⅱ区的下边界都是恒值的爆轰波迹线 $O-a$ 和 $a-b$；Ⅰ区中的流动是以 O 为中心的简单波，Ⅱ区中的流动是以 a 为中心的简单波；Ⅳ区中的流动也是简单波，在特征时间的估算中把 O 点近似为该区的虚拟中心。

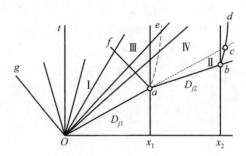

图 2-13　$x-t$ 平面上低爆速炸药引爆高爆速炸药的爆轰波流场示意图

如果拉格朗日型传感器敏感元件被埋在 $b-x_2$ 剖面上，以爆速 D_{j1} 传播的自模拟爆轰波到达此剖面的时间为

$$\tau_2 = (x_2 - x_1)/D_{j2}(t_c, t_b) \qquad (2-58)$$

而在Ⅳ区中，爆炸产物的流动也是均熵的，但受Ⅰ区流场的影响，也可以视为Ⅰ区流场的透射。相应地，以爆速 D_{j1} 传播的自模拟爆轰波到达该测点的时间可以近似地写为

$$\tau_4 \approx x_2 D_{j1}(t_c, t_d) \qquad (2-59)$$

则

$$\tau_4 > \tau_2$$

因此，在传感器的记录中，对应于Ⅱ区的衰减速率大，而对应于Ⅳ区的衰减速率小，对应于 c 点为Ⅱ区记录和Ⅳ区记录的交点，也就是在 t 时刻记录曲线上出现转折。而传感器对应于Ⅱ区的有效工作时间为

$$\Delta t_2 \approx (x_2 - x_1)(D_{j1}^{-1} - D_{j2}^{-1}) \qquad (2-60)$$

式（2-60）表明，对于Ⅱ区来说，高爆速炸药的起爆平面在 x_1 位置上；对于Ⅳ区来说，高爆速炸药的起爆平面在某个虚拟位置上。

2. 高爆速炸药引爆低爆速炸药时泰勒波波峰到达测点的时间估算

当采用炸药平面波发生器引爆低爆速炸药的试件时，炸药平面波发生器输出端炸药装药的爆速 D_{j1} 和爆压 P_{j1} 大于被引爆炸药的爆速 D_{j2} 和爆压力 P_{j2}，在被引爆的炸药中将会出现有持的超驱动爆轰，而引爆用炸药的"活塞"作用强弱将直接影响超驱动爆轰存在的时间长短，这种由超驱动爆轰向定常爆轰过渡的时间较长，试验证明这种有持爆轰波的压力或粒子速度等衰减过程是比较慢的，因此在特征时间的估算中不能忽略这种超驱动爆轰衰变成定常爆轰过程的影响，图 2-14 中示意地绘制了高爆速炸药引爆低爆速炸药的 $x-t$ 平面上的爆轰波流场。图中 Ⅰ 区和 Ⅱ 区为高爆速炸药爆炸产物的流场，Ⅲ 区和 Ⅳ 区为低爆速炸药爆炸产物的流场，其中 Ⅲ 区为超驱动爆轰向定常爆轰过渡的流场，超驱动爆轰波迹线是 $a-b$；Ⅰ 区和 Ⅱ 区的公共边界是弱间断 $g-a$，Ⅲ 区和 Ⅳ 区的公共边界是弱间断 $b-e$，Ⅱ 区和 Ⅲ 区的公共边界是切向间断 $a-f$，Ⅰ 区和 Ⅳ 区的下边界都是恒值的爆轰波迹线 $O-a$ 和 $b-c$；Ⅰ 区中的流动是以 O 为中心的简单波；Ⅳ 区中的流动是以某个虚拟中心为中心的简单波。

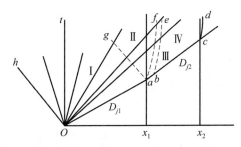

图 2-14　$x-t$ 平面上高爆速炸药引爆低爆速炸药的爆轰波流场示意图

如果拉格朗日型传感器敏感元件被埋在 $c-x_2$ 剖面上，当爆速为 D_z 的爆轰波到达之后，传感器将输出压力或粒子速度等模拟信号，此模拟信号的峰值衰减速率与泰勒波波峰到达该测点的时间相关。当高爆速炸药引爆低爆速炸药时，泰勒波波峰到达该测点的时间不等于该炸药起爆平面到测点之间的距离除以爆速，即

$$\tau \neq (x_2 - x_1) D_{j2} \tag{2-61}$$

泰勒波波峰到达该测点的时间应等于某个虚拟起爆中心到测点之间的距离除以爆速 D_{j2}。采用等效冲击阻抗的方法可以确定虚拟起爆中心的位置，并估算泰勒波波峰到达该测点的时间，即

$$\tau \approx (x_2 - x_1 + x_1(\rho_{01} D_{j1}/(\rho_{02} D_{j2})))/D_{j2} \tag{2-62}$$

式中：$\rho_{01} D_{j1}$，$\rho_{02} D_{j2}$ 分别为高爆速炸药的冲击阻抗和低爆速炸药的冲击阻抗。

3. 在大长细比炸药装药条件下泰勒波波峰到达测点的时间估算

当用炸药平面波透镜引爆了轴对称大长细比的炸药装药试件之后，若时间为

$$t \geqslant d/2D \qquad (2-63)$$

式中：d、D 分别为炸药装药试件的直径和爆速。

紧跟在爆轰波阵面之后的爆炸产物中出现一个几乎不随时间而变的准一维流动的锥形区（图 2 – 14 中Ⅱ区）。由于爆炸产物流场中存在普朗特一迈耶尔流动（图 2 – 14 中Ⅰ区），使锥形区 D 的流动偏离一维流动，也使Ⅱ区中的流线不能完全平行于轴线，因此锥形区 m 只能近似地视为一维流动区。在这种情况下泰勒波波峰到达该测点的时间 t 应利用下式估算，即

$$\tau \approx d/2D \qquad (2-64)$$

当 $t \leqslant d/(2D)$ 时，又处在低爆速炸药引爆高爆速炸药的爆轰波流场条件下（图 2 – 15），泰勒波波峰到达该测点的时间 t 可利用下式求出，即

$$\tau = (x_2 - x_1)/D_{j2} \qquad (2-65)$$

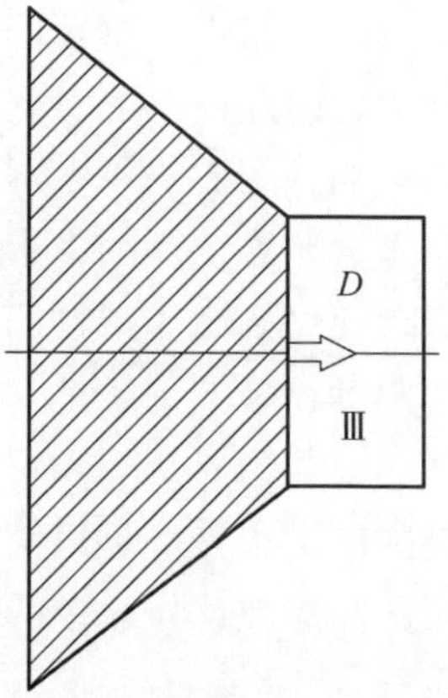

图 2 – 15　爆炸产物流场中准一维流动的锥形区和普朗特 – 迈耶尔流动区

2.4.2　爆炸冲击波信号特征

冲击波是一种在连续介质中传播的力学参量发生阶跃的扰动。冲击波波阵面前后的压力、粒子速度、密度、内能、熵和焓等力学参量发生突变，在连续介质力学中用冲击波关系式来确定波前参量与波后参量之间的关系。冲击波波阵面的空间厚度很薄，一般只有 1 ~ 2 个分子自由程，时域宽度也只有 1 ~ 2 ns。研究冲击波前沿是比较困难的，只能采用具有纳秒时间分辨力的光测技术。冲击波波阵面与其后随流动相比，时空域很小，如果强冲击波没有强劲的后随流动支持，将迅速衰减为弱冲击波，这样的冲击波信号是很难观测的，因此只有较强后随流动的冲击波是比较容易观测的。许多冲击波压力或粒子速度等测试系统所记录的冲击波信号前沿通常都发生了严重畸变，如何保证所测的峰值比较接近冲击波压力或粒子速度真值是本节要讨论的主要问题。

在平面对称一维流动中，如果把参考坐标固定在冲击波阵面上，冲击波阵面把流场分成两个区域（图 2 – 16），图中Ⅰ区为超声速流动区，流入冲击波阵面 S 波前的介质粒子速度 $(D - u_0)$ 大于声速 C_0，即

$$(D - u_0) > C_0 \qquad (2-66)$$

式中：D、u_0 分别为地面坐标上的冲击波速度和波前粒子速度。

图中Ⅱ区为亚声速流动区，流出冲击波阵面 S 的波后粒子速度 $D - u$ 小于弱扰动传播速度——声速 C，即

$$(D - u) < C \qquad (2-67)$$

式中：u 为地面坐标上的波后粒子速度。

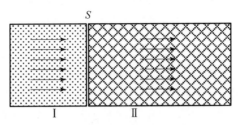

图 2 – 16　冲击波的波前波后两个区域

如果在地面坐标上观察这种一维的冲击波及其波后流动，会发现波后的弱扰动传播速度 $u + C$ 大于冲击波速度 D，即

$$u + C > D \qquad (2-68)$$

也就是冲击波的波后某剖面上的压力水平将会赶到冲击波阵面上取代前一个压力水平，因此多数冲击波峰值压力水平 p_s 是随时空变化的。

冲击波的波后流动如图 2 – 17 所示。图中画出了相对压力（p/p_s）与时间 t 平面上的三种冲击波波形。

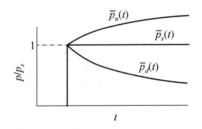

图 2 – 17　相对压力 p/p_s 与时间 t 平面上的三种冲击波波形

（1）$\bar{p}_d(t)$ 为衰减型，炸药在空中、水中或岩土中爆炸形成的冲击波压力场具有这种波形。在这种情况下爆炸产物相当于衰减型的驱动活塞。

（2）$\bar{p}_s(t)$ 为平台型，在平板飞片碰撞试验中靶板和飞片中会形成这种波形。在这种情况下飞片相当于一个恒速驱动活塞。空气激波管测量段中冲击波波形也是接近平台型。

（3）$\bar{p}_u(t)$ 为增长型，空气激波管试验中在高压气室出口附近会形成这种波形。在这种情况下，由于破膜过程或快速阀门开启过程的非瞬时性，低压室中空气冲击波不能立即形成，相应地，高压气室中的高压气体相当于一个逐渐增速的驱动活塞。

在爆炸与冲击过程的测量中，出现增长型的冲击波机会少，此处不再论述；本节主要分析衰减型和平台型冲击波信号的基本特征。

1. 空中爆炸自由场冲击波超压信号的基本特征

为了正确认识和理解冲击波超压测量技术，必须首先搞清空气冲击波的基本特征，才可能正确利用有限响应速率测压系统测量冲击波超压，以及判别冲击波压力模拟信号记录的真伪。图 2 – 18 中示意地绘制了压力 P、空间坐标 x 与时间 t 三维空间中四个剖面上的自由场冲击波压力波形。此处的 "自由场冲击波" 之意是指无限大空间中爆炸形成的冲击波，另一种含义是未受障碍物干扰的有限空间中爆炸形成的冲击波。

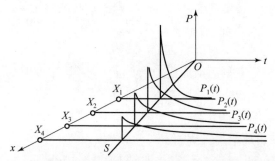

图 2 – 18　压力 P、空间坐标 x 与时间 t 三维空间中四个剖面上的自由场冲击波压力波形

无限大空间的空中爆炸所形成的冲击波具有以下特征。

（1）冲击波的前沿或厚度。把冲击波及其波后扰动合在一起说成 "冲击波" 是一种俗称，其实在连续介质力学中，冲击波仅仅是一种状态参量发生突变的界面，其厚度相当 1 ~ 2 个分子自由程，时域宽度是纳秒级；描述冲击波波阵面前后各状态参量发生突变的公式称为冲击波关系式，这种关系式只能用于冲击波波阵面上，不能用于冲击波波后非定常流动区域。

（2）冲击波的后沿。冲击波的后沿实际上是指冲击波波后流动区域。无限大空间的空中爆炸所形成的冲击波波后的压力扰动波形总是单调衰减的，如图 2 – 19 和图 2 – 20 所示。图 2 – 19 示意地绘制了同一发试验中不同测点上记录的超压 – 时间曲线，测点爆心距 $R_3 > R_2 > R_1$；图 2 – 19 中还表示测点离爆心越近，超压 Δp 越高，压力峰值衰减速率越快，超压时域脉宽 τ 越小，要求测压系统频宽越大；图 2 – 20 中示意地绘制了在测点的超压水平 Δp_x 相同的条件下，当爆心药量不同时所记录的超压 – 时间曲线，爆心药量 $W_5 > W_4 > W_3 > W_2 > W_1$；图中还表示爆心药量越小，压力峰值衰减速率越快，压力的时域脉宽越小，要求测压系统频宽越大。

计算空中爆炸自由场冲击波超压 Δp_s（MPa）的经验公式有多种，此处只介绍 Josef Henrych 提供的经验公式，即

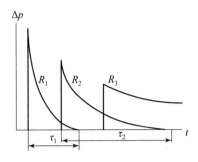

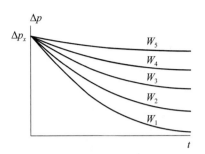

图 2-19 同一发试验的不同测点
上的超压时间曲线

图 2-20 爆心药量不同的超压水平
相同的超压时间曲线

$$\begin{cases} \Delta p_s = 1.38\bar{R}^{-1} + 0.54\bar{R}^{-2} - 0.035\bar{R}^{-3} + 0.0006\bar{R}^{-4}, 0.05 \le \bar{R} \le 0.3 \\ \Delta p_s = 0.608\bar{R}^{-1} - 0.032\bar{R}^{-2} + 0.209\bar{R}^{-3}, 0.3 \le \bar{R} \le 1 \\ \Delta p_s = 0.065\bar{R}^{-1} + 0.397\bar{R}^{-2} + 0.323\bar{R}^{-3}, 1 \le \bar{R} \le 10 \end{cases} \quad (2-69)$$

$$\bar{R} = RW^{-13}$$

式中：R 为测点到爆心的距离（m）；W 为炸药质量（kg）（以 TNT 当量计）；$\bar{R}$ 为对比距离（m/kg$^{1/3}$）。

由于邻近炸药装药表面的超压测试技术难度较大，常规的超压测试系统的响应速率太慢，无法获取正确的超压值，因此至今没有一个经验公式能较好地表达这种近爆心的冲击波压力场分布。另外，式（2-68）中还存在相似律问题，公式中唯一的自变量——对比距离 R 本质上是点爆炸相似参数，因此当应用它计算超压时已经默认了冲击波压力场的点爆炸相似律的存在；但由于存在特征尺寸（炸药装药半径），在炸药装药附近的冲击波压力场不可能满足点爆炸相似律；当根据实测压力值确定某种经验公式时，可以弥补点爆炸相似律的偏离，但这种经验公式不具有普适性，仅适用于特定的炸药装药品种和密度。

2. 水中爆炸自由场冲击波超压信号的基本特征

水中爆炸冲击波压力场的特性与空中爆炸相比有许多相似之处，也有许多特性是水中爆炸所特有的。

图 2-18 中所绘制的压力 p、空间坐标 x 与时间 t 三维空间中四个剖面上的自由场冲击波压力波形，同样可以用来描绘水中爆炸冲击波压力场；图 2-19 和图 2-20 中描绘的超压时间曲线同样适用于水中爆炸。

计算球形炸药装药水中爆炸自由场超压 Δp_s（MPa）的经验公式有多种，此

处只介绍 Josef Henrych 提供的经验公式，即

$$
\begin{cases}
\Delta p_s = 34.83\bar{R}^{-1} + 11.28\bar{R}^{-2} - 0.24\bar{R}^{-3}, (0.05 \leqslant \bar{R} \leqslant 10) \\
\Delta p_s = 28.84\bar{R}^{-1} + 136.067\bar{R}^{-2} - 174.91\bar{R}^{-3}, (10 \leqslant \bar{R} \leqslant 50)
\end{cases} \quad (2-70)
$$

$$
\bar{R} = RW^{-\frac{1}{3}}\left(\frac{m}{kg^{\frac{1}{3}}}\right)
$$

式（2-69）和式（2-68）一样，适用范围从炸药装药表面开始。水中爆炸与空中爆炸相比，邻近炸药装药表面的超压测试的技术难度更大，常规的超压测试系统的频宽由于压力敏感元件的几何尺寸的限制无法再提高，如频宽 1 MHz，这样的系统无法获取邻近炸药装药表面的超压值，因此至今没有一个经验公式能较好地表达这种近爆心的水中冲击波压力场分布。另外，式（2-69）和式（2-68）一样也存在相似律问题，不具有普适性，仅适用于特定的炸药装药品种和密度。

在中远距离上，可以忽略炸药装药的几何尺寸和形状，能较好地满足点爆炸相似律，利用经验公式（2-69）可以给出比较正确的自由场超压值，为超压测量系统选择量程提供可靠的依据。

3. 平台形冲击波压力的基本特征

在密实介质的高速碰撞试验中，为了构成一维应变条件下的试验观测与研究，飞片和靶板等试件的厚度必须很薄，其厚度通常小于试件直径的 1/10，如 4~6 mm。

在密实介质的高速碰撞试验中，需要应用拉格朗日压力传感器或粒子速度传感器监测平台形冲击波，其典型记录波形如图 2-21 所示。图中的虚线表示作用于传感器的冲击波信号，实线表示传感器的输出信号。

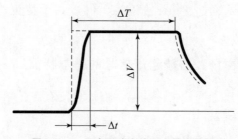

图 2-21 平台形冲击波压力模拟信号

在一般的高速碰撞试验中，飞片的厚度总是小于靶板的厚度，冲击波压力模拟信号（或粒子速度模拟信号）的时域平台宽度 ΔT 主要取决于飞片材料的冲击阻抗及其厚度。时域平台宽度 ΔT 近似等于 2 倍飞片厚度除其平均声速。

对于 4～6 mm 厚的飞片，时域平台宽度 ΔT 接近 2 μs。

为了精细地获取脉宽接近 2 μs 的平台形冲击波压力模拟信号（或粒子速度模拟信号），要求该测量系统中的数字存储记录仪有足够快的采样速率，如 500 MS/s～1 GS/s，也就是用 1 000～2 000 个采样点来描绘平台形冲击波记录波形。

平台形冲击波压力模拟信号（或粒子速度模拟信号）的基本特征是幅度和脉冲宽度。而利用有限厚度的拉格朗日压力传感器（或粒子速度传感器）测量平台形冲击波信号时，传感器对于具有纳秒级上升前沿冲击波信号的响应必定有一个弛豫过程，在冲击波模拟信号记录中必定出现前沿被抹圆和畸变；描述冲击波前沿被畸变的程度，习惯上用上升时间和响应时间的大小来表示，如图 2 - 20 中的响应时间 Δt。如果冲击波压力或粒子速度测量系统的上升时间 Δt 小于或远小于被测信号的时域脉冲宽度 ΔT，这样的测量系统是可以满足要求的。

4. 复杂压力流场的基本特征

复杂压力流场是相对于简单压力流场来定义的，若将无外壳炸药装药在无限大（或半无限大）空中爆炸或水中爆炸所形成的压力流场定义为简单压力流场，则非简单压力流场可定义为复杂压力流场。

战斗部或炮弹等都是带壳的，有的还带预制破片。这样的弹药在空中、地面或水中爆炸时，即使爆炸场地比较空旷，压力流场也是复杂的，并具有以下特征。

（1）压力场分布不具有对称性。相同爆心距上的压力在不同方向上有较大差异。

（2）在某个测点上可能得到多种冲击波的压力信号：

①爆轰波到达壳体后形成的透射冲击波；

②爆炸产物从破片间隙中冲出时形成的二次冲击波；

③破片飞行中形成的弹道波；

④地面或其他障碍物的反射或绕射形成的冲击波等。

（3）需要布置较多的测点来捕获流场信息，并采用数理统计的方法来分析实测结果。

燃料空气炸药的爆炸压力场也是一种复杂压力流场。在试验室中燃料与空气混合可以达到均匀；但对于实用弹药，燃料被抛撒后，与空气混合的时间只有 100～200 ms 或更少，燃料与空气混合不可能达到均匀，各区域内燃料浓度分布有较大的随机性，因此二次起爆后的爆轰波压力场分布不具有对称性，相同爆心距上的爆轰压力在不同方向上有较大差异。

2.4.3　冲击信号特征

同爆炸信号一样，冲击过程中获取的信号也是一种动态信息，随时间连续快速变化，且大多具有单次性。

图 2 – 22 和图 2 – 23 中列出了一些具有代表性的冲击信号波形。图 2 – 22 所示为冲击波的压力—时间曲线，冲击波阵面上的压力为峰值压力，其后的压力按指数衰减，p – t 曲线包围的面积为正相作用冲量 I；负压区为稀疏区，冲击波对目标的破坏程度取决于该区的参数指标。图 2 – 23 所示为冲击波自由传播，即无外界能量不断补充的情况下，波的强度随传播距离的增加而逐渐衰减。

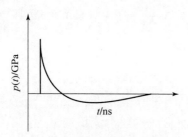

图 2 – 22　介质中冲击波压伸曲线

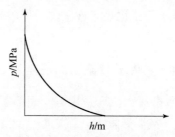

图 2 – 23　平面一维冲击波衰减曲线

爆炸测试技术接触的大部分信号是瞬变信号，它可以用明确的数学关系式描述，但不具有周期性，即

$$x(t) = x_0 e^{at} \tag{2-71}$$

式中：a 为实数，若 $a > 0$，信号将随时间增加而增长；若 $a < 0$，信号将随时间增加而衰减。a 的绝对值的大小，反映了信号增长和衰减的速率。

在燃烧爆炸测试技术中，这是一种常见的信号形式，a 的绝对值一般比较大，即曲线的变化速率很大。

单边衰减指数信号为

$$x(t) = \begin{cases} 0, t < 0 \\ e^{-\frac{t}{\tau}}, t \geq 0 \end{cases} \tag{2-72}$$

在 $t = 0$ 点处，$x(0) = 1$；在 $t = \tau$ 处，$x(\tau) = 0.368$。说明经时间 τ 后，信号衰减的百分数。

另一种带有上升斜率为 α 的常见曲线表达式为

$$x(t) = \begin{cases} 0, t < 0 \\ a + e^{-at}, t > 0 \end{cases} \tag{2-73}$$

图 2 - 24 所示的波形近似这种表达规律。高斯脉冲信号表达式为

$$x(t) = x_0 \mathrm{e}^{-\left(\frac{1}{\tau}\right)^2} \tag{2-74}$$

衰减正弦信号是爆炸测试技术中常见的一种振荡衰减曲线（图 2 - 25），其表达式为

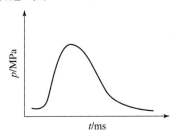

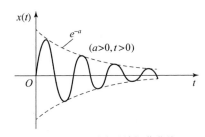

图 2 - 24　测压弹测试炮压曲线　　　　图 2 - 25　测试系统振荡曲线

$$x(t) = \begin{cases} 0 & (t < 0) \\ x_0 \mathrm{e}^{-at} \sin \omega t & (t \geqslant 0, a > 0) \end{cases} \tag{2-75}$$

瞬变信号通过傅里叶级数变换，可得到频域函数：

$$x(t) = \int_{-\infty}^{\infty} X(f) \mathrm{e}^{\mathrm{j}2\pi ft} \mathrm{d}t \tag{2-76}$$

式（2 - 76）表明，非周期信号可以展开成为一系列正（余）弦信号的叠加，即 $x(t)$ 是由从零到无限大的无穷多的 $X(f)\mathrm{e}^{\mathrm{j}2\pi ft}\mathrm{d}t$ 谐波分量叠加而成。爆炸测试装置在测量瞬变信号时，要考虑基波、一次谐波和高次谐波等对测试的影响。因此，用于本领域的测试仪器、传感器和连接元件等，往往具有较宽的频带、较高的固有频率和响应速率。

除瞬变信号外，爆炸释放的能量引起岩层的弹性振动、传感器动态特性分析产生的正弦波等则为周期衰减信号。

第 3 章

测试系统的基本特性

测试是利用某种仪表或设备确定被测量的数值大小的过程。测试的结果是否正确依赖于测试系统的基本特性。因此，首先需要对测试系统的基本特性有所认识、有所掌握。测试系统的特性可以表现在许多方面，包括操作使用的方便性、与被测对象的兼容性、测试结果的正确性、对测试环境的适应性以及经济性等。本章介绍测试系统基本组成、测试系统的特征描述以及测试系统的静态特性和动态特性。

|3.1　测试系统基本组成|

测量系统是许多功能不同的仪器和辅助装置的总称，由测量装置、标定装置和激励装置组成。测量装置是各种测量仪器和辅助装置的总称，包括传感器、信号调理与信号分析仪器、显示与记录仪器三部分，其基本组成如图 3 - 1 所示。为了在有严重干扰的爆轰、爆炸以及冲击环境下，提取和辨识出信号中所包含的有用信息，除选取合适的传感器外，还需要在测试工作中对信号做必要的变换、放大等信号调理与显示记录的装置。

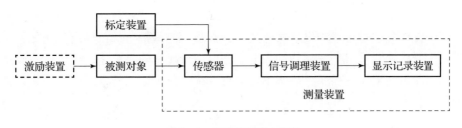

图 3 - 1　测试系统基本组成

3.1.1　传感器

传感器采集和获取被测的非电信号（如压力、温度、位移、速度、加速度等），并把非电信号转换成某种容易检测且易于传输、记录、处理的电信号，以便仪器进行记录和处理。如图 3 – 1 所示，在测试过程中传感器是信号的直接采集者，其准确性与稳定性对测试有着重大影响。简单的传感器可能只由敏感元件组成，如热电偶。复杂的传感器包括敏感元件、弹性元件等，甚至变换电路。智能传感器还包括微处理器。

3.1.2　信号调理装置

被测信号经传感器及其测量线路变换后所得到的电信号一般是很微弱的，信号中包含着干扰等非线性误差，不宜直接输出到显示记录装置。此时就需要通过信号调理环节将来自传感器的信号转换成更适于进一步传输和处理的形式。信号调理电路包括信号放大电路、电桥、调制解调器、滤波器、非线性校正装置等。

信号调理装置也称中间调理电路，其目的是调理转换传感器送来的信号。该级对信号实现再转换、放大、滤波、衰减、调制与解调、阻抗变换或者滤波等处理，最终使信号成为适合于显示、记录或与计算机外部设备适配的信号。

3.1.3　显示记录装置

显示仪器、记录仪器的作用是将调理后的信号以易于直接观察、理解和分析的方式提供给观测者。作为测试系统的输出环节，将处理后得到的信号作为测试的结果予以显示或存储，以便进一步判读、分析或保存。显示记录装置包括各种示波器、记录仪、分析仪、存储介质等。

3.1.4　标定装置

标定装置用以找到测量装置（传感器）的输入与输出之间的数量关系。如要定量地确定物理量与电信号的关系，则须对测试系统进行标定。例如，采用超压传感器测试战斗部爆炸冲击波压力，记录显示的是电压，要定量地确定电压与冲击波超压的关系，就必须对测量系统进行标定，标定所使用的装置称为标定装置。

3.1.5　激励装置

被测对象的信息可以在自然状态时表现出的物理量中显现出来，而有些信息需要通过激励装置实施激励予以显示其特征信息和产生便于测试的信号。激励装置根据测试内容的需要，使被测对象处于人为的工作状态，产生表征其特征的信号。如研究炸药爆轰过程时，需要雷管起爆炸药；在研究爆炸、冲击等对构件作用时，构件的材料动态力学响应通过炸药爆炸或者激波管等对其进行冲击加载。

需要指出的是，并非所有的测试系统都必须具备上述各个环节。实际的测试系统因测试对象、测试目的和测试要求的不同，在组成上可能存在很大的差异。且计算机在测试领域中的广泛应用，许多传统上靠硬件实现的功能都可以通过计算机实现，计算机的引入使测试系统在功能、精度、信息获取能力等方面得到根本性的提高。这种计算机测试系统除了上述的基本组成部分外，主要是增加了计算机、数据采集系统、数据分析与处理系统等，可以完成测试过程的控制、数据采集、数据分析与处理等工作，测试结果的显示记录则通常由显示器、打印机、绘图仪、存储器等来实现。

|3.2　测试系统的特征描述|

测试系统是指为完成某种物理量的测量而由具有某一种或多种变换特性的物理装置构成的总体。测试系统的方框图如图 3-2 所示。图中，$x(t)$ 为外界对系统的作用，称作系统的输入（或激励）；$y(t)$ 为系统对输入的反应，称作系统的输出（或响应）。测试系统与输入/输出的关系可用数学的方法描述，从而便于定量地研究系统特性。只要掌握了测试系统的特性，就能找出正确的使用方法将失真控制在允许的范围内，并对失真的大小做出定量分析。只有掌握测试系统的特性，才能根据测试要求合理地选用测试仪器。

对于测试系统来说，希望最终观察到的输出信号能确切地反映测量值，理想的测试系统有单值、确定的输入/输出关系的线性系统，即对应于每一个输入量，都只有单一的输出量与之相对应。

图 3-2　测试系统与输入/输出的关系

3.2.1　时域描述

线性系统的输入 $x(t)$ 和输出 $y(t)$ 之间的关系可用下列常系数线性微分方程来描述：

$$a_n \frac{\mathrm{d}^n y(t)}{\mathrm{d}t^n} + a_{n-1} \frac{\mathrm{d}^{n-1} y(t)}{\mathrm{d}t^{n-1}} + \cdots + a_1 \frac{\mathrm{d}y(t)}{\mathrm{d}t} + a_0 y(t)$$

$$= b_m \frac{\mathrm{d}^m x(t)}{\mathrm{d}t^m} + b_{m-1} \frac{\mathrm{d}^{m-1} x(t)}{\mathrm{d}t^{m-1}} + \cdots + b_1 \frac{\mathrm{d}x(t)}{\mathrm{d}t} + b_0 x(t) \qquad (3-1)$$

式中，系数 $a_0 \sim a_n$ 和 $b_0 \sim b_n$ 由测试系统的结构及其所用元器件的参数决定。

如果式（3-1）中的系数 $a_0 \sim a_n$ 和 $b_0 \sim b_n$ 是 t 的函数，即随着时间而产生变化，则该式所描述的是线性时变系统；如果这些系数不随时间而变化，是常数，则该式是常系数线性微分方程，它所描述的是线性时不变系统，也称为线性定常系统。

理想的线性时不变系统是不存在的。实际的测试系统总是存在非线性因素，如许多电子器件严格来说都是非线性的，而且在测试系统中总是不可避免地包含间隙、迟滞等非线性环节，加之电子元件中的电阻、电容、半导体器件的特性常常受到温度的影响，从而导致系统微分方程中的参数具有时变性。但是，为了研究方便起见，常常在一定的工作范围内忽略那些影响较小、工程上允许的非线性因素和系数的微小变化，将实际的测试系统近似地按线性时不变系统来处理。线性时不变系统具有以下几个主要性质。

1. 叠加特性

叠加特性表明同时作用于系统的几个输入量所引起的特性，等于各个输入量单独作用时引起的输出之和。当几个输入同时作用于线性系统时，其响应等于各个输入单独作用于该系统的响应之和，也就是说，若

$$x_1(t) \to y_1(t), x_2(t) \to y_2(t) \qquad (3-2)$$

则

$$x_1(t) \pm x_2(t) \to y_1(t) \pm y_2(t) \qquad (3-3)$$

叠加性质表明一个输入所引起的响应并不因为其他输入的存在而受影响，即如果系统有多个输入，则每个输入都将产生相应的响应，它们之间互不干扰。因此，求线性系统在复杂输入情况下的输出，可以转化为把复杂输入分成许多简单的输入分量。然后对每个输入所产生的响应进行线性叠加。

2. 比例特性

比例特性表明输入增加时，输出也以输入增加的同样比例增加。若线性系统的输入扩大 a 倍，则其响应也将扩大 a 倍，即

$$ax(t) \to ay(t) \qquad (3-4)$$

综合以上两个性质，线性时不变系统遵从以下关系，即

$$a_1 x_1(t) + a_2 x_2(t) + \cdots \to a_1 y_1(t) + a_2 y_2(t) + \cdots \qquad (3-5)$$

3. 微分特性

线性系统对输入微分的响应等于对原输入响应的微分，即

$$\frac{\mathrm{d}x(t)}{\mathrm{d}t} \rightarrow \frac{\mathrm{d}y(t)}{\mathrm{d}t} \qquad (3-6)$$

此性质也可推广到多重微分。

4. 积分特性

如果系统的初始状态为 0，则系统对输入积分的响应等于对原输入响应的积分，即

$$\int_0^t x(t)\,\mathrm{d}t \rightarrow \int_0^t y(t)\,\mathrm{d}t \qquad (3-7)$$

5. 频率保持性

如果系统的输入是某一频率的简谐信号，则其稳态响应必是且仅是同一频率的简谐信号，但在幅值和相位上可能有所变化，即

$$x_0\sin(\omega t + \varphi_x) \rightarrow y_0\sin(\omega t + \varphi_y) \qquad (3-8)$$

线性时不变系统的频率保持性在动态测试中具有重要作用。因为在实际测试中，测试信号常常会受到其他信号或噪声的干扰。假设已知系统是线性的，且知道其输入的激振频率，那么测试信号中只有与激励频率相同的成分才可能是由该激励引起，而其他的频率成分都不是由该激励引起的，它们或是由外界干扰引起，或是由系统内部噪声引起的。基于这一性质，可以根据输入信号的频率成分确定输出信号的频率成分；可以判断测试信号中的干扰成分——测试信号中只有与输入频率相同的成分才可能是由该输入引起的，而其他的频率成分都是干扰；由某一系统的输入/输出信号的频率成分比较来确定该系统是否是线性系统。利用这一特性可以采用相应的滤波技术将有用的信息提取出来。

3.2.2　复数域描述

测试系统以传递函数进行复数域描述。在所考虑的测量范围内，测试系统均可以认为是线性系统，因此可用式（3-1）来描述系统输入 $x(t)$ 和输出 $y(t)$ 之间的关系。当系统的初始条件为 0 时，对式（3-1）进行拉普拉斯变换（简称拉氏变换），可得

$$(a_n s^n + a_{n-1} s^{n-1} + \cdots + a_1 s + a_0) Y(s)$$
$$= (b_m s^m + b_{m-1} s^{m-1} + \cdots + b_1 s + b_0) X(s) \qquad (3-9)$$

定义输出信号的拉氏变换 $Y(s)$ 与输入信号的拉氏变换 $X(s)$ 之比为系统的传递函数，记作 $H(s)$，可得

$$H(s) = \frac{Y(s)}{X(s)} = \frac{b_m s^m + b_{m-1} s^{m-1} + \cdots + b_1 s + b_0}{a_n s^n + a_{n-1} s^{n-1} + \cdots + a_1 s + a_0} \qquad (3-10)$$

式中：s 为复变量，$s = \sigma + j\omega$。关于传递函数，有以下几点说明。

（1）$H(s)$ 是系统初始条件为零时输出信号的拉普拉斯变换与输入信号的拉普拉斯变换之比，其输入并不限于简谐输入。

（2）$H(s)$ 表达式的分母和分子均为关于算子 s 的多项式，而分母、分子多项式的系数是系统本身唯一确定的常数，与输入无关。因此，传递函数只反映系统的传输特性，与输入 $x(t)$ 和系统的初始状态无关。

（3）传递函数是系统动态特性的一种数学描述，而与系统的物理结构无关，因此同一个 $H(s)$ 可以用来表征不同的物理系统。如 RC 无源低通滤波器与液柱温度计具有相似的动态特性，它们的传递函数在形式上是一样的，均为 $H(s) = \dfrac{1}{\tau s + 1}$。

（4）传递函数分母多项式中 s 的幂次 n 为系统的阶数。

3.2.3　频域描述

测试系统的频域描述为频率响应函数，它等于初始条件为零时输出信号的傅里叶变换 $Y(\omega)$ 与输入信号的傅里叶变换 $X(\omega)$ 之比，可以利用传递函数求出。在已知传递函数 $H(s)$ 的情况下，令 $H(s)$ 中的 s 的实部为 0，即 $s = j\omega$，则可得到频率响应函数为

$$H(\omega) = \frac{Y(\omega)}{X(\omega)} = \frac{b_m (j\omega)^m + b_{m-1} (j\omega)^{m-1} + \cdots + b_1 (j\omega) + b_0}{a_n (j\omega)^n + a_{n-1} (j\omega)^{n-1} + \cdots + a_1 (j\omega) + a_0} \qquad (3-11)$$

频率响应函数描述的是在简谐信号激励下测试系统达到稳态后输出与输入之间的关系。因此，频率响应函数必须在系统响应达到稳态阶段时测量。

一般情况下，$H(\omega)$ 为复数，因此可表示成 $H(\omega) = A(\omega) e^{j\varphi(\omega)}$。$A(\omega)$ 和 $\varphi(\omega)$ 分别称为测试系统的幅频特性和相频特性，分别用来描述线性时不变系统在简谐信号激励下，其稳态输出信号与输入信号的幅值比值和相位差随信号频率变化的规律。

|3.3 测试系统的静态特性|

测试系统的静态特性是指在静态测量情况下描述实际测量系统与理想线性时不变系统的接近程度。静态是指在测量过程中系统输入量（被测量）不随时间变化，或变化很微小并且测量系统有稳定输出时的状态。实际的测试系统并非理想的线性时不变系统，二者之间存在差别，通常用灵敏度、非线性度、回程误差、重复性等指标来表征。

1. 灵敏度

灵敏度表征的是测试系统对输入信号变化的一种反应能力。测量系统灵敏度定义为单位输入量引起的输出变化量，也就是测量系统标定曲线在各点的斜率。灵敏度可表示为

$$K = \frac{\mathrm{d}y}{\mathrm{d}x} = \lim_{\Delta x \to 0} \frac{\Delta y}{\Delta x} \tag{3-12}$$

例如，用压电测量系统测量压力时，系统灵敏度为

$$K = \frac{\Delta V}{\Delta p} \tag{3-13}$$

式中：ΔV 为测量系统输出电压改变量；Δp 为被测压力的改变量。

通常，灵敏度越高，抗干扰能力越强。在选择测试系统的灵敏度时，要充分考虑其合理性，因为系统的灵敏度和系统的量程及固有频率相互制约。一般来说，系统的灵敏度越高，其测量范围往往越窄。

2. 非线性度

非线性度是指系统的输入/输出之间保持线性关系的一种度量指标。一个实际的测量系统，其静态特性可用一个多项式表示为

$$y = a_0 + a_1 x + a_2 x^2 + \cdots + a_n x^n \tag{3-14}$$

从式（3-14）可以看出，输入量 x 与输出量 y 之间的关系，除了线性项 $a_0 + a_1 x$ 外，还有高次项。由此可见，实际的测量系统并非理想线性系统。在静态测量中，通常用试验的方法获取系统的输入/输出关系曲线，并称为标定曲线。由标定曲线采用拟合方法得到的输入/输出之间的线性关系，称为公称直线。如图 3-3 所示，非线性度是用标定曲线与公称直线之间的最大偏差

$|H|$（也称为非线性偏差）与测量系统满量程输出值 Y_{FS} 之比值的百分数表示，即

$$e_L = \frac{|H|}{Y_{FS}} \times 100\% \qquad (3-15)$$

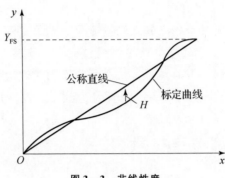

图 3 - 3　非线性度

值得注意的是，最大偏差 $|H|$ 是以公称直线为基准计算的。因此，不同的回归方法所得公称直线不同，最大偏差 $|H|$ 也不一样。系统的非线性度一般应在 5% 以内。

3. 回程误差

回程误差也称滞差，如图 3 - 4 所示，表征测试系统在全量程范围内，输入量递增变化中的定度曲线和递减变化中的标定曲线二者静态特性不一致的程度，它是判别实际测试系统与理想系统特性差别的一项指标参数。

滞后在数值上用上行程与下行程所得两曲线间最大偏差 $|H|$ 与测量系统满量程输出值 Y_{FS} 之比值的百分数表示，即

$$e_H = \frac{|H|}{Y_{FS}} \times 100\% \qquad (3-16)$$

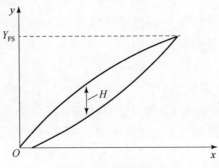

图 3 - 4　回程误差

回程误差主要由摩擦、间隙、材料的受力变形或磁滞等因素引起，也可能反映仪器不工作区（死区）的存在。不工作区是指输入变化对输出无影响的范围。

4. 重复性

重复性是指在相同条件下（包括测量仪器、测量方法、测试条件等），对同一被测量进行多次测量所得结果之间的一致程度。重复性是衡量测量结果分散性的指标，即随机误差大小的指标。在数值上用测量结果标准偏差的 2 ~ 3 倍与测量系统满量程输出值之比值的百分数表示，即

$$e_R = \frac{c\sigma}{Y_{FS}} \times 100\% \qquad (3-17)$$

c 值取决于对测量结果分布范围估计的置信概率。若按 95% 置信概率估计，$c=2$；若按 99.73% 置信概率估计，$c=3$。若测量系统存在迟滞，则正行程和反行程上各点输出值的标准偏差应该分别计算。

5. 分辨力、分辨率

分辨力是指测量系统能测量到最小输入量变化的能力，也就是能引起输出量发生变化的最小输入变化量 Δx。

由于测量系统在全量程范围内，各测量区间的 Δx 不完全相同。因此，分辨率用全量程范围内最大的 Δx，即 Δx_{max} 与测量系统满量程输出值（换算为与输入信号相同量纲的值）之比值的百分数表示，即

$$r = \frac{\Delta x_{max}}{Y_{FS}} \times 100\% \qquad (3-18)$$

5. 精度

测量系统的精度表征测量结果 y 与被测真值 μ 的一致程度。通常用"引用误差"表示法表示。

引用误差为

$$a = \left(\frac{\delta}{Y_{FS}}\right) \times 100\% , \quad \delta = y - \mu \qquad (3-19)$$

真值是不可知的，只能引用高一级精度测量系统测得值或某种估算值。在电工仪表中常将引用误差称为精度，并以引用误差的百分数定义精度等级。例如，某种电压表精度为 0.1，就是指其引用误差是 0.1%。精度反映了测量系统中各类误差的综合，测量精度越高，测量结果中包含的各类误差越小。

6. 零点漂移和灵敏度漂移

零点漂移是测量系统的输出零点偏离原始零点的距离；灵敏度漂移是由于材料性质的变化所引起的输入与输出关系的变化。总误差等于零点漂移误差与灵敏度漂移误差之和，如图 3 – 5 所示。一般情况下，灵敏度漂移很小，因此在测量过程中，只考虑零点漂移的影响。如需长时间测量，应做出大于 24 h 的时间与零点漂移的关系曲线。

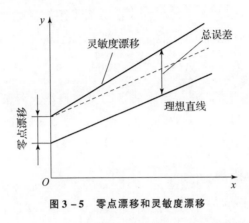

图 3 – 5　零点漂移和灵敏度漂移

|3.4　测量系统的动态特性|

测量系统的动态特性是指输入随时间快速变化时，系统的输出随输入的变化而变化的关系，是指其测量动态物理量时所表现出的特性。在输入变化时，输出不仅受到研究对象动态特性的影响，也受到测试系统动态特性的影响。它与静态特性的区别是输出量与输入量的关系不是一个定值，而是时间的函数。测量系统动态特性的描述实质上就是建立输入信号、输出信号和测量系统结构参数三者之间的关系。即把测量系统这个物理系统抽象成数学模型，分析输入信号与响应信号之间的关系。

由于输入量是时间的函数，因此输出量也随时间而变化，而且还与输入信号的频率有关。表征测量系统动态特性常用的指标有频域指标和时域指标。频域指标由幅频特性和相频特性得到，主要包括固有角频率 ω_n、工作频带 $\Delta\omega$ 和相角 φ 等；时域指标由阶跃响应特性得到，主要包括上升时间 t_r、响应时间 t_s 和超调量 $M\%$ 等。

随时间而变化的输入量最常见的有正弦信号和阶跃信号。本节主要讨论一阶系统和二阶系统在正弦信号和阶跃信号为输入时的动态特性。

3.4.1　系统模型描述

测量系统动态特性的数学模型可用常系数线性微分方程来描述，下式是 n 阶微分方程：

$$a_n \frac{\mathrm{d}^n y}{\mathrm{d}t^n} + a_{n-1} \frac{\mathrm{d}^{n-1} y}{\mathrm{d}t^{n-1}} + \cdots + a_1 \frac{\mathrm{d}y}{\mathrm{d}t} + a_0 y = b_m \frac{\mathrm{d}^m x}{\mathrm{d}t^m} + b_{m-1} \frac{\mathrm{d}^{m-1} x}{\mathrm{d}t_{m-1}} + \cdots + b_1 \frac{\mathrm{d}x}{\mathrm{d}t} + b_0 x$$

$$(3-20)$$

测试系统动态特性规律的微分方程与其传递函数的描述是对应的，采用传递函数可以简化计算。对方程式两边进行拉普拉斯变换，可得

$$(a_n s^n + a_{n-1} s^{n-1} + \cdots + a_0) Y(s) = (b_m s^m + b_{m-1} s^{m-1} + \cdots + b_0) X(s)$$

$$(3-21)$$

式中：s 为拉氏变换自变量，是个复数；$Y(s)$ 为系统输出量的拉氏变换式；$X(s)$ 为系统输入量的拉氏变换式。

则传递函数如下式所示，定义为在初始条件为零时，系统输出量的拉普拉斯变换与输入量的拉普拉斯变换之比：

$$H(s) = \frac{Y(s)}{X(s)} = \frac{b_m s^m + b_{m-1} s^{m-1} + \cdots + b_0}{a_n s^n + a_{n-1} s^{n-1} + \cdots + a_0} \qquad (3-22)$$

系统频率响应函数为

$$H(\mathrm{j}\omega) = \frac{Y(\mathrm{j}\omega)}{X(\mathrm{j}\omega)} = \frac{b_m (\mathrm{j}\omega)^m + b_{m-1} (\mathrm{j}\omega)^{m-1} + \cdots + b_0}{a_n (\mathrm{j}\omega)^n + a_{n-1} (\mathrm{j}\omega)^{n-1} + \cdots + a_0} = A(\omega) \mathrm{e}^{\mathrm{j}\varphi(\omega)} = H(s) \big|_{s=0^+ + \mathrm{j}\omega}$$

$$(3-23)$$

式中：$A(\omega)$ 称为系统幅频特性；$\varphi(\omega)$ 称为系统相频特性；$A(0)$ 为系统静态灵敏度。

频率响应函数又称为正弦传递函数。

传递函数以代数形式表征了测试系统的动态特性，一旦掌握了系统的传递函数，就可以由输入求出对应的输出，经代数运算可以列出系统的时间和频率响应函数、幅频和相频特性，从而进一步分析输出、输入间的差异，以找到减小动态误差的途径。

传递函数的特点为：和输入无关，只反映测试系统的特性。但它所描述的系统对任一具体的输入都确定给出了相应的输出。由于输入和输出常具有不同的量纲，传递函数是通过系数 a_n、b_m 反映的。

3.4.2　理想不失真测量系统

理想不失真测量系统是指输出信号无畸变的重现输入信号。一个理想不失真测量系统的输入、输出关系可表示为

$$y(t) = Kx(t - t_0) \qquad (3-24)$$

式中：K 为比例系数，也称为系统静态灵敏度；t_0 为系统延迟时间。

由傅里叶变换的延时特性可得

$$Y(j\omega) = KX(j\omega)e^{-j\omega t_0} \qquad (3-25)$$

理想不失真测量系统的频率响应函数为

$$H(j\omega) = \frac{Y(j\omega)}{X(j\omega)} = Ke^{-j\omega t_0} \qquad (3-26)$$

则理想不失真测量系统的幅频特性为

$$A(\omega) = |H(j\omega)| = K \qquad (3-27)$$

理想不失真测量系统的相频特性为

$$\varphi(\omega) = -\omega t_0 \qquad (3-28)$$

式（3-27）、式（3-28）是理想不失真测量条件，满足这种条件的测量系统就是理想不失真测量系统。图3-6所示为理想不失真测量系统的幅频、相频特性。

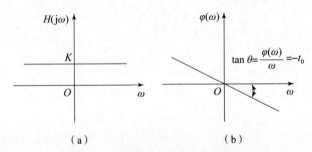

图3-6　理想不失真测量系统频率响应

（a）幅频特性；（b）相频特性

理想不失真测量条件具有很大的实用价值，判断一个测量系统性能是否良好，应将它的幅频、相频特性与理想不失真测量系统幅频、相频特性相比较，两者差异越小，则测量系统性能越好。

通常定义允许的幅值测量误差为

$$\varepsilon = \left| \frac{A(\omega_H) - A(\omega_L)}{A(\omega_L)} \right| \times 100\% \leqslant 给定值 \qquad (3-29)$$

式中：ω_H 为系统允许的最高工作频率；ω_L 为系统最低工作频率。

给定值常取为 5% 或 10%，以 dB 表示时取为 0.50 dB（约 6%）或 1 dB（约 10%）。由此式可以确定幅值测量误差在给定允许范围内时测量系统的工作频带 $\Delta\omega$，即 $\Delta\omega = \omega_H - \omega_L$。

3.4.3　一阶系统动态特性

动态特性包括时间响应和频率响应两项指标，采用典型的阶跃信号为输入量，评价系统的瞬态响应特性；用有代表性的正弦波作为输入信号，评价系统的频率响应特性。

对于式（3-20），如果等式左边二阶以上微分项系数为零，等式右边一阶以上微分项系数为零，则式（3-20）改写为

$$a_1 \frac{\mathrm{d}y}{\mathrm{d}t} + a_0 y = b_0 x \tag{3-30}$$

同时，有

$$H(\mathrm{j}\omega) = \frac{Y(\mathrm{j}\omega)}{X(\mathrm{j}\omega)} = \frac{b_0}{a_1 \mathrm{j}\omega + a_0} = K \frac{1}{1 + \mathrm{j}\omega\tau} \tag{3-31}$$

具有式（3-31）形式的输入、输出关系的测量系统称为一阶测量系统（K 是系统静态灵敏度）。

1. 一阶系统时间响应特性

阶跃信号是一个典型的突变信号，常用它来观察系统动态特性。阶跃输入信号的函数表达式为

$$x(t) = \begin{cases} 0, & t \leqslant 0 \\ A, & t > 0 \end{cases} \tag{3-32}$$

用拉普拉斯变换法来求解系统阶跃响应，阶跃信号拉普拉斯变换为

$$X(s) = \frac{A}{s} \tag{3-33}$$

系统响应的拉普拉斯变换为

$$Y(s) = H(s)X(s) = K \frac{1}{1 + \tau s} \frac{A}{s} = K \left(\frac{A}{s} - \frac{A}{s + 1/\tau} \right) \tag{3-34}$$

式（3-34）的拉普拉斯反变换为

$$y(t) = KA(1 - \mathrm{e}^{-\frac{t}{\tau}}), \quad t \geqslant 0 \tag{3-35}$$

式（3-35）称为一阶系统的阶跃响应函数，其曲线如图 3-7 所示。由图可见，阶跃响应函数是指数曲线，初始值为零，随着时间 t 的不断增大，最终趋于阶跃稳态值 KA。由此可见，从零到最终值这段时间，总是存在输出与输

入之间的差值，该差值称为动态误差，或称过渡响应动误差。当 $t = \tau$ 时，$y = KA(1 - 0.37) = 0.63KA$，即在 τ 时刻，输出只达到输入的 63%。当 $t = 5\tau$ 时，$y \approx 0.99KA$。

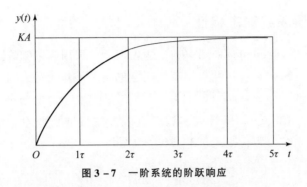

图 3 – 7　一阶系统的阶跃响应

如图 3 – 7 所示的指数曲线，其变化率取决于常数 τ，τ 值越大，曲线趋近于 KA 的时间越长，输出与输入的差值越大，即动误差越大；τ 值越小，曲线趋近于 KA 的时间越短，输出与输入的差值越小，即动误差越小。可见，τ 值是决定响应速率的重要因素，故称为时间常数。

2. 一阶系统频率响应特性

由式（3 – 35）所示的一阶系统的频率响应函数可以得到一阶系统的幅频特性和相频特性，如图 3 – 8 所示。

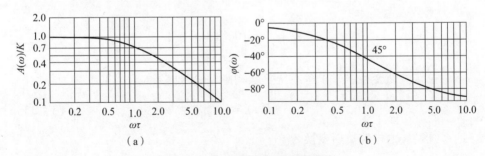

图 3 – 8　一阶系统的幅频和相频曲线

（a）幅频曲线；（b）相频曲线

幅频特性为

$$A(\omega) = |H(j\omega)| = \frac{K}{\sqrt{1 + (\omega\tau)^2}} \qquad (3 - 36)$$

相频特性为

$$\varphi(\omega) = -\arctan\omega\tau \qquad (3 - 37)$$

由图 3 – 5（a）可看出：响应幅度随 ω 增大而减小，$\omega\tau < 0.3$ 时，测量结果幅度失真很小；时间常数 τ 小，则信号频率 ω 可增加的范围越大；反之，τ 大，则信号频率 ω 小，系统工作频率范围越窄。例如：温度计 τ 很大，故温度计所测温度变化频率很低，弹簧秤也是这样。电子仪器设备的 τ 较小，如示波器等。对爆炸与冲击测量系统来说，希望其时间常数 τ 小一些，这样可以扩大系统的测量频率范围。

相频特性反映的是系统的延迟时间，延迟时间 $t = \varphi(\omega)/\omega$。

3.4.4　二阶系统动态特性

对于式（3 – 20），如果其等式左边三阶以上微分项系数为零，等式右边一阶以上微分项系数为零，则式（3 – 20）可改写为

$$a_2\frac{\mathrm{d}^2 y}{\mathrm{d}t^2} + a_1\frac{\mathrm{d}y}{\mathrm{d}t} + a_0 y = b_0 x \qquad (3-38)$$

即

$$\frac{\mathrm{d}^2 y}{\mathrm{d}t^2} + 2\zeta\omega_n\frac{\mathrm{d}y}{\mathrm{d}t} + \omega_n^2 y = K\omega_n^2 x \qquad (3-39)$$

式中：ζ 为二阶系统阻尼比，$\zeta = \dfrac{a_1}{2\sqrt{a_0 a_2}}$；$\omega_n$ 为二阶系统固有频率，$\omega_n = \sqrt{a_0/a_2}$；$K$ 为二阶系统静态灵敏度，$K = \dfrac{b_0}{a_0}$。

二阶系统频率响应函数一般式为

$$H(\mathrm{j}\omega) = \frac{Y(\mathrm{j}\omega)}{X(\mathrm{j}\omega)} = K\frac{1}{\left(1 - \dfrac{\omega^2}{\omega_n^2} + 2\mathrm{j}\zeta\dfrac{\omega}{\omega_n}\right)} \qquad (3-40)$$

满足式（3 – 40）形式的输入、输出关系的测量系统叫作二阶测量系统。典型的二阶系统如图 3 – 9 所示。

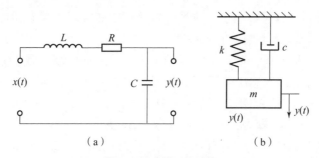

（a）　　　　　　　　　　（b）

图 3 – 9　典型二阶系统

（a）RLC 电路；（b）弹簧—质量—阻尼系统

以弹簧—质量—阻尼系统为例分析二阶系统。

在弹簧—质量—阻尼系统中，若各力平衡，则

$$m\frac{\mathrm{d}^2 y(t)}{\mathrm{d}t^2} + c\frac{\mathrm{d}y(t)}{\mathrm{d}t} + ky(t) = x(t) \tag{3-41}$$

令

$$\omega_n = \sqrt{\frac{k}{m}}, \zeta = \frac{c}{2\sqrt{km}} \tag{3-42}$$

则

$$\frac{1}{\omega_n^2}\frac{\mathrm{d}^2 y(t)}{\mathrm{d}t^2} + \frac{2\zeta}{\omega_n}\frac{\mathrm{d}y(t)}{\mathrm{d}t} + y(t) = \frac{1}{k}x(t) \tag{3-43}$$

式中：ω_n 为固有角频率；ζ 为阻尼比。

式（3-40）是典型二阶系统的输入/输出关系式。

弹簧—质量—阻尼系统的频率响应函数为

$$H(\mathrm{j}\omega) = \frac{1}{k\left(1 - \dfrac{\omega^2}{\omega_n^2} + \mathrm{j}2\zeta\dfrac{\omega}{\omega_n}\right)} \tag{3-44}$$

1. 二阶系统阶跃响应特性

可以用拉普拉斯变换求解二阶系统阶跃响应，设阶跃信号幅值为 A，有

$$Y(s) = H(s)X(s) = \frac{\omega_n^2}{k(s^2 + 2\zeta\omega_n s + \omega_n^2)}\frac{A}{s} \tag{3-45}$$

对式（3-45）进行拉普拉斯反变换，可以得到二阶系统阶跃响应，下面分三种情况讨论。

解方程后得其特征方程 $s^2 + 2\zeta\omega_n s + \omega_n^2 = 0$。

解特征方程有两个根：

$$r_1 = (-\zeta + \sqrt{\zeta^2 - 1})\omega_n, \ r_2 = (-\zeta - \sqrt{\zeta^2 - 1})\omega_n \tag{3-46}$$

根据以上讨论，可以画出二阶系统阶跃响应曲线，如图 3-10 所示。

图中，$K = 1/k$ 为系统静态灵敏度。

当 $0 < \zeta < 1$ 时，阶跃响应上升时间较小，但出现振荡，且 ζ 越小，振荡越大；当 $\zeta \geq 1$ 时，阶跃响应单调增长，无振荡，但上升时间长。因此，一般 ζ 常取 $0.6 \sim 0.8$。在此范围内，阶跃响应有振荡，但较小，同时上升时间也较小。当 ζ 一定时，ω_n 越大，$y(t)$ 达到稳态值越快。

二阶系统阶跃响应时域性能指标如图 3-11 所示。延迟时间（t_d）为单位阶跃响应曲线达到其终值的 50% 所需的时间。

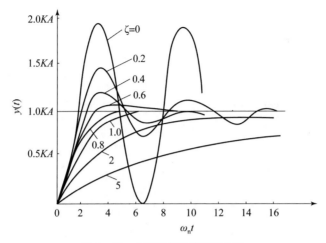

图 3 – 10　二阶系统阶跃响应曲线

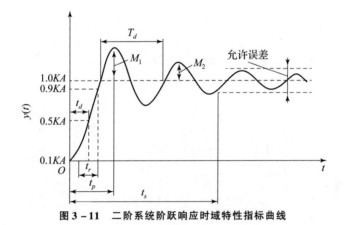

图 3 – 11　二阶系统阶跃响应时域特性指标曲线

图 3 – 11 中一些量的意义如下。

（1）上升时间 t_r：单位阶跃响应曲线 $y(t)$ 从它的终值的 10% 上升到终值的 90% 所需的时间。

（2）峰值时间 t_p：单位阶跃响应曲线 $y(t)$ 从零开始超过其稳态值而达到第一个峰值所需的时间。

（3）响应时间 t_s：单位阶跃响应曲线 $y(t)$ 达到并保持在响应曲线终值允许的误差范围（通常规定为终值的 $\pm 5\%$）内所需的时间。

（4）超调量 M_1：单位阶跃响应曲线的最大值与响应曲线终值的差值对终值的比值的百分数，即

$$M_1 = \frac{y_{max} - y(\infty)}{y(\infty)} \times 100\% \qquad (3 - 47)$$

对二阶系统来说，超调量越小，说明系统振荡越小。

2. 二阶系统频率响应特性

幅频特性为

$$A(\omega) = |H(j\omega)| = \cfrac{1}{k\sqrt{\left(1 - \cfrac{\omega^2}{\omega_n^2}\right)^2 + \left(2\zeta\cfrac{\omega}{\omega_n}\right)^2}} \qquad (3-48)$$

相频特性为

$$\varphi(\omega) = -\arctan\cfrac{2\zeta\cfrac{\omega}{\omega_n}}{\left(1 - \cfrac{\omega^2}{\omega_n^2}\right)} \qquad (3-49)$$

二阶系统的频率响应曲线如图 3–12 所示，图中 $K = 1/k$ 为系统静态灵敏度。

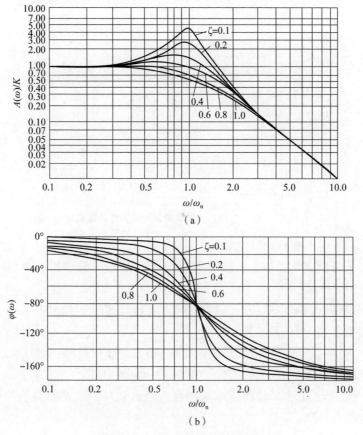

图 3 – 12　二阶系统频率响应曲线

（a）幅频特性曲线；（b）相频特性曲线

下面讨论幅频特性 $A(\omega) = |H(j\omega)|$ 的单调区间。

令

$$u = \left(1 - \frac{\omega^2}{\omega_n^2}\right)^2 + \left(2\zeta\frac{\omega}{\omega_n}\right)^2 \qquad (3-50)$$

则

$$A'(\omega) = -\frac{1}{k}\frac{u'}{2u\sqrt{u}} = -\frac{1}{k}\frac{2\left(1 - \frac{\omega^2}{\omega_n^2}\right)\left(-\frac{2\omega}{\omega_n^2}\right) + 2\times 2\zeta\frac{\omega}{\omega_n}\times 2\zeta\frac{1}{\omega_n}}{2u\sqrt{u}}$$

$$= -\frac{1}{k}\frac{\frac{4\omega^3}{\omega_n^4} - \frac{4\omega}{\omega_n^2} + 8\zeta^2\frac{\omega}{\omega_n^2}}{2u\sqrt{u}} = \frac{2}{ku\sqrt{u}}\frac{-\frac{\omega^3}{\omega_n^2} + \omega - 2\zeta^2\omega}{\omega_n^2} \qquad (3-51)$$

由式（3-51）可知，$A'(\omega)$ 与 $-\frac{\omega^2}{\omega_n^2} + \omega - 2\zeta^2\omega$ 正、负性一致。

通过确定 $A'(\omega)$ 正、负区间，从而确定 $A(\omega)$ 的单调区间。在这里只讨论 $\omega > 0$ 区间。

（1）$1 - 2\zeta^2 < 0$，$\zeta > \frac{\sqrt{2}}{2}$ 时，$A'(\omega)$ 恒小于 0，$A(\omega)$ 单调递减。

（2）$1 - 2\zeta^2 = 0$，$\zeta = \frac{\sqrt{2}}{2}$ 时，$A'(\omega) = -\frac{\omega^3}{\omega_n^2}$ 恒小于 0，$A(\omega)$ 单调递减。

（3）$1 - 2\zeta^2 > 0$，$\zeta < \frac{\sqrt{2}}{2}$ 时，$A'(\omega) = -\frac{\omega^3}{\omega_n^2} + (1 - 2\zeta^2)\omega$。

用 $A'(\omega) = 0$ 求取的两个极值点为 $\omega = 0$，$\omega = \omega_n\sqrt{1 - 2\zeta^2}$。

$A'(\omega) > 0$ 区间为 $A(\omega)$ 单调递增区间，解不等式可得 $A(\omega)$ 在区间 $(0, \omega_p)$ 单调增加。$A'(\omega) < 0$ 区间为 $A(\omega)$ 单调递减区间，解不等式可得 $A(\omega)$ 在区间 (ω_p, ∞) 单调减小，ω_p 为共振频率，且 $\omega_p = \omega_n\sqrt{1 - 2\zeta^2}$。

由以上分析可得如下结论。

（1）当 $0 \leqslant \zeta < 0.707$ 时，系统为欠阻尼。

$A(\omega)$ 在区间 $(0, \omega_p)$ 单调递增，在区间 (ω_p, ∞) 单调减小，在 $\omega_p = \omega_n\sqrt{1 - 2\zeta^2}$ 处有一极大值。

当 $\zeta = 0$ 时，$A(\omega)$ 在 $\omega_p = \omega_n$ 处有一无穷大值。

当 $0 < \zeta < 0.707$ 时，随着 ζ 增大，ω_p 左移，$A(\omega_p)$ 减小。

（2）当 $0.707 \leqslant \zeta < 1$ 时，为欠阻尼，$A(\omega)$ 是一个单调递减函数，无极值。

（3）当 $\zeta = 1$ 时，为临界阻尼，$A(\omega)$ 是一个单调递减函数，无极值。

（4）当 $\zeta > 1$ 时，为过阻尼，$A(\omega)$ 是一个单调递减函数，无极值。

（5）当 ζ 从 0 渐增至 1 时，$A(\omega_n)$ 逐渐减小。

综上所述，一个二阶系统的 ζ 最好在 0.707 左右，ζ 太小，幅频特性有过冲，ζ 太大，幅频特性衰减快；ω_n 越大，系统动态范围越大。

3.4.5 测量系统动态参数测定

测量系统动态参数的测定，通常用单位阶跃信号或单位正弦信号作为标准激励源，分别测出阶跃响应曲线和频率响应曲线，从中确定测量系统的时间常数、阻尼比、固有角频率等。

1. 一阶系统动态参数测定

一阶系统最重要的参数是时间常数 τ，测定 τ 有以下两种方法。

（1）从阶跃响应曲线上测取输出值达到稳定值的 63% 时所经过的时间就是时间常数。或取输出值为稳态的 95% 所对应时间的 1/3 作为系统的时间常数。不过这样求取的时间常数未涉及响应的全过程，因此所得结果的可靠性较差。

因为 $y = K(1 - e^{-\frac{t}{\tau}})$，所以当 $t = \tau$ 时，$y = K\left(1 - \dfrac{1}{e}\right) \approx 0.63K$。

（2）从 $z - t$ 曲线上若干点求得若干斜率，可得到若干 τ，取均值得到较准确的时间常数。

由 $y - t$ 曲线得到 $z - t$ 曲线的转换过程如下。

输入信号为单位阶跃信号时，有

$$y = K(1 - e^{-\frac{t}{\tau}}) \tag{3-52}$$

则

$$\ln\left(1 - \frac{y}{K}\right) = -\frac{t}{\tau} \tag{3-53}$$

令

$$z = \ln\left(1 - \frac{y}{K}\right) = -\frac{t}{\tau} \tag{3-54}$$

由 $z - t$ 曲线可求得时间常数，$\tau = \dfrac{dt}{dz}$。用这种方法获得的时间常数，由于考虑了瞬态响应的全过程（即过渡过程和稳态过程），因此可靠性更高。

2. 二阶系统动态参数测定

二阶系统动态参数的测定主要是阻尼比（ζ）和固有角频率（ω_n）的测

定。二阶系统一般设计成 $\zeta = 0.7 - 0.8$，试验时让系统处于略欠阻尼状态，在此只分析 $\zeta < 1$ 的情况。

当 $\zeta < 1$ 时，系统单位阶跃响应是以 ω_d 作衰减振荡，如图 3 – 10 所示。终值为 $1.0K$。对 $y(t)$ 求导，当 $y'(t) = 0$ 时，可求得各峰值点为

$$t_p = 0, \frac{\pi}{\omega_d}, \frac{2\pi}{\omega_d}, \cdots, \frac{n\pi}{\omega_d} \tag{3-55}$$

将第一个峰值时刻 $t_p = \dfrac{\pi}{\omega_d}$ 代入式（3 – 40），可得

$$y(t_p) = K\left[1 + e^{-\frac{\pi\zeta}{\sqrt{1-\zeta^2}}}\right] \tag{3-56}$$

最大超调量为

$$M_1 = \frac{y(t_p) - K}{K} \times 100\% \tag{3-57}$$

$$M_1 = e^{-\frac{\pi\zeta}{\sqrt{1-\zeta^2}}} \tag{3-58}$$

$$\ln M_1 = -\frac{\pi\zeta}{\sqrt{1-\zeta^2}} \tag{3-59}$$

$$(1-\zeta^2)\left(\frac{\ln M_1}{\pi}\right)^2 = \zeta^2 \tag{3-60}$$

$$\left(\frac{\ln M_1}{\pi}\right)^2 = \left[1 + \left(\frac{\ln M_1}{\pi}\right)^2\right]\zeta^2 \tag{3-61}$$

根据超调量，便可求得阻尼比为

$$\zeta = \sqrt{\frac{1}{\left(\frac{\pi}{\ln M_1}\right)^2 + 1}} \tag{3-62}$$

由式（3 – 56）可得二阶系统固有频率为

$$\omega_n = \frac{\omega_d}{\sqrt{1-\zeta^2}} \tag{3-63}$$

因为

$$\omega_d = \frac{2\pi}{T_d} \tag{3-64}$$

所以

$$\omega_n = \frac{2\pi}{\sqrt{1-\zeta^2} T_d} \tag{3-65}$$

式中：T_d 为阶跃响应振荡周期。

因为

$$t_p = \frac{\pi}{\omega_d} = \frac{T_d}{2} \tag{3-66}$$

所以

$$\omega_n = \frac{\pi}{\sqrt{1-\zeta^2}\, t_p} \tag{3-67}$$

由阶跃响应曲线测出 t_p 或 T_d 及 M，便可求出 ζ、ω_n。

第二篇

信息获取技术

第 4 章

压电测试技术

|4.1　压电测试原理|

压电测试的基本原理是利用由绝缘体或半导体制成的压力敏感元件，在外界压力的作用下材料表面产生电荷效应，并使负载元件获得有用的电流或电压信号。除了利用压电晶体传感器来测量压力外，广义的压电法还包括利用非压电晶体的压电效应来测量压力。所有由晶体、绝缘体、半导体和高分子材料制成的压力敏感元件在外界压力的作用下产生电荷的效应，并使负载元件获得有利的电流或电压信号，这种方法统称为压电法。

|4.2　压电传感器|

4.2.1　压电效应

某些材料在沿一定方向受到拉力或压力作用时，不仅其几何尺寸会发生变化，而且其内部会产生极化现象，同时在某两个表面上产生符号相反的电荷；当外力去掉时，又重新恢复到原始不带电状态。当改变外力方向，电荷的极性也随之改变。材料受力产生的电荷量与外力的大小成正比。这种效应称为压电效应。以石英晶体为例，当其沿一定方向受到外力作用时，内部就产生极化现象，同时在两个表面上产生符号相反的电荷；当外力去掉后，又恢复到带电状态；当作用力方向改变，电荷的极性也随着改变；晶体受力产生的电荷量与外力的大小成正比，上述现象称为正压电效应。反之，若对晶体施加一个外界电场作用，晶体本身将产生机械变形，这种现象称为逆压电效应。

4.2.2 压电材料

具有压电效应的器件称为压电材料。常用的压电材料主要有三种类型：压电单晶体、多晶体压电陶瓷、有机压电材料。

1. 压电单晶体

常见的压电单晶体有石英、电气石、铌酸锂（$LiNbO_3$）、氧化锌（ZnO）等，石英和电气石有天然的也有人造的，铌酸锂和氧化锌晶体大多是人造的。其中，石英晶体是最常用的压电单晶材料，有人工、天然之分，其最大的优点是温度稳定性好，在 20～200 ℃范围内，温度每升高 1 ℃，压电系数仅减小 0.016%；当温度升高到 400 ℃时，压电系数只减小 5%；当温度达到 573 ℃时，石英晶体就完全失去压电特性，该温度称为石英晶体的居里点。石英晶体的机械强度好，绝缘性好，耐震，耐冲击，理论承压能力可达 2 000～3 000 MPa，但石英晶体的压电系数较低（$d_{11} = 2.3 \times 10^{-12}$ C/N）。由于其性能稳定，目前，在稳定性要求高的标准压电传感器和兵器测试用的压电传感器中大都采用石英晶体。其外观形状如图 4 - 1 所示。

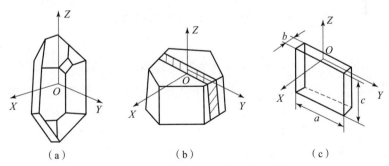

图 4 - 1　石英晶体的形状与切片示意图

（a）石英晶体；（b）石英晶体 X（或 Y）切割；（c）石英晶体切片

在笛卡尔坐标系中，X 轴经过正六边形的棱线，称为电轴；Y 轴垂直于正六面体棱面，称为机械轴；Z 轴为纵向轴，也称光轴。一般情况下，当压电材料在沿电轴方向的力的作用下产生电荷时，这种压电效应称为纵向压电效应，对各种压电材料而言，最常用的就是纵向压电效应；材料在沿机械轴方向的力的作用下产生的压电效应称为横向压电效应；然而，当材料受到沿光轴方向的作用力时，不会产生压电效应。沿 Z、X、Y 轴切割石英晶体，切下的一片平行六面体形状的压电晶体片，其两个端面垂直于 X（或 Y）轴，这种切片方式称为 X（或 Y）切割，如图 4 − 1（b）所示。如果沿 X 轴向压电片施加压力（或拉力）F_X，则电荷 Q_X 在与 X 轴垂直的端面产生，其大小为

$$Q_X = d_{11}F_X \tag{4 − 1}$$

式中：d_{11} 为 X 轴方向受力时的压电系数，单位为 C/N。

电荷 Q_X 的符号取决于 F_X 石英晶体是受拉还是受压。而且由式（4 − 1）可以看出，切片上产生电荷的多少与切片的几何尺寸无关。如果在同一切片上沿 Y 轴方向施加力 F_Y，其产生的电荷仍在与 X 轴垂直的平面上，但极性相反，此时电荷大小为

$$Q_Y = \frac{a}{b}d_{12}F_Y \tag{4 − 2}$$

式中：a，b 为晶体切片的长度和厚度，单位为 mm；d_{12} 为 Y 轴方向受力时的压电系数，单位为 C/N。

由于石英晶体是轴对称的，所以有 $d_{12} = -d_{11}$。负号说明沿 Y 轴的压力所产生的电荷极性与沿 X 轴的压力所引起的电荷极性是相反的。因此晶体切片上电荷的极性与受力方向的关系可用图 4 − 2 表示。

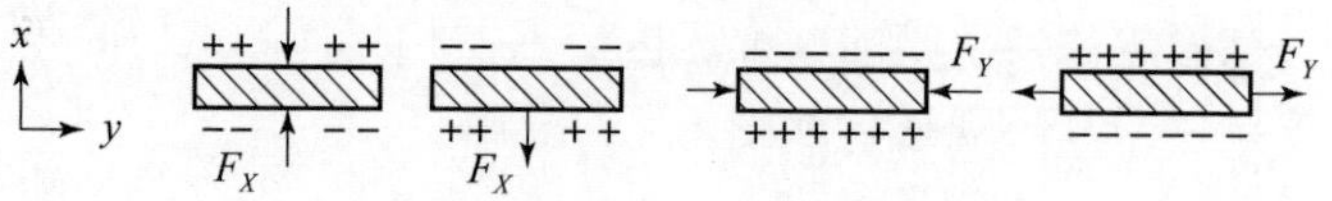

图 4 − 2 晶体切片受力与电荷分布示意图

下面以石英晶体为例来说明压电晶体是怎样产生压电效应的。石英晶体的压电特性与其内部分子结构有关，其分子式是 SiO_2，硅原子带有 4 个正电荷，氧原子带有 2 个负电荷，3 个硅离子和 6 个成对氧离子在平面上的投影可以等效为正六边形排列，如图 4 − 3（a）所示。当石英晶体不受力时，正负离子正好分布在正六边形的顶点上，形成 3 个大小相等、互成 120°夹角的电偶极矩 p_1、p_2、p_3，方向由负电荷指向正电荷。此时正、负电荷中心重合，电偶极矩的矢量和等于零，即

$$p_1 + p_2 + p_3 = 0 \tag{4 − 3}$$

此时，石英晶体表面不产生电荷，石英晶体整体上表现为电中性。

如图 4 − 3（b）所示，当石英晶体受到沿 X 轴方向的压力作用时，晶体在 X 方向被压缩，发生变形，正、负离子的相对位置发生改变，正负电荷中心不

再重合。此时电偶极矩在 X 轴的正方向的晶体表面上出现正电荷，在垂直于 Y 轴和 Z 轴的晶体表面上不产生电荷，则在 X 轴方向的分量 $(p_1 + p_2 + p_3)_x > 0$，在 Y 轴和 Z 轴的分量为零，即 $(p_1 + p_2 + p_3)_y = 0$、$(p_1 + p_2 + p_3)_z = 0$。当石英晶体受到沿 Y 方向的压力作用时，晶体的变形如图 4 – 3（c）所示。电偶极矩在 X 轴的正方向的晶体表面上出现负电荷，在 X 轴方向的分量 $(p_1 + p_2 + p_3)_x < 0$，在垂直于 Y 轴的晶体表面上不出现电荷。

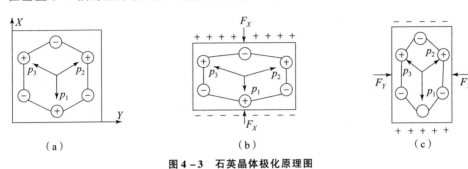

（a） （b） （c）

图 4 – 3　石英晶体极化原理图

（a）石英晶体不受力；（b）石英晶体受 X 轴方向压力；（c）石英晶体受 Y 轴方向压力

当晶体受到 Z 轴方向的压力或拉力作用时，因为晶体在 X 轴方向和 Y 方向的变形相同，正负电荷中心始终保持重合，电偶极矩在 X、Y 轴方向的分量等于零。这就是沿光轴方向施加作用力，石英晶体不产生压电效应的原因。

除了石英晶体，压电单晶体还有水溶性压电晶体，品种较多，典型代表是酒石酸钾钠，压电系数高（$d_{11} = 3 \times 10^{-9}$ C/N），机械强度差，易碎裂，溶于水，容易受潮，电阻系数低，电荷易流失，居里点低（只有 200 ℃）。对于不同的压电材料，其压电效应是不同的，有的只有纵向效应，有的只有横向效应，有的具有各种效应；压电系数也不尽相同，有的大，有的小。在使用时，对具体材料要具体研究。对同一种材料，不同的切形，其压电效应也不同。

2. 压电陶瓷

常见的多晶体压电陶瓷有锆酸铅（$PbZrO_3$）、钛酸钡（$BaTiO_3$）、铌镁酸铅（$PbMgO_3$）、以锆钛酸铅固溶体为基体的压电陶瓷（PZT）、锆钛锡酸铅（ZTS）等。这些材料都是人造的，通常经过原材料配制、元件制作、烧结成型等工艺，再经外电场的极化，将多晶陶瓷材料变成具有线性压电特性的材料。其中，钛酸钡压电陶瓷具有较高的压电系数（$d_{11} = 107 \times 10^{-12}$ C/N），绝缘性好，不吸潮，居里点低（约为 120 ℃），但其机械强度、温度稳定性都不如石英晶体。此外，锆钛酸铅的压电系数高（$d_{11} = 200 \times 10^{-12} \sim 500 \times 10^{-12}$ C/N），绝缘性好，与石英晶体相当，居里点约为 310 ℃，机械强度、温度稳定性方面是压电陶瓷类中较好的，制造容易，价格便宜，是使用中非常普遍的一种。

极化处理就是在一定温度下对压电陶瓷施加强电场（如 20～30 kV 直流电场），经过 2～3 min 后，压电陶瓷就具备压电性能了，如图 4-4（b）所示。这是因为在外部电场的作用下，陶瓷内部电畴的极化方向趋向于电场的方向。该方向是压电陶瓷的极化方向，通常是 Z 轴方向。

压电陶瓷无论是受到沿极化方向（平行于 Z 轴）的力，还是垂直于极化方向（垂直于 Z 轴）的力，如图 4-4（c）所示，都会在垂直于 Z 轴的上下两电镀层出现正、负电荷，电荷的大小与作用力成正比。这个过程与铁磁材料的磁化过程极其相似，在去除外部电场后，极化处理后的压电陶瓷内部仍存在较强的剩余极化强度。当压电陶瓷受外力作用时，电畴的界限发生移动，导致剩余极化强度也改变，压电陶瓷就呈现出压电效应。

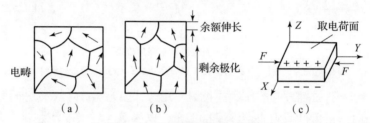

图 4-4　压电陶瓷的极化示意图

（a）自发极化；（b）极化处理；（c）压电陶瓷上下两电镀层出现正、负电荷

3. 有机压电材料

常见的有机压电材料包括压电半导体材料，如硫化钙（CaS）、硫化锌（ZnS）等以及高分子压电材料，如聚二氟乙烯（PVF_2）、聚氯乙烯（PVC）等。利用某些高分子材料经拉伸和电极化后呈现的压电性能制成压电传感器或压电薄膜（PVDF），可以对力学量进行测量。

当一片压电聚偏氟乙烯 PVDF 高分子膜被拉伸或弯曲时，将在薄膜上电极表面和下电极表面之间产生一个电信号（电荷或电压），且该电信号的大小与拉伸或弯曲的形变成比例。PVDF 对动态应力非常敏感，28 μm 厚的灵敏度典型值为 10～15 mV/微应变。然而，PVDF 无法探测静态应力。

PVDF 的压电响应在相当大的动态范围内都是线性的（14 个数量级）。多数情况下，只要能明显区分目标信号和噪声的带宽，就可以通过过滤器采集到细小的目标信号。

一些 PVDF 可以测试整个薄膜或 1 mm² 的分布式阵列压力，其测量量程为 5 kPa～5 MPa，误差为 5%～10%。基材可以为 PET（聚酯薄膜）或 TPU（聚氨酯薄膜），支持测试温度为 $-10 \sim 120\ ℃$，如图 $4-5$ 所示。此外，通过采用不同的封装方法，PVDF 可在油和水等液体中使用。因此，PVDF 广泛应用于爆炸和冲击等领域。

4.2.3　等效电路

在压电传感器中，通常将两片甚至多片压电材料进行组合使用。当压电式传感器压电片（包括压电晶体片和压电陶瓷片）两面受力时，在压电片两面就会产生数量相等、极性相反的电荷。由于压电片绝缘电阻很高，电荷不易流失，压电片相当于一个电容器。因为压电材料是有极性的，所以在连接方式上可分为串联和并联两种。所有正极和负极分别连在一起，这种连接方式为并联连接方式，如图

图 4 – 5　压电薄膜传感器

$4-6$（a）和（b）所示。这种情况下，每组压电片组成一个压电单元，产生压电效应后，就相当于一个充电电容。若一共有 n 个压电单元并联，则其总电容输出 $C = nC_i$，总输出电压 $U = U_i$，基板上电荷量 $Q = nQ_i$。串联连接法如图 $4-6$（c）和（d）所示，每两组压电切片正极和负极相连，在最外层两端的电极上取正、负电荷。这种接法的输出 $C = C_i/n$，$Q = Q_i$，$U = nU_i$。

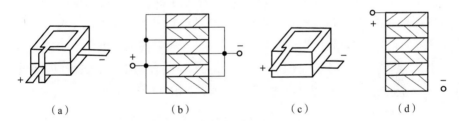

（a）　　　　　　　　（b）　　　　　　　（c）　　　　　　　　（d）

图 4 – 6　压电切片的连接方式示意图

（a）并联连接；（b）并联连接；（c）串联连接；（d）串联连接

并联接法输出电荷量大，本身电容也大；串联接法输出电压高，自身电容小。因此并联接法的时间常数大，适合测量反应速度慢的信号，以及以电荷作为输出量的场合；而串联接法更适合用于以电压作为输出量及测量电路输入阻抗很高的场合。

当压电传感器受到外力作用时，会在压电元件两个电极上产生电荷，此时压电传感器相当于一个电荷源（静电发生器）。当压电元件的两个表面聚集电荷时，也可以将其看作一个电容器，其电容量为

$$C = \varepsilon_r \varepsilon_0 A / \delta \qquad\qquad (4-4)$$

式中：C 为压电传感器内部电容（F）；ε_0 为真空介电常数，$\varepsilon_0 = 8.85 \times 10^{-12}\,\text{F/m}$；$\varepsilon_r$ 为压电材料相对介电常数；δ 为压电元件厚度（m）；A 为电极极板面积（m^2）。

因此，压电式传感器实际上可以等效为一个电荷源和一个与电荷相关联的等效电路。如图 4-7（a）所示。考虑到电容器上的开路电压 U 与电荷 Q 及电容 C 之间存在以下关系：

$$U = \frac{Q}{C} \tag{4-5}$$

因此，压电传感器也可以等效为一个串联电容表示的电压等效电路，如图 4-7（b）所示。

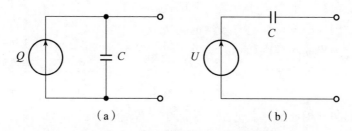

图 4-7　压电传感器的等效电路示意图
（a）电荷源和一个与电荷相关联的等效电路；（b）串联电容表示的电压等效电路

由图 4-7 可知，只有在外电路负载无穷大且内部无漏电的情况下，压电式传感器产生的电荷及其形成的电压才能长期保持；若负载不是无穷大，电路会以 R_fC 为时间常数按指数规律放电。因此，当压电传感器测量一个静态或频率很低的参数时，就必须保证负载电阻 R_f 具有很大的数值，通常 R_f 不小于 $10^9\,\Omega$。实际上，传统压电式传感器等效电路即电荷源和电容器的并联电路，产生电荷少且信号微弱，自身又要有极高的绝缘电阻，需经测量电路进行阻抗变换和信号放大，且要求测量电路输入端必须有足够高的阻抗和较小的分布电容，以防止电荷迅速泄漏引起测量误差。

4.2.4　典型压力测试传感器

1. 自由场压力传感器

空中（或水中）爆炸形成的爆炸波的测量方式大体上分两类：一类是测量没有任何物体干扰的自由场（Free Field）的压力；另一类是测量爆炸波的地面、壁面和结构物上的扫射压力或反射压力。后一类测量可将传感器埋入被爆炸波作用的物体之内，相应的传感器结构应适应埋入方式。前一类测量必须把传感器安装于被测流场之中的某个测点位置，若传感器外形结构不佳，对原流场会产生较强的反射和绕流干扰；若压力传感器外形接近流线型的结构，对原流场的干扰较小，这样的传感器称为自由场压力传感器。本节将介绍这种传感器的结构和性能。

1）一般结构

图4-8所示为北京理工大学爆炸科学与技术国家重点试验室研制的自由场压力传感器，分圆饼形和笔杆形两种。这些传感器以较大的导流片或导流杆为普遍特征。尽管这些传感器都采用压电晶体或压电陶瓷作为敏感元件，但其几何尺寸不同，安装结构也有较大差异，相应的传感器在主要性能上也有相当大的差异。对于自由场压电压力传感器来说，敏感元件的几何尺寸越小响应速率越快，但敏感元件尺寸的减小也降低了其电荷灵敏度。

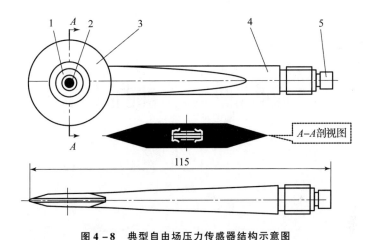

图4-8 典型自由场压力传感器结构示意图

1—定位圈；2—压电晶体片 $\phi 3 \times 0.5$ 两片；3—导流片；

4—支撑杆；5—电缆接头

优秀的自由场传感器必须满足以下几个要求。

（1）横截面接近流线型，保证对流场干扰小；

（2）灵敏度合适，以满足测压量程；

（3）上升时间快，线性好，以满足精度要求；

（4）信噪比高，过冲小；

（5）温度系数小，或可以进行温度修正。

随着测试目标的改变，最优的标准也相应变化，因此自由场传感器的结构、灵敏度大小和压电元件的品种等都要作适当的调整。自由场压力传感器中常用的压电晶体是电气石、压电陶瓷和石英等。其中电气石的侧向灵敏度是正向灵敏度的 1/7 ~ 1/6，所以用电气石制作压力传感器时可以不需要侧向保护，也可以取消导流板，使结构大大简化。电气石传感器量程较宽，下限为 0.1 MPa，上限为 200 MPa。若使用石英敏感元件制作传感器时，其量程为 0.2 ~ 400 MPa；若用压电陶瓷制作传感器时，其量程为 0.001 ~ 50 MPa。

2）工作原理

图 4 - 9 所示为自由场压电传感器受冲击波作用过程示意图。图 4 - 9（a）表示空气中冲击波速度 D 大于或等于晶体中表面波速度 C_1（此时冲击波压力已超过 5 MPa 左右了）；图 4 - 9（b）表示 $D < C_1$。为了讨论方便，按等效阻抗方法把保护片或保护膜等折算为晶体片的厚度。在图 4 - 9 中，敏感部分的等效厚度近似取成晶体片厚度的 2 倍。

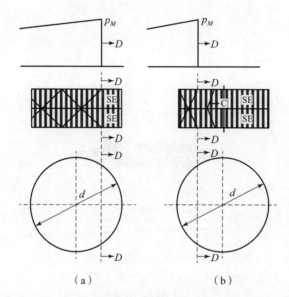

图 4 - 9　冲击波与自由场压力传感器敏感元件相互作用过程示意图

（a）$D \geqslant C_1$；（b）$D < C_1$

自由场压力传感器总是反映某一时刻压电敏感元件中平均轴向应力或平均静压力。当一个衰减缓慢的冲击波（或爆炸波）掠过自由场压力传感器敏感部分的承压表面时，如果其峰值邻域的衰减时间常数远大于冲击波（或爆炸波）掠过敏感部分的承压表面的时间，则冲击波与敏感元件的作用是一种不定常的瞬态耦合过程；当冲击波掠过敏感部分的承压表面之后，波后流动介质对敏感元件的作用可以近似为一个准定常的稳态耦合过程。这样处理，不论对于 $D \geqslant C_1$，还是 $D < C_1$ 时，都是适用的。

在冲击波掠过传感器敏感部分的承压表面时，晶体将发生自振干扰。实际上，敏感元件中应力波的反射作用是相当复杂的三维问题。图中仅示意地表达了冲击波的一种反射的图像。冲击波给予传感器的全部弹性能量不会很快消失，总以弹性冲击波的形式来回反射，形成许多锯齿形的波，即自振干扰波，它的基波频率大体上与敏感元件的纵向振动频率或横向振动频率一致。压电传感器的纵振动干扰基波频率 f_{01} 估算公式为

$$f_{01} = \frac{C_1}{2\delta} = \frac{1}{\sum \dfrac{2\delta_i}{C_{1i}}} \tag{4-6}$$

式中：δ_i 为压电晶体片、保护片和膜片等的厚度；2δ 为敏感部分的等效厚度；C_{1i} 为压电晶体片、保护片和膜片等的弹性纵波速度；C_1 为敏感元件等效弹性波速。

传感器的横振动干扰基波频率为

$$f_{02} = \frac{C_2}{2r} \tag{4-7}$$

式中：r 为压电晶体片半径；C_2 为敏感元件的等效横波速度。

例如，当 $\delta = 3$ mm，$r = 5$ mm，$C_1 = 3\ 000$ m/s 和 $C_2 = 1\ 500$ m/s 时，则 $f_{01} = 50$ kHz，$f_{02} = 30$ kHz。许多试验证明，式（4-6）和式（4-7）的估算在数量上是正确的。

压电陶瓷因为纵、横压电效应的极性相反，而每一个振动微元的横振动和纵振动的符号总是相反，因此压电陶瓷的自振干扰信号较大。对于电气石，因为纵、横压电效应的极性相同，而每一个振动微元的横振动和纵振动的符号总是相同，因此电气石的自振干扰信号较小。振动干扰信号还来自敏感元件中不同介质界面上的相互作用。

另外，冲击波阵面附近强电场也会对压力模拟信号产生干扰。

在正常使用条件下，自由场压力传感器压电晶体承压表面的法线必须与被测的冲击波阵面法线正交，否则不可能测到正确的压力值。在正交条件下，传感器的输出始终与压电晶体承压表面上所受到的平均压力值相关。自由场压电压力传感器的灵敏度有两种定义。

（1）电荷灵敏度 K_q 等于压力传感器的输出电荷量 q 与输入超压 Δp 值之比，即

$$K_q = q/\Delta p \tag{4-8}$$

（2）电压灵敏度 K_v 等于压力传感器的输出电荷量 V 与输入超压 Δp 值之比，即

$$K_v = V/\Delta p \tag{4-9}$$

电压灵敏度与电荷灵敏度之间的关系由下式表示，即

$$\begin{cases} K_V = K_q / \sum C \\ \sum C = C_1 + C_2 + C_3 \end{cases} \tag{4-10}$$

式中：C_1、C_2 和 C_3 为传感器的固有电容、电缆电容和放大器输入电容，三种电容都可实测得到。

式（4-10）表明，电压灵敏度值与并接在传感器输出端的电容量总值相关，所以电压灵敏度是条件值，而电荷灵敏度是自由场压电压力传感器的特征值，它与并接在传感器输出端的电容量总值无关。当然式（4-8）为灵敏度定义公式，而式（4-9）为灵敏度关系公式。电压灵敏度与电荷灵敏度的大小都必须由静态标定和动态标定来确定。在低压下，压电传感器灵敏度的动、静标定值是一致的；在高压下，压电传感器灵敏度的动、静标定值是有一定差距的，因此动态标定总是不可缺少的。

除灵敏度外，自由场压力传感器还有一个极为重要的参量是输出信号的上升时间。这个上升时间原则上包括两部分：一部分是冲击波扫掠压电晶体工作表面的时间，即

$$\tau_r = 2r/D \tag{4-11}$$

式中：D 为冲击波的平均速度，它是超压的函数。

另一部分是冲击波从面传播到对称面的时间，由式（4-6）可得

$$\tau_\delta = \frac{1}{2f_{01}} = \sum \frac{\delta_i}{C_i} \tag{4-12}$$

一般地，τ_δ 等于 $1 \sim 5\ \mu s$，τ_r 等于 $1 \sim 20\ \mu s$。但随着压电晶体片的直径和厚度的减少，传感器的灵敏度也相应地减少（厚度对于灵敏度的关系是一阶的；直径对于灵敏度的关系是二阶的）。

传感器总的上升时间为

$$\tau_{r\delta} = \sqrt{\tau_{2r}^2 + \tau_\delta^2} \tag{4-13}$$

式中：τ_r 和 τ_δ 大小取决于传感器的结构。

3）传感器安装及典型爆炸波形

图4-10所示为适用于空气中爆炸波测量的自由场压力测试系统配置示意图。除传感器外，二次仪表（放大器）和三次仪表（记录仪）必须在现场进行系统标定。若采用前置电压放大器，必须首先把放大器埋入传感器附近的土中或掩体中；然后用长电缆与示波器相连接。利用自由场压力传感器测量冲击波压力的典型记录如图4-11所示，图中的冲击波后压力波形的干扰信号振幅小于5%，表明传感器的性能很好。

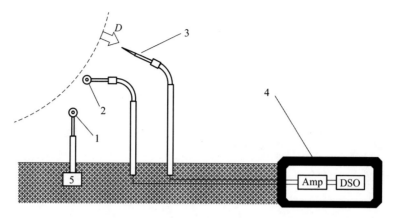

图 4 – 10　用于测量空气中爆炸波的自由场压力测试系统配置示意图

1，2，3—压电传感器；4—防爆半地下室；5—数字存储压力记录仪

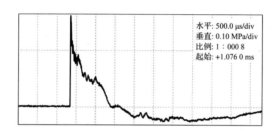

水平: 500.0 μs/div
垂直: 0.10 MPa/div
比例: 1 : 000 8
起始: +1.076 0 ms

图 4 – 11　利用自由场压力传感器测量冲击波压力的典型记录

2. 数字压力记录仪

数字压力记录仪（Digital Pressure Recorder，DPR）是一种测量冲击波超压的、数字存储式的小型记录仪器，其输入信号为冲击波超压，输出信号为数字化超压模拟信号；这种数字压力记录仪是由压力传感器、放大器、A/D 转换器、数字存储器、CPU 和标准接口等部件配置而成。

DPR 与常规冲击波超压测量系统相比，无须使用长电缆来传输冲击波超压模拟信号，可以减小模拟信号传输失真，有利于提高冲击波超压测量精度；但 DPR 向计算机传送数字化冲击波超压模拟信号的速率较慢，对于测点较多的冲击波超压测量系统，传送耗时较长。

DPR 主要用于测量战斗部定点爆炸或非定点爆炸所形成的空气冲击波压力场沿地面的分布，确定此战斗部的冲击波杀伤半径，并推算爆心的 TNT 当量；此 TNT 当量值就是该战斗部爆炸所形成的空气冲击波能量，它与此战斗部中炸药装药的 TNT 当量值之比就是该战斗部的冲击波能量效率。

1）DPR 的系统配置

典型 DPR 中包含有一个壁面压力传感器、一个高输入阻抗电压放大器、两个不同增益的运算放大器、两个 A/D 转换器、两路独立的采集存储器和一个 CPU 处理器，还包含有操作面板、信号传输电路、供电与充电电路、触发电路和不锈钢抗爆壳体等，其系统配置如图 4 – 12 所示，其内部剖视结构如图 4 – 13 所示，其外观如图 4 – 14 所示，其操作面板如图 4 – 15 所示。图 4 – 13 示意地表明 DPR 操作面板、缓冲 O 圈、压力传感器、传感器座、数字电路板、双芯同步插座、模拟电路板、定位柱、低噪声电缆、底盖、镍氢电池、圆桶形外壳、托盘和上盖等的相互关系；图中结构还表明 DPR04 型具有以下几个特点。

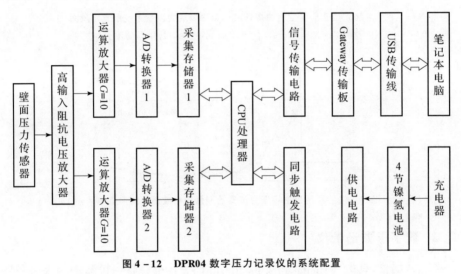

图 4 – 12　DPR04 数字压力记录仪的系统配置

（1）尽管上盖的最小厚度只有 5 mm，但刚度较大，可以承受几十兆帕冲击波压力的作用。

（2）压力传感器与传感器座之间采用缓冲 O 圈式的声绝缘结构，可抑制地震波干扰；数字电路板、模拟电路板和外壳之间也采用 O 圈缓冲的方法来抵抗爆炸冲击的作用。

2）DPR 04 型的主要性能

记录信道数	2
压力传感器个数	1
传感器电荷灵敏度	≈300 pC/MPa
上限压力量程	≥18 MPa
通道 1 默认压力量程	≈1.8 MPa

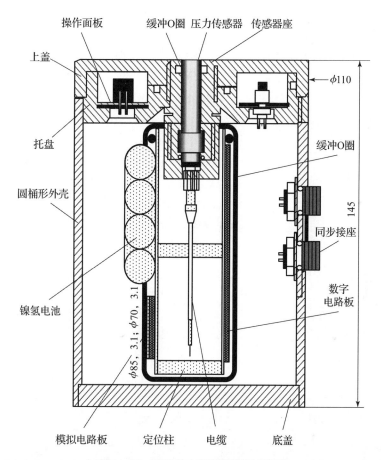

操作面板　缓冲O圈　压力传感器　传感器座

上盖

$\phi110$

托盘

圆桶形外壳

缓冲O圈

145

同步接座

镍氢电池

$\phi85$, 3.1; $\phi70$, 3.1

数字电路板

模拟电路板　定位柱　电缆　底盖

图 4 – 13　DPR 的内部剖视结构示意图

图 4 – 14　DPR 外观

图 4 – 15　DPR 操作面板

通道 2 默认压力量程	≈ 0.18 MPa
下限压力量程	≤ 0.1 MPa
2 个内置放大器增益	10 倍和 100 倍
系统灵敏度默认值	约 1 V/MPa 和约 100 mV/MPa
每信道采样速率	500 kS/s、1 MS/s、2 MS/s
每信道记录长度	512 kpts
触发方式	内触发、外触发、内外触发
待机时间	$0 \sim 120$ min 后进入待触发状态
触发电平	2V（DC）的 $4/32 \sim 16/32$
触发位置	1/32、1/16、1/8、1/4
供电方式	4 节 5 号 1 800 mA·h 镍氢电池
充电时间	$12 \sim 15$ h
充满后有效工作时间	$\geq 10 \sim 20$ h
工作温度	$-30 \sim 70$ ℃
记录信号传输方式	USB1.0
传输速率	20 kB/s
外形尺寸直径	110 mm，高 145 mm
质量	3.3 kg

高强度壳体可承受较强的爆炸冲击作用

3）多测点 DPR 系统

建立多测点 DPR 系统，首先必须满足被测对象的要求。

（1）多测点 DPR 系统必须满足战斗部空中爆炸或地面爆炸所形成的冲击波压力场的基本特点。

①冲击波超压值随爆心距增加而迅速衰减，只有爆心距较小的几个测点上可测量到 1 MPa 左右的超压值，其余多数测点上只能测量到 $0.01 \sim 0.1$ MPa 超压值或更小。

②有壳战斗部爆炸本身具有不对称性和不均匀性。

③爆炸场地的效应物使冲击波超压场变得更加复杂。

④对于运动战斗部，爆心位置的不确定性给冲击波超压场的测量带来更大的随机性。

（2）野外测量环境复杂，气候变化无常，日晒雨淋，还有风沙。

（3）多测点冲击波超压测量系统希望有一个统一零时；有了统一零时后，在每个测点上获取超压值的同时就可以获得冲击波达到该测点的时刻，从冲击波达到该测点的时刻也可以计算平均超压值；对于合理的测量结果，两种超压值在数量级上应当相同。

鉴于以上特点，为了多测点 DPR 系统在战斗部爆炸压力场中获取尽可能多的信息，必须合理地设计与布置测点位置，并正确地进行系统调试。

在静爆试验中可以把多台 DPR 布置成放射状，在运动战斗部爆炸试验中可以把多台 DPR 布置成方阵。不管 DPR 如何布置，都必须用双芯同步触发电缆（SEYV-115）把系统中全部 DPR 串联起来，如图 4-16 所示，图中的环形触发电路由 n 台 DPR 组成。每台 DPR 的圆柱部有 2 个双芯的航空插座，可连接 2 条同步触发电缆，所以系统中有 n 个 DPR 时，需用 n 条同步触发电缆。采用双芯电缆的目的是实现同步触发信号的差动输入/输出方式，提高触发电路的抗干扰能力，确保全系统触发的可靠性。

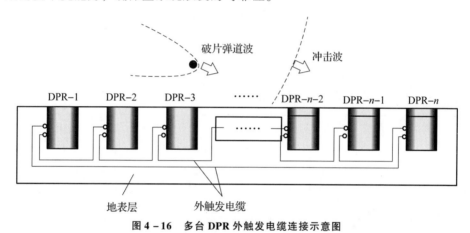

图 4-16　多台 DPR 外触发电缆连接示意图

在战斗部静爆试验中应用多测点 DPR 系统时，每台 DPR 的工作状态允许有差异，如压力量程不同；但触发方式必须相同，如外触发方式。在战斗部的静爆试验中，通常都采用起爆信号或战斗部炸药装药爆炸作用下壳体的膨胀信号作为多测点 DPR 系统的触发信号源，每台 DPR 都处在相同的外触发条件下工作。

在运动战斗部爆炸试验中应用多测点 DPR 系统时，每台 DPR 的工作状态都相同，如压力量程相同；触发方式和触发电平也相同，如采用内、外触发方式和 0.3 V 的触发电平。当运动战斗部爆炸时，正常情况下总有少数 DPR 承受较强的冲击波作用而使压力传感器输出较大的压力模拟信号，超过触发电平，并实现压力模拟信号的内触发工作方式；此 DPR 同时又输出同步触发信号，使全系统中其他 DPR 实现外触发工作方式。

实现全系统同步触发条件下工作时，必然要求每台 DPR 必须要有足够长的记录时间或记录长度，如 128 kpts~4 Mpts；而对于 DPR 采样速率的要求在

第 2 章中已有较详细的说明，采样速率高低主要取决于爆心的 TNT 当量和测点的爆心距，如 100 kS/s ~ 1 MS/s。

用多测点 DPR 系统测量战斗部的 TNT 当量时，最好在爆心用已知质量 TNT 炸药再做一次爆炸试验，根据全系统中多数远离爆心的 DPR 所记录的超压信息，按照空气冲击波关系式，不难建立爆炸现场的特定条件下的超压经验公式，并根据这个新建经验公式可以较正确地推算该战斗部的 TNT 当量值。

在直径 8 m 爆炸洞中测量冲击波超压时 DPR 的典型记录，如图 4 – 17 所示。图中的记录波形有两条，其中增益大的记录已经溢出；两条记录波形中都包含有初始冲击波、地面反射冲击波和洞侧壁反射冲击波等；洞内平均压力水平为 0.1 MPa，相应的热空气声速约为 0.5 m/ms，压力振荡主周期的估算值为 20 ms，实测值也接近 20 ms。

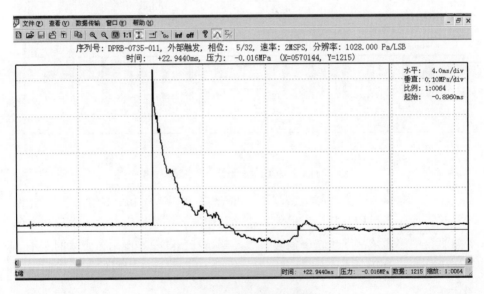

图 4 – 17　DPR 的典型记录图

|4.3　标定|

传感器在使用前需进行标定，通过标定给出传感器的灵敏度。通常，标定分为静态标定和动态标定两种。

4.3.1 静态标定

静态压力标定用于确定静态灵敏度、重复性、迟滞、非线性等静态指标。

1. 标定装置

传感器的静态标定试验是在活塞式压力计上进行的。当被标定传感器安装到该装置上之后，油路的压力缓慢升至某个水平，在判读压力值的同时记录传感器给出的电荷量。在不同压力水平下做多次重复试验就能比较精确地确定传感器的灵敏度值。传感器标定装置如图 4 – 18 所示。

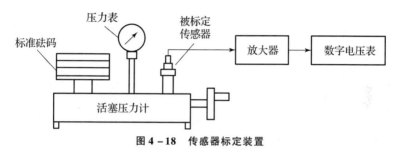

图 4 – 18 传感器标定装置

传感器可选用的型号多种多样，可以是压电式传感器，也可以是压阻式、应变式传感器。传感器不完全是线性关系，但基本上属于线性元件，压阻片、应变片、弹性元件、黏结剂和压电片本身的性能及黏结工艺等因素，都会影响传感器的非线性、迟滞和重复性等指标。通过对传感器的静态标定，可以获得上述性能参数，从而确定传感器误差，并使测量数据更有价值。

2. 标定步骤

（1）在活塞式压力计上安装被标定的传感器和标准压力表。

（2）给活塞压力机充油、排气，并检查在标定的最大压力下是否漏油，若有漏油情况，需做处理。

（3）连接标定系统的各部件，包括压力传感器、应变仪、放大器、记录仪器等。通电预热 10 min。

（4）对测压容器的容积进行标定。

（5）调整动态应变仪的平衡电阻和电容，使应变仪电桥处于平衡状态，不平衡输出为 – 3 ~ 3 mV。

（6）向传感器施加静压标定的最大压力值，通过调整放大器的增益开关，使其输出达到和接近记录仪器输入量程值。

（7）按相同步长从传感器的零负荷到传感器满量程逐级给传感器加标准

砝码，然后再逐级从满量程减砝码至零，同时记录传感器的输出值。试验时要注意，加压时不得超过预定值再降下来，降压时不要降过了头再往上加。

（8）重复步骤（7），加压、降压循环 3 次，记录每一次的电压输出值。

（9）分别计算线性度、灵敏度、迟滞性和重复性等参数。

4.3.2 动态标定

传感器动态标定主要用于确定传感器的动态技术指标或动态数学模型。压力传感器的动态性能指标主要包括两个方面：一是时间域内的指标，可以通过上升时间、峰值时间和对数衰减率等参数确定；另一是频率域内的指标，可以通过通频带和工作频带等衡量。

在解决传感器的标定之前，必须首先解决两个问题：动态压力源及其提供的压力 – 时间关系。动态压力源包括两大类型：一类是周期函数压力发生器，主要用来产生周期连续性波形，如正弦波等，包括活塞、振动台、转动阀门、凸轮控制喷嘴等类型。另一类是非周期函数压力发生器，主要用来产生一个快速单次压力信号，如阶跃信号、半正弦波等，包括激波管、快速卸荷阀、落锤、爆膜装置等。应根据使用的传感器和被测信号的特征来选择标定用的动态压力源。

激波管可以产生冲击波，冲击波是指气体某处压力突然发生变化，压力波高速传播，形成阶跃的压力波形。波速与压力变化强度有关，压力变化越大，波速越高。当波阵面在传播过程中到达某处，该处气体的密度、温度和压力都发生突变；波阵面未到达的地方，气体不受波的影响；波阵面过后，波阵面后面的气体温度、压力高于波阵面前的气体，气体粒子向波阵面前进的方向流动，速度低于波阵面前进速度。

爆炸冲击压力试验中遇到最多的是单次、脉冲式、快速反应信号，在标定传感器的动态参数时，选用阶跃压力激励源比较合适。密闭爆炸装置、快速阀门、快速破膜装置和激波管等都能产生阶跃的压力源，其中激波管装置是应用较广泛的一种压力源。传感器的动态标定试验多数是在空气激波管中进行。当被标定传感器安装到该装置上之后，启动空气激波管；当空气激波管中的冲击波到达测量段后，测速探头输出"冲击波通过已知间距的时间间隔信号"，传感器输出"压力模拟信号"；然后利用标定试验的后处理软件计算压力传感器的电荷灵敏度值。由于冲击波能产生压力阶跃，且冲击波波阵面很薄，激波管装置阶跃压力上升时间大约在 10^{-9} s 数量级。此外，激波管产生的阶跃压力在一定的马赫数范围内具有良好的恒定特性，所以可以利用激波管装置获得理想条件下的压力脉冲。本节主要介绍激波管压力标定方法。

1. 激波管动态标定系统

激波管标定系统框图如图 4 – 19 所示，由压缩空气气瓶、减压阀、高压室、膜片、低压室、激波管、待标定传感器、入射激波测速装置和标定测量装置等组成。

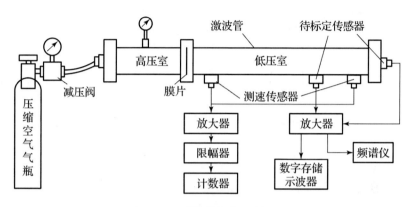

图 4 – 19　激波管标定系统框图

激波管分成了两部分：高压室和低压室，之间由铝或塑料膜片隔开，冲击波压力的大小由膜片的厚度决定。气瓶内的压缩气体经减压和控制阀门送到高、低压室，所需压力的大小可以根据气压表指示来确定。当高、低压室的压力差达到一定程度时膜片破裂，高压气体迅速膨胀冲入低压室，从而形成冲击波。这个冲击波的波阵面压力保持恒定，接近理想的阶跃波，被称为入射波。入射波通过两个测速传感器测速，第一个测速传感器将入射波经过时产生的压力信号经放大器和限幅器送入计数器内，计数器开始计数；第二个测速传感器将入射波经过时产生的压力信号送入计数器内，使计算器停止计数，从而求得入射波波速。当入射波到达待标定传感器时（待标定传感器可以放在低压室的侧面，也可以安装在低压室的底部），它们送出与压力对应的电压信号，经放大器后送入数字存储示波器，可以通过电压信号计算传感器或测试系统的灵敏度。频谱仪用于测量传感器的固有频率，将测试结果送计算机处理、计算后，可求得传感器的幅频和相频特性。

2. 冲击波传输原理

激波管的基本结构是具有圆形或方形截面的直管，当压力变化时，高压室和低压室之间使用的膜片也会发生变化。低压标定时用纸，中压标定时多用各种塑料，高压标定时用铝、铜等金属膜片。破膜可以采用超压自然破膜、撞针或刀尖击破等方法。一旦膜片破裂，高压室中的气体就会冲向低压室，从而形成向低压室的冲击波。两气体接触面也向低压方向前进，前进速度低于冲击波。图 4 – 20 所示为激波管各工作阶段的状态，它可以帮助我们进一步理解冲击波的标定原理。

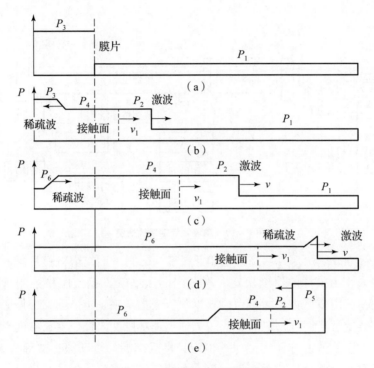

图 4 – 20　激波管各工作阶段状态

图 4 – 20（a）所示为破膜前的压力状态，P_1 是低压室的初始压力，P_3 是高压室的初始压力，两者之间由膜片隔离。图 4 – 20（b）是破膜后的压力状况，在低压室，冲击波以超声速向右推进，其速度为 v_0，冲击波未到处压力 P_1 保持不变，冲击波后面至接触面间的压力值为 P_2，$P_1 < P_2 < P_3$，接触面与冲击波的速度差 $v_0 - v_1$ 小于该处气体声速。

在高压室，破膜时膜片附近产生稀疏波，以该处声速向左传播，稀疏波经过的点，压力下降至 P_4，$P_4 = P_2$。由此可知，冲击波左端和稀疏波右端是以接触面为分界线，但气体压力相等，速度相同。分界线两边的声速和气体温度不同，靠近稀疏波一侧的气体，由于气体膨胀导致温度下降，该处的声速也降低。靠近冲击波一侧，由于压力跃升过程中气体受压缩导致温度升高，该处声速也升高。

图 4 – 20（c）所示为稀疏波到达高压室端部并被反射的过程。在稀疏波

前面，压力仍为原来的 P_4 值，稀疏波后面降至 $P_6(P_6 < P_4)$。稀疏波波速为该处气流速度和该处声速 c 之和，并且高于冲击波速度，在激波管足够长的情况下，稀疏波将赶上冲击波。图 4 - 20（d）是稀疏波赶上冲击波的情况。减小激波管的长度，使稀疏波赶上冲击波前，冲击波已到达低压室右端并被反射。

如果低压室右端是刚性材料封闭，那么反射波仍为冲击波，在反射冲击波前，压力保持原值 P_2，冲击波后面到右端面之间压力升高到 P_5（$P_5 < 2P_1$），如图 4 - 20（e）所示。

由以上分析可知，若传感器安装在激波管侧壁上，它会感受到 $P_2 - P_1$ 的阶跃压力；若安装在低压室的末端面，则感受到的压力为 $P_5 - P_1$。

对空气激波管，其压力标定值按下式计算。

（1）低压室侧壁安装传感器：

$$P_2 - P_1 = \frac{7}{6}(Ma^2 - 1) \cdot P_1 \qquad (4 - 14)$$

（2）低压室末端面安装传感器：

$$P_5 - P_1 = \frac{7}{3}(Ma - 1)\left(\frac{2 + 4Na^2}{5 + Ma^2}\right) \cdot P_1 \qquad (4 - 15)$$

$$Ma = D/c$$

式中：Ma 为冲击波的马赫数，由测速系统决定；P_1 为低压室初始压力，一般 $P_1 = 0.101\ 325$ MPa；P_2，P_5 为冲击波压力；D 为平均爆速；c 为低压室初始声速，$c = 331.6 + 0.54T$，它与温度有关。

|4.4　工程应用|

本节介绍一种用压力传感器测试战斗部爆炸产生的冲击波超压。在进行战斗部威力测试过程中，通常采用自由场压力传感器和壁面压力传感器分别测试空中自由场冲击波超压和地面（或物体上）的反射冲击波超压。

4.4.1　测点布置

图 4 - 21 所示为某种战斗部空中静爆试验场地布置示意图，此正视图中仅绘制了角钢支架、钢缆、卷扬机和战斗部等主要部件，h 为战斗部离地面的高度。

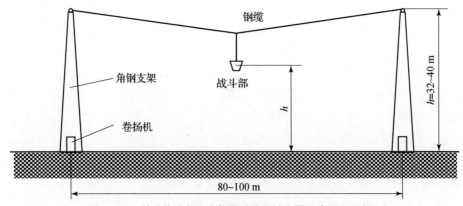

图 4 – 21　某种战斗部空中静爆试验场地布置示意图（正视）

图 4 – 22 所示为某种战斗部静爆试验的压力传感器、破片测速探头和破片密度靶。

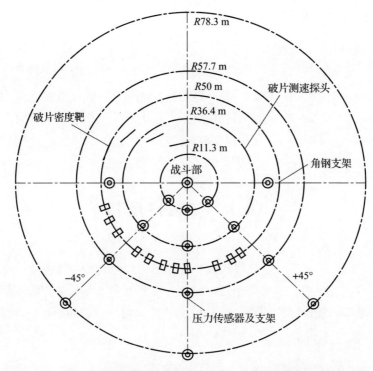

图 4 – 22　某种战斗部静爆试验的压力传感器、破片测速探头和破片密度靶

图 4 – 22 为靶布置的俯视图，图中给出了 15 个压力测点，4 组破片测速探头和 4 个破片密度靶（测试方法在后面章节介绍）。每个压力测点可安装一支带支架的自由场压力传感器和 1 支带支座的壁面压力传感器。其中自由场压力

传感器与战斗部爆心在同一个平面内，也可离地面 1.5 m，传感器指向爆心，壁面压力传感器敏感表面与地面平齐。

4.4.2　测试系统配置

图 4 - 23 所示为多路冲击波超压测量系统，其性能要求如下。

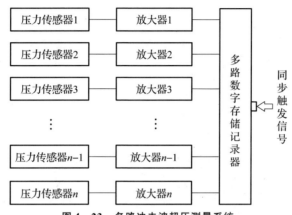

图 4 - 23　多路冲击波超压测量系统

（1）当战斗部的炸药装药量较大时，欲测的爆炸压力场的直径较大，如 200~400 m，相应的压力测点较多；空气冲击波从爆心到达压力场边界的时间为 200~500 ms；若多通道数字存储记录仪的采样速率为 500 kS/s~1 MS/s，相应的记录长度为 256~1 024 kpts，这样的配置对静爆试验是合适的；若为了使数字存储记录仪适应动、静爆试验兼顾，相应的记录长度必须增加到 4 Mpts。

（2）为满足试验记录的数据分析需要，全系统必须具有统一零时，也就是全系统必须处在同步触发状态，系统触发方式可选外触发，也可选内触发。对于大型测量系统，需要若干台记录仪同步工作，都必须配置专用的同步触发器。

（3）当系统触发方式为内触发时，为了保证系统触发的可靠性，防止由于温漂、时漂和意外电噪声等干扰引起系统误触发，必须尽可能提高触发电平，确保较大压力模拟信号能正常触发全系统。

（4）当系统触发方式为外触发时，必须有两个以上可靠的外触发信号源，如战斗部的起爆信号或爆炸产物驱动下的战斗部壳体膨胀信号等。

（5）由于系统中绝大多数压力传感器处在超压较低的压力场中，放大器的输入信号较小，放大器必须置于高增益状态；为提高压力模拟信号的信噪比，放大器输入端必须对地悬浮，系统必须要有良好的接地线。

4.4.3　传感器的现场标定

为更好地获得现场测试效果，通常在正式测试之前，可以用 1 kg TNT 球形炸药装药做现场标定，校验压力传感器与冲击波压力测量系统。

需要注意的是，用 1 kg TNT 来做现场标定时，必须重新布置传感器，调整各传感器到爆心的距离，以确保采集到冲击波超压数据。

用 1 kg TNT 球形装药空中爆炸来标定自由场压力传感器及其测试系统是一种最有效的方法。如果在这种标定试验中获得一组不同测点位置上的电压形式的压力模拟信号，即

$$V_1(t), V_2(t), \cdots, V_n(t)$$

或处理成放大器输入端的电荷形式的压力模拟信号，即

$$q_1(t), q_2(t), \cdots, q_n(t)$$

相应的测点位置为 r_1，r_2，$\cdots$，r_n；从压力模拟信号中可以判读得到冲击波到达相应测点的时刻：t_1，t_2，$\cdots$，t_n；然后根据测量值（r_i，t_i），利用最小二乘法拟合，得到幂函数形式的冲击波迹线方程，即

$$r = A_0 + A_1 t + A_2 t^2 + A_3 t^3 + A_4 t^4$$

并在 $r - t$ 平面上绘制冲击波迹线，如图 4 – 24 所示，然后对 t 微分可得

$$D = A_1 + 2A_2 t + 3A_3 t^2 + 4A_4 t^3$$

再利用空气冲击波关系求超压：

$$\Delta p = \frac{7}{6}(M^2 - 1)$$

$$M = D/a$$

式中：a 为当地声速，是温度的函数。

图 4 – 25 示意地绘制了 $r—p$ 平面上的冲击波压力曲线。最后利用压电压力传感器电荷灵敏度的定义式求出每一支传感器的灵敏度，即

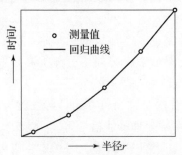

图 4 – 24　由多路超压测试系统记录中判读得到的 $r—t$ 平面上的冲击波迹线（示意图）

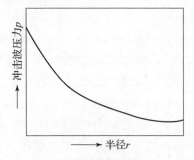

图 4 – 25　由冲击波迹线处理得到 $r—p$ 平面上的冲击波压力曲线（示意图）

$$K_q = q/\Delta p$$

所以，这种爆炸现场标定的方法可以不必利用炸药空中爆炸的经验公式来标定自由场压电压力传感器。

4.4.4 现场测试

首先要进行电缆的铺设和传感器的安装，然后进行测试系统的调试。

1. 电缆铺设和传感器的安装

由于战斗部爆炸时产生较多的破片和钢珠，信号电缆必须有钢管或槽钢来保护。安装传感器时必须保证传感器和支架之间的绝缘，这是防止工频信号干扰最有效的方法。

2. 测试系统的调试

（1）系统调试中，需检验每个通道的工作可靠性。
（2）放大器输入阻抗必须大于 $10^8\ \Omega$。
（3）放大器有足够高的灵敏度和信噪比。
（4）内外触发可靠。
（5）有足够高的抗干扰能力。

3. 供电系统必须正常

系统正式工作时，供电系统必须正常，能经受足够强的爆炸震动考验，确保超压信号的记录。

4.4.5 记录信号的后处理

图 4 – 26 所示为根据预制破片战斗部冲击波超压记录绘制的理想波形，其中包含飞片或钢珠驱动的弹道波和爆炸产物驱动的空气冲击波，记录信号后处理的对象应是爆炸产物驱动的空气冲击波。

图 4 – 26 预制破片战斗部的冲击波超压理想记录

对于有预制破片的战斗部，冲击波压力场是复杂的，测点的超压强度有相当大的随机性，必须采用统计方法确定超压强度，分析战斗部的 TNT 当量 W_1，确定它在形成破片方面的能量 W_2 及其利用率 W_2/W_0，W_0 为战斗部炸药装药的 TNT 当量。

第 5 章

压阻测试技术

本章着重介绍在压阻测试方法中所用到的传感器的工作原理及结构、压阻测试系统配置和相关工程应用。

|5.1 压阻式测试原理|

压阻式测压法是一种弹性变形测压法。压阻测试的基本原理是利用固体材料在应力作用下引起材料电阻率改变，从而通过转换电路输出正比于力变化的电信号。利用这种效应制成的传感器称为压阻传感器。压阻测试可以用于压力、拉力等力的变化以及可以转变为力的变化的其他物理量（如液位、加速度、重量、应变、流量、真空度）的测量和控制。

|5.2 压阻式传感器|

压阻式传感器是指利用材料的压阻效应和集成电路技术制成的传感器，通常采用微机械加工和半导体集成电路加工工艺相结合的方式制作。压阻式传感器的常见材料有单晶硅、多晶硅、非晶体硅、硅蓝宝石、陶瓷和金属等。利用硅的压阻效应和微电子技术制作的压阻式传感器是近几十年发展迅速的新型传感器，具有灵敏度高、响应速度快、可靠性好、精度较高、低功耗、易于微型化与集成化等突出优点。此外，为研究冲击波、爆炸力学效应、爆炸效应以及高静水压力的影响，国内外均采用可测量吉帕级甚至更高的冲击压力的锰铜丝或锰钢箔应变计制成的压力传感器。

5.2.1 压阻效应

固体材料的电阻率在应力作用下因其形变而发生变化的现象，称为压阻效应。根据欧姆定律与压阻效应，长为 l、截面积为 A、电阻率为 ρ 的杆状材料受轴向应力后电阻变化率为

$$\frac{\mathrm{d}R}{\mathrm{d}} = \frac{\mathrm{d}\rho}{\rho} + \frac{\mathrm{d}L}{L} = \frac{\mathrm{d}A}{A} = \pi\rho + (1 + 2\mu)\frac{\mathrm{d}L}{L} = (\pi E + 1 + 2\mu)\varepsilon = K\varepsilon \qquad (5-1)$$

式中：σ 为应力；E 为材料的弹性模量；μ 为材料的泊松比；ε 为应变；π 为无阻系数；$K = \pi E + 1 + 2\mu$ 为应变 ε 引起电阻变化灵敏度系数，也称为 G 因子，它表征电阻率随应力 σ 的变化率，即压阻效应的强弱。

在 $K = \pi E + 1 + 2\mu$ 中，πE 取决于电阻率变化，$1 + 2\mu$ 取决于电阻纵横向尺寸变化。常用固体材料 $\mu = 0.25 \sim 0.5$，一般金属材料的 πE 几乎为零，因此金属丝、箔应变计 K 值为 $1.5 \sim 2$，其灵敏度较低。大部分半导体材料压阻效应非常显著，压阻系数 π 引起电阻率变化起主导作用。常用的 P 型硅，$\pi \approx (40 \sim 80) \times 10^{-11}\ \mathrm{m^2/N}$，弹性模量 $E = 1.7 \times 10^{11}\ \mathrm{Pa}$，所以 $K \approx \pi E \approx 65 \sim 130$，而 $1 + 2\mu$ 可忽略不计。因此，压阻式传感器的灵敏度比金属应变计高 $1 \sim 2$ 个数量级。

5.2.2 压阻材料

压阻材料是指具有压阻效应的材料。早在 1903 年，Lidell 就采用具有压阻效应的锰铜作静压测量的传感器，但在一段相当长的时间内没有被人们重视，直到 20 世纪 60 年代 Fuller、Brestein 和 Keough 等把锰铜丝嵌入 C-7 树脂圆盘中制成动高压传感器，从此锰铜压阻法迅速发展。

除锰铜之外，很多材料都具有压阻效应，如钙、碳、硅、锂、铟、锶和铌等。它们的灵敏度高，如钙和锂在压力小于 2.8 GPa 时与锰铜相比，压阻系数大约高出 10 倍，但温度系数几乎与压阻系数相当。其中，有些材料的压阻系数是非线性的，有些材料的化学性质太活泼，仅适合在试验室中应用。锰铜压阻式传感器电阻率并不高，但由于它的电阻变化与冲击波压力之间是线性关系，很适合冲击波和高静水压力的测量。用锰铜材料制造压阻传感器，工艺简单，性能较稳定，温度系数小，下限量程约为 1 MPa，上限量程不小于 50 GPa，因此广泛应用于冲击波、爆炸力学效应、核爆炸效应等动高压测量领域中。此外，锰铜、半导体、镱和碳作为材料制成的压阻式传感器也有广泛的应用。

5.2.3 锰铜压阻式传感器工作原理

把电阻元件置于流体静压或冲击压力下时，元件的电阻将随压力和温度等改变而发生变化，多数金属元件的电阻随承受压力的增加而减少，随温度升高而增加。当电阻元件在等压下加热或冷却时，电阻将发生变化，它包含两个效应：一个是温度膨胀效应；另一个是电阻率的温度效应。当电阻元件作等温压缩或膨胀时，元件的电阻也要发生变化，它包含了两个效应；一个是应变效应，另一个是压阻效应。在压阻式传感器的工作机理中，压阻效应是电阻敏感元件发生电阻变化的主要决定因素。

如果把压阻计等效为横截面均匀的直条形电阻元件（图5-1），并定义其电阻值为 R，根据普通物理中关于电阻的基本表达式，有

$$R = \rho L/A$$

式中：L 为沿电流方向电阻元件的长度；A 为电阻元件的截面积；ρ 为电阻元件的电阻率。

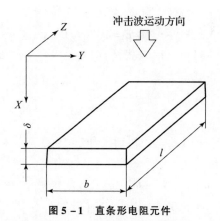

图5-1 直条形电阻元件

当某一强度的应力场作用于这个电阻元件时，有

$$R \to R + \Delta R, \rho \to \rho + \Delta\rho, L \to L + \Delta L, A \to A + \Delta A$$

相应地，电阻 R 的基本表达式演变为

$$\overline{R} = 1 + \Delta R/R = (1 + \Delta\rho/\rho)(1 - \Delta L/L)/(1 + \Delta A/A) \tag{5-2}$$

式中：$\overline{R}$、$\Delta R/R$、$\Delta\rho/\rho$、$\Delta L/L$ 和 $\Delta A/A$ 为电阻元件的无量纲电阻、相对电阻变化、相对电阻率变化、相对长度变化和相对截面积变化，若定义压应变为正，则有以下关系。

长度应变：

$$\varepsilon = -\Delta L/L$$

体积应变：

$$\varepsilon_V = -\Delta V/V$$

Rosenberg 等指出，试验证明相对电阻率变化 $\Delta\rho/\rho$ 可以表达为体积应变 ε_{VM} 的函数（下标 M 表示此量属于锰铜压阻计），即

$$\Delta\rho/\rho = r_M\varepsilon_{VM}$$

式中：r_M 为锰铜压阻敏感元件的电阻率相对变化与其体积应变 ε_{VM} 的比值，也称为电阻率相对变化系数或函数，它是锰铜计体积应变 ε_{VM} 的函数 $r_M(\varepsilon_{VM})$。

式（5-2）的讨论与分析。

（1）用于锰铜纵向计（测量正交于冲击波阵面的应力的压阻计），则

$$\bar{R}_{MP} = (1 + r_{MP}\varepsilon_{VMP})(1 - \varepsilon_{ZMP})/((1 - \varepsilon_{XMP})(1 - \varepsilon_{YMP}))$$

式中：下标 MP 表示此量属于锰铜纵向计。

平面对称一维应变条件下，$\varepsilon_{ZMP} = \varepsilon_{YMP} = 0$，$\varepsilon_{XMP} = \varepsilon_{VMP} = f(\sigma_{XM})$，$\sigma_{XM} = \sigma_{XM}$，因此，有

$$\begin{cases} \bar{R}_{MP} = (1 + r_{MP}\varepsilon_{VMP})/(1 - \varepsilon_{VMP}) = \phi(\sigma_{Xm}) \\ (\Delta R/R)_{MP} = \varepsilon_{VMP}(r_{MP} + 1)/(1 - \varepsilon_{VMP}) = \phi(\sigma_{Xm}) \end{cases} \quad (5-3)$$

式（5-3）可定义为压阻关系式，式中 $\phi(\sigma_{Xm})$ 和 $\phi(\sigma_{Xm})$ 是两个由试验确定的函数，下标 m 表示此量属于被测介质。对于锰铜纵向计的用户，可以不必研究式（5-3）中 $(1 + r_{MP}\varepsilon_{VMP})/(1 - \varepsilon_{VMP})$ 项和 $\varepsilon_{VMP}(r_{MP} + 1)/(1 - \varepsilon_{VMP})$ 项，而直接由试验确定 $\phi(\sigma_{Xm})$ 函数和 $\phi(\sigma_{Xm})$ 函数，即

$$\begin{cases} \bar{R}_{MP} = \phi(\sigma_{Xm}) \\ (\Delta R/R)_{MP} = \phi(\sigma_{Xm}) \end{cases} \quad (5-4)$$

在同质材料的飞片碰撞试验中，锰铜纵向计的 $\bar{R}_{MP}$ 可测；被测介质的质点速度 u_{Xm}、冲击波速度 D_{Xm}、体积应变 ε_{Vm} 和应力 σ_{Xm} 等也可测（下标 m 表示此量属于被测介质）。根据界面连续条件，有 $\sigma_{XM} = \sigma_{Xm}$，所以压阻关系可以通过试验来确定。但是，在一般情况下被测介质的体积应变 $\varepsilon_{Vm} \neq \varepsilon_{VMP}$，不可能为式（5-3）和式（5-4）提供锰铜电阻率相对变化系数 r_{MP} 和体积应变 ε_{VMP} 的信息，当被测介质的材料也是锰铜时，体积应变 $\varepsilon_{VMP} = \varepsilon_{Vm} = u_{Xm}/D_{Xm}$，锰铜压阻敏感元件的电阻相对变化 $(\Delta R/R)_{MP}$，轴向应力 $\sigma_{XM} = \sigma_{Xm} = \rho_{0m}D_{Xm}u_{Xm}$ 等可测，式（5-3）和式（5-4）中的电阻率相对变化系数 r_{MP} 也可测。

（2）用于锰铜纵向计，则

$$\bar{R}_{CP} = (1 + r_{CP}\varepsilon_{VCP})(1 - \varepsilon_{ZCP})/((1 - \varepsilon_{XCP})(1 - \varepsilon_{YCP}))$$

式中：下标 CP 表示此量属于锰铜纵向计。平面对称一维应变条件下，$\varepsilon_{ZCP} = $

$\varepsilon_{YCP} = 0$，$\varepsilon_{XCP} = \varepsilon_{VCP}$。另外，飞片碰撞试验证明：锰铜纵向计无电阻增量输出，$(\Delta R/R)_{CP} = 0$。因此，有

$$\overline{R}_{CP} = (1 + r_{CP}\varepsilon_{VCP})/(1 - \varepsilon_{VCP}) = 1 \tag{5-5}$$

也就是锰铜纵向计的电阻率相对变化系数 $r_{CP} = -1$，$\varepsilon_{VCP} = -r_{CP}\varepsilon_{VCP} = -\Delta\rho/\rho$，这表明应变效应和压阻效应相互平衡，所以无电阻增量输出，但有些锰铜纵向计不符合式（5-5）。

（3）用于锰铜横向计（测量正交于冲击波阵面法线的应力），则

$$\overline{R}_{ML} = (1 + r_{ML}\varepsilon_{VML})(1 - \varepsilon_{ZML})/((1 - \varepsilon_{XML})(1 - \varepsilon_{YML}))$$

式中：下标 ML 表示此量属于锰铜横向计。尽管从总体来看，被测介质处在一维应变状态。但是，在横向计及其邻域处在平面对称二维应变条件下，Z 方向上敏感元件尺寸较大，承受较大的边界约束作用，因此可以设定 $\varepsilon_{ZML} = 0$，而 $1 - \varepsilon_{VML} = (1 - \varepsilon_{XML})(1 - \varepsilon_{YML})$，则式（5-2）可改写为

$$\overline{R}_{ML} = (1 + r_{ML}\varepsilon_{VML})/(1 - \varepsilon_{VML}) = \Psi(\sigma_{Ym}) \tag{5-6}$$

式中：$\overline{R}_{ML} = \Psi(\sigma_{Ym})$ 为锰铜横向计的待定函数，σ_{Ym} 为未知的待测横向应力。

待定函数 $\Psi(\sigma_{Ym})$ 与锰铜横向计的约束条件密切相关，其中包含压阻敏感元件、靶板、绝缘层与封装材料的结构、可压缩性、声阻抗和冲击阻抗等约束条件。尽管根据边界连续条件，作用于锰铜横向计的横向应力 σ_{YML} 等于被测介质主体的横向应力 σ_{Ym}，即 $\sigma_{YML} = \sigma_{Ym}$，但作用于锰铜横向计的轴向应力 σ_{XML} 不等于被测介质主体的轴向应力 σ_{Xm}，通常 $\sigma_{XML} < \sigma_{Xm}$；相应地，作用于锰铜横向计的平均应力 p_{ML} 也不等于被测介质主体的平均应力 p_m，通常情况下 $p_{ML} < p_m$。

式（5-4）中可测量的只有一个 $\overline{R}_{ML}$。因此很难通过试验来确定函数 $\Psi(\sigma_{Ym})$ 和 r_{ML}。试验证明 $r_{ML} \neq r_{MP}$，因此横向计的压阻关系也不等于纵向计的压阻关系。

在飞片高速碰撞试验中，当采用 H 型压阻计或双 π 型压阻计测量靶板中的横向应力时，敏感元件尺寸较小，Z 轴方向上 $\varepsilon_{ZML} \neq 0$。敏感元件被绝缘材料包围，当绝缘材料的波阻抗远小于被测介质波阻抗时，相当于敏感元件处在绝缘的流体介质中，于是以下关系成立，即

$$\begin{cases} \varepsilon_{ZML} = \varepsilon_{YML} = \varepsilon_{XML} \neq \varepsilon_{Xm} \\ 3\varepsilon_{XML} = \varepsilon_{VML} = f_L(\sigma_{YM}) \\ \sigma_{ZML} = \sigma_{YML} = \sigma_{XML} = p_{ML} = p_m \\ \overline{R}_{MP} = (1 + r_{ML}\varepsilon_{VML})/(1 - \varepsilon_{VML}/3)) = \phi_L(\sigma_{Ym}) \end{cases} \tag{5-7}$$

式中：$\bar{R}_{MP}$ 和 σ_{Ym} 是可测的参量，函数 $\phi_L(\sigma_{Ym})$ 可以确定。当锰铜的可压缩性已知时，ε_{VML} 和 r_{ML} 也可以确定。

（4）用于锰铜横向计，则

$$\bar{R}_{CP} = (1 + r_{CL}\varepsilon_{VCL})(1 - \varepsilon_{ZCL})/((1 - \varepsilon_{XCL})(1 - \varepsilon_{YCD}))$$

式中：下标 CL 表示此量属于锰铜横向计，由于锰铜横向计处在平面对称二维应变条件下，而 Z 轴方向上敏感元件尺寸较大，承受较大的边界约束作用，因此可以设定

$$\varepsilon_{ZCL} = 0, 1 - \varepsilon_{VCL} = (1 - \varepsilon_{XCL})(1 - \varepsilon_{YCL})$$

则式（5-2）变为

$$\begin{cases} \bar{R}_{CP} = (1 + r_{CL}\varepsilon_{VCL})/(1 - \varepsilon_{VCL}) = \xi(\sigma_{Ym}) < 1 \\ (\Delta R/R)_{CL} = \varepsilon_{VCL}(1 + r_{CL})/(1 - \varepsilon_{VCL}) = \phi(\sigma_{Ym}) \end{cases}$$

式中：$\xi(\sigma_{Ym})$、$\phi(\sigma_{Ym})$ 为锰铜横向计的待定函数。

试验证明锰铜横向计具有较大的负向输出，表明锰铜横向计的电阻率相对变化系数 $r_{CL} < -1$，它不仅仅是体积应变 ε_{VCL} 的函数，由于锰铜横向计和锰铜纵向计的电阻率相对变化系数有显著差异，在横向应力测试中很难采用锰铜计补偿技术。

（5）如果在二维轴对称条件下，锰铜纵向计的 Y、Z 轴方向的应变相等，$\varepsilon_{ZMP} = \varepsilon_{YMP} \neq 0$，$\varepsilon_{XMP} \neq \varepsilon_{VMP}$，因此有

$$\bar{R}_{MP} = (1 + r_{MP}\varepsilon_{VMP})(1 - \varepsilon_{YMP})^2/(1 - \varepsilon_{VMP}) \tag{5-8}$$

式（5-8）表明，锰铜纵向计的输出中包含压阻效应因子 $(1 + r_{MP}\varepsilon_{VMP})/(1 - \varepsilon_{VMP})$ 和应变效应因子 $(1 - \varepsilon_{YMP})^2$。在此条件下，锰铜纵向计的 Y、Z 轴方向的应变相等，$\varepsilon_{ZCP} = \varepsilon_{YCP} \neq 0$，$\varepsilon_{XCP} \neq \varepsilon_{VCP}$，因此有

$$\bar{R}_{CP} = (1 + r_{CP}\varepsilon_{VCP})(1 - \varepsilon_{YCP})^2/(1 - \varepsilon_{VCP}) \tag{5-9}$$

根据式（5-5），式（5-9）中的 $(1 + r_{CP}\varepsilon_{VCP})/(1 - \varepsilon_{VCP})$ 项为 1，因此锰铜纵向计可以测量 Y 轴方向应变，即

$$\bar{R}_{CP} = (1 - \varepsilon_{YCP})^2$$
$$(\Delta R/R)_{CP} \approx 2\varepsilon_{YCP}$$

锰铜纵向计的测量结果作为锰铜纵向计测量结果的补偿，可以消除锰铜纵向计测量结果中应变项的影响。若两种纵向计的横向应变相等，即

$$\varepsilon_{YMP} = \varepsilon_{YCP}$$

则锰铜纵向计的纯压阻效应因子为

$$(1 + r_{MP}\varepsilon_{VMP})/(1 - \varepsilon_{VMP}) = \bar{R}_{MP}/\bar{R}_{CP}$$

（6）压阻关系式

有时为计算方便，把压阻关系式（5-4）变成反函数形式来表达，即

$$p = p(\Delta R/R)$$

试验证明，有些压阻传感器的压阻特性满足上式的一阶泰勒展开式，另一些压阻传感器的压阻特性满足上式的 n 阶泰勒展开式，一般 $n = 1 \sim 4$，Lee 的试验结果为

$$p = A_1(\Delta R/R) + A_2(\Delta R/R)^2 + A_3(\Delta R/R)^3 + A_4(\Delta R/R)^4 \qquad (5-10)$$

在加载条件下，式（5-10）中，$A_1 = 0.418\ 9$，$A_2 = -1.86 \times 10^{-2}$，$A_3 = 5.828 \times 10^{-4}$，$A_4 = -9.159 \times 10^4$，压力的单位为 GPa；式（5-10）的标准误差是 0.01 GPa。无论是加载过程还是卸载过程，A_1，A_2、A_3、A_4 都是锰铜的成分、传感器结构和装配条件等的函数。这套 A_i 值数据对应的锰铜组成为：84% Cu，12% Mn 和 4% Ni。

在 4 ~ 39 GPa 压力域内，对于某些 MPRT 具有线性的压阻关系：

$$\Delta R/R = K_p p \qquad (5-11)$$

式中：K_p 为压阻系数（或加载压阻系数，或卸载压阻系数），即压阻传感器的灵敏度，它是材料成分、传感器结构和安装条件等的函数。

有研究者把锰铜丝嵌入 C-7 环氧树脂中制作压阻计，并测定了它的加载压阻系数，得

$$K_p = 0.029\ 1\ \text{GPa}^{-1}$$

当利用压阻传感器测量压力时，压阻系数 K_p 是已知的，因此只要测量到压阻计的相对电阻变化值 $\Delta R/R$，利用式（5-10）或式（5-11）就可以确定作用于压阻元件上的压力 p，也可以利用图表查出。在图 5-2 中示意地绘制了 $\Delta R/R - p$ 平面上 MPRT 的压阻特性曲线，图中 $O - 1 - 2 - 4$ 曲线为加载曲线，$3 - 2$ 线和 $5 - 4$ 线为卸载曲线，点 3 和点 5 为二次卸载剩余值，因此在加载、卸载试验中同一个 $\Delta R/R$ 值对应着两个压力值：一个在加载曲线上，另一个在卸载曲线上，试验者可根据传感器输出的记录波形选取其中之一。

5.2.4 压阻传感器的结构与分类

锰铜压阻传感器（简称压阻计）的结构形式和分类很多，按材料截面形状可以分为丝式和箔式，按阻值可以分为低阻和高阻，也可以根据敏感部分的面积分为较大面积和较小面积等。如图

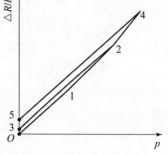

图 5-2 压阻传感器的特性曲线示意图

5-3所示，栅式压阻计与电阻应变片相比，外形上几乎完全相同，但是两者的工作原理和安装方式则完全不同，压阻计采用埋入安装方式。

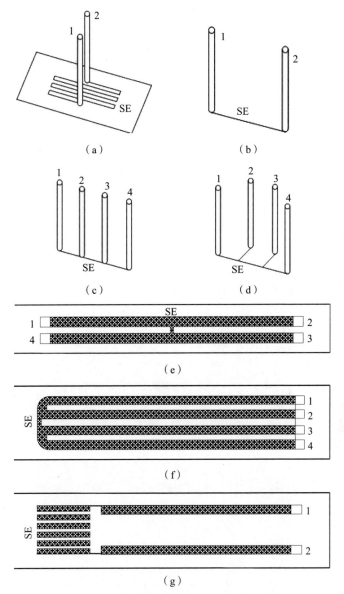

（a）

（b）

（c）

（d）

（e）

（f）

（g）

图 5-3　几种锰铜压阻传感器销结构示意图

SE—敏感部分；1、4—电流臂；2、3—测量臂

（a）双电极栅状锰铜丝压阻计；（b）双电极单丝锰铜计；

（c）四电极单丝锰铜计；（d）四电极三丝锰铜计；（e）箔状 H 型锰铜压阻计；

（f）箔状双 π 型锰铜压阻计；（g）箔状栅式锰铜计

图 5 – 3（a）的被测材料是绝缘材料，采用浇铸埋入的方式安装压阻计；图 5 – 3 的被测介质是绝缘材料，采用拼接埋入的方式安装压阻计，被测介质与压阻计之间是直接接触的或用少量胶黏剂胶接的；如果图 5 – 3（b）的被测介质是导电材料，压阻计必须预先封装在两层绝缘介质之中，然后采用拼接安装的方式埋入被测介质。图 5 – 3（c）表明了压阻计、绝缘层与导电的被测介质之间的关系。

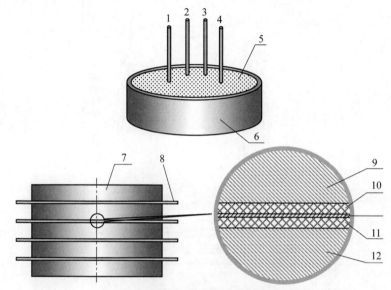

图 5 – 4 锰铜压阻传感器的两种安装方式

1、4—电流臂引线；2、3—测量臂引线；5—环氧树脂 C – 7；6—环状外壳；

7、9、13—被测试件；8—带绝缘层的压阻计；10、12—绝缘层；11—H 型或双 π 型压阻

在爆炸或冲击过程的测量中，大多采用低阻值的压阻计，一方面是因为载荷强度高，传感器不必具有很高的灵敏度；另一方面是因为阻值小，可以缩小敏感元件的有效工作面积，适应小型爆炸或冲击试验测量的需要，如测量雷管和导爆索的输出能力。

|5.3 压阻测试系统|

5.3.1 高、低压测试分类

根据爆炸冲击过程的测量需求将测试系统分为低压测试系统和高压测试系

统两种，图 5 - 5 所示为两种测试系统的工作原理框图。

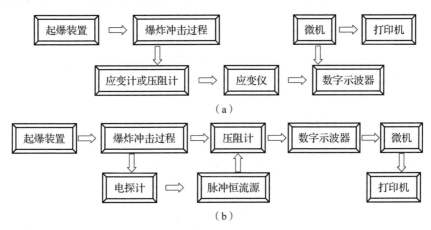

图 5 - 5 高、低压测试系统工作原理框图

（a）低压测试系统；（b）高压测试系统

低压测试系统是指测量的压力范围相对于高压测试系统的较低，为 1 MPa~5 GPa，在爆炸测试中电阻值为 2 ~ 500 Ω 的压阻计为高阻值压阻计，压阻计和应变传感器都可以作为低压测试系统传感器。测试系统使用应变仪作二次仪表，传感器信号以电桥的方式输入应变仪，通过应变仪输出压力随时间变化的参数。

高压测试系统一般选用测压范围为 0.1 ~ 50 GPa 的锰铜压阻计作为测压系统的传感器，由脉冲恒流源通过同轴电缆提供瞬间工作电流，恒流源由电探针触发启动。在爆炸测试中值为 0.05 ~ 2 Ω 的压阻计为低阻值压阻计。测试过程中通常采用瞬间脉冲方式供电，防止因长时间通电导致压阻计的敏感部位电性能下降或烧坏。锰铜压阻计的电压信号通过同轴电缆连接数字示波器输出，该数字信号是恒流源供电电压与压阻计变化电压的叠加信号。

高、低压测试系统输出的是电压随压力变化的信号，通过输出数据和波形，可以观察爆炸、燃烧与冲击过程随时间的变化情况，也可以通过计算求出爆炸冲击压力。要对每一时刻求得的爆炸产物或冲击波的压力值确定可信度，现在最常用的方法是在试验之前首先对压阻传感器或测压系统进行标定，在标准压力已知的情况下再确定其输出电压值，然后分析测试系统的静态和动态特性。

5.3.2 低压测试系统

如图 5 - 6（a）所示，对低压测试系统内仪器的工作原理进行简要说明。

1. 应变计和压阻计

一般用拉直后长度为 10 mm 以上，电阻值为 50 Ω 以上的栅状结构作为低压测试使用的应变计或压阻计的敏感元件。除常用的膜片型电阻应变传感器、筒形电阻应变传感器和杆型电阻应变传感器外，丝式、箔式和半导体型应变片或锰铜压阻片是更为直接有效的传感器。

大部分电阻应变传感器由 4 个应变片按电桥的方式连接制成。在压阻传感器不是电桥连接的情况下，为了便于记录仪器读取数据，将动态变化的电阻转换成电压或电流变化量，应将应变仪的输入端放入电桥电路的一个桥臂中。

一般的电阻应变传感器的电桥用惠斯通电桥的形式连接，如图 5 – 6 所示。电阻应变计 R_1 和电阻 $R_2 \sim R_4$ 分别接在 4 个桥臂上，应变计电阻变化信号以 U_{sc} 形式输出，U_0、I_0 由供电电源提供。恒压源、恒流源和载波振荡器为电桥最常见的 3 种供电方式，图 5 – 6 所示为恒压源和恒流源供电的情况。

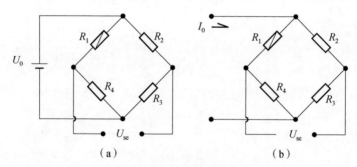

图 5 – 6　两种电桥供电方式
（a）恒压源供电；（b）恒流源供电

恒压源供电时，假设 $R_1 = R_2 = R_3 = R_4 = R$，电桥的输出电压为

$$U_{sc} = \frac{\Delta R_1}{R + \Delta R_T} \tag{5 – 12}$$

式中：ΔR_1 为由于压力变化导致应变片产生的电阻变化；ΔR_T 为由于温度变化引起的电阻变化。

电桥的输出电压 U_{sc} 与恒压源供电电压 U_0、被测参数 $\Delta R_1/R$ 成正比。测量燃烧、爆炸压力时，输出电压还与温度有关，即 U_{sc} 与 ΔR_T 呈非线性关系，所以用恒压源供电时，温度会对电路产生影响。

用恒流源供电时，假设电桥两个支路的电阻相等，$R_1 + R_2 + R_3 + R_4 = 2(R + \Delta R_1)$，那么，通过每个支路的电流也相等，因此电桥的输出电压为

$$U_{sc} = I_0 \Delta R_1 \tag{5 – 13}$$

　　由此可以看出，电桥的输出电压与电阻的变化 ΔR_1 和电源电流 I_0 成正比，恒流源供电时，温度不会影响输出电压。

　　为了提高测试精度，避免应力较低时压阻计的压力的变化难以识别，采用电桥电路放大电压变化的信号，消去初始供电电压的影响，如此即可获得单一的电压变化信号。

　　当使用恒压源供电且电桥不在电阻应变仪内而独立使用时，根据图 5 – 6 所示的电路，R_1 为压阻计的电阻，R_2 和 R_3 为固定电阻，R_4 为可调电阻，用来调节电路的平衡。电桥的输出电压 ΔU_{sc} 由下式计算：

$$\Delta U_{sc} = \frac{(R_1 R_3 - R_2 R_4) Z_c U_0}{Z_c(R_1 + R_3)(R_2 + R_4) + R_1 R_2(R_4 + R_3) + R_3 R_4(R_1 + R_3)}$$

$$(5 – 14)$$

式中：Z_c 为电缆特性阻抗，其意义为当电桥的输出电压 ΔU_{sc} 通过电缆传输时，电桥的负载阻抗为 Z_c。

　　为了使电路处在与传输线匹配的状态下工作，通常取 $R_1 = R_2 = R_3 = R_4 = Z_c$，其中，$R_1$ 为没有压力作用于电阻应变计时应变计的电阻值，此时 ΔU_{sc} 初始值等于零。当冲击压力作用于压阻计后，$R_1 \rightarrow R_1 + \Delta R$，代入式（5 – 14），整理可得

$$\frac{\Delta U_{sc}}{U_0} = \frac{\Delta R}{8R_1 + 5\Delta R} \qquad (5 – 15)$$

　　当 $5\Delta R \ll R_1$ 时，式（5 – 15）可近似表示为

$$\frac{\Delta U_{sc}}{U_0} = \frac{\Delta R}{8R_1} \qquad (5 – 16)$$

　　如果此时电桥的负载 Z_c 趋于无穷大，则

$$\frac{\Delta U_{sc}}{U_0} = \frac{\Delta R}{4R_1} \qquad (5 – 17)$$

　　对于大多数金属丝，它们在受轴向力作用时电阻变化和长度变化有如下关系成立：

$$\frac{\Delta R}{R} = K_0 \frac{\Delta L}{L} \qquad (5 – 18)$$

式中：K_0 为金属材料灵敏系数，在金属丝一定变形范围内其为常数。

　　将式（5 – 17）代入式（5 – 18）可以求出冲击波的压力值。

2. 电阻应变仪

　　电阻应变仪是将应变传感器或压阻计的电阻值变化信号转换成电压信号的仪器，经过一定处理后，将信号送到示波器中记录下来。首先求出压力峰值和

变化规律；然后根据测试系统的标定值，分析压力测量的误差。电阻应变仪主要由电桥、振荡器、放大器、相敏检波器、滤波器、数字示波器或记录仪等组成，其工作原理框图如图 5 – 7 所示。在每个环节的入口端，标出相应的波形。最开始时，电桥是平衡的，b、d 两端输出电平为零。R_1 是电阻应变计，在 R_1 上作用一个单次变化的压力时电桥就会失衡，b、d 两端的输出电压就会随压力而变化。

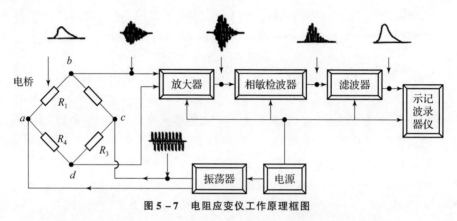

图 5 – 7 电阻应变仪工作原理框图

（1）振荡器：用于产生一个频率、振幅稳定，波形良好的正弦交流电压，可以用作电桥的电源和相敏检波器的参考电压。正弦波信号通过 a、c 两端送入电桥，压阻计通过脉冲恒流源供电，将电阻变化信号转换成电压变化信号，适合远距离传输。

为了减少相互影响，提高振荡器的稳定性，振荡的频率一般要求不低于被测信号频率的 6~10 倍。在多通道的应变仪中，振荡器是通过缓冲放大器和功率放大器将振荡信号供给各个通道的电桥和相敏检波器。

（2）放大器：作用是把电桥输出的微弱的电压信号不失真地放大，这样得到的功率才能推动数字示波器或记录仪。放大后调幅波的频率和相位与电桥输出信号相同。

（3）相敏检波器：作用是将调幅波还原成被检测信号波形，可以区别应变的拉、压状态。

（4）滤波器：作用是为了恢复输入信号，滤去从相敏检波器中输出的应力波形中残留的高频载波分量信号。常用的滤波器有高通、低通、带通等类型，一般用电感和电容组成 I 型和 II 型低通滤波器。由于它要滤去高频波中频率最高分量，也就是载波频率 ω，而一般被测量信号的频率比 ω 小得多，所以滤波器的截止频率只要做到（0.3~0.4）ω，即可满足频率特性要求，这时可滤去载波部分，而使被测信号顺利通过。

（5）电源：作用是给应变仪中放大器、振荡器等单元电路工作提供稳定电压。

（6）记录仪：动态应变仪采用数字存储示波器作为记录仪器，示波器的带宽在 100 MHz，采样速率为 10 MS/s。

低压测试系统适合测量密闭容器内燃烧、爆炸气体的 p—t 曲线；爆炸载荷作用下介质内部应力波参数的变化特征；载荷部件上的力学状态分布等参数。

3. 测试系统配置与调试

此处仅讨论系统的配置与调试过程中需要注意的若干问题；

（1）必须了解被测对象的性质及其测量环境，是多孔材料还是密实介质，合理地确定测点数量与位置，并配置相应通道数的低压力量程锰铜压阻法测试系统。

（2）被测压力或应力水平多大。为合理地确定测压量程，必须估算被测压力值。

（3）压阻计如何封装，怎样埋入试件，绝缘层或缓冲层多厚，压阻信号怎样引出。

（4）选用何种结构的压阻计，是箔状的还是结构型的，一次性使用还是多次重复使用。

（5）应力仪的增益和频宽等性能参数能否满足测量的需要。

（6）数字存储记录仪器的采样速率与记录长度等性能参数能否满足测量的需要。

（7）必须正确地选择系统的同步触发方式、触发信号源、触发信号极性、触发信号幅度和触发位置等。

（8）务必注意电缆的选配。

①当压阻计与应力仪之间的电缆长度小于或等于 10 m 时，可选用 SYV – 50 – 3 – 1 型同轴电缆，或选用 SYV – 50 – 7 – 1 型同轴电缆。

②当应力仪与记录仪之间的电缆长度大于 10 m 时，只能选用 SYV – 50 – 7 – 1 型同轴电缆；若误用 SYV – 50 – 3 – 1 型同轴电缆，电缆传输损耗太大，则峰值压力测量误差较大。

③当测量脉宽为微秒量级的冲击波压力时，连接压阻计、应力仪和记录仪的同轴电缆必须匹配。

④若选用 50 Ω 压阻计测压，连接在压阻计与应力仪之间的电缆已经实现了阻抗匹配；若应力仪的输出阻抗为 50 Ω，连接在应力仪与记录仪之间的电缆也实现了阻抗匹配。

⑤若选用非 50 Ω 压阻计测压，连接在压阻计与应力仪之间的电缆无法实现阻抗匹配，也就无法用于微秒量级脉宽的冲击波压力测量，只能用于毫秒量级脉宽的冲击波压力测量。

（9）在试验之前，需要编制该系统的操作程序。

（10）每发试验之前，必须用数字万用表检查电缆及其接插件等的连接情况，有故障必须查清并及时排除。

（11）在正式测量之前，必须完成全系统的调试。

（12）在正式测量之前，必须完成每个通道的系统增益测量。

（13）在正式测量之前，必须进行系统温度稳定性和时间稳定性测试。

（14）在正式测量之前，必须经过反复试验，使系统的同步触发可靠性接近 100%。

（15）每发试验之后，存储并读取每个通道的数字化压力模拟信号。

5.3.3　高压测试系统

高压测试系统采用低阻锰铜压阻计作为敏感元件，直接与示波器连接，不用组成电桥。压阻计通过脉冲恒流源供电将给电阻变化信号转换成电压变化信号，通过示波器显示电压信号以方便读取。这种传感器通常粘贴在被测试样的能量输出端，属于一次性耗材。

1. 常用仪器

（1）电探针：电探针的作用是触发脉冲恒流源，使爆炸冲击反应过程、恒流源启动、压阻计采集冲击信号等工作按时序同步进行。电探针的导通信号取自其在测量样品上的固定位置，在引爆猛炸药的同时，或在传爆药传爆到某个位置，在探针处形成爆轰的一瞬间，电探针接通，并触发脉冲恒流源为压阻计提供工作电流。压阻计通电几微秒或几十微秒，爆轰压力传至压阻计，产生压力信号。

（2）脉冲恒流源：在动高压测试中，压阻传感器只工作几微秒到几十微秒，采用脉冲恒流源供电有两个优点：一是给锰铜压力计短时间通电，以降低锰铜丝受热效应的影响；另一个是可以在极短时间内同时获得 ΔU 和 U 两个信号。恒流源可以使压阻计的电阻变化等同为对应的电压变化。

以下为两种实用脉冲恒流源。一种是电容式的脉冲恒流源，图 5 - 8 所示为美国 DYNASEN 公司设计的低阻值锰铜压阻脉冲恒流源电路。它的有效工作时间为 10 ~ 500 μs；锰铜压阻计的阻值在 0.05 Ω 左右；恒流源有两个输出端口，输出口 1 输出的信号中包含有恒流分量，输出口 2 输出信号中不包含恒流分量，其目的是适应较低压力的测量。触发信号入口处的触发电平为 4 ~ 50 V，恒流源从触发达到电流稳定的时间取决于供电电缆和信号电缆的长度。由于供电电缆的两端不匹配，电流达到恒定所需要的时间比较长。

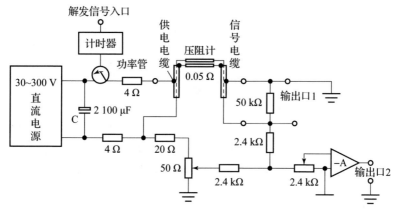

图 5 – 8　低阻值锰铜压阻计的脉冲恒流源

另一种为高速同步脉冲恒流源电源，图 5 – 9 所示为北京理工大学黄正平教授设计的高速同步脉冲恒流源电源，从原理框图可以看出，恒流源主要由电探针、脉冲形成网络、脉宽控制雪崩电路、大功率脉冲开关、恒流电路和锰铜压阻计组成。

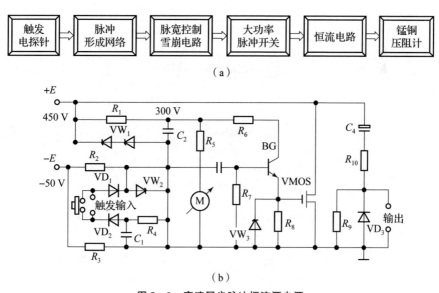

图 5 – 9　高速同步脉冲恒流源电源

（a）高速同步脉冲恒流源原理；（b）高速同步脉冲恒流源

当触发信号输入后，脉冲形成网络输出一个脉冲信号使雪崩管 BG 导通，导通时间由 C_2、R_6、R_8 的大小决定。雪崩电路在 R_8 上分压可以使大功率开关管 VMOS 导通，C_4、R_9、R_{10} 和锰铜压阻计按输出端组成的恒流电路开始工作。当 C_2 上电荷释放到较低水平时，VMOS 管关闭。恒流源有效工作时间为 30～200 μs，工作电流 9 A 左右。锰铜压阻计的阻值为 0.05～0.2 Ω，从触发到电流达到恒定的时间为 0.4 μs。

该电路的特点是把电探针触发电路和脉冲恒流源电路组合在一起，测试时只需在触发输入端接入电探针，在输出端接锰铜压阻计，然后连接稳压电源。

也可以按电桥方式连接高压测试系统脉冲恒流源的锰铜计，图 5－10 所示为美国 DY－NASEN 公司 20 世纪 90 年代设计的电桥连接方式的脉冲恒流源。该恒流源设置的两个压阻计一个用于测量，另一个用于比较补偿，其他两臂是电阻器件，通过调节 30 电位器的阻值使电桥平衡。将 50 Ω 敏感元件和 50 Ω 电缆并联后的阻值作为压阻计和比较计的等效电阻。图 5－9 中 a、b 两端右边的电路用 R 等效，电容两端的电压为 U，它等于充电电源电压，只要电容 C 足够大，在很短一段时间内 U 的变化很小，则电容 C 相当于一个恒压源。R 是电容的负载电阻，它的大小直接影响放电速率，即确定了维持恒压的时间。

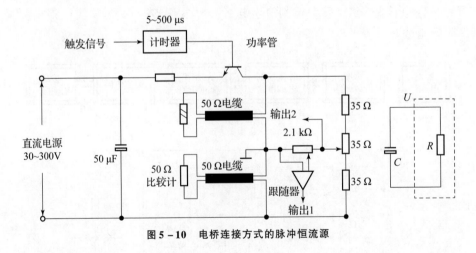

图 5－10　电桥连接方式的脉冲恒流源

对于 RC 电路，电阻两端电压为

$$U = U_0 \exp(-t/\tau) \tag{5-19}$$

式中：$\tau = RC$，是常数，C 是 50 μF 放电电容，R 是放电电容的负载电阻。若取 $U/U_0 = 0.99$，相应的时间 $t = 0.01\tau$。通常定义 0.01τ 是电容式恒压源的有效工作时间。

（3）压阻计：测量高压时使用的是低阻值的锰铜压阻计。为了减少压阻计的 4 条引线的电阻，导线可以镀银处理。由于引线直接与传输线连接，因此它们的负载阻抗等于传输线的特性阻抗 Z_c。这时可以把 H 型压阻计等效为一个电阻网络，如图 5-11 所示。图中，R_1、R_2 是电流臂等效电阻，R_3、R_4 是电压测量臂等效电阻，R_0 是敏感部位电阻。从这个等效电路可以推出电压与电阻的变化关系：

$$\frac{\Delta U}{U} = \frac{(1-\eta)\Delta R}{R_0} \tag{5-20}$$

$$\eta = \frac{1 + K_b P + R_{34}/R_0}{1 + (Z_c/R_0) + K_h P(1 + R_{34}/R_0) + (R_3 + R_4)/R_0} \tag{5-21}$$

式中：R_{34} 为电压测量臂的引线电阻值，R_{34}/R_0 的值取决于压阻计的安装情况和工作条件，其大小在 0.5~1。$(R_3 + R_4)/R_0$ 的值取决于压阻计的几何尺寸，一般在 1~3。$K_b P$ 为压力影响项，其值在 0.05~0.2。Z_c/R_0 为阻抗比，它的大小约为 250，显然它是影响 η 的主要参数，通常 η 的值在 0.01 左右。这个结果告诉我们，压阻计的信号输出端采用分压电路时，必须注意负载及 Z_c 的分流作用造成的影响。

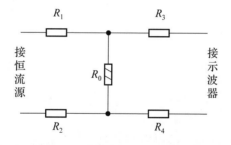

图 5-11 H 型压阻计等效电路图

高压测量系统中电压变化的波形如图 5-12 所示。在 t_1 时刻之前，由于脉冲恒流源尚未触发（由电探针触发），压阻计上的电压是零。t_1 时刻恒流源控制元件或开关元件导通，压阻计输出端电压由零突变至 U，电容 C 上的充电电压加到锰铜压阻计上。电容 C 在 $t_1 - t_2$ 时刻最大记录长度为 10 m 的采样点开始放电之后电压趋于稳定，这时爆轰波压力还没有到达传感器。试验样品爆炸压力的传播时间远小于所设计的回路放电时间常数，因此放电电压 U 在一段时间内为常数，希望能在这段时间内获得压力信号；时间推移，放电电压波形呈下降趋势。t_3 时刻压力波到达传感器，曲线波形出现跳变，ΔU 就是压力曲线的峰值；外界压力冲击波作用用 $U(t)$ 表示，其随时间变化。从示波器中读出 ΔU 和 U 的值，进而可以计算冲击波压力。

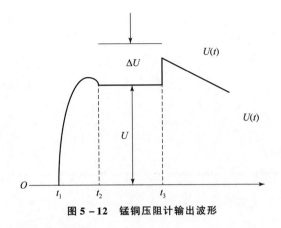

图 5 – 12　锰铜压阻计输出波形

2. 测试系统配置与调试

此处仅讨论系统的配置与调试过程中需要注意的若干问题。

（1）必须了解被测对象及其测量环境，是多孔材料还是密实介质，合理地确定测点数量与位置，并配置相应通道数的高压力量程锰铜压阻法测试系统。

（2）被测压力或应力水平多大。为合理地确定测压量程，必须估算被测压力值。

（3）压阻计如何安装，怎样埋入试件，压阻信号怎样引出。

（4）选用何种结构的压阻计，成品压阻计的敏感部分几何尺寸能否满足要求，是否需要重新设计和制作压阻计。

（5）箔式低阻值压阻计是否需要封装，怎样封装？箔式低阻值压阻计在导电介质中使用时，需要把压阻计封装在两片绝缘层之中，增加绝缘层厚度会增加压阻计的有效工作时间，但也降低了其响应速率。常用绝缘层是厚为 $0.05 \sim 0.2\ mm$ 的聚四氟乙烯薄膜或其他聚合材料薄膜，常用的封装用胶为环氧树脂和 FS – 203A 胶等。

（6）脉冲恒流源的性能参数能否满足测量需要。

（7）数字存储记录仪器的采样速率与记录长度等性能参数能否满足测量的需要。

（8）必须正确地选择系统的同步触发方式、触发信号源、触发信号极性、触发信号幅度和触发位置等。

（9）务必注意电缆的选配。

①必须尽量减少连接压阻计与脉冲恒流源的电缆长度。此电缆长度值与脉冲恒流源输出电流达到恒定所需的时间有关，减少电缆长度，可以减少电流达

到恒定的时间。若此电缆长度小于 5 m，则可选用 SYV - 50 - 3 - 1 型同轴电缆。

②连接压阻计与记录仪的电缆较长，必须选用外径较粗的 SYV - 50 - 7 - 1 型同轴电缆，若误用 SYV - 50 - 3 - 1 同轴电缆，电缆传输损耗太大，则峰值压力测量误差很大，有可能达到 5% ~ 10%。

③在爆炸驱动试验中或在飞片碰撞试验中，冲击波压力信号的脉宽为微秒量级，必须防止电缆的传输失真，为此要求连接低阻值压阻计和记录仪的同轴电缆必须匹配。如在低阻值压阻计的信引出头与电缆始端芯线之间串接一个 50 Ω 1/8 W 的电阻，或在电缆终端并接一个 50 Ω 的匹配电阻。

（10）在试验之前，需要编制该系统的操作程序。

（11）在试验之前，必须精心地设计与制作测压试件和相关的试验零部件。

（12）在试验之前，必须正确地使用专用封装工具（由球面胶顶和平面操作台等组成），以确保低阻值压阻计的封装质量，其敏感部分必须均匀平整，无气泡和杂质。

（13）每次试验之前，必须用数字万用表检查电缆及其接插件等的连接情况，有故障必须查清并及时排除。

（14）在正式测量之前，必须完成全系统的调试，每个通道都有恒流信号输出。

（15）在正式测量之前，必须进行系统温度稳定性和时间稳定性测试。

（16）在正式测量之前，必须经过反复试验，使系统的同步触发可靠性接近 100%。

（17）每次试验后，存储并读取每个通道的数字化压力模拟信号。

5.4　标定

因为压阻（应变）材料的组分和性质都不太相同，相应的压阻系数也有所差异，所以对每批传感器必须做抽样标定。除常规高速碰撞—探针法外，可采用光探针技术或同轴探针技术测定在飞片打击下靶板中的冲击波速度 D 和自由表面速度 u_f，同时测量锰铜计的输出电压 $\Delta U/U$，对性能已知的材料制成的试样，可以不测量自由表面速度。改变靶材和飞片速度，可以获得一组压力 p 与电压 $\Delta U/U$ 的数据，然后再处理试验结果，确定 p—$\Delta U/U$ 的经验关系或压

阻系数 K_b。

标定用的试验装置如图 5 – 13 所示，这个装置使用了高速摄影仪、锰铜压阻测量系统同时进行试验，包含了三种速度参数测量：光学探针法测量试样中的冲击波速度 D、试样的自由表面速度 u_f，以及锰铜压阻法连接此压阻计，并测量其 $\Delta R/R$ 值。利用自由表面速度与入射波粒子速度之间的近似关系 $u_f = 2u$ 及冲击波压力与入射粒子速度 u 的关系 $p = \rho_0 Du$ 可以计算出压力 p 的值。

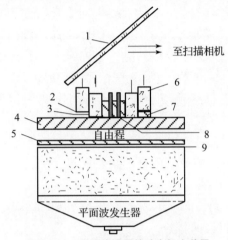

图 5 – 13 压阻传感器的动态标定装置

1—反射镜；2—硝酸钡粉；3—盖片；4—铝靶板；5—铝片；6—有机玻璃；
7—靶材；8—锰铜丝；9—空气隙

上面仅介绍了加载压阻系数的标定。标定卸载压阻系数的方法和手段大体上是相同的，但入射于传感器的应力波中必须包含有已知幅度的卸载波。这里不再介绍，读者可以自行设计一种标定卸载压阻系数的方法。

|5.5 工程应用|

5.5.1 炸药装药爆轰成长过程测试

目前，炸药装药爆轰成长过程测试主要通过测量反应区的压力变化来研究炸药爆轰成长过程的相关信息。具体的主要采用拉格朗日量计技术，包括锰铜压阻传感器测压技术。试验得到的数据可以用于标定和检验非均质炸药的反应速率方程参数，用于分析加载条件、细观结构和材料性质对炸药冲击起爆过程中热点形成和发展机制的影响。利用锰铜压阻传感器测量比较简单，可以根据事先对传感器标定得到的压阻关系直接得到不同拉格朗日剖面上的压力历史，只需要调整由于置入压力传感器对冲击波速度造成的影响（可以根据波阵面上的守恒关系和炸药的冲击绝热关系来决定），就可以得到令人满意的结果。

　　基于锰铜压阻传感器测压技术，建立炸药冲击起爆一维拉格朗日试验分析测试系统，对不同配比的炸药的冲击起爆过程进行测试，得到炸药冲击起爆过程的影响规律和起爆过程数据，可用于研究不同组分的含铝炸药在冲击作用下的起爆和爆轰成长过程。

　　冲击起爆一维拉格朗日试验分析测试系统如图 5 – 14 所示。测试系统的加载部分采用炸药平面透镜爆轰加载及空气与隔板综合衰减技术，平面波透镜的直径为 $\phi40$ mm，TNT 加载药柱的尺寸为 $\phi40$ mm × 10 mm；测试部分含铝炸药样品直径为 $\phi40$ mm，三块薄片炸药和一块 25 mm 的炸药相叠，嵌入四个锰铜压阻传感器，试验时通过触发探针触发恒流源对其供电，将压力信号在示波器中输出。

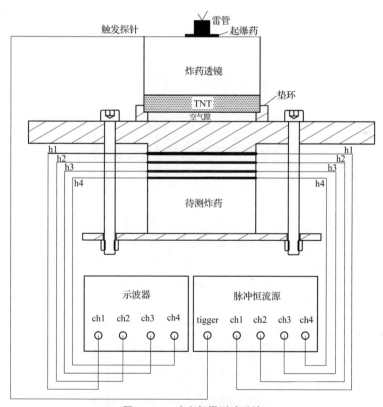

图 5 – 14　冲击起爆测试系统

为了维持爆轰压力测量时间，每个传感器两面用聚四氟乙烯薄膜包覆，第一个位置的薄膜厚度为 0.2 mm，其余四个位置的薄膜厚度为 0.1 mm，使用真空硅脂封装。传感器封装步骤如下。

（1）粘贴锰铜压阻传感器。锰铜压阻传感器粘贴质量的好坏，直接影响实际测量结果的好坏，所以在粘贴前要做好准备工作。取剪切好的有机玻璃板，并将其表面清洗干净，并在其几何中心处画一个十字的标志（方便与锰铜传感器的敏感区进行对正），在其表面均匀涂抹一层化学胶水，并粘贴上一定厚度的绝缘缓冲保护介质，再用力使传感器与保护界之间没有气泡（尤其是传感器敏感区不能产生气泡），在其表面放一块同等大小的有机玻璃板，并用重物压 3 h 之上，使其胶水固化，传感器粘贴完成。

（2）焊接传感器信号线。拿一个封装粘贴固化完成的锰铜传感器，用薄刀片轻轻刮去锰铜传感器两端焊接处的固化胶水，并且用一定浓度的丙酮溶剂对其焊点处进行清洗，洗去其固化胶水，并晾干保持干净，处理完成后取少量的焊膏涂抹在锰铜传感器的焊点处，再取上 4 根同等长度的高温线将其焊接在锰铜传感器的端口焊点处，焊好后用丙酮溶液清洗其焊接处，同时要保证锰铜传感器与高温线的焊接牢固并且不出现虚焊。图 5 - 15 所示为用 0.1 mm 厚的聚四氟乙烯薄膜包覆好的 H 型锰铜压阻传感器。

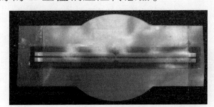

图 5 - 15　封装的 H 型锰铜压阻传感器

图 5 - 16 所示为试验装置实物图。试验使用的测试仪器，脉冲恒流源由北京理工大学爆炸科学与技术国家重点试验室研制，一台仪器包含 4 个通道，可以同步输出 4 路恒流，同时给 4 个压阻传感器供电；试验时设置脉宽为 200 μs；示波器选取 Tektronix 数字荧光示波器 4034，带宽为 350 MHz，最高采样速率为 2.5 GS/s，试验时设置采样速率为 500 MS/s，最大记录长度 10 m 采样点，足够满足测试系统的要求。

图 5 - 16　冲击起爆试验装置图

每一发试验测量 4 个拉格朗日位置的压力变化历史，图 5 – 17 所示为示波器记录到的典型试验信号，每条曲线代表一个拉格朗日位置的压力变化过程。根据式（5 – 10）即可将图 5 – 17 示波器记录到的电压信号转换为压力信号，如图 5 – 18 所示。

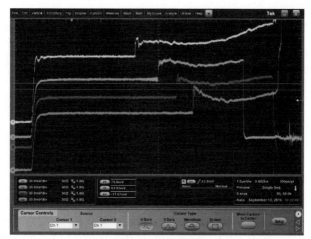

图 5 – 17　典型试验信号

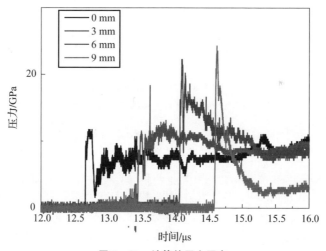

图 5 – 18　计算的压力历史

5.5.2　飞片撞击试验压力测试

图 5 – 19 所示为铝飞片撞击铝靶板时压阻计的电压 – 时间关系的试验典型记录。试验中使用的锰铜丝传感器被嵌入 C – 7 树脂中，安装在铝靶板的背面，锰铜丝距铝靶背面约 1 mm，在铝中峰值应力是 1.7 GPa。

（1）如图 5 - 19（a）所示，示波器的记录曲线包含了恒流脉冲信号和压力模拟信号。从这条曲线上可以直接得到同峰值应力相关的相对电压变化 $\Delta V/V$。利用此记录很难看出记录波形中所包含的细节，如弹性先驱波。

（2）如图 5 - 19（b）所示，示波器的记录曲线仅显示了应力波，不显示恒流信号，因而此记录波形中的弹性先驱波明显可见。对于低阻值传感器记录，可以采用两种方法得到如图 5 - 19（b）所示的曲线：一种方法是晶体管延迟线法，此法将一个锰铜计的输出信号先后送入不同延时、增益相等、正负相反的两个通道，示波器上可显示两个通道的合成信号波形；另一种方法是选用具有直流偏置功能（offset）的示波器来记录锰铜计输出信号，使记录中不出现恒流信号。

（3）如图 5 - 19（c）所示，示波器的记录曲线显示了整个应力波的细节，其中 t_1 为弹性先驱波到达锰铜丝的时间，t_2 为塑性加载波到达峰值（1.7 GPa）的时间，t_3 为飞片背后自由表面上反射的卸载波到达的时间，t_4 为卸载波最小值到达的时间，t_5 为飞片与靶分离的扰动信号到达的时间。

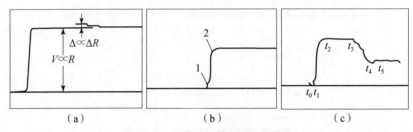

图 5 - 19　3 条典型的试验记录曲线

（a）示波器的记录曲线；（b）应力波前期曲线；（c）应力波完整曲线

应用特征线数值计算方法，可以得到作用于理想压阻传感器（与被测材料完全匹配）的压力—时间波形，类似图 5 - 20 中的曲线 1；真实压阻计测得的压力—时间波形，类似于图 5 - 20 中的曲线 2。从图中可以看出，试验的压力峰值与理论计算值相符。另外，由于传感器中的锰铜及其绝缘材料的冲击阻抗不可能与被测材料的冲击阻抗相同，存在一个有限厚度敏感元件的响应问题，导致上升前沿时间的增加。

5.5.3　雷管端部输出压力测试

雷管和导爆索等是传爆系列中的重要部件，其端部输出压力是评价传爆能力重要指标之一。雷管爆炸后，在其端部方向上的耦合材料中必定形成一个二维轴对称透射冲击波。

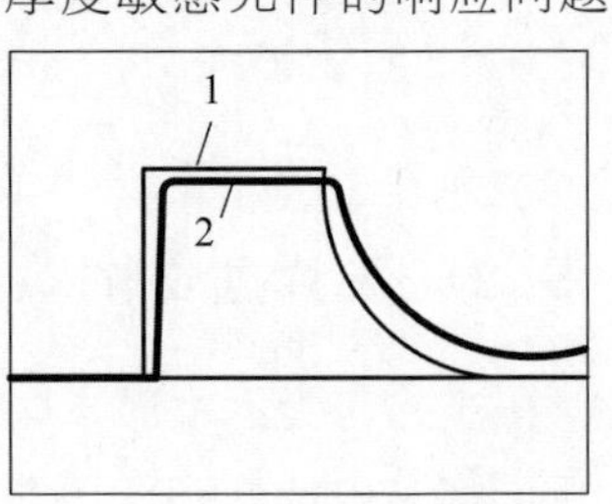

图 5 - 20　试验曲线与理论曲线比较

试验中选用 H 型锰铜压阻计（简称锰铜计），其敏感元件尺寸较小，长为 $0.2 \sim 0.6$ mm，宽为 $0.1 \sim 0.3$ mm。在端部输出压力的测量中，雷管试件尺寸很小，透射冲击波波阵面不是一个平面而是一个曲面，纵向锰铜计的记录波形中同时包含了压阻效应与横向拉伸应变效应。为了消除锰铜计记录中的横向拉伸应变效应，需要在相同测量条件下采用 H 型纵向锰铜应变传感器来测量横向拉伸应变效应值。

纵向锰铜计的横向拉伸应变效应可根据以下参数来计算：时间 $t_0 = 0$，透射冲击波波阵面到达纵向锰铜计，波阵面的曲率半径为 γ_0，t 时刻，纵向锰铜计敏感部分随被测介质一起运动，其轴向位移为 W，其纵向锰铜计敏感部分横向应变 ε_v 由下式计算：

$$\varepsilon_v = W/\gamma_0$$

根据界面连续条件，轴向位移为 W 和纵向锰铜计敏感部分横向应变 ε_v 在冲击波前后均无突变，对测量冲击波峰值压力的影响很小，如图 5 – 21 所示。

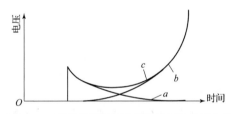

图 5 – 21 邻近雷管端部的压阻计记录信号分析
a—纯压力信号；b—纯拉伸应变信号；c—纯压力信号 + 纯拉伸应变信号

图 5 – 21 中也定性地绘制了纵向锰铜计记录，由于纵向锰铜计的轴向应变效应与压阻效应数值上相等，但极性相反，所以纵向锰铜计记录中不出现纵向的效应，仅记录了横向应变效应。两种传感器在相同的试验条件下做试验，得到两个不同的记录波形，见图中曲线 c、曲线 b，两波形相减之后消去了横向应变效应，得到了修正之后的纯压力信号波形，见图中曲线 a。然后根据锰铜计的压阻系数推算出压力 p（或应力）随时间变化的过程。

评价雷管端部传爆能力（或输出能力）主要包含以下几个部分。

（1）测量不同耦合面材料中邻近雷管和导爆索端部的透射冲击波强度，如图 5 – 22 中 p 轴上的 p_1，p_2，p_3，p_4 和 p_5 等 5 个试验值。

（2）利用耦合材料的冲击绝热方程，如图 5 – 22 中的 H_1、H_2、H_3、H_4 和 H_5 等 5 种耦合材料的冲击绝热线，确定相应的粒子速度值，如图 5 – 22 输出能力曲线示意图中的 $(p_1, u_1) \sim (p_5, u_5)$ 等多组试验结果。

（3）用最小二乘法拟合上述的试验结果，并绘制关于输出能力的 p—u 曲线，如图 5 – 22 中的 MN 曲线。

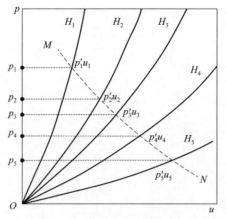

图 5 - 22　输出能力曲线示意图

（4）利用纵向锰铜计和纵向锰铜应变传感器测量有机玻璃中的邻近雷管和导爆索端部的透射冲击波强度，分析并相对比较冲击波记录中的峰值衰减速率和冲量。

用压阻法测量 LD - 1 火花式高压电雷管端部输出压力的试验装置如图 5 - 23 所示，该装置中包含有耦合材料、小型爆炸容器、双绞线、高压电雷管、有机玻璃块、有机玻璃片、H 型锰铜计、锰铜计电极、钢制基座和起爆电极等，其中三组电极将分别连接脉冲恒流源、脉冲变压器（高压起爆电源）和数字存储示波器，小型爆炸容器如图 5 - 24 所示。图 5 - 25 是安装了雷管试件的基座；图 5 - 26 表示 H 型锰铜计、H 型锰铜计和雷管端部位置之间的安装关系，这种安装方式可实现锰铜计和锰铜计的同步测量。

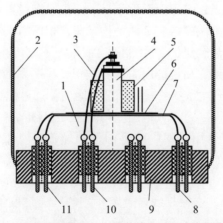

图 5 - 23　压阻法测量 LD - 1 雷管输出压力试验装置示意图

1—耦合材料；2—小型爆炸容器；3—双绞线；4—高压电雷管；5—有机玻璃块；
6—有机玻璃片；7—H 型锰铜计；8—锰铜计电极；9—钢制基座；10—起爆电极；11—锰铜计电极

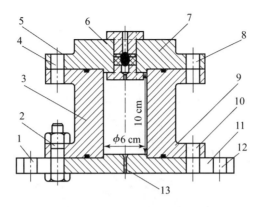

图 5 – 24　小型爆炸容器

1—传感器固定支座；2—上端盖；3—受试炸药；4—雷管；5—爆炸腔体

6—雷管引线孔；7—下端盖；8—紧固螺栓

图 5 – 25　安装试件的基座

1—LD – 1 雷管；2—PMMA；

3—H 型锰铜计；4—基座

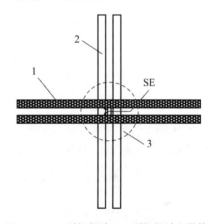

图 5 – 26　H 型锰铜计、H 型锰铜计和雷管

端部位置之间安装关系示意图

1、2—H 型锰铜计；3—雷管端部位置

　　用压阻法测量 8 号电雷管端部输出压力的试验装置如图 5 – 27 所示，该装置中包含有耦合材料、小型爆炸容器、双绞线、8 号电雷管、触发电探极、有机玻璃块、有机玻璃片、H 型锰铜计、锰铜计电极、钢制基座和起爆电极等，其中锰铜计的两组电极将分别连接脉冲恒流源 CH1 的输出端口和数字存储示波器 CH1 的输入端口；接有触发电探极的那组电极连接脉冲恒流源 CH1 的触发端口；接有 8 号电雷管的那组电极连接脉冲恒流源 CH2 的输出端口。当采用 H 型锰铜计和 H 型锰铜计同步测量方式时，还需使用另两组电极分别连接脉冲恒流源 CH3 的输出端口和数字存储示波器 CH2 的输入端口。

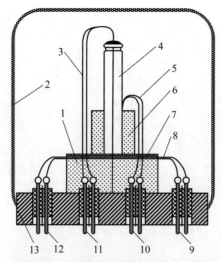

图 5 – 27 锰铜压阻法测量 8 号雷管输出压力试验装置示意图

1—耦合材料；2—小型爆炸容器；3—双绞线；4—8 号电雷管；5—触发电探极；

6—有机玻璃块；7—有机玻璃片；8—H 型锰铜计；9、12—锰铜计电极；

10—触发电极；11—起爆电极；13—钢制基座

锰铜压阻法测量 LD – 1 雷管输出压力的系统框图如图 5 – 28 所示。该系统由高速同步脉冲恒流源（同步开关为"开"状态）、脉冲变压器、H 型锰铜计、LD – 1 高压电雷管和数字存储示波器等组成。当手动触发后，恒流源两个通道同时输出电流脉冲，其中一个通道向锰铜计供电；另一个通道向脉冲变压器供电，变压器次级产生约 10 kV 脉冲高压，此高电压脉冲用于引爆 LD – 1 雷管。

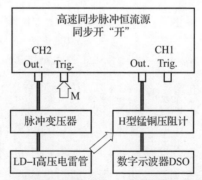

图 5 – 28 锰铜压阻法测量 LD – 1 雷管输出压力的系统框图

锰铜压阻法测量 8 号雷管输出压力的系统框图如图 5 – 29 所示。该系统由高速同步脉冲恒流源（同步开关为"关"状态）、触发电探极、H 型锰铜计、8 号电雷管和数字存储示波器等组成。此系统选定恒流源中两个通道分别承担起爆 8 号电雷管和向锰铜计供电的任务，两通道各自独立工作；承担起爆 8 号电雷管的通道需要用手动触发。

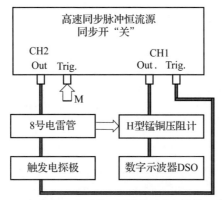

图 5 – 29　锰铜压阻法测量 8 号雷管输出压力的系统框图

试验测试的 LD – 1 雷管和 8 号雷管输出压力分别如图 5 – 30 和图 5 – 31 所示。

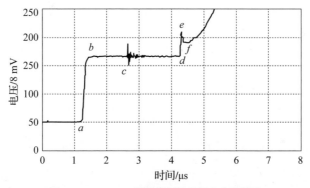

图 5 – 30　LD – 1 雷管端部输出压力典型记录

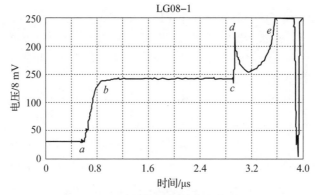

图 5 – 31　8 号雷管端部输出压力典型记录

5.5.4 横向应力测试

横向应力测量技术研究的宗旨是为材料动态本构关系试验研究提供一种有效的测试手段。通过平板撞击试验同时测量材料中的轴（纵）向应力和横向应力，可直接确定材料的泊松比和动态屈服强度等材料本构的基本参数。

利用横向计测量横向应力的方法 1968 年首先被 Bernstein 等采用，他们把片状的锰铜压阻应力计嵌入靶板材料中，使其黏接平面与冲击波传播方向平行，测量横向应力。后来陆续有学者采用了这一技术，利用锰铜压阻应力计测量玻璃和 PMMA 中的横向应力。

利用横向计测量横向应力时必须同时应用纵向计测量轴向应力，也就是在一个试验试件中包含了两种量计，即横向计和纵向计，如图 5-32 所示。

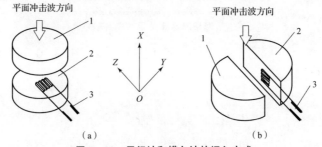

图 5-32 平行计和横向计的埋入方式

（a）平行计；（b）横向计

1，2—靶板；3—压阻计

图 5-32 中示意地表明了两种量计的埋入式安装方法：纵向计（又称平行计）的黏接平面平行于冲击波阵面，如图 5-32（a）所示；横向计的黏接平面垂直于冲击波阵面，如图 5-32（b）所示。

图 5-33 为飞片碰撞试验中测量纵向应力和横向应力的试验部件结构简图。锰铜纵向计、锰铜纵向计、锰铜横向计和锰铜横向计对应安装在该部件上；试验靶还包含有机玻璃靶板、有机玻璃试件和靶板托等。飞片的发射由轻气炮实现。通过飞片撞击有机玻璃靶板实现测量，所以在测量纵向应力和横向应力的试验中还需要准备若干轻气炮炮弹，如图 5-34 所示。

为了保证平面碰撞的精度，炮弹、飞片与靶的所有零部件必须有足够的平行度、垂直度、粗糙度和尺寸偏差，还必须有精细的靶试件装配工艺。

横向计研究的试验系统包含一级轻气炮，铝制炮弹，由锰铜和有机玻璃等制作的飞片与靶板，钢制靶架，飞片速度探针组，冲击波速探针组，脉冲形成网络，多路记时仪，锰铜计，应力仪和数字示波器等。图 5-35 所示为轻气炮及其靶室；图 5-36 所示为锰铜试件与靶架。

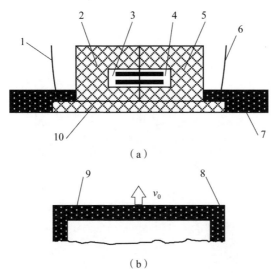

（a）

（b）

图 5 - 33 一种测量横向应力与纵向应力的试验部件示意图

1、6—锰铜纵向计；2、5—有机玻璃试件；3、4—锰铜横向计；

7—靶板托；8—炮弹；9—飞片；10—有机玻璃靶板

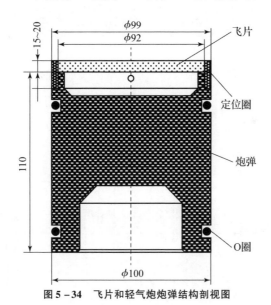

图 5 - 34 飞片和轻气炮炮弹结构剖视图

该试验系统中，高速应力仪的增益为 10 或 20，其频宽为 80 MHz 或 40 MHz，可以满足瞬态应力应变测量的要求；瞬态应力应变测量系统的记录仪为 TDS540D 数字示波器，它的单通道最高采样速率为 2 GS/s，四通道的最高采样速率为 500 MS/s，足够满足测量系统的要求。在探针测速子系统中包含电子光杆探针、脉冲形成网络和记时仪（或高速数字示波器）等，时间分辨率为 1 ns。

图 5 – 35　轻气炮及其靶室

图 5 – 36　锰铜试件与靶架

锰铜纵向计和锰铜横向计试验研究的典型记录如图 5 – 37 和图 5 – 38 所示。

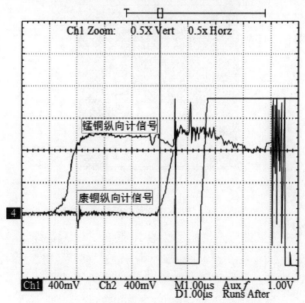

图 5 – 37　锰铜纵向计和康铜纵向计的典型记录

图 5 - 37 中，锰铜纵向计的应力模拟信号有效记录时间约为 2 μs，上升时间为 200 ps ~ 300 ns（偏大）。图 5 - 38 中，锰铜纵向计的应力模拟信号有效记录时间约为 5 μs，上升时间约为 100 ns。

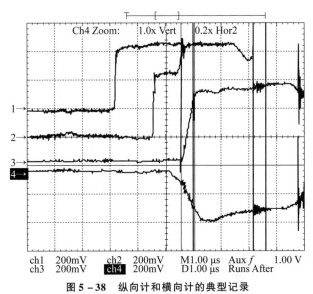

图 5 - 38　纵向计和横向计的典型记录

1、2—锰铜纵向计记录；3、4—锰铜横向计记录

利用横向计测量横向应力的方法目前还不是一种成熟的测量技术，有些测量条件下可以应用，某些测量条件下则不能应用。

第 6 章

电探极测试技术

|6.1 电探极测试原理|

炸药爆炸瞬间会释放出巨大能量，其中绝大部分能量转化为光能、热能以及冲击波及爆炸产物的动能；另一部分转换成电磁能，将爆炸产物与周围空气分子电离，并将电离向四周扩散推进，形成电离区域。

如图 6 – 1 所示，当在爆轰区域内放置两根相距很近的金属片或金属丝，并通过导线在金属电极两端加上电压，由于爆轰瞬间释放出强大的电磁能，电离爆炸产物和周围的气体，使金属电极之间短路，所以在电探针引线连接的电路中形成电流。图 6 – 1 中 CJ 面为爆轰反应区与爆炸产物之间的界面，CJ 面左边是爆炸产物区。D 为爆轰波的传播速度，箭头指明传播方向。在测爆速时，往往采用多组同类型的电探针安装在沿被测物传爆方向的各个位置，以求得到不同空间的时间参数。

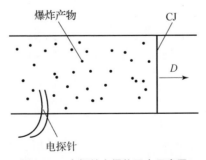

图 6 – 1 电探针在爆炸区内示意图

通常，电探极开关状态切换原因有以下几种：①两电极直接机械接触或脱离；②两电极之间的绝缘介质在高压下变成导体或半导体，即介质的电导突变；③强冲击作用下降低了两探极之间介质的绝缘强度，导致电场击穿。为了便于其他问题的讨论，通常将从有效冲击达到电探极敏感部分所在剖面的位置起，直到探极的内阻减小至脉冲形成网络的输入阻抗同数量级时为止，称为探极导通时间，或称为电探极开关时间。电探极的工作原理是通过爆轰波、冲击波和飞片等压缩探针，迫使通电的电极瞬间导通并在输出端产生电脉冲。

电探极测试技术原理框图如图 6 – 2 所示。爆轰波、冲击波和飞片等压缩电探极，迫使通电的电极瞬间导通；脉冲形成网络将电探极的开关状态突变转变为若干具有某种时序的脉冲信号；时序脉冲信号经长电缆传输，由数字存储示波器或计时仪记录。传输线在爆炸测试过程中对信号影响较大，因此必须进行很好的屏蔽，尽量采用 50 Ω 同轴电缆线并控制传输线的长度。

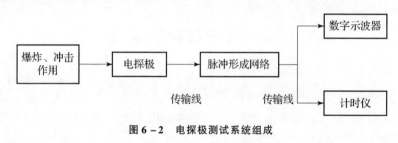

图 6 – 2　电探极测试系统组成

|6.2　常用的电探极|

电探极结构简单，响应速度快，使用可靠、成本较低。从设计结构上分为杆式、丝式和箔式 3 种类型。

6.2.1　杆式电探极

爆轰试验中常用的杆式电探极有光杆探针、盖帽探针、同轴探针和组合探针等，如图 6 – 3 所示。

1. 光杆探针

光杆探针的头部做成半球形：一方面是为了保护绝缘膜在安装过程中不被破坏；另一方面保证导通条件基本相同。图 6 – 3 （a）所示的光杆探针，探针后部用螺纹和支架配合，因此便于调整电探针头与炸药试样表面的距离；将图 6-3（a）所示的光杆探针的绝缘膜套在光杆探针上就变成了薄膜探针，如图 6-3（b）所示，其表面的薄膜是一种高强度漆膜，能够抵挡较强的空气冲击波，在自由表面速度测量中，可以防止过早被电离的气体导通，从而出现干扰信号。薄膜探针结构简单，体积小，调整方便。

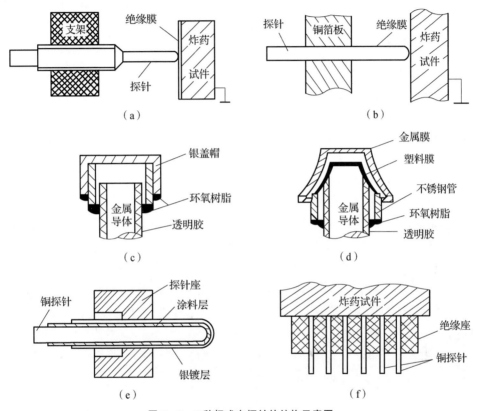

图 6-3 6 种杆式电探针的结构示意图

（a）螺纹光杆探针；（b）薄膜光杆探针；（c）银盖探针；（d）Σ 探针；

（e）银镀膜同轴探针；（f）组合探针

光杆探针有一个共同缺点：只能用于导电炸药的冲击波速度和自由表面速度等的测量，而不能用于非导电介质的测量，这是因为探针的另外一极必须是导电的试样本身。

2. 盖帽探针

光杆探针的缺点是不能用于非导电介质的冲击波速度和自由表面速度等的测量，于是发展了一种盖帽探针，如图 6-3（c）中的顶部加银盖帽的电探针和图6-3（d）所示的Σ探针。盖帽探针一个电极的顶端有一个很薄的金属膜制成的"盖帽"，构成电路的一极，另一个电极仍由位于中心的杆式导体组成；两电极之间由绝缘介质或者空气隔开。为避免在测试过程中发生短路或影响电探针的测试性能，探针四周用透明胶涂覆，并用环氧树脂固定两电极的相对位置。由于盖帽使用的金属材料应具有一定的机械强度，使得该种探针通常都能抵抗较强空气冲击波的作用，防止出现干扰信号。

3. 同轴探针

盖帽探针的结构存在一些问题，导致其抗干扰能力较弱，且导通时间过长，在此基础上对盖帽探针的盖帽、绝缘膜和引线方式等进行改造，发展形成了同轴探针。镀膜同轴探针把盖帽改成包覆在探针绝缘层外的金属薄膜，包覆的长度较长，相当于在光杆探针的绝缘膜上增加一层电极，如图6-3（e）所示。镀膜同轴探针对冲击作用具有纳秒量级的响应速率和很强的抗干扰能力，由于其输出端直接与同轴电缆相连，因此其测速时间分辨力为纳秒或亚纳秒量级。

另一种常用的同轴探针如图6-4所示，是利用医用针头（8~16号）作为外电极，在注射针管内插入漆包线，漆包线的一端焊接在SYV-50-2-1同轴电缆的芯线上；另一端与针头一起磨平作为采集信号的探头。由于漆包线外面附有一层绝缘漆，因此针管和漆包线之间不导通。同轴电缆的外屏蔽线（铜网）与不锈钢针头连接。这种探针机械强度较高，制作方便，作用可靠，因而应用广泛。在测量时，把针头的顶部与被测物接触，但被测介质不能是导电物质。当炸药爆炸时，产生的冲击波和热爆炸效应会破坏绝缘层，探针间的气体被电离，产生导电离子，使得探针导通。

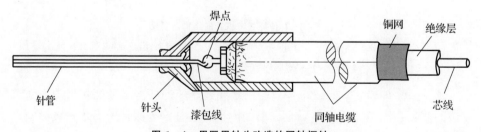

图6-4　用医用针头改造的同轴探针

探针的闭合阻抗等于引线阻抗和探针闭合时的阻抗之和。当探针处于正常导通状态时，探针的闭合阻抗往往很小，可能接近或小于引线的阻抗。如果减小引线阻抗，就可以使脉冲形成网络输出的脉冲信号前沿明显变陡，有利于提高计时信号的时间分辨率和时间间隔测量的判读精度。采用同轴探针，能有效消除引线电感和分布电容，减小引线阻抗。

4. 组合探针

随着电探针测试技术的发展，探针的种类、应用范围、测试精度及效率也进一步提高，组合探针的应用也越来越广泛。为了能够在一次试验中获得更多的信息，可以采用组合探针配置多路时间间隔测试系统。它的特点是在一个针座上安装多个探针，可测试多组不同参量，同时高密集度的组合探针又可以使试验试样小型化。如图6-3（f）所示，探针座可以用有机玻璃或其他绝缘强度高、刚性好的纤维增强塑料，组合探针的另一端与多路高频插座连接，通过连线把数据信号送到脉冲形成网络。探针之间的最小距离一方面取决于探针之间绝缘介质的耐压情况和机械加工的可能性；另一方面取决于如何避免已工作的探针对相邻探针的横波干扰。探针布局方式则由试验的数据处理方法来决定。当完成探针布局的试验设计之后，就可以在组合探针座的坯体上定位加工多组通孔。探针多采用铜针或高强度漆包线，插入孔内用胶固封，再通过车床、磨床加工等工序，最后与多芯高频插座装配在一起。图6-5和图6-6所示为两种设计成专门用途的组合电探针，可以测量冲击波在不同介质中的传播速度、飞片速度、自由表面速度等爆炸参数。

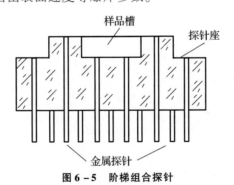

样品槽　探针座

金属探针

图6-5 阶梯组合探针

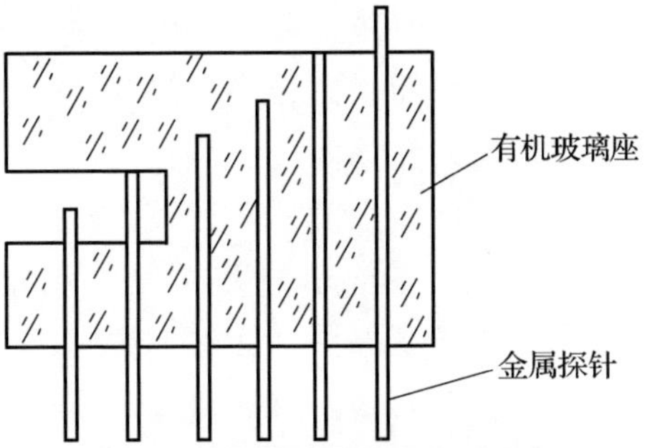

有机玻璃座

金属探针

图6-6 测量多种参数的组合探针

6.2.2 丝式电探极

常用的丝式电探极有单丝式和双丝式两种。

1. 单丝式电探极

单丝式电探极的结构如图 6－7 所示。探极的一极是高强度漆包线，它夹在导电炸药中间，由于漆包线外面有绝缘漆，因此漆包线内芯和炸药在爆炸反应前不形成导电通路；另一个电极是试样本身。单丝式电探极与光杆探针功能相同，可用于导电介质的冲击波速度和自由表面速度的测量。

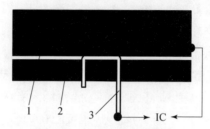

图 6－7 单丝式电探极的结构

1—金属试样；2—绝缘材料；3—单丝式电探极；IC—脉冲形成电路

2. 双丝式电探极

双丝式电探极由两根高强度漆包线组成两个探极，漆包线引线应尽量短，末端与同轴电缆连接。两根金属线可以平行放置，也可以相互绞合。平行放置时，如图 6－8 所示，只能测量高压下具有导电性突变的材料，如爆轰波通过炸药时非导电炸药突变为导电反应产物。绞合而成的双丝式电探极类似于盖帽探针，可用于测试非导电材料的试样。

6.2.3 箔式电探极

箔式电探极的两个电极由金属箔组成，电极的有效敏感面积比前面介绍的探极面积大得多。箔式电探极的结构形式很多，这里只介绍两种。一种是图6－9 所示的箔式电探极，两电极由两片面积较大的金属箔制成，如铜箔或铝箔，两箔式电极之间以及电极与试样之间都采用绝缘薄膜隔开。这种电极主要用于测量破甲射流的侵彻速度。由于射流的侵彻方向和位置有较大的随机性，必须具有较大面

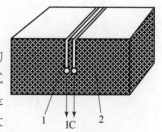

图 6－8 双丝式电探极

1—双丝式金属探极；

2—绝缘材料试样；

IC—脉冲形成电路

积的箔式电极才能适应破甲射流的侵彻速度测量。另一种是图 6 - 10 所示的离子型探极，这种探极与双丝式探极的特性几乎完全相同。

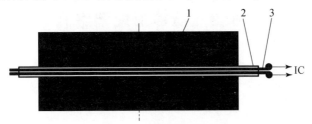

图 6 - 9 箔式电探极

1—金属试样；2—绝缘层；3—箔式电探极；IC—脉冲形成电路

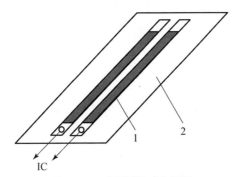

图 6 - 10 离子型箔式电探极

1—箔式电探极；2—绝缘层；IC—脉冲形成电路

栅网式电探极由一根很长的漆包线多次绕制而成，如图 6 - 11 所示，是一种常闭式的电探极，适用于弹体和飞片速度的测量。当飞行物通过栅网式电探极时，电探极由导通变成关断，给出计时电脉冲信号。

齿状履铜板电探极由履铜板制成，是一种常断式的电探极，适用于弹体和破片速度的测量，如图 6 - 12 所示。当飞行物通过齿状履铜板电探极时，使电探极由关断变成导通，给出计时电脉冲信号。

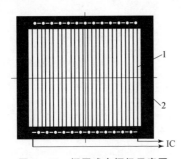

图 6 - 11 栅网式电探极示意图

1—漆包线电探极；2—绝缘框架；IC—脉冲形成电路

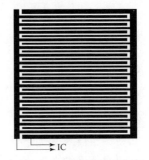

图 6 - 12 齿状履铜板电探极
示意图

|6.3   脉冲形成网络|

探针测试中常用的脉冲形成网络有两种，即 *RLC* 脉冲形成网络和电缆作为元件的脉冲形成网络。

6.3.1   *RLC* 脉冲形成网络

RLC 脉冲形成网络的单元电路及其等效电路如图 6 – 13 所示，图中 *C* 为储能电容器，其电容值大小直接影响该网络的输出信号的脉冲宽度，应根据所需信号的脉冲宽度而定，如 50 pF ~ 50 nF。

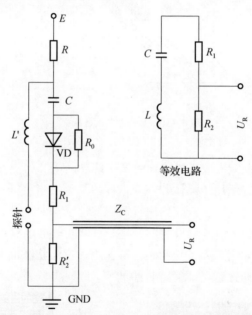

等效电路

图 6 – 13   *RLC* 脉冲形成网络的单元电路及其等效电路

R 为电容器 *C* 的充电电阻，其电阻值为 1 ~ 5 MΩ；R_0 为保护晶体二极管 VD 的电阻，其阻值一般取 30 ~ 100 kΩ，保证电容 *C* 充电过程中，电阻 R_0 及上的分压应小于晶体二极管 VD 的最高反向工作电压，这里晶体二极管 VD 也可由多个二极管串联而成；R_1 为电路的阻尼电阻，其电阻值应满足 $(R_1 + R_2) > (2L/C)^{0.5}$，$R_1$ 一般取 36 ~ 75 Ω；R_2' 为脉冲形成网络负载电阻，其阻值与信号传输电缆的特性阻抗 Z_c 有关，一般取 $R_2' = Z_c ~ 10Z_c$；L' 为探针引线的

电感，如 $\phi0.5$ mm，长 20 cm，两线中心距约 13 mm 的两平行导线的电感为 0.26 μH；1 m 长 50 Ω 同轴电缆的分布电感为 0.287 5 μH；R_2 为电阻 R_2' 与电缆特性阻抗 Z_c 并联后的等效电阻，R_2 一般为 40～90 Ω；L 由探针引线电感 L' 及其他分布电感组成，约为 0.3 μH。

图 6-13 中，当探针开路时，电源 E 经 R，R_0，R_1 和 R_2' 对电容 C 充电，充电时间常数为

$$\tau_0 = (R + R_0 + R_1 + R_2')C$$

当探针闭路时，电容 C 上的电荷经二极管 VD 对 R_1，R_2 和 L 等放电，在电阻 R_2 上获得脉冲电压 U_R。由于充电时间常数 τ_0 较大，在等效电路中无须画出充电限流电阻 R 和电源 E。放电时二极管 VD 处在正向导通状态，等效电路中无须画出 VD 和 R。电容 C 有保持其两端电压值及其极性不变的特性，所以用负直流电源充电（通常情况下充电时间大于 $4\tau_0$～$5\tau_0$，之后，R 上不再有充电电流流过），可以保证在放电时该网络的输出电压 U_R 为正极性。

图 6-13 中的等效电路是典型的 RLC 电阻、电感、电容电路，其微分方程为

$$\tau_L \frac{di(t)}{dt} + i(t) + \frac{q(t)}{\tau_C} = 0 \qquad (6-1)$$

式中：τ_L 为电感时间常数；τ_C 为电容时间常数。

两种时间常数的定义关系为

$$\begin{cases} \tau_L = L/(R_1 + R_2) \\ \tau_C = (R_1 + R_2)C \end{cases}$$

在 $\tau_C/\tau_L \geqslant 100$ 的条件下作一阶近似后，式（6-1）的解——无量纲电流为

$$\tilde{i}(t) = i(t)/I_0 = \exp(-t/\tau_C) - \exp(t/\tau_C)\exp(-t/\tau_L) \qquad (6-2)$$

式中：$I_0 \approx V_0/(R_1 + R_2)$。

将式（6-1）进一步化简，可得

$$\bar{i} = i(t)/I_0 = \exp(-t/\tau_0) - \exp(-t/\tau_L)$$

最大值出现的（无量纲）时间为

$$\bar{t}_M = \frac{t_M}{\tau_C} = \ln\left(\frac{\tau_C}{\tau_L} - 1\right)^{\tau_L/(\tau_C - 2\tau_L)} \qquad (6-3)$$

式（6-3）作进一步化简可得

$$\tilde{t}_M = t_M/\tau_c \approx \ln(\tau_C/\tau_L)^{\tau_L/\tau_C}$$

当 $\tau_C/\tau_L = 100$ 时，$\tilde{t}_M = 0.046$。

当 $t = t_M$ 时，无量纲电流最大值为

$$\tilde{i}\,(t_M) = (\tau_L/\tau_C)^{\tau_1/\tau_C} - (\tau_L/\tau_C) \tag{6-4}$$

当 $\tau_C/\tau_L = 0.01$ 时，$\overline{i}(t_M) = i(t_M)/I_0 = 0.945$。

图 6 – 14 所示为此等效电路的电流曲线，此曲线上的电流最大值为 $0.945I_0$，此电流最大值出现的时间 t_M 为 $0.046\tau_C$。

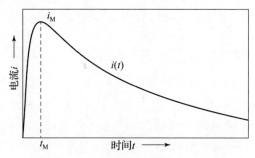

图 6 – 14　RLC 回路的电流 $i(t)$ 曲线

6.3.2　电缆作为元件的脉冲形成网络

在时间间隔测量系统中，脉冲形成网络是一个必不可少的部件。脉冲形成网络在较大药量的试验中往往容易损坏。当试验的次数较多，脉冲形成网络损坏也较多，重新搭建会加长试验周期。针对这种情况，采用传输线作为电路元件的脉冲形成网络即可解决这一问题，该脉冲形成网络如图 6 – 15 所示。电探针和脉冲形成网络之间可以用较长的电缆来连接。脉冲形成网络可以安装在比较安全的地方，甚至可以安放在计时仪器附近。

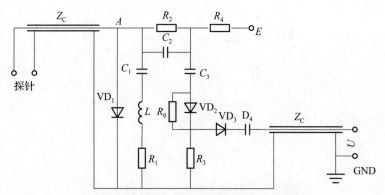

图 6 – 15　电缆作为电路元件的脉冲形成网络

图 6 – 15 中的电路可使记时脉冲信号的前沿小于 13 ns，幅度大于 63 V，脉宽小于 43 ns。图 6 – 15 中的电路工作原理大致是：在探针接通之前，在直

流源 E 的作用下使电缆芯线上充满了负电荷，C_1 和 C_3 也同时充电，A 点电压由阻值 1 MΩ 的电阻 R_4，R_2 与 VD_1 的反向漏电电阻组成的分压器上取得。C_2、R_2 和 L_1 等一起使脉冲信号得到补偿。开关二极管 VD_2、VD_3 和 VD_3 等起堵截各通道之间相互串扰的作用。图 6 – 15 中：$E = -400$ V，$R_0 = 30$ kΩ，$R_1 = 110$ Ω，$R_2 = 36$ Ω，$R_3 = 1$ kΩ，$C_1 = 0.033$ μF，$C_2 = 0.033$ μF，$C_3 = 50$ pF，$C_1 = 1\,500$ pF，VD_1、VD_2 和 VD_3 均为开关二极管，它们的反向电阻一般远大于 1 MΩ，所以 A 点的电压接近 E。当探针接通后，就有一个正的阶跃脉冲在电缆中传输，正阶跃脉冲到达电缆终端后被 R_2、C_2、C_3、VD_2 和 R_3 组成的支路所微分。从电阻 R_3 上所取得的信号是正阶跃脉冲微分后的正尖脉冲，它的幅度、前沿和脉宽均与电容器 C_3 的电容值密切相关。其中 R_1 是用来调整输入电缆终端的阻抗匹配的；C_1 和 C_3 是隔直流电容。

|6.4　工程应用|

6.4.1　探针法测量爆速

根据爆速的定义，有

$$D = \frac{\mathrm{d}r_s}{\mathrm{d}t} \tag{6 – 5}$$

式中：r_s 为爆轰波阵面法向传播距离；t 为时间坐标，D 为瞬时爆速。

当 D 为常数时，为定常爆速，则

$$D = \frac{\Delta r_s}{\Delta t} \tag{6 – 6}$$

所以，要测量爆速只要在法向传播距离增量 Δr_s 上测量爆轰波通过该距离的时间增量 Δt 即可。如果不知道爆速值是瞬时的还是定常的，一般认为这个爆速是定常的。用瞬时爆速来描述非定常爆轰中的爆速。定常传播速度是爆轰波的主要特征参数之一。

本节仅介绍双丝式探极法测量炸药的定常爆速。当爆轰波到达安装有双丝式探极的区域时，爆炸产物的导电性会使探极接通，这时探极的开关状态会发生突变，这就使脉冲形成网络产生电压脉冲信号，由计时器记录脉冲信号。n 个双丝式电探极就可以得到 $n – 1$ 个时间间隔 Δt，也可取得 $n – 1$ 个间距 Δr_s。可以事先测量 n 个双丝式探极的空间距离。所以安装 n 个丝式探极可以取得

$n-1$ 个爆速信息。图 6 – 16 所示为探针法测量爆速的原理图，其中 A、B、C、D 为四对电子探针。

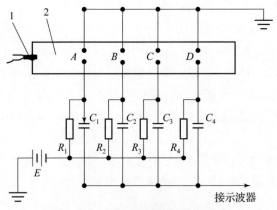

图 6 – 16　探针法测爆速装置的线路

1—雷管；2—被测炸药

探针用的是直径为 $10 \sim 30 ~\mu m$ 的细镍丝或铜丝，两根针间的间隙为 1 mm 左右。

当爆轰波沿药柱传播至探针 A 时，因为爆轰波阵面上的产物处于高温高压状态下电离为正、负离子，具有很好的导电性，因而使互相绝缘的一对探针 A 接通，使电容 C_1 放电，给示波器一个脉冲信号。当爆轰波相继传至探针 B、C、D 时，分别使电容 C_2、C_3、C_4 放电。信号相继传给波形存储器进行存储，并借助于计算机打印输出，同时算出通过探针 A、B、C、D 的时间间隔 Δt，由于 $\overline{AB}$、$\overline{BC}$、$\overline{CD}$ 的距离预先已精确测出，因此可以算出相应的平均速度值。图 6 – 17 所示为典型的测时脉冲信号。

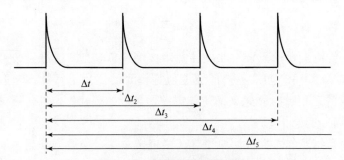

图 6 – 17　典型的测时脉冲信号

需要指出的是，为了避免引爆后不稳定爆轰段对测量精度的影响，探针 A 应离开起爆端一定距离，以使爆轰波传播速度达到稳定值。这个距离一般取为装药直径的 3 ~ 4 倍。

当爆速测量系统记录一组试验数据 (x_i, t_i)，i 是非负整数，其中，x_i 和 t_i 分别为电探极的位置（即炸药试件的轴向尺寸）和爆轰波到达该位置的时间，传统的 n 段爆速计算公式为

$$\begin{cases} \overline{D} = \sum_{i=1}^{n} \dfrac{D_i}{n} \\ D_i = \dfrac{\Delta x_i}{\Delta t_i} = \dfrac{x_i - x_{i-1}}{t_i - t_{i-1}} \end{cases} \tag{6-7}$$

在传统的 n 段爆速计算中存在统计方法问题，最好采用最小二乘法来处理 n 段爆速测量试验数据 (x_i, t_i)。

爆速的线性回归公式为

$$\begin{cases} D = (n \sum x_i t_i - \sum x_i \sum t_i) / [n \sum t_i^2 - (\sum t_i)^2] \\ r = D [n \sum x_i^2 - (\sum x_i)^2]^{0.5} \end{cases} \tag{6-8}$$

式中：r 为相关系数。

相关系数 r 的起始值与一次测量中炸药试样的段数及所给的可信度 a 有关。表 6-1 中列出可信度 $a = 1\%$ 时，试样段数 n 与相关系数 r 的起码值。仅当相关系数 r 的绝对值大于表中相应的值时，所测爆速才有意义。

表 6-1　可信度 $a = 1\%$ 时，试样段数 n 与相关系数 r 的起码值

n	3	4	5	6	7	8
r	1.00	0.990	0.959	0.917	0.847	0.834

若重复做 m 次的多段爆速测量，则线性回归得到的爆速平均值为

$$\tilde{D} = \frac{1}{m} \sum_{1}^{m} D_j \tag{6-9}$$

它的标准差为

$$\sigma = \sqrt{\frac{\sum (D_j - \tilde{D})^2}{m-1}} \tag{6-10}$$

式中：σ 值的大小可以描述 m 次多段爆速测量的精度。

6.4.2　用探针法测量材料动高压性能

采用探针法测量材料动高压特性主要是利用波阻抗匹配原理。

图 6-18 所示为阻抗匹配方法的试验装置示意图，图中省略了飞片的驱动部件，如轻气炮驱动飞片部件或炸药驱动飞片部件。图 6-18 中，飞片、靶和试样的材料可以相同，也可以不同；电探针组 11~13 用于测量飞片速度 u_0；

电探针组 6~10 用于测量试样中的冲击波速度。

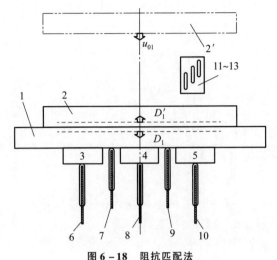

图 6 – 18　阻抗匹配法

1—靶板；2—碰撞时的飞片；2′—初始位置的飞片；

3~5—被测试样；6~13—探针组

应用探针法测量材料动高压特性时，材料的强度可以忽略，可以用状态方程或冲击绝热方程来描述材料的动高压特性。例如，在冲击波速度 D 与粒子速度 u 平面上的冲击绝热关系，即 $D – u$ 关系；在冲击波压力 P 与粒子速度 u 平面上的冲击绝热关系，即 $P—u$ 关系。

（1）在同质材料的高速碰撞试验中，每次试验可以获得飞片速度 u_{01} 和冲击波速度 D_1。而冲击波波后的粒子速度 u_1 与飞片速度 u_{01} 之间有精确关系，即

$$u_1 = u_{01}/2 \qquad\qquad (6 – 11)$$

根据一组飞片速度 u_{01} 和冲击波速度 D_1 试验值，在 $D – u$ 平面上作线性回归，可以得到如下形式的 $D – u$ 关系，即

$$D = a_1 + b_1 u \qquad\qquad (6 – 12)$$

式中：a_1、b_1 为试验常数，a_1 与被测材料的声速相应。

根据式（6 – 16）可以确定，在冲击波压力 P 与粒子速度 u 平面上的冲击绝热关系：

$$P = \rho_{01} D_1 u = \rho_{01}(a_1 + b_1 u) u \qquad\qquad (6 – 13)$$

采用同质材料的高速碰撞试验方法可以获得较精确的冲击绝热关系。

（2）在非同质材料的高速碰撞试验中（图 6 – 18），试件 3 与靶板材料相同，试件 4 与试件 5 与靶板材料不同，其中试件 4 的密度为 ρ_2，试件 5 的密度为 ρ_3。每次试验可以获得飞片速度 u_{01}、冲击波速度 D_1 和 D_2 等，可推算得到

$P-u$ 平面上冲击绝热线上的 1 个实测点，如图 6-19 中的 1、2 与 3。经多次改变飞片速度 u_{01} 之后，可得到冲击绝热线上的多个实测点，然后用最小二乘法拟合得到 $P-u$ 平面上的冲击绝热曲线，如图中的粗实线 H_1、H_2 与 H_3。

在阻抗匹配法中，飞片与靶板之间属于同质材料相撞，可直接获得 D_1 与 u_1 值，然后计算 P_1 值，并确定（P_1，u_1）在 $P-u$ 面上的位置，如图 6-19 中冲击绝热线 H_1 上的点 1。

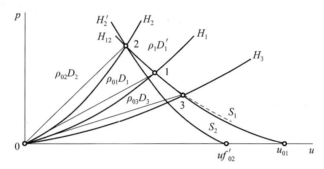

图 6-19 $P-u$ 平面上的阻抗匹配法原理示意图

若被测试样的初始密度 ρ_{02} 与冲击阻抗 $\rho_{02}D_2$ 大于飞片及靶板的初始密度 ρ_{01} 与冲击阻抗 $\rho_{01}D_1$，当靶板中的冲击波到达该被测试样的边界时，试样中的入射冲击波波速为 D_2，靶板中反射冲击波波速为 D_1'，两者具有相同的强度，如图 6-19 中冲击绝热线 H_2 上的点 2，其状态为（P_2，u_2）。点 2 必然处在斜率为 $\rho_{02}D_2$ 的瑞利线上（起点为 0），同时也处在斜率为 $-\rho_1D_1'$ 的瑞利线上（起点为 1）；点 2 也必然处在 H_2 冲击绝热线上（起点为 0），同时也处在 H_{12} 二次冲击绝热线上（起点为 1）。在这四条线中，斜率为 $\rho_{02}D_2$ 的瑞利线最容易确定。当飞片及靶板的材料动态力学性能已知时，可以根据 P_1、u_1 值推算 H_{12} 二次冲击绝热方程。

在材料动高压性能测量中，可以采用一些近似处理方法来减少计算工作量，例如，自由表面速度近似等于 2 倍粒子速度。这个近似的另一种表述是，对于密实的凝聚材料，可以用冲击绝热压缩线近似取代等熵膨胀线。同样，也可以用通过点 1 的 H_1 线的镜像对称线近似地取代 H_{12} 线，有

$$P = \rho_{01}(a_1 + b_1(u_{01} - u))(u_{01} - u) \qquad (6-14)$$

式（6-14）与试样 2 的冲击波关系为

$$P = \rho_{02}D_2u \qquad (6-15)$$

联立式（6-14）和式（6-13）可解出点 2 的 P_2 与 u_2 值。

若被测试样的初始密度 ρ_{03} 与冲击阻抗 $\rho_{03}D_3$ 小于飞片及靶板的初始密度 ρ_{01} 与冲击阻抗 $\rho_{01}D_1$，当靶板中的冲击波到达该被测试样的边界时，试样中的入

射冲击波波速为 D_3，靶板中反射等熵卸载波，在界面上具有相同的强度，如图 6-19 中等熵线 S_1 上的点 3，其状态为（P_3，u_3）。点 3 必然处在斜率为 $\rho_{03}D_3$ 的瑞利线上（起点为 0），同时也处在冲击绝热线 H_3 上（起点为 0），也处在等熵线 S_1 上（起点为 1）。在这 3 条线中，斜率为 $\rho_{03}D_3$ 的瑞利线最容易确定。当飞片及靶板的材料动态力学性能已知时，可以根据 P_1、u_1 值推算 S_1 线的等熵方程，但计算工作量也较大。同样，为减少计算工作量，也可以用式（6-18）（通过点 1 的 H_1 线的镜像对称线）近似地取代等熵线 S_1，并联立试样 3 的冲击波关系：

$$P = \rho_{03}D_3 u \tag{6-16}$$

可解出点 3 的 P_3 与 u_3 值。

6.4.3　探针法测量炸药爆轰压

1. 试验装置

探针法测量炸药爆轰压可直接测量性能已知的材料中平面冲击波时程曲线，然后推算炸药中的爆轰参数。其试样和探针结构如图 6-20 所示。探针法与自由表面法测量爆轰参数有许多相似之处，但应用自由表面法测量时，需要测量耦合材料中的冲击波波速以及自由表面速度。在计算时，近似认为自由表面速度等于粒子速度的 2 倍，所以耦合材料性能可以暂时不考虑。

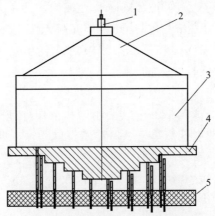

图 6-20　探针法测量炸药爆轰压的试样和探针结构示意图
1—雷管；2—炸药透镜；3—炸药试件；4—性能已知的材料；5—探针组及支架

探针法测量炸药爆轰压的试样有：炸药试样、直径 100 ~ 200 mm 的炸药平面波透镜、用轻金属制作的台阶形耦合材料、探针组及支架等。需要精细制作各部件，以提高测量精度。需注意的是，炸药平面波透镜时域不平度小于

50 ns，炸药试样的厚度不小于 50 mm，其密度不均匀性不大于 0.005 g/cm³。

2. 测量原理

在 p—u 平面上用探针法测量炸药爆轰压的原理图如图 6 – 21 所示。

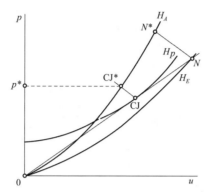

图 6 – 21　在 p—u 平面上用探针法测量炸药爆轰压原理图

探针法测量炸药爆轰压是一种间接测压方法，实际上直接测量到的物理量是耦合材料（铝材或镁材）中的 p_{CJ}^*，它与爆轰波中 CJ 面上的压力 p_{CJ} 相对应，如图 6 – 21 中的 CJ* 点与 CJ 点。CJ* 点位于耦合材料的冲击绝热线上，CJ 点则位于爆炸产物（唯象反应度 $\lambda = 1$）的冲击绝热线上。由于耦合材料（铝材或镁材）的冲击阻抗比炸药的冲击阻抗略大一些，CJ* 点与 CJ 点之间是爆炸产物的二次冲击绝热线，这意味着当爆轰波到达耦合材料界面时，爆炸产物中会出现反射冲击波，同时在耦合材料中会出现透射冲击波。这个耦合材料的冲击波的衰减特性与爆轰波后泰勒波的衰减特性密切相关。此处的探针法只测量耦合材料中冲击波时程曲线上的一些离散值，如图 6 – 22 所示。根据图 6 – 22 中的若干离散值 (t_i, x_i)，可通过最小二乘法拟合得到 x—t 平面上的冲击波时程曲线：

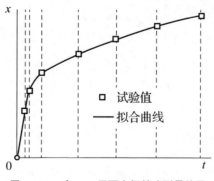

图 6 – 22　在 x—t 平面上探针法测量结果

$$t = T(x) \tag{6-17}$$

通过对 x 求导可得到冲击波速度的空间分布，即

$$D = D(x) = \left(\frac{\mathrm{d}T(x)}{\mathrm{d}x}\right)^{-1} \tag{6-18}$$

而耦合材料的冲击绝热线为

$$\begin{cases} p = \rho_{0A}D(D-a)/b \\ D = a + bu \end{cases} \tag{6-19}$$

式中：ρ_{0A}、a 和 b 值已知。

将式（6-18）代入式（6-19）后可得到冲击波压力的空间分布为

$$p = p(x) = \rho_{0A}D(x)[D(x)-a]/b \tag{6-20}$$

将冲击波压力的空间分布曲线中的直线段外推至 p 轴即可得到 p^* 值，如图 6-23 所示。通过关系式 $p^* = \rho_{0A}(a + b(u_{0A} - u^*))(u_{0A} - u^*)$ 即可确定 u^* 的值。

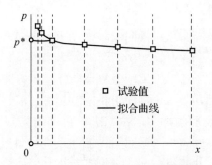

图 6-23 在 x—p 平面上探针法测量结果

若连接 CJ 点与 CJ^* 点（图 6-21）的爆炸产物二次冲击绝热线为

$$p = H_{CJ}(u) \tag{6-21}$$

瑞利线（直线 0-CJ-N）为

$$p = \rho_{0E}D_{CJ}u \tag{6-22}$$

联立式（6-21）与式（6-22），可得到 p_{CJ} 和 u_{CJ} 的值。

图 6-21 中，由于 CJ 点与 CJ^* 点相距较近，通过 CJ 点的冲击绝热线 Hp、等熵线和瑞利线（直线 0-CJ-N）三线相切，为了减少求解 p_{CJ} 值和 u_{CJ} 值的计算工作量，此三线都可以近似地取代爆炸产物二次冲击绝热线。

6.4.4 破片速度的测量

在现有常规兵器中，战斗部大多采用破片杀伤方式，比如地空、空空导弹等，而破片能否有效杀伤目标与破片打击目标时的速度值密切相关；破片初速

度和速度衰减规律也是研究战斗部威力效应和分析破片飞行规律的重要参量，因此战斗部破片速度测量技术对战斗部威力的研究至关重要。目前最常见的破片速度测量方法主要为靶网法和光靶法。

靶网法测速根据其测试原理分为断靶和通靶两种，断靶试验前为接通状态，当战斗部破片穿过靶板后，将靶板导线击穿，靶板左右两端导线由通路变为断路。但由于第一个破片击中断靶后形成断路，导致后续到达的破片速度无法测量；且爆炸近场会产生强大的冲击波和震动，自然破片或其他物质也可能击中靶面，使其误触发。因此，在测量战斗部破片速度时，一般采用通靶。通靶即典型的梳状靶，通常为开路状态，破片击中靶网瞬间导通任意多路相邻的梳齿铜箔线，使得靶网两端导通，记录仪将梳状靶断通信号调理成阶跃电信号进行采集。根据破片接触各测点前后梳状靶的时间差与距离计算出破片在该测点处的速度。靶网测速及测试原理如图 6-24 所示。

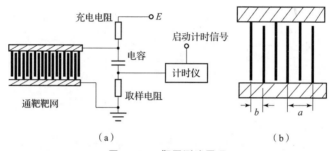

图 6-24　靶网测速原理

(a) 通靶测速原理图；(b) 通靶

拦截破片的靶板上有一印制电路，印制电路呈栅状，两栅极间断路并与充电电阻 - 电容信号转换电路相连，电源 E 向电容充电，使两栅极之间具有一定电压。当金属破片打到栅状靶板时，由于金属的导电性使两栅极接通，已充电的电容通过回路放电，从而在取样电阻上产生一个脉冲信号，通过电缆线输入计时仪，记录下破片到达的时间。在距战斗部起爆中心不同距离上安装栅状靶板，就可测出破片到达各处的时间，从而计算出破片的速度。

靶板的大小按不同型号的战斗部来设计，也就是按破片分布密度的大小来设计。设计原则是每块测速靶板能拦截有效破片数不小于 1。对某战斗部来说，由于该战斗部破片会聚，破片密度很高，所以用于某战斗部的测速靶板可以做得很小。通常，用 200 mm × 150 mm 的小靶板就能很好地拦截破片，在其威力半径范围内，不同距离处的靶板上都能拦截 2~3 块破片，这就有效地保证了信号接收。靶板上栅极的宽度 a 和栅极之间的距离 b 视破片尺寸大小而定。设计原则是两栅之间的距离 b 要小于破片最小尺寸（破片边长和厚度 3 个尺寸中最小的尺寸）。某战斗部是半预制破片战斗部，按其设计尺寸，破片最小尺寸有 5 mm，用于该战斗部的靶网的栅宽为 1 mm，两极之间的距离 2 mm。试验结果证明这种结构的靶板的破片导通情况良好，能准确地给出信号。这种通靶测速可以避免爆炸近处空气冲击波的影响，同时只有一定尺寸的破片才能使两栅极导通产生信号，过小的破片和空气冲击波都不能产生信号，这样就提高了数据的稳定性。

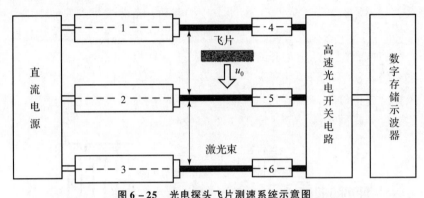

图 6 – 25　光电探头飞片测速系统示意图

1、2、3—半导体激光电源；4、5、6—高速光电探头

光电探头飞片测速系统中包含三个半导体激光光源，并形成三条平行激光束；这三束激光照射到高速光电探头输入口，使高速光电开关二极管处于导通状态，此时光电探头放大电路的输出端处在高电平状态，如图 6 – 26 所示；当飞片快速挡住激光束时，高速光电开关二极管的状态突变，由导通状态突变到关断状态，相应地光电探头放大电路的输出端由高电平突变到低电平，即输出一个负极性的脉冲记时信号；飞片三次挡住激光束产生三个有确定时序的脉冲计时信号，最终由数字存储示波器记录。

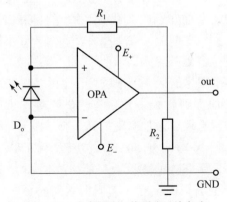

图 6 – 26　光电探头飞片测速系统电路

当飞片先后穿越三束激光后，根据数字存储示波器记录的三个有序脉冲计时信号，可判读得到两个时间间隔值：

$$\Delta t_1 = t_2 - t_1 \tag{6-23}$$

$$\Delta t_2 = t_3 - t_1 \tag{6-24}$$

根据光束间距值 l（图 6-25），求出飞片平均速度值，即

$$\bar{u}_1 = l/\Delta t_1 \tag{6-25}$$

$$\bar{u}_2 = 2l/\Delta t_2 \tag{6-26}$$

飞片平均速度值的测量精度主要取决于光束间距值 l 和有序脉冲计时信号时间间隔值 Δt_1、Δt_2 的测量。

如果 $l = 30$ mm，$|\Delta l| \leq 0.03$ mm，光束间距值 l 的测量误差可小于 $1/1\,000$，即

$$|\Delta l/l| \leq 0.001 \tag{6-27}$$

如果 $\Delta t_1 = 30$ μs，$|\Delta^2 t| \leq 0.015$ μs，脉冲计时信号时间间隔值 Δt_1、Δt_2 的测量误差可小于 $5/10\,000$，即

$$|\Delta^2 t/\Delta t| \leq 0.000\,5 \tag{6-28}$$

第 7 章

电磁测试技术

|7.1 电磁测试原理|

　　电磁法是一种利用电磁速度传感器或电磁冲量传感器来直接测量绝缘材料或半导体材料中的粒子速度和冲量等参数的方法，也是爆炸与冲击过程的动高压测量技术之一。本章将概要地介绍电磁法的发展情况，典型电磁传感器的工作原理和使用方法，电磁法测试系统配置及其应用实例。

　　20 世纪 60 年代，Zaitsev 和 Dremin 等首先介绍了电磁速度传感器（EMVG）及其在材料性质和爆轰波研究中的应用。由于电磁速度传感器可以直接测量材料中的粒子速度（或质点速度）、爆轰波波速、冲击波波速及声速等，而传感器灵敏度不必用已知的粒子速度来标定，所以研究和应用它的人较多，发展也很快。70 年代 Jacobs 等利用高速示波器对这种测量技术作了进一步研究。

　　20 世纪 70 年代，北京理工大学、西北核技术研究所、中国科学院力学研究所等单位相继建立了电磁法粒子速度测量系统。北京理工大学所建立的电磁铁及电磁法测量系统，极靴直径 250 mm，间距 200 mm，可承受 200 g TNT 的爆炸作用，在国内最早把电磁法应用于炸药爆轰过程研究。20 世纪 80 年代，赵衡阳和梁云明等也开始了正反串联电磁速度敏感元件的应用研究，实现了波速和粒子速度同步测量。黄正平等主持设计和制作了小型永磁式粒子速度传感器，成功地测量了洞壁的强冲击波压力，在黄正平主持下建立了可承受

1 kg TNT爆炸作用的大型亥姆霍兹线圈，其直径 1 m，磁感应强度 50 mT；更深入地研究了爆轰过程的电磁法测量技术，并提出了爆炸产物导电性对电磁速度计记录影响的修正原理和方法。

1970 年，Yang 等介绍了电磁应力传感器（EMSG），这种传感器实际上是电磁冲量传感器，可以直接测量敏感元件两端所在截面上的冲量差，对这种冲量差作一次微分运算后又可得到应力差。1977 年，他和 Dubugnon 把电磁速度传感器和电磁冲量传感器组合在一起成功地解决了确定岩石动态强度的问题。

20 世纪 70 年代，Frits 等采用轴对称磁探头测量较大炸药试样的爆轰参数。这种轴对称磁探头是由一片金属箔、一块永久磁铁和半径为 r 的单匝线圈等组成的。当金属箔随爆炸产物运动时，箔在磁场中运动产生涡流，箔中涡流形成了对称于箔本身的附加运动磁场，单匝线圈将切割这个运动磁场的磁力线，因而产生了一个与金属箔运动速度相关的感应电动势。

不论哪种电磁传感器，其敏感元件都只能埋入绝缘材料或半导体材料（如爆炸产物）中使用，因而电磁法用于爆轰研究时，有两个主要问题：①传感器敏感元件的力学响应问题；②爆轰产物的导电性的影响问题。

箔式敏感元件的厚度越薄，力学响应越快，但产物导电性的影响也越严重；反之，导电性影响则越小。这种矛盾关系给爆轰波的电磁法测量带来了一些困难。本章将介绍解决这些困难的几种方法。

|7.2 典型电磁测试传感器|

7.2.1 电磁速度传感器

电磁速度传感器的理论根据是法拉第电磁感应定律和应力波理论。其中电磁感应定律建立传感器敏感元件的粒子速度（激励函数）与电动势（响应函数）之间的关系，确定传感器的灵敏度；应力波理论阐明有限厚度传感器的响应速率，速度计敏感元件需多长时间才能接近在同一拉格朗日坐标上的未受扰动的介质粒子速度值。

电磁速度传感器的主要性能如下。

（1）量程：$10^{-2} \sim 10$ mm/μs。

（2）敏感元件材料：铜箔或铝箔等，厚度 0.005 ~ 0.1 mm。

（3）敏感部分尺寸：长 1 ~ 20 mm，宽 0.5 ~ 3 mm。

（4）响应时间：5～20 ns。

（5）磁感应强度：50～100 mT。

电磁冲量传感器的主要性能如下。

（1）量程：0.1～100 GPa。

（2）敏感元件材料：铜箔或铝箔等，厚度0.01～0.1 mm。

（3）敏感部分长2～20 mm，宽0.5～3 mm，倾斜角20°～45°。

（4）响应时间：20～200 ns。

（5）磁感应强度：50～100 mT。

（6）传感器的磁场由三种装置产生：电磁铁；亥姆霍兹线圈；永久磁铁。

1. 电磁速度传感器的结构

图7-1电磁传感器结构示意图中结构表明，电磁速度传感器是由埋入炸药试件（或其他绝缘材料）中的速度敏感元件和能产生均匀磁场的电磁铁等组成；电磁铁则由两个激励线圈、两个极靴和钢框等组成。所以，电磁速度传感器的尺寸是巨型的，被测试件安装在电磁铁之中，被测试件的尺寸远小于电磁铁的几何尺寸；敏感元件被埋入被测试件之中，敏感元件的尺寸远小于被测试件的几何尺寸。

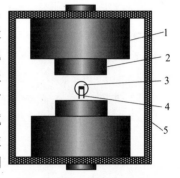

图7-1　电磁传感器结构示意图
1—激励线圈；2—极靴；
3—炸药试样；4—敏感元件；
5—钢框

　　两个极靴之间的间隙称为磁隙，磁隙中部有一个磁感应强度比较均匀的区域，可以安装传感器敏感元件和试件。若改变激励线圈中的电流值，磁隙中部的磁感应强度 B 可以在0.05～0.2 T变化。由于有铁芯的电磁铁比较笨重，极靴的直径与间隙大小是同量级的，磁感应强度均匀的区域较小。若两极靴间隙为150 mm，则炸药试件质量一般不超过0.2 kg。

　　如果用亥姆霍兹线圈代替电磁铁，如图7-2所示，则大幅减轻了磁场装置的质量，并增加了极靴及其间隙的尺寸，也就增大了磁感应强度均匀区的尺寸，对于名义直径为1 m的亥姆霍兹线圈、炸药试件的质量可以增加到1 kg。当亥姆霍兹线圈中的电流与匝数之积达到25.000安匝时，线圈中部的磁感应强度接近50 mT；当用1 cm长的速度敏感元件测量速度为2 km/s的粒子时，电磁速度传感器将有1 V大小的模拟信号输出，因此该磁感应强度值可以满足爆炸和冲击过程测量的需要。

上面介绍的两种产生均匀磁场的装置都需要用大功率直流源供电，其结构的几何尺寸比较大。图 7 – 3 中的恒磁型传感器尺寸较小，两极靴之间的磁场是由两组永久磁铁产生的。这种恒磁型结构的传感器常用于雷管和导爆索等小型爆炸过程的测量。

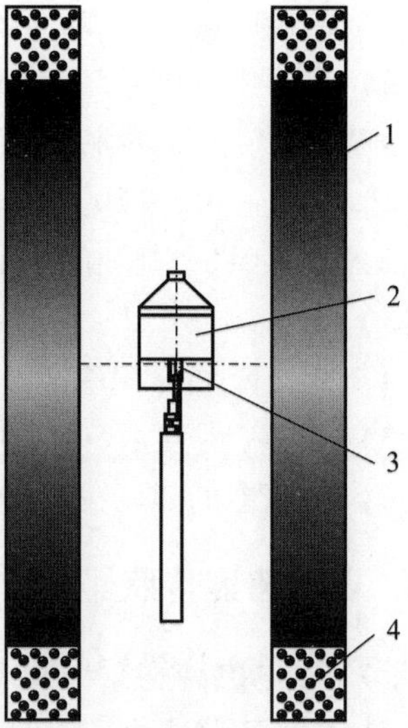

电磁速度传感器的敏感元件结构有多种形式，如图 7 – 4 所示。图中画出了电磁速度传感器（EMVG）敏感元件的四种结构：框式、膜片式、正串联式和反串联式。它们都是由铜箔或铝箔制成，箔厚 $0.01 \sim 0.1$ mm，宽度 $1 \sim 3$ mm，敏感部分长度 l 为 $1 \sim 10$ mm。这四种结构都是为了某种测量需要而设计的，它们的性能略有不同。

图 7 – 2　亥姆霍兹线圈型 EMVG 示意图
1—不导磁不锈钢线圈框架；2—炸药试件；
3—敏感元件；4—亥姆霍兹线圈

（1）框式：嵌入被测试件中使用，反应快，有效工作时间长，适合于多个速度计同步测量。

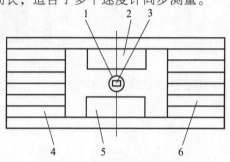

图 7 – 3　恒磁型传感器示意图
1—炸药试件；2、5—极靴；3—敏感元件；4、6—永久磁铁

（2）膜片式：可以夹入被测试件中使用，便于安装，但敏感元件的长度有一个等效值，其他性能同上。

（3）正串联和反串联式：嵌入被测试件中使用，可同步测量平均波速和粒子速度。正串联式的后期信号幅度大，但抗干扰能力较差；反串联式的后期信号幅度小，但抗干扰能力较强。

图 7 – 4 中的串联速度敏感元件是错位式的，即两个敏感部分前后差距为 Δh，前敏感部分的粒子速度为 $U_1(t)$，后敏感部分粒子速度为 $U_2(t)$，通常 $U_1 \neq U_2$，若 $\Delta h = 0$，则为非错位式串联速度敏感元件。

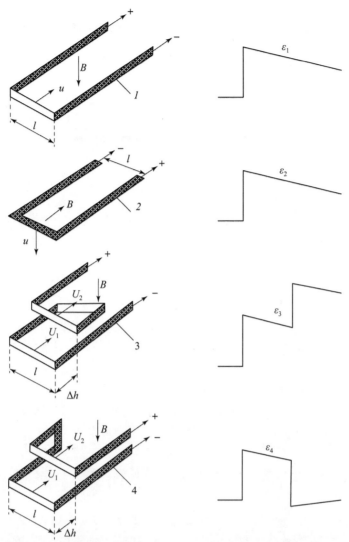

图 7 – 4 电磁速度传感器的四种敏感元件及其典型输出波形示意图
1—框式；2—膜片式；3—正串联式；4—反串联式

2. 电磁速度传感器的原理

图 7 – 5 所示为电磁速度传感器原理图。图中 SE 是传感器的敏感元件，由铜箔或铝箔等制成。当以初始时刻位置作为拉格朗日坐标时，SE 坐标是不变的。如果 SE 在欧拉坐标上有位移 w，根据平面对称一维运动的速度定义，有

$$u = \frac{\mathrm{d}w}{\mathrm{d}t} \tag{7 - 1}$$

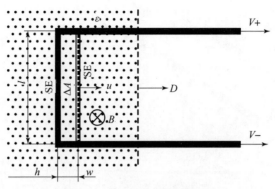

图 7 - 5 电磁速度传感器原理图

图 7 - 5 中，ΔA 是敏感元件 SE 切割磁力线的面积，负号表示减少了传感器敏感元件金属框所包围的面积 A，从图中可以看出：

$$\Delta A = -wl \tag{7-2}$$

t 时刻金属框所包围的面积为

$$A = A_0 + \Delta A \tag{7-3}$$

根据法拉第电磁感应定律，传感器敏感元件上产生的电动势为

$$\varepsilon = -\frac{\mathrm{d}\Phi}{\mathrm{d}t} = -\frac{\mathrm{d}(BA)}{\mathrm{d}t} \tag{7-4}$$

式中：Φ 为磁通量；B 为磁感应强度。

图 7 - 5 中 B 正交于图平面，在 SE 附近 B 为常量。将式（7 - 1）、式（7 - 2）代入式（7 - 4），可得电磁速度传感器的基本公式，即

$$\varepsilon = Blu \tag{7-5}$$

式中：u 为电磁速度传感器的输入量，即激励函数；ε 为传感器的输出量，即响应函数；Bl 为传感器的灵敏度。

式（7 - 5）也可以由作用在自由电子上的洛伦兹力与静电力的平衡推导出来。当 B 的单位为 T，l 的单位为 mm，u 的单位为 mm/μs，则电动势 ε 的单位为 V。增加磁感应强度 B 和敏感元件 SE 的长度 l 就增加了传感器灵敏度。

3. 有限厚度传感器的力学响应

式（7 - 5）中 u 是传感器敏感元件 SE 的速度，也代表了与它接触的介质粒子速度。满足以下条件时，该速度能够代表 SE 所在截面上未受金属箔干扰的介质粒子速度。

（1）传感器敏感元件与周围介质的波阻抗相同（波阻抗包括声阻抗和冲击阻抗）。

（2）敏感元件无限薄，且电阻无限小。

（3）在响应时间之后。

条件（1）和（2）有理论意义，实际上不可能。满足条件（3）是能够做到的，下面以不衰减的方形冲击波作用于传感器为例讨论响应问题。

埋入被测介质中的金属箔受到方形冲击波的作用，由于两种材料的波阻抗不同，应力波在它们的边界上发生一系列的透射和反射作用，使金属箔两侧的应力差（或压力差）不断减小，而敏感元件不断被加速。当粒子速度达到恒值时，$t \to \infty$，两侧的应力差也趋向无限小。图 7 – 6 所示为 EMVG 传感器的输入/输出关系，图中 $\bar{u}(t)$ 为激励函数或输入量，$\varepsilon(t)$ 为响应函数或输出量。

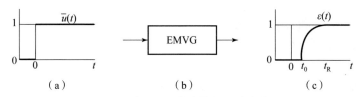

图 7 – 6　电磁速度传感器输入/输出关系

在图 7 – 6 中，$\bar{u} = \bar{u}(t)$ 是敏感元件 SE 所在截面上的无扰冲击波波后粒子速度除以其峰值（无量纲化处理），$t \geq 0$ 时，$\bar{u} = 1$。当冲击波一接触敏感元件，金属箔左侧的粒子速度立即下降（此时应力或压力立即上升），然后再逐渐上升到 $\bar{u}(t)$，表明负载（敏感元件 SE）对载荷（被测介质中的冲击波）的反作用。在爆炸与冲击测试中这种载荷与负载之间的相互作用（即耦合作用）是十分常见的。图中电动势 $\varepsilon = \varepsilon(t)$ 是金属箔敏感元件 SE 的力学响应曲线（也已作了无量纲化处理），电动势的幅度也逐渐趋近 1。SE 的力学响应时间的定义为

$$\Delta t_{\mathrm{R}} = t_{\mathrm{R}} - t_0$$

式中：t_0 为 $u(t)$ 曲线的起跳时间；t_{R} 由下式确定：

$$|u(t_{\mathrm{R}}) - 1| \leq \Delta\Phi \tag{7 – 6}$$

式中：$\Delta\Phi$ 为测量误差。显然，t_{R} 是 $\Delta\Phi$ 的反函数。

如图 7 – 7 所示，图 7 – 7（a）为拉格朗日位置与时间平面，即 $h – t$ 图，图 7 – 7（b）和（c）为压力（或应力）与粒子速度平面，即 $p—u$ 图，图 7 – 7（d）为 $u—t$ 平面，描述了金属箔的力学响应过程。在 $h—t$ 图上，细实线 D_M 为被测介质 M 中的初始冲击波，0 区是一个均匀区，它的状态对应 $p—u$ 图上的 0 点。冲击波 D_M 到达两种材料边界时，在被测介质中出现反射冲击波，在金属箔中透射一个冲击波 D_1；波后又有均匀的 1 区，它对应 $p—u$ 平面上状态

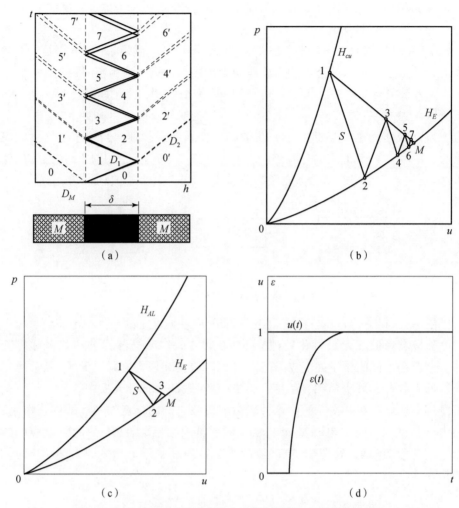

图 7 – 7　金属箔制成的电磁速度计敏感元件的力学响应原理图

（a）h—t 平面；（b）匹配较差的 p—u 平面；（c）匹配较好的 p—u 平面；（d）u—t 平面

点 1。冲击波 D_1 在界面上反射时，金属箔中形成一束膨胀波；D_2 为透射冲击波；2 区和 2′区为均匀区，它们的状态在 p—u 平面上是同一个点 2。当左传膨胀波到达左界面时，透射一束膨胀波、反射一个压缩波。这个压缩波将向形成冲击波方向发展，前沿逐渐陡峭。当它到达右边界时，透射一个压缩波（或冲击波），又反射一束膨胀波。h—t 平面和 p—u 平面上的号码一一对应，1、3、5 等压力较高，2、4、6、8 等压力较低。当相邻两区（或相近编号的两个状态点）存在压力差值时，金属箔将作加速运动，但这个压力差值经屡次反射后迅速减小，并使金属箔的速度 u 趋向一个定值（p—u 图上 M

点）——被测介质的冲击波后粒子速度。仔细分析起来，两个界面上的粒子速度变化有突变，但整个金属箔的平均速度的变化比较平缓和连贯，如图7-7（d）中的 $u—t$ 曲线，此曲线也可以似为由若干段折线连接而成，在 $p—u$ 图上每一个接点附近有压力突变或加速度突变。

在绘制图7-7中（b）时，利用凝聚材料常用的近似处理方法，用冲击绝热线代替等熵膨胀线（对于方形冲击波来说，波后流动是均熵的），使得 $h—t$ 图的绘制比较方便；另一方面，$h—t$ 图上的膨胀波和压缩波细节在 $p—u$ 图上没有画出，因而使 $p—u$ 图更加简明。

在 $p—u$ 图上，被测材料的右传冲击绝热线上 M 点对应 $h—t$ 平面上入射冲击波 D_M 及其波后状态。$p—u$ 图上是金属箔的右传冲击绝热线上的起点 0 与终点 1，对应平面上 0 与 1 两区间的右传冲击波。$p—u$ 图上 $M→1$ 是被测材料的左传冲击绝热线上的起点 M 与终点 1，对应 $h—t$ 平面上 0 与 1 两区间的左传冲击波。D_1 状态 1 处在金属箔的右传冲击绝热线上，对应 $h—t$ 平面上冲击波 D_1 及其波后状态。$p—u$ 平面上 1→2 是金属箔的等熵膨胀线，2 对应 $h—t$ 平面上金属箔中 1 与 2 两区间的左传膨胀波，还对应被测材料中 0 与 2 两区间的右传冲击波 D_2；$p—u$ 平面上 2→3 对应 $h—t$ 平面上金属箔中右传压缩波，还对应被测材料中 2 与 4 两区间的右传压缩波；3→4 对应左传膨胀波；4→5 对应右传压缩波……这样依次发展下去，两个界面交替反射膨胀波和压缩波（或冲击波），反射波的幅度不断减小，最后使状态趋向 M——入射冲击波波后状态。

上面的讨论表明，传感器敏感元件 SE 必有一个力学响应过程，仅当时间大于某种规定的响应时间之后，敏感元件的速度可以代表所在截面上未受金属箔干扰的被测介质粒子速度。

金属箔的响应时间可以按下式估计，即

$$\Delta t_R = (2n-1)\delta / \bar{C} \qquad (7-7)$$

式中：$n = 2 \sim 5$（敏感元件由铝箔制成时取 $2 \sim 3$；由铜箔制成时取 $4 \sim 5$）；δ 为金属箔厚度；$\bar{C}$ 为对应于入射波压力的金属箔中波速，由于冲击波与压缩波在金属箔中来回反射时，波速是变化的，因此实际上是敏感元件金属箔响应过程的平均波速。

7.2.2　电磁冲量传感器

电磁冲量传感器（EMIG）是一种埋入被测介质中的拉格朗日测量计，它的理论根据是法拉第电磁感应定律和应力波理论。

1. 电磁冲量传感器的结构

图 7 - 2 中的敏感元件 SE 采用图 7 - 8 所示的结构，就构成了一种完整的电磁冲量传感器。

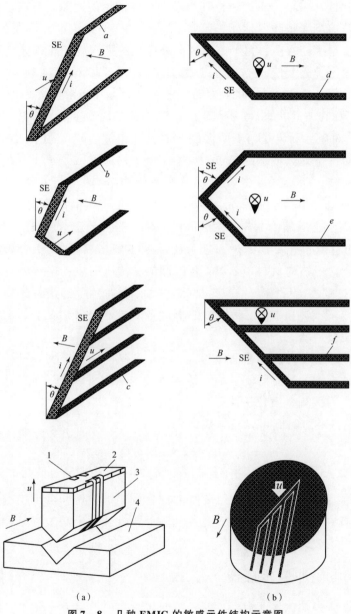

（a）　　　　　　　　　　（b）

图 7 - 8　几种 EMIG 的敏感元件结构示意图

1—冲量敏感元件引出头；2—覆铜接线板；3，4—被测试件的零件

图 7 - 8 中 a、b、c 为框式电磁冲量传感器敏感元件；d、e、f 为箔式敏感元件。图（a）和（b）表示了两种形式的敏感元件安装方式。与速度传感器一样，为适应埋入方式的安装要求，冲量传感器敏感元件及其引线也是由铜箔或铝箔制成的，箔的厚度一般为 $0.01 \sim 0.1$ mm，敏感部分的宽度 $1 \sim 3$ mm，两引出头之间相距 $2 \sim 20$ mm，倾斜角 θ 取 $20° \sim 45°$。由于试验的目的和条件的多样性，传感器敏感元件的结构不限于图 7 - 8 中所表现出的那几种形式，对应试验需要，可以另行构建相应其他形式的敏感元件。

若把冲量传感器敏感元件埋入脆性材料中，如炸药（强度又低又脆），采用 a 和 c 的结构不太合适，因为这两种结构的顶角（$90° - \theta$）太小，试件容易掉角。为使试件边角不易掉落，宜采用顶角较大的结构。若为了根据试验结果作拉格朗日分析，最好采用多个冲量传感器做同步测量，或应用 c 和 f 等结构。

2. 电磁冲量传感器的原理

埋入被测介质中的电磁冲量传感器敏感元件具有以下几个特点时可称为"理想传感器"。

（1）敏感元件材料的波阻抗等于被测介质的波阻抗。

（2）敏感元件的厚度无限薄，且电阻无限小。

所以这种理想电磁冲量传感器的响应时间为零，下面介绍理想电磁冲量传感器原理。

电磁冲量传感器原理图如图 7 - 9 所示。图中敏感部分 SE 与 y 轴的夹角为 θ，它的尖顶坐标为 h_0，另一端的坐标为 h_m，h_0 和 h_m 都是拉格朗日坐标值。在拉格朗日坐标上，敏感元件各微元之间无相对运动，与热力学量一样，所有运动参量都是拉格朗日坐标函数。图中 x 为欧拉坐标，在平面对称一维运动中，y 轴方向无运动，因此无须区分欧拉坐标与拉格朗日坐标。图中画出了 t 和 $t + dt$ 时刻 SE 的欧拉坐标 x 的位置，dt 时间间隔内 dh 微元的面积增量 d^2A（二阶微量）可以由下式表示，即

$$d^2A = -dxdy$$

式中：负号表示减小了敏感元件框所包围的面积。由几何关系，即

$$dy = \cot\theta dh$$

和欧拉坐标中粒子速度 u 的定义关系，即

$$u = dx/dt \text{ 或 } dx = udt$$

由以上三个公式可以得出

$$d^2A = (-\cot\theta)udhdt$$

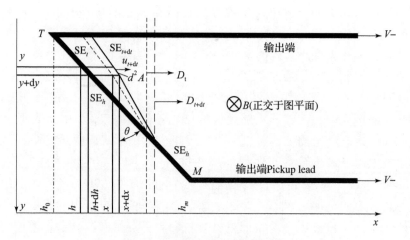

图 7 - 9   电磁冲量传感器原理图

积分上式可得

$$dA = -\cot\theta \int_{h_0}^{h_m} u\,dh\,dt$$

或

$$\frac{dA}{dt} = -\cot\theta \int_{h_0}^{h_m} u\,dh \qquad (7-8)$$

根据法拉第电磁感应定律，敏感元件的输出电动势为

$$\varepsilon = -B\frac{dA}{dt}$$

式中：B 为均匀磁场的磁感应强度，正交于敏感元件所包围的面积 A。

将式（7 - 8）代入上式，可得

$$\varepsilon = B\cot\theta \int_{h_0}^{h_m} u\,dh \qquad (7-9)$$

为了说明式（7 - 9）的物理意义，将式（7 - 9）改写为

$$\varepsilon = \int_{h_0}^{h_m} Bu\,dY$$

上式与式（7 - 10）相比，不难设想电磁冲量传感器相当于分布在（h_0，h_m）区间内的无数个微型速度传感器串联而成。微型速度传感器部分长度为 dY，速度为 u，在均匀磁场 B 中产生感应电动势为 $d\varepsilon$。必须指出，式（7 - 9）中，积分允许在（h_0，h_m）区间中出现有限个强、弱间断。若（h_0，h_m）中有 $m-1$ 个间断，则式（7 - 9）中的积分项可改写为

$$\int_{h_0}^{h_m} u\,dh = \sum_{i=1}^{m} \int_{h_{r-1}}^{h_i} u\,dh \qquad (7-10)$$

式中：$u = u(h)$ 为 t 时刻的速度分布。

若此积分项乘以初始密度 ρ_0，并令

$$\int_{h_0}^{h_m} \rho_0 u \mathrm{d}h = MM$$

则 MM 为 t 时刻 (h_0,h_m) 区间中介质（单位面积上）的总动量。又若 $t=0$ 时 $MM=0$，则 t 时刻总动量增量也是 MM。

根据动冲量守恒律，当不考虑体力时，这个总动量增量 MM 应等于作用于 (h_0,h_m) 区间上 h_0 和 h_m 截面的表面力总冲量，即

$$MM = \int_0^t \left[\sigma(h_0,t) - \sigma(h_m,t)\mathrm{d}t \right] \mathrm{d}h$$

将式（7-10）代入上式，则

$$\int_0^t \left[\sigma(h_0,t) - \sigma(h_m,t) \right] \mathrm{d}t = \int_{h_0}^{h_m} \rho_0 u \mathrm{d}h \qquad (7-11)$$

将式（7-9）代入式（7-11）后，得到电磁冲量传感器的基本关系式，即

$$\begin{cases} I_0 - I_m = \dfrac{\rho_0 \tan\theta}{B}\varepsilon \\[2mm] I_0 = \displaystyle\int_0^t \sigma(h_0,t)\,\mathrm{d}t \\[2mm] I_m = \displaystyle\int_0^t \sigma(h_m,t)\,\mathrm{d}t \end{cases} \qquad (7-12)$$

式中：I_0 和 I_m 分别为 h_0 和 h_m 截面上的比冲量。

式（7-12）的微分形式为

$$\sigma(h_0,t) - \sigma(h_m,t) = \frac{\rho_0 \tan\theta}{B}\frac{\mathrm{d}\varepsilon}{\mathrm{d}t} \qquad (7-13)$$

式（7-12）和式（7-13）的物理意义是明显的。

（1）电磁冲量传感器输出端的电动势始终正比于 h_0 和 h_m 两截面上的冲量差。

（2）这种传感器的灵敏度为 $B/\rho_0\tan\theta$，激励函数为 $I_0 - I_m$，响应函数为 $\varepsilon(t)$。

（3）当应力波没有到达 h_m 截面之前时，或 h_m 为自由表面时，有

$$I_m = 0, \ \sigma(h_m,t) = 0$$

相应地，式（7-11）和式（7-12）可化简为

$$\varepsilon = I_0 B \cot\theta \rho_0 \qquad (7-14)$$

$$\sigma(h_0,t) = \frac{\rho_0 \tan\theta}{B}\frac{\mathrm{d}\varepsilon}{\mathrm{d}t} \qquad (7-15)$$

式（7-14）表明，h_0 截面上的冲量正比于传感器输出端的电动势（响

应函数）。式（7－15）表明，h_0 截面上的应力正比于传感器输出端的电动势对时间的导数。

根据上述的电磁冲量传感器理论，不难分析电磁冲量传感器的响应特性，如式（7－10）中电磁冲量传感器对恒压冲击波的响应，式（7－11）中电磁冲量电传感器对线性衰减冲击波的响应。图7－10中给出了两种情况下的激励函数 $\sigma_0(t)$、$\sigma_m(t)$ 和响应函数 $\varepsilon(t)$ 或 $\xi(t)$。其中一种情况是 h_m 不是自由表面；另一种情况是 h_m 是自由表面。

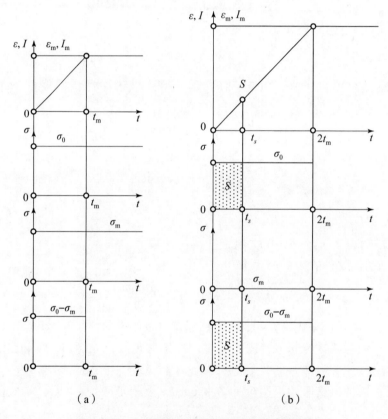

（a）　　　　　　　　　　（b）

图 7 - 10　电磁冲量传感器对恒压冲击波的响应

（a）h_m 不是自由表面；（b）h_m 是自由表面

图7－12中有电磁冲量传感器输出的定常爆轰波的响应曲线。此曲线与图7－11中的响应函数相比，在 $0 \sim t_m$ 时间域中很相似，都是单调上升的上凸曲线。

图7－10 和 图7－11 中，$I - t$ 平面上 $I(t)$ 曲线上的冲量值为

$$I = I_0 - I_m$$

$\sigma_0 - t$ 平面和 $(\sigma_0 - \sigma_m) - t$ 平面上的阴影区面积 S 对应着 $\varepsilon - t$ 平面上（或 $I - t$ 平面上）的一个点 S。

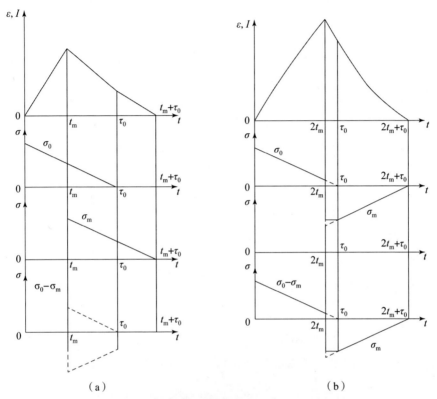

（a）　　　　　　　　　　　　　　　（b）

图 7 – 11　电磁冲量传感器对线性衰减冲击波的响应

（a）h_m 不是自由表面；（b）h_m 是自由表面

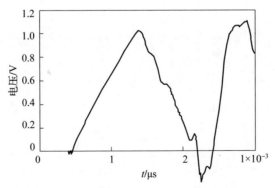

图 7 – 12　电磁冲量传感器对定常爆轰波的响应

3. 有限厚度冲量传感器敏感元件的力学响应

与电磁速度传感器敏感元件相比，电磁冲量传感器敏感元件与介质的流动方向倾斜了一个角度 θ，这将必然增加被测流场与敏感元件之间相互作用的复杂性。但是，由于制作敏感元件的金属箔很薄，如 0.02 mm 左右，所以响应时间与同厚度的速度传感器响应时间相比，不会增加很多；敏感元件在 y 轴方向（图 7-9）的运动也是相当微小的。

电磁冲量传感器的力学响应时间可以按电磁速度传感器的力学响应时间推算：

$$t_R = \frac{(2n-1)\delta^*}{\bar{C}}$$

式中：$2n-1$ 为透反射总次数，一般取 $n=4$ 或 $n=5$；$\bar{C}$ 为入射压力水平下金属箔的声速和冲击波速的平均值；δ^* 为金属箔的等效厚度，有

$$\delta^* = \delta/\cos\theta \tag{7-16}$$

式中：δ 为金属箔的厚度。

图 7-13 表示了 δ 与 δ^* 之间的几何关系。

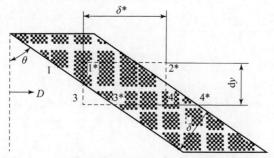

图 7-13　电磁冲量传感器敏感元件 – 金属箔的等效厚度

采用电磁冲量传感器测量 TNT 炸药的爆轰参数。敏感元件为铜箔，厚 0.02 mm，估计应力传感器的上升时间 t_g。

因为 TNT 爆轰压约为 20 GPa，铜在此压力下的拉格朗日波速 $C=5.3$ mm/μs，取 $n=4$，$\theta=45°$，所以 $\delta^*=0.02/\cos45°\approx0.028$ mm，而 $t=37$ ns（同样厚度的速度传感器敏感元件，上升时间约为 26 ns）。

金属箔在 y 轴方向加速运动的时间很短，并很快地把能量转移给周围介质，使 y 轴方向速度迅速衰减。由于在敏感元件附近被测介质的总体作平面对称一维运动，y 轴方向的位移量较小，所以采用一般的脉冲 X 射线摄影分析是无法分辨出倾斜金属箔在 y 轴方向的位移量的。

|7.3　工程应用|

7.3.1　用电磁速度传感器测量爆轰参数

用电磁法测量爆轰参数时必须注意到爆炸产物导电性的影响，电导率大的爆炸产物使电磁法的测量复杂化。本节将介绍电磁法测量爆轰参数的基本原理、炸药试件的制作、流场分析、电磁速度计的有效工作时间、电磁法记录的数据处理等。

1. 电磁法测量爆轰参数的基本原理

根据平面对称一维定常爆轰波简单理论（CJ 理论和 ZND 模型），如果凝聚炸药的爆轰产物流动是均熵的，且具有 $E = pV/(\gamma - 1)$ 形式的状态方程，爆轰波后流动是自模拟的，粒子速度与时间之间的关系由以下公式表达，即

$$\begin{cases} \bar{u} = u/u_{CJ} = [(1 + \mu)/\bar{t}^{\mu} - 1]/\mu \\ \gamma = (1 + \mu)/(1 - \mu) \\ \bar{t} = 1 + \Delta t/\tau \end{cases} \qquad (7-17)$$

式中：u_{CJ} 为爆轰波中 CJ 声速面上的粒子速度；γ 为在 CJ 面附近爆炸产物的多方指数；Δt 为以 CJ 状态出现时刻为零时的粒子速度计记录时间。

利用式（7-17）确定粒子速度 u 记录中的 u_{CJ} 值之后，可用下式计算爆轰压，即

$$p_{CJ} = \rho_0 D u_{CJ} \qquad (7-18)$$

式中：D 为炸药试件的爆速，可用电探极法精确地测量得到。

2. 炸药试件的制作

电磁法炸药试件的结构示意图如图 7-14 所示。图中 3 为要安装速度敏感元件的炸药试件，必须精细地制作；2 为加载部分的炸药试件，炸药的品种与密度同 3，直径 $d \geqslant 50$ mm，其长度大于或等于 $d/2$；加载部分上方是炸药

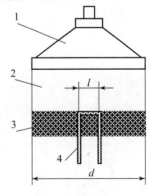

图 7-14　电磁法试件的结构示意图
1—炸药平面波透镜；2—加载部分炸药试件；3—安装敏感元件的炸药试件；
4—速度敏感元件及其引出头

平面波透镜 1；4 为由铜箔或铝箔制成的速度计敏感元件，敏感元件及其引出头将埋入炸药试件 3 中。

电磁法炸药试件的几何尺寸必须精确测量，试件各部件之间的密度必须均匀，密度差 $\triangle\rho \leqslant 0.005 \ \mathrm{g/cm^3}$。敏感元件的长度和加载炸药试件的长度必须合理选定，否则会影响电磁法测量爆轰参数的精度。

3. 流场分析——电磁速度计的有效工作时间

在电磁法测量炸药爆轰参数的试验中，炸药试件是利用炸药平面波透镜引爆的，试件中的爆轰波波阵面是平面的，但波后爆炸产物的流动并非属于平面对称一维流场，而是二维轴对称流动，如图 7 – 15 所示。图中有一个锥形区 *abc* 未受到侧向扰动的影响，这是一个平面对称一维流动区。敏感元件在这个区域中的工作时间可定义为有效工作时间。

在电磁法测量系统的记录中，只有一部分是属于敏感元件有效工作时间内的记录；但在有效工作时间内的记录中只有一小段对爆轰参数的测量是有用的，可以定义这段记录的时间域为敏感元件的有用工作时间，也就是敏感元件在以炸药试件的起爆边界为起点的中心简单波中的工作时间。图 7 – 16 为 *h* – *t* 平面上爆炸产物一维流动图案。图中 *h* 为炸药试件轴线方向上的拉格朗日坐标，*t* 为时间坐标，*fc* 为炸药平面波透镜与炸药试件的边界，也就是炸药试件的起爆边界；*g* 为速度计敏感元件所在拉格朗日位置，*sc* 为平面波透镜中低爆速炸药的爆轰波迹线；*mng* 为炸药试件中爆轰波迹线。两爆轰波迹线交点 *c* 处斜率突变，即爆速突变。这表明 *c* 点附近已忽略了炸药试件中爆轰波速度的变化过程。图 7 – 16 中 1 和 2 为简单波区；沿着 *mng* 线，在 1 区中粒子速度或压力衰减速率比 2 区中的衰减要快得多，因此 2 区中的衰减比较平缓，相应地在粒子速度模拟信号记录中将出现一个平缓区。

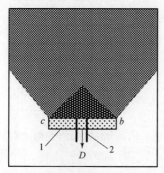

图 7 – 15　电磁法炸药试件爆炸过程的
　　　　　二维轴对称流动示意图

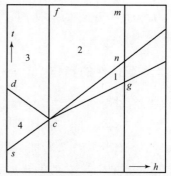

图 7 – 16　电磁法炸药试件爆炸过程的
　　　　　一维流动示意图

4. 电磁法记录的数据处理

如何处理电磁法记录也是电磁法测量爆轰参数的关键。

（1）直接从电磁法记录中判读爆轰参数 u_{CJ} 或峰值参数 u_m，尽管这种判读方法比较简便，但许多情况下直接判读是困难的。

（2）利用粒子速度记录中的泰勒波信息推算爆轰波参数，此法就是利用式（7 - 17）拟合试验记录，求出多方指数 γ，然后推算其他爆轰参数。

利用式（7 - 18）拟合试验记录之前，必须首先确定记录中此公式适用时间，即

$$\Delta t^* \approx a/D_1 - a/D_2 \qquad (7-19)$$

式中：a 为测点到起爆面的距离；D_1 为平面波透镜中低爆速炸药的爆速；D_2 为炸药试件的爆速。

（3）当粒子速度记录受到爆炸产物导电性影响较严重时，在利用式（7 - 17）拟合试验记录之前，必须对试验记录作爆炸产物导电性修正。

7.3.2 应用串联速度传感器测量非良导体材料的冲击绝热参数

串联速度传感器敏感元件的结构简图如图 7 - 4 所示，它的记录波形如图 7 - 17 所示。图中 u_{1m} 为 $u_1(t)$ 的峰值，u_{2m} 为 $u_2(t)$ 的峰值，Δt 为 u_{1m} 和 u_{2m} 两峰值出现的时间间隔。这表明串联速度传感器的记录具有以下几个优点。

（1）串联电磁速度敏感元件是由两个不同剖面上的速度敏感元件串接构成的，所以在一条记录曲线上可以包含两个不同时刻出现的粒子速度峰值。

（2）根据两个不同时刻出现的粒子速度峰值可以计算粒子速度平均值和冲击波速度平均值，也就确定了 $p - u$ 平面上的一个点。从这个意义上讲，增加了记录波形中的信息量。

（3）非错位的正串联速度传感器可以增加传感器灵敏度；错位的反串联速度传感器可以增加抗干扰能力。

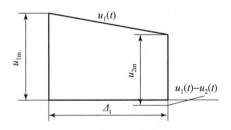

图 7 - 17 反串联速度传感器的记录波形

为保证"平均速度"的计算精度，在应用串联速度传感器进行测量时必须注意记录波形的衰减速率和衰减量：

（1）$(|u'_{1m}| - |u_{2m}|)/|u_{1m}| \leqslant 1/3$。

（2）Δt 区间内 $u_1(t)$ 接近线性衰减。

只要适当地改变激励函数的峰值幅度和衰减速率，就可以测量到一系列的 D_i 和 u_i 值。根据这些试验值就能够得到 $D-u$ 平面上的冲击绝热线，如图 7 - 18 所示，并按

$$D = a + bu$$

作线性回归，求出冲击参数 a 与 b。

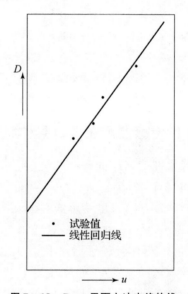

图 7 - 18　$D—u$ 平面上冲击绝热线

试验或理论都可以证明，改变传感器的激励函数幅度（改变入射于传感器的冲击波强度）最有效的措施是改变加载药柱的品种和密度，也就是改变爆轰压。若改变加载药柱长度则不一定有效，因为过分地减少加载药柱长度，使 $u_1(t)$ 衰减太快，会降低测量精度。若改变敏感元件到加载药柱的距离，距离加长了，冲击波的幅度衰减会增加，但波后介质运动的一维性很难保证。所以改变冲击波行程，调整冲击波强度的方法不宜采用。

第 8 章

光电测试技术

|8.1 光电测试原理|

光电测试法是一种利用光电效应，将被测量物理量通过光量的变化再进一步转换为电参量变化的方法。当某些物质表面上被投射了具有一定能量的光子时，该物体的电阻率会改变或者物质表面会逸出电子，或者在物体的某一方向产生电动势的现象叫作光电效应。根据光电效应发生的位置将光电效应分为以下两类。

（1）外光电效应：当物体受光照射时，电子从物体表面逸出的效应，如光电管、光电倍增管等。

（2）内光电效应：当物体受光照射时，物体内部的电特性发生改变的效应。具体分为光电导效应和光生伏特效应两种。

①光电导效应是指部分半导体材料在黑暗环境下电阻值很大，受到光线照射时，当光子的能量大于半导体材料的禁带宽度时，禁带中的电子吸收了光子的能量后就会跃迁到导带，从束缚状态变成自由状态，激发出电子 – 空穴对，使半导体中载流电子浓度增加，从而增加了导电性，使电阻值减小。照射光线越强，电阻值下降越多，光照停止，自由电子与空穴逐渐复合，电阻又恢复原值，这就是光电导效应。具有光电导效应的器件有光敏电阻、光敏晶体管等。

②光生伏特效应是指在光的照射下使物体在某一个方向产生电动势的现象，如光电池。外光电效应通常发生在金属材料上，内光电效应一般发生在半

导体材料上。

基于某些金属或半导体物质的光电效应制成的传感器称为光电式传感器。本章将重点介绍光电测试传感器，光电测试系统以及相关工程应用。

|8.2 光电测试传感器|

光电式传感器是一种将被测物理量通过光量的变化再转换成电参量变化的装置，光电传感器具有精度高、反应快、非接触等优点，而且可测参数多，传感器的结构简单，形式灵活多样，因此在检测和控制中应用非常广泛。光电式传感器的工作原理是基于光电效应。光电效应是指当某些物质表面上被投射了具有一定能量的光子时，该物体的电阻率会改变或者物质表面会逸出电子，或者在物体的某一方向产生电动势的现象。

光电传感器通常由发送器、接收器和检测电路三部分构成。发射器带一个校准镜头，将光聚焦射向接收器，通过电缆将接收装置连接到一个真空管放大器上。接收器由光电二极管、光电三极管及光电池组成。光敏二极管是现在最常见的传感器。光敏二极管工作在反向偏置的工作状态下，并与负载电阻相串联。当无光照时，它与普通二极管一样，反向电流很小，称为光敏二极管的暗电流；当有光照时，载流子被激发，产生电子–空穴对，称为光电载流子。

8.2.1 光电管和光电倍增器

光电管是基于外光电效应的基本光电转换器件。光电管可使光信号转换成电信号。光电管分为真空光电管和充气光电管两种。光电管种类较多，但基本原理一致，图8–1所示为典型光电管结构。光电管的典型结构是将球形玻璃壳抽成真空。常用的阴极有多种形式，有在玻璃管内壁涂上涂一层光电材料结构和在玻璃管内装有阴极涂料的柱面形极板结构两种形式。阳极为置于光电管中心的小球形或小环形金属或置于柱面中心线的金属柱。

光电管的阴极受到光照射后便放射光电子，这些光电子被具有一定电位的阳极吸引，在光电管内形成空间电子流。例如，在外电路中串联适当阻值的电阻，则该电阻上将产生正比于空间电子流的电压降，其值与照射在光电管阴极上的光强呈函数关系。

如在玻璃管内充入惰性气体（如氩、氖等）即构成充气光电管。由于光子流对惰性气体进行轰击，使其电离，产生更多的自由电子，从而提高光电转换的灵敏度。

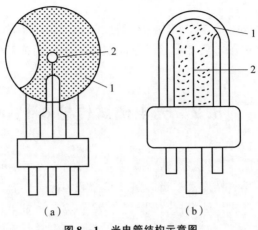

图 8 – 1　光电管结构示意图

1—阴极；2—阳极

光电倍增器，即光电倍增管，是进一步提高光电管灵敏度的光电转换器件，其结构如图 8 – 2 所示。在玻璃管内除装有光电阴极和光电阳极外，两极间还装有若干个瓦形倍增电极，使用时相邻两倍增电极间均加有电压用来加速电子。光电倍增电极上涂覆的材料在电子轰击下能发射更多电子，为确保前一级倍增电极发射的电子继续轰击后一级倍增电极，需对光电倍增极的形状及位置进行设置。光电倍增管在每个倍增电极间均可依次增大电子流。设每级的倍增率为 δ，若有 n 级，则光电倍增管的光电流倍增率为 δ^n。

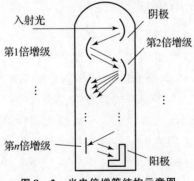

图 8 – 2　光电倍增管结构示意图

8.2.2　光敏电阻

光敏电阻是用硫化镉或硒化镉等半导体材料制成的一种纯电阻元件，其工作原理是基于半导体材料的内光电效应。光敏电阻对光线十分敏感，其在无光照时，呈高阻状态；光照越强，阻值就越低，随着光照强度的升高，电阻值迅速降低。

1. 结构与工作原理

光敏电阻的结构如图 8 – 3 所示，它的光电转换元件是光电半导体。由于光敏电阻的工作原理是基于内光电效应，即在半导体光敏材料两端装上电极引线，将其封装在带有透明窗的壳里就构成光敏电阻。其电极一般采用梳状结构从而获得较高的灵敏度；半导体光敏材料做成薄片装在顶部有玻璃的外壳中以便于光电导效应发生在光线照射的表面层。

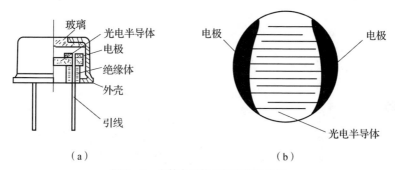

（a）   （b）

图 8 – 3　光敏电阻的结构及梳状电极

（a）光敏电阻结构；（b）梳状电极

光敏电阻对光线十分敏感，其在不受光照时呈高阻状态，此时称"暗电阻"，暗电阻越大越好，一般为兆欧数量级。而光敏电阻在受光照射时，材料中激发出自由电子和空穴，其电阻值减小，随着光照强度的升高，电阻值迅速降低，此时称"亮电阻"，光照越强，亮电阻就越小，一般为千欧数量级。光敏电阻没有极性，使用时在电阻两端加直流或交流偏压，如图 8 – 4 所示。

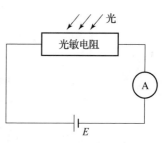

图 8 – 4　光敏电阻连接电路

2. 基本特性

1）光照特性

光敏电阻的光电流与光照强度之间的关系称为光敏电阻的光照特性。在大多数情况下，光敏电阻的光照特性曲线呈非线性，只有在微小的范围内呈线性，光敏电阻的电阻值有较大的离散性（电阻变化、范围大无规律）。因此，光敏电阻常作光电信号变换器用于开关电路中。图 8 – 5 所示为硫化镉光敏电阻的光照特性。

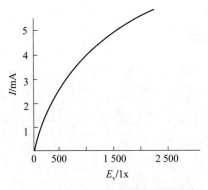

图 8 - 5　硫化镉光敏电阻的光照特性

2）伏安特性

光敏电阻在一定的光照下，其两端外加电压与光电流之间的关系特性称为伏安特性。图 8 - 6 为硫化镉光敏电阻的伏安特性，由图可知，在给定的电压下，光电流的数值随着照射光的增强而加大，照射光强不变时，外加电压越高，光电流也越大，灵敏度随之增加。但是，最高工作电压受到允许耗散功率限制，并且不同元件有不同的规定，使用时应加以注意。

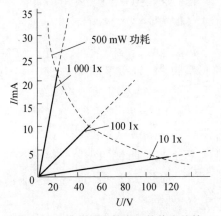

图 8 - 6　硫化镉光敏电阻的伏安特性

3）光谱特性

光谱特性表示照射光的波长与光电流的关系。不同材料光敏电阻的光谱特性不同；同一材料照射光的波长不同时，光敏电阻的灵敏度也不同，如图 8 - 7 所示。从图中可看出，光敏电阻的灵敏度有一个峰值，材料不同，灵敏度峰值对应的波长不同。例如，硫化镉适用于可见光，硫化铊适用于紫外线，而硫化铅则适用于在红外线区域工作。所以选择光敏电阻时，要与使用的光源结合起来考虑，才能获得较好的效果。

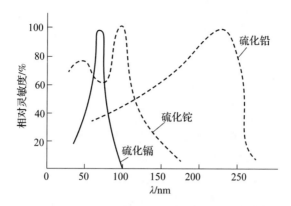

图 8 - 7 不同材料光敏电阻的光谱特性

4）温度特性

光敏电阻的温度特性是指在一定的光照下，光敏电阻的阻值、灵敏度或光电流受温度的影响。与其他半导体器件一样，温度对光敏电阻特性影响很大。温度升高时，暗电阻和灵敏度降低，同时图 8 - 7 中的光谱特性向短波方向移动。

5）时间特性与频率特性

光敏电阻受到脉冲光照射后光电流不能立即达到饱和值，而要经历一段时间才能达到饱和值。光照停止后，光电流也不是立即完全消失，同样存在一定的延时，如图 8 - 8（a）所示，该性质称为光敏电阻的时间特性。上升时间和下降时间越短，表示光敏电阻的惯性越小，对光信号的响应越快。

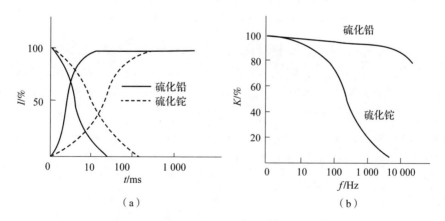

（a）   （b）

图 8 - 8 光敏电阻的时间特性与频率特性曲线

（a）时间特性；（b）频率特性

频率特性表示相对光谱灵敏度与照度变化频率之间的关系特性。不同材料的光敏电阻具有不同的时间常数，因此它们的频率特性也不同，图8-8（b）画出了两种不同材料的频率特性曲线。

8.2.3　光电三极管

光电三极管也称光敏三极管，它的电流受外部光照控制，是一种半导体光电器件。光电三极管与普通三极管相似，相当于在三极管的基极和集电极之间接入一只光电二极管的三极管，同样有 e、b、c 三个极，但基极未引线引出，而是封装了一个透光孔。在无光照射时，光电三极管处于截止状态，无电信号输出。当光线透过光孔照到发射极 e 和基极 b 之间的 PN 结时，就能获得较大的集电极电流输出，输出电流的大小随光照度的增强而增加，这就是光电三极管的工作原理。图8-9所示为光电三极管的伏安特性和光照特性曲线。光电三极管在不同照度下的伏安特性与普通三极管在不同的基极电流下的伏安特性非常相似。

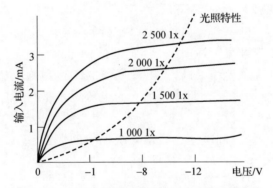

图8-9　光电三极管的伏安特性和光照特性曲线

就半导体晶方而言，材料有硅（Si）和锗（Ge），光电三极管也分为硅管和锗管，两者对光线的波长反应不同。一般来说，硅管常用于可见光的测试，而锗管常用于红外光的测试。光电三极管在使用时，应使光电流、极间耐压、耗散功率和环境温度等不超过最大限制，以免损坏。由于光电三极管的灵敏度与入射光的方向有关，还应保持光源与光电三极管的相对位置不变，以免灵敏度发生变化。

8.2.4　光电池

光电池也叫太阳能电池，是一种在光的照射下产生电动势，即把光能转换成电能的半导体元件。光电池是一种特殊的半导体二极管，能将可见光转化为直流电。图 8 - 10 所示为硅光电池的结构，可以看到有一个大面积的 PN 结，当光线照射到 PN 结上时，便在 PN 结两端出现电势，P 区为正极，N 区为负极。

不同材料的光电池其灵敏度不同，因此应用光谱的范围也不同。硅光电池适用于波长在 0.4 ~ 1.1 μm 范围内的光谱，硒光电池适用于波长在 0.3 ~ 0.6 μm 范围内的光谱。因此，在实际使用中可根据光谱特性，选择光源性质或光电池。光电池有两个主要参数指标，即短路电流与开路电压。短路电流在很大范围内与光照度呈线性关系，而开路电压与光照度呈非线性关系。

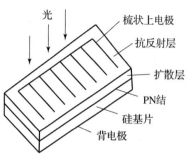

图 8 - 10 硅光电池的结构

图 8 - 11 所示为硅光电池的开路电压和短路电流与光照度的关系曲线。实际应用中，根据光照度与短路电流呈线性的关系，光电池常用作电流源。

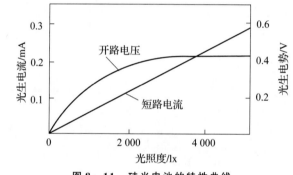

图 8 - 11 硅光电池的特性曲线

|8.3 VISAR 测试系统|

8.3.1 VISAR 系统的基本组成

随着激光技术的发展，激光干涉测速技术成为非接触速度测量领域的新方法，其原理是利用光的多普勒频移效应而实现的，即光波长（或光频率）因光源和接收端的相对位移变化而产生变化。1972 年，美国 LANL 试验室的 L. M. Barker 首次发表可测量任意反射表面的速度干涉仪（Velocity Interferometer System of Any Reflector，VISAR），这是激光干涉技术的重大进步。由于其速度和时间分辨本领高、测试动态范围大、测量精度高，且既可用于测量镜面反射表面样品速度，也可以测量漫反射表面样品速度，适合动高压条件下的研究，所以很快得到发展和推广。目前，VISAR 已发展成为冲击波物理和爆轰波物理、高技术及常规武器等动态试验研究领域内的标准测试技术。VISAR 由输入系统、干涉仪、偏振光系统和记录系统组成，最早的单点 VISAR 如图 8 – 12 所示。

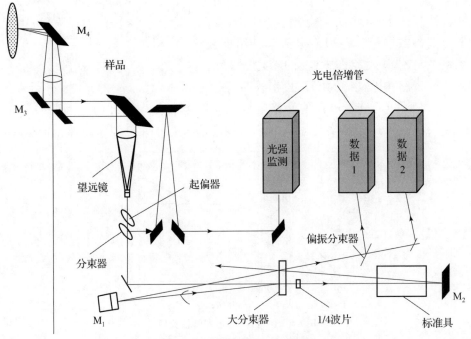

图 8 – 12 单点 VISAR 原理装置

　　激光器发出的光聚焦于待测样品表面上某一点，反射回来的光携带了样品表面的即时速度信息，故反射光又称信号光。干涉系统主要由标准具、大分束器和反射镜组成。激光束经带孔反射镜 M_3、前置透镜和反射镜 M_4 照射到靶样品表面上的一点。返回的漫反射光由同一透镜收集准直，再由望远镜系统聚光后送入干涉仪。携带多普勒信息的信号光在大分束器处被分为两束，一束由反射镜 M_1 反射回到分束器，全过程历时 τ_1，称为参考光束；另一束在回到分束器之前，必须两次经过长为 h、折射率为 $n(n > 1)$ 的标准具，历时 τ_2，称为延时光束。定义延迟时间 $\Delta\tau = \tau_2 - \tau_1$，$\Delta\tau$ 恒大于零，表明参考光束和延迟光束携带的是不同时刻的样品速度信息，二者间的频差即反映了 $\Delta\tau$ 时间段内样品速度的变化量。两束光在大分束器上汇合并发生相干叠加，若用探测器检测叠加后的光强，则会得到随时间变化的信号，信号的相位反映了被测样品表面上一点的速度随时间变化的情况。

　　要使参考光束和信号光束能够发生相干叠加，干涉仪还需满足"模拟零程差"的条件。如图 8 – 13 所示，在没有标准具的情况下，调节光学元件使大分束器两侧的光程严格相等，两路出射光在大分束器处汇合，称为满足零程差条件；然后在一侧的光路中加入标准具，光通过时发生折射，两路出射光汇合的位置发生偏移，此时应当移动反射镜至 M_2 和 M_2'（M_2 和 M_2' 是共轭像面关系），显然两支路的实际光程不再相等。这种表观光程相等但实际光程不等的情况就称为满足"模拟零程差"条件。

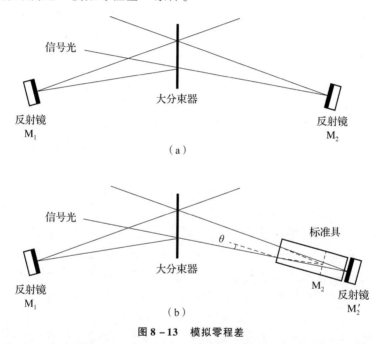

图 8 – 13　模拟零程差

　　仪器内的起偏器，1/4 波片和偏振分束器组成的正交（信号）编码系统，产生相位差 $\pi/2$ 的两套信号。通过对互为补充的两套信号处理，可提高测试精度，同时还可以鉴别加速减速的变化过程。

　　VISAR 在冲击波研究领域用于研究更高压力范围内材料的动态性能，对加载装置的平面性及样品在运动过程中的倾斜度要求大大降低。

8.3.2　VISAR 的改进

　　VISAR 系统被用于冲击与爆轰试验研究，取得了很多令人满意的结果，这项技术本身也在实践中不断发展。经国内外学者数十年的研究和改进，VISAR

系统在仪器结构、光输入系统、记录设备、数据处理技术等各方面都取得了很大的进展。例如，将三探头系统改为四探头系统，大幅提升了能量利用效率和信号调制度；变像管相机代替光电倍增管－示波器系统作信号记录工作，提高了系统的时间分辨率；数据处理技术经历从手动、半自动到全自动的发展过程，减少了试验结果的人为干预，也提高了数据处理速度；结构和延迟系统设计的改进，使 VISAR 系统的结构更紧凑、体积更小，适用性大大增强；光纤和光纤探头的广泛使用将激光传达到较远的、有污染的或常规光路难以达到的测试对象，并传回信号进行测量。野外试验也能做到全天候工作，安全性好，仪器结构简单，并且容易实现多点测试。

单次试验中，只能获得一条速度—时间曲线的测速仪即为单点 VISAR 测试系统。事实上，单点 VISAR 测量的并不是一个确切的点的速度历程。探测激光在样品表面会聚成一个直径几百微米至几毫米的光斑，理想情况下单点 VISAR 测得的数据就是这个光斑内点的速度平均值。但实际测试时，样品在运动中不免发生变形或偏移，测试点也随之改变，测试结果的可信度受到影响。而且，实际应用中的工程材料通常都不是完全均匀的理想材料，要受到晶粒尺寸、取向、空穴、杂质以及结构等多种因素的影响，因此单点 VISAR 的测量结果具有很大的局限性和随机性。大多数情况下，冲击波和爆轰波物理试验并不具有一维对称性，一点的运动规律不能代表整个面的运动规律，由此引发了发展兼具时、空分辨能力的测试系统的需求。

1999 年，中国工程物理研究院的李泽仁等研制了一套多点 VISAR 测速系统，空间分辨率为 1.0 mm，景深 30 mm，在试验中甚至达到过 60 mm。多点 VISAR 可看作单点 VISAR 基础上一种巧妙的延伸和拓展。是由多根输入光纤将激光束传输到试验装置中，再由各自的光纤探头将出射激光成像以照射靶上的多个被测点或照射多个不同的物体。来自各测点的漫反射激光由各自的光纤探头收集，并耦合到对应的信号光纤中，这些信号光纤将来自不同被测点且包含了不同多普勒频移的漫反射激光传输到同一干涉系统中，进行相干与检测。

在干涉系统中，首先平行光产生器将信号光纤输出的激光变成平行光束，然后经窄带干涉滤光片滤去杂光后进入干涉腔。为了确定因被测点的速度变化过大时引起的条纹数丢失，将干涉腔设计成双灵敏度，如图 8－14 所示，即入射激光由分束器/反射镜分成两束，分别进入左右两边具有不同长度的延迟标准具的干涉腔；测速时，可用左边或右边的单灵敏度干涉腔测量，也可用左右两种不同灵敏度的测速挡同时测量。另外，左、右两边的干涉腔都是共腔式立体结构，各测点的光束排列成多层进入同一干涉腔；因此，各测点既相互独立又有联系。进行数据处理时，首先可以对每个点的数据进行独立处理；然后将各点数据在时间上联系起来处理，使得测试结果更准确可信。

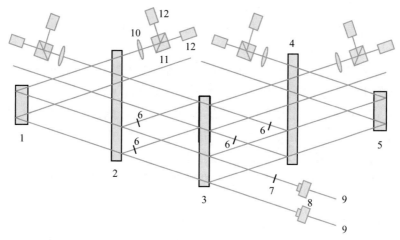

图 8 – 14 多点 VISAR 测试系统示意图

1—延迟标准具兼端反射镜 M_1；2—主分束器 1；3—公共端反射镜与分束器；4—主分束器 2；
5—延迟标准具兼端反射镜 M_1'；6—1/4 波片；7—干涉滤光片；8—平行光产生器；
9—信号光纤；10—偏振分束器；11—光电倍增管；12—聚焦透镜

多点 VISAR 的主要优点是具有较大的测量景深，且能够灵活地布置探头，适用范围较广。它的缺点是空间分辨本领受到光纤探头外形和尺寸的制约，而且试验要求空间分辨率越高，需要的探头数目就越多，造价也相应提高。

|8.4 DISAR 测试系统|

DISAR（All Fiber Displacement Interferometer System for Any Reflector）是近年来发展的一种飞片测速工具，即任意面全光纤位移干涉系统。同时国外也发展了原理与之相同的全光纤测速系统，称为光子多普勒速度测量系统（Photonic Doppler Velocimetry，PDV）。因此，国内也把任意面全光纤位移干涉系统 DISAR 称为 PDV。DISAR 的工作原理是借助光学效应实现位移或速度的测量，激光发射器会发出激光由光纤传导至探头。激光探头会收集光的反射信号传递回干涉系统进行分析，即可得到速度或位移变化曲线。

DISAR 激光干涉测速仪兼具 VISAR 传统激光干涉测速技术和全光纤激光干涉测速技术的优点，具有独特的设计思想，并采用多普勒原理测量材料在纳秒级别的变化过程。由于整个系统均采用光纤连接，不仅能够提高系统的稳定性，减少体积，而且由于采用了高性能的单模光纤，使系统的响应时间不受限于光纤色散，最高可实现 10 ps 量级时间分辨率的速度测量。系统采用的光纤激光器基于半导体激光器的主振荡功率放大（Main Oscillation Power Amplifying，MOPA）技术，具有窄线宽、高输出功率、波长长期稳定性等优点，能够为干涉器测速系统提供一定相干长度的稳定激光源。测试所采用的光纤探头采用光纤微透镜结构，可测量具有漫反射面物体的运动速度，这样就无须对飞片表面做镜面处理。所采用的干涉仪的主机结构已经过高速试验验证及优化，达到最佳的输出信号信噪比，有效地降低了测量误差。在数据后处理上，其数据处理软件不仅可以由采集的数据计算得到速度曲线，还能计算出位移曲线、加速度曲线和位移 – 速度曲线。同时，程序具有滤波功能，可对计算结果进行光滑处理。

DISAR 测试原理如图 8 – 15 所示。激光器射出的激光经过光纤耦合器 1 被分成两束：一束通过光纤耦合器 2 入射到探测器；另一束光经过探头入射到靶面。首先，从靶面反射和散射的已发生多普勒频移的光线被探头收集，经过耦合器入射到探测器，参考光和信号光产生差拍信号被探测器记录；然后，通过示波器显示，通过信号处理可以得到靶面运动的速度信息。

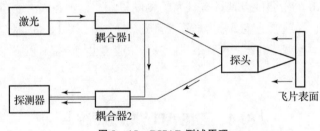

图 8 – 15　DISAR 测试原理

DISAR 性能稳定可靠、测试信号强、操作简单、运行成本低、试验准备周期短，在冲击波物理、航空航天、工业检测以及冲击试验研究中广泛应用，DISAR 实物图如图 8.10 所示。到目前为止，DISAR 系统时间分辨率已达 50 ps，空间分辨率能够达到 80 ns，对速度的测量精度高达 1%，位移分辨率最高可达 300 nm，测量景深大于 0.5 mm，可适用于速度 0.1 ~ 8 km/s 范围内的瞬态速度连续测量。

DISAR 系统的速度测量上限与数字存储示波器的性能密切相关，系统配置的数字存储示波器采样速率越高，测量的速度上限也越高。如示波器带宽 4 GHz，采样速率 25 Gs/s，系统速度测试上限约为 3 500 m/s；示波器（DPO71254C）带宽 12.5 GHz，采样速率 50 Gs/s 时，系统速度测试上限大于 7 500 m/s。

|8.5　工程应用|

设计炸药轴向驱动金属飞片试验（以下简称飞片试验）和径向驱动金属圆筒试验（以下简称圆筒试验），利用激光位移干涉仪记录飞片中心点与圆筒外壁的速度－时间关系。基于飞片试验分析推进方向与爆轰波方向一致的飞片速度随时间变化过程，获得不同 CL－20 基含铝炸药配方爆轰后铝粉的反应规律；基于圆筒试验分析膨胀方向垂直爆轰波方向的圆筒壁速度随时间的变化关系，获得不同 CL－20 基含铝炸药配方的能量输出结构。

8.5.1　炸药驱动飞片试验

1. 飞片试验装置

图 8－16 所示的试验装置需配合底座进行使用，底座三维设计如图 8－17 所示。试验前，将约束套筒穿过底座的拱形外箍将其固定，并按照试验装置示意图依次放置炸药和试验部件，底座的底挡板用于安装固定激光位移传感器。试验时，首先通过雷管起爆炸药平面波透镜，产生平面爆轰波引爆传爆药柱，进而形成更强的爆轰波起爆待分析的 CL－20 基含铝（或氟化锂）炸药样品，并且炸药平面波透镜的爆轰产物使电离探针输出信号启动测点位置处激光位移干涉仪（DISAR），在含铝（或氟化锂）炸药爆轰产物驱动飞片向前推进时，激光位移干涉仪记录飞片中心的轴向运动速度，试验装置如图 8－18 所示。

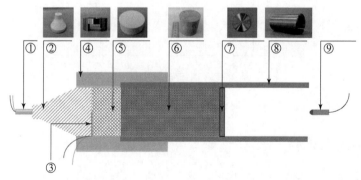

图 8－16　CL－20 基炸药的飞片试验装置示意图

①—雷管；②—炸药平面波透镜；③—触发探针；④—药柱套；⑤—传爆药柱；⑥—被测炸药；
⑦—金属飞片；⑧—约束套筒；⑨—激光位移干涉仪（DISAR）

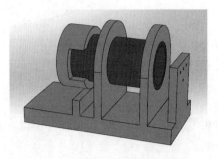

图 8-17　底座与其他试验件的配合图

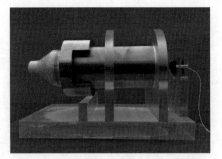

图 8-18　CL-20 基炸药的飞片装置图

2. 试验测试结果

通过试验测试，CL-20 基炸药加速飞片的试验结果如图 8-19 所示，两发试验结果高度吻合，表明建立的飞片试验系统可靠性较高，所采集的试验数据一致性较好，精度满足要求。通常飞片试验的有效记录时间不超过 10 μs，本次飞片试验取自飞片起跳后长达 10 μs 的试验数据进行分析，飞片从第 12 μs 受爆轰波驱动开始起跳并不断加速，所以试验有效记录时间区间为 12 ~ 22 μs。

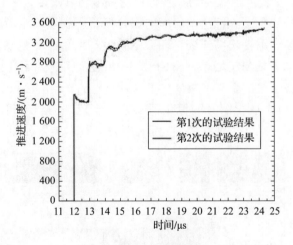

图 8-19　飞片推进速度

8.5.2　圆筒试验

基于圆筒试验，研究铝粉尺寸和含量对含铝炸药垂直爆轰波传播方向的径向驱动做功性能的影响，分析被驱动金属圆筒的运动规律（起跳速度、加速度、最高速度和加速持续时间）随时间的变化关系。

1. 圆筒试验装置

圆筒试验装置主要由起爆装置、雷管、炸药透镜、触发探针、传爆药柱、药柱套、圆筒、被测炸药、激光位移干涉仪（DISAR）、侧支撑板、法兰圆盘、底座等组成，设计 CL – 20 基含铝/氟化锂炸药驱动圆筒试验装置示意图如图 8 – 20 所示。圆筒材料选取无氧铜，利于延迟圆筒膨胀时间，加大铝粉爆轰后效反应区宽度，试验件的材料选取和尺寸参数如表 8 – 1 所示。

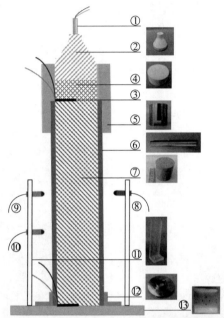

图 8 – 20 CL – 20 基炸药的圆筒试验装置示意图

①—雷管；②—炸药透镜；③—触发探针；④—传爆药柱；⑤—药柱套；⑥—圆筒；
⑦—被测炸药；⑧⑨⑩—激光位移干涉仪（DISAR）；⑪—侧支撑板；⑫—法兰圆盘；⑬—底座

表 8 – 1 圆筒试验件的材料和尺寸

炸药透镜	8701 和 TNT，直径：50 mm
传爆药柱	8701，直径：50 mm，高：20 mm
药柱套	中心孔径：$\phi 50$ mm
被测炸药	直径：50 mm，长：550 mm[（50 ± 0.05）mm × 11]
圆筒	材料：无氧铜，外径：$\phi 60$ mm，内径：$\phi 50$ mm，长：500 mm
侧支撑板	打孔位置：距离圆筒顶端 300 mm 和 350 mm
法兰圆盘	中心孔径：$\phi 60$ mm
激光位移干涉仪（DISAR）	数量：3（测量圆筒外壁速度时，每发试验 3 个测点）

圆筒试验的底座与其他试验装置安装关系如图 8 - 21 所示，用于固定激光位移传感器的侧支撑板和固定圆筒的法兰圆盘分别通过螺栓连接底座，底座除固定整个试验系统外，同时见证底靶分析炸药爆轰情况。试验时，雷管引爆炸药平面波透镜，形成平面爆轰波起爆传爆药柱，进而产生更强爆轰波传爆待分析的含铝/氟化锂炸药样品，并且传爆药柱的爆轰产物使电离探针给出信号启动测点 1 ~ 3 位置处激光位移干涉仪（DISAR），在含铝/氟化锂炸药爆轰驱动圆筒膨胀运动时，激光位移传感器记录圆筒外壁的膨胀速度。当爆轰波传播至待测炸药底端时，导通第二个电离探针，根据两个探针信号的时间间隔可以计算待测炸药爆速。关于测量圆筒外壁速度：试验时，在距离圆筒装药起爆端300 mm 位置处对称布置两个测点 1 和 2，然后在距离圆筒起爆端350 mm 位置处布置一个测点 3，测点 3 和 1 位于同一侧，试验中 3 个激光位移传感器采集3 组试验数据，圆筒试验装置如图 8 - 22 所示。

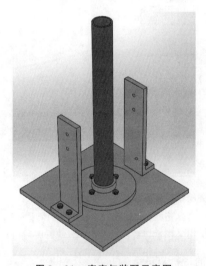

图 8 - 21　底座与装配示意图

图 8 - 22　CL - 20 基炸药的圆筒试验装置

2. 试验测试结果

试验获得 3 组圆筒膨胀速度—时间曲线。试验结果表明，测点 1 和测点 2 的圆筒速度在同一时刻起跳；由于测点 3 的速度曲线与测点 1 和 2 不在同一时刻起跳，为更加直观分析数据，对测点 1 ~ 3 的数据进行处理，将起跳时刻统一平移至第 50 μs，如图 8 - 23 所示。各炸药配方测点 1 ~ 3 获取的 3 条圆筒膨胀速度—时间曲线重合度较好，且见证底靶的损伤较为分散，说明试验过程中CL - 20 基炸药形成了稳定的平面爆轰，试验系统具有很好的一致性和稳定性。

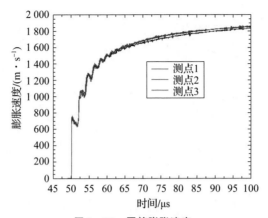

图 8 - 23　圆筒膨胀速度

为研究添加铝粉对 CL - 20 炸药径向驱动圆筒的影响，将含铝 CL - 20 基炸药与含氟化锂 CL - 20 基炸药的圆筒试验结果对比分析，如图 8 - 24 所示。

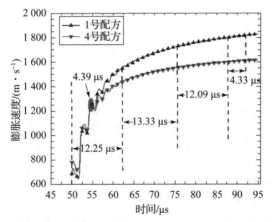

图 8 - 24　含铝 CL20 炸药（1 号配方）和含 LiFCL20 炸药（4 号配方）对比

第 9 章

光学测试技术

|9.1 高速摄影测试技术|

高速摄影技术是通过照相的方法拍摄高速运动过程或快速反应过程，它把空间信息和时间信息一次性记录下来，具有形象逼真和动画效果。高速摄影不同于普通照相机，它以极短的曝光时间把高速流逝过程的变化历程记录在底片上，它提供的是瞬间物体的空间位置和时间坐标参量。这项技术广泛应用于许多研究领域，如爆轰过程、弹体侵彻过程、战斗部终点效应、高速碰撞等。

高速摄影技术定义为：能以极短的曝光时间把高速流逝过程的变化历程记录下来的专门摄影技术。高速摄影是一种利用光在物体上的反射、透射、折射、衍射等特性来观察事物变化的光学测量技术。光是一种具有不同波长的电磁波，可见光、激光、X射线、红外光等都已用于高速摄影。可见光、激光摄影利用光的反射、折射机理；X射线摄影基于光的透射和吸收原理；而全息照相利用的是光的干涉和衍射理论。本章介绍的高速摄影技术是针对可见光而言，也就是说拍摄的图像是可见光在被测物上的反射、折射映像。

高速摄影技术在拍摄方法上可分为两种：一种是获得过程逐个时期的完整画面的分幅摄影技术，另一种是将过程的变化历程沿时间坐标轴连续展开的扫描摄影技术，图9-1给出了扫描和分幅摄影的区别。扫描摄影在一次曝光时间内获得在时间上连续的黑密度分布曲线；分幅摄影在一次曝光时间内获得一幅二维图像，在多次曝光中获得运动过程的变化状态。高速摄影用图像来表示空间信息，它抓拍了物体每一瞬间的状态及运动情况；而时间信息是用摄影频率来表示的，提高摄影频率则大大提高了人眼对时间的分辨率。

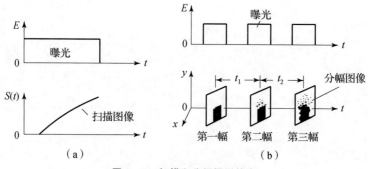

图 9 - 1　扫描和分幅摄影技术

（a）扫描摄影；（b）分幅摄影

高速摄影技术的整个过程包括光信息变换、信息传输、时间分解、信息记录和信息处理。高速摄影可按照胶片式和数字式进行分类。

9.1.1　胶片式高速摄影

胶片式高速摄影种类较多，可以分为转毂式、转镜式、间歇式、光学补偿式等，本节主要介绍转毂式、间歇式和转镜式。

9.1.1.1　转毂式高速摄影仪

转毂式高速摄影仪如图 9 - 2 所示，感光胶片固定在摄影机内的转毂上，它随转毂而转动。当毂轮高速旋转时，驱动胶片高速移动，这样胶片的强度问题就转移到了毂轮材料的强度方面。毂轮式高速摄影的类型有两种，即分幅式和狭缝式，图 9 - 2 给出了两种轮毂式摄影的原理。

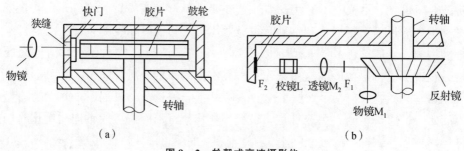

图 9 - 2　轮毂式高速摄影仪

（a）狭缝摄影；（b）轮毂分幅式摄影

图 9 - 2（a）所示为狭缝摄影方式。在高速旋转毂轮的外盘上贴一圈胶片，固定的暗箱内密封着胶片和圆盘。在暗箱一侧开了一条很窄的狭缝，狭缝内部是快门，外部是光学系统。狭缝摄影方式是线条采样，连续曝光。因此，要求胶片、快门和景物必须严格同步，否则很难获得高质量照片。弹道学中测试弹丸速度经常用到这种摄影机。当弹速大于片速时，测得的图像胖而短，反之图像长而瘦；弹速等于片速时，得到比例真实的图像。这种装置还广泛应用于快速旋转和飞行姿态测量。

图 9 - 2（b）所示为一种转毂分幅式摄影机，它可以测量过程中的多个独立图像，同时对图像进行像移补偿。胶片贴在转盘壳体的内壁四周，由转轴带动旋转。M_1 是物镜，被测物体的反射光束经物镜 M_1 照射到锥形反射镜上。反射光在 F_1 处成一次实像，这个像再被透镜 M_2 放大，在胶片上成放大的实像 F_2。由于一次实像 F_1 与二次实像 F_2 的运动方向应该一致，在透镜 M_2 后加一个 90° 的棱镜 L，改变实像 F_2 的运动方向 180°，保证两者方向一致。同时，准确计算转盘半径与成像距离的比例关系，使 F_2 点运动速度与胶片转动速度匹配。这种相机的拍摄速度可达每秒 30 万幅。

9.1.1.2　间歇式高速摄影仪

间歇式高速摄影仪的结构和工作原理与普通电影摄影机相似，但运转速度大幅提高。工作时，供片盒中未经曝光的胶片由作匀速运动的输片齿轮（供片齿轮）带动输出，并在输片齿轮与片道之间形成片弯，以便使片道中的胶片借助于间歇输片机构的动作，由匀速运动变为间歇运动。因此，胶片在片道位置有瞬时的静止，并在静止时间内快门打开，实现胶片的曝光。胶片经过片道后，再由输片齿轮将胶片的间歇运动转换为匀速运动，然后收片盒中的收片轴将已经曝光形成潜影的胶片缠绕起来。这类摄影机的优点是成像质量高、结构简单。

间歇式高速摄影仪是通过间歇式高速摄影机用较高的摄影频率将对象逐幅地拍摄到胶片上。拍摄时胶片作间歇运动，胶片上每个画幅就是连续高速运动物体按时间次序排列的瞬时影像，记录了高速运动物体各瞬时的空间位置，通过判读仪就可以确定被摄体各瞬时的坐标位置，从而得出物体运动的轨迹。此外，还可以用不低于每秒 16 幅的放映频率放映到银幕上，借助于人眼的"视觉暂留"作用，清楚地看到被摄物体的连续变化过程。在高速摄影中得到的影像是人眼直接观察不到的，这些影像记录了被摄物体快速运动过程的一些细节。当把高频记录的影像以普通频率放映时，被摄物体的快速运动就在运动时间被拉长的情况下得到再现，从而使人们用眼睛清楚地观察到被摄物体的运动轨迹和变化过程。因此，可以说间歇式高速摄影是一种时间放大技术，它把快速运动物体的短暂运动时间放大为较长的时间，使之变为慢速运动或某一瞬时为静止的物体，从而便于人们直接观察、测量和分析。

间歇式高速摄影仪大量地用于弹道学的研究、飞行姿态的观察、一般快速现象的分析研究等方面。在军事技术方面，随着军事技术的发展，特别是导弹、火箭的研创，许多现象都需要间歇式高速摄影仪记录和分析，利用间歇式高速摄影仪在短时间拍摄下来的大量画幅，可以得到导弹、火箭等武器的轨迹、速度和加速度，飞行时的稳定性以及旋转等情况的详细资料。在工农业生产中，对于速度不是很高的现象的观察和分析，间歇式高速摄影机是一个非常有用的工具，对于获得有用的数据，观察到人眼所看不到的一些重要现象，为改进和提高某些技术提供了资料。在科学技术研究方面，利用间歇式高速摄影仪可以协助完成风洞试验、流体力学、空间观测、风沙防治等多方面科学研究工作。

9.1.1.3 转镜式高速扫描摄影仪

超高速转镜相机广泛应用于爆炸力学和高压物理的研究，如壳体膨胀断裂、炸药爆轰参数、波形、冲击波速度、自由面速度、射流大小及速度、波后粒子速度、飞片速度等的测量以及试验室等离子体、火花放电等快速过程的研究，随着相机记录光谱范围的扩大，也可用于新型激光光源和激光光谱学的研究工作。

1. 扫描摄影仪的工作原理

转镜式高速扫描摄影仪简称为扫描相机，在转镜式高速扫描摄影仪中，照片固定地安置在圆柱面、棱柱面或平面的框架上，利用旋转反射镜（转镜）使成像光束以极高的速度沿着胶片面扫描，从而摆脱了胶片强度对摄影频率的限制，使摄影机达到更高的摄影速度。由于它研究的是被测物体或反应过程沿某一特定方向的空间位置随时间变化的规律，从而得到反应过程在该特定方向运动的轨迹，所以这种摄影仪适合测量运动速度、加速度、同步性、时间间隔等爆炸参数。

图 9 - 3 展示了扫描相机的结构及光学原理。图中的狭缝很窄，一般宽度在 0.02 mm 左右，被测量目标的光线需要经过入射物镜并在狭缝上成像，狭缝面上不透光的区域遮挡了大部分图像，只有一窄光通过狭缝到达快门和投影镜。投影镜将图像投射到反射镜的最佳位置，反射镜在精密电动机的带动下高速旋转，在胶片下扫描狭缝像，并依次曝光成像。扫描型摄影机在胶片上

记录的不是一幅幅完整的独立图片，而是被测目标在狭缝范围内的连续变化过程。

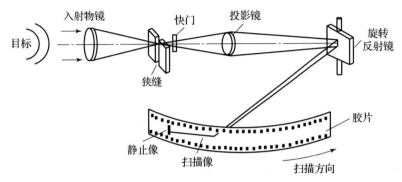

图 9 - 3 扫描型摄影光学原理

反射镜的旋转轴平行于狭缝的长度方向，当反射镜旋转时，狭缝像就在胶片长度方向上平行移动形成条纹式记录。扫描摄影不记录狭缝以外的信息，而是记录狭缝上那部分目标的传播速度和方向。因此，这种摄影主要用来拍摄圆对称目标或用来观察狭缝上目标各点动作的同步性。

为了使被测信号准确地位于胶片的指定位置上，相机必须在适当的时刻发出一个激发脉冲指令，使其立即发生高速反应过程，以便同步拍摄。为了使摄影仪和被测过程之间同步，还要随时测量旋转反射镜的转速。G. S. J 扫描摄影仪的胶片有效工作角为 90°，转镜的有效工作角是 45°，转镜转一周只有 1/8 是有效的。

2. 转镜式高速摄影仪的常用技术参数

1）扫描速度

扫描速度是狭缝在胶片上形成的像沿胶片某一方向运动的速度。由图 9 - 4 可知，该速度取决于反射镜的旋转角速度 Ω、光轴与镜面的交点 m 到胶片的距离为扫描半径，记为 mA。

为了推导扫描速度公式，先确定像点在胶片上的运动轨迹。图中取虚像点 A_0 为 xA_0y 直角坐标系的原点，取 $\omega = \phi$，则像点 $A(x, y)$ 在该笛卡尔坐标系中的参数方程为

$$\begin{cases} x = 2(L\cos\omega + a)\cos\omega \\ y = 2(L\cos\omega + a)\sin\omega \end{cases} \qquad (9-1)$$

式中：L 为转镜转轴中心 O 点到虚像坐标 A_0 点的距离；a 为反射镜的 1/2 厚度。

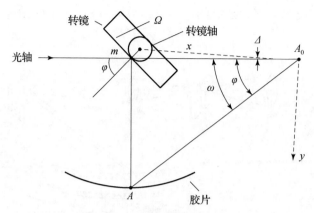

图 9 - 4　转镜像点轨迹和坐标

由式（9 - 1）可得到像点 $A(x, y)$ 的运动速度为

$$v = \frac{\mathrm{d}s}{\mathrm{d}t} \frac{\sqrt{\mathrm{d}x^2 + \mathrm{d}y^2}}{\mathrm{d}t} \tag{9 - 2}$$

将式（9 - 1）微分后代入式（9 - 2），略去高次项，经整理合并后可得

$$v = 2L\Omega\left(1 + \frac{a}{L}\right)\cos\phi \tag{9 - 3}$$

从式（9 - 3）可知，当反射镜的旋转角速度 $\Omega = \mathrm{d}\varphi/\mathrm{d}t =$ 常量时，胶片上像点 A 的扫描速度随光轴入射角的增大而减小（随反射镜的位置变化），并不是恒定的。在 G. S. J 型相机中胶片的始端至末端的角变化相应从 22.5° 变到 67.5°，$a = 5$ mm，$L = 235.2$ mm，可以通过这些参数得到胶片始端扫描速度比末端大 1.1%。扫描速度的位置误差通常指图像散焦的分辨率，即像点位于胶片不同位置具有不同扫描速度的差异。只有当 $a = 0$（反射面与转轴重合）时，才有可能保证扫描速度 v 是常量。实际上，这种情况是无法实现的，在设计相机时反射镜必然有一定厚度，通常把扫描图像安排在胶片的中段和前段位置，从而将该误差控制在允许范围内。G. S. J 型摄像机胶片中间位置的扫描速度误差为 ±0.3%，当反射镜旋转速度达 7 500 r/min 时，相应的最大扫描速度为 3.75 mm/μs。

2）时间分辨率

对于转镜扫描相机而言，时间分辨率是检验相机质量的一项主要技术指标，它是选择相机的一项依据，也是测试结果误差分析中的重要参量。可以利用光纤传输像点和两台转镜扫描相机同步工作来获得被测相机像面上不同位置的像点，通过测量像点的距离计算出被测相机的时间分辨率。这种方法运用白光照明，但测试过程极为繁琐，且测试结果易受照明光源强度的影响。利用动态像质检查仪和皮秒脉冲激光照明两种方法，测量出转镜扫描相机各转速下的动态摄影分辨率，从而计算出相机的时间分辨率，则更简便、试验条件更加接近实际应用。转镜扫描摄影仪的时间分辨率定义为能分辨的最小时间间隔 T，时间分辨率取决于狭缝的宽度 b 和扫描速度 v，即

$$\tau = b/v \tag{9-4}$$

根据式（9-4），有两种方法可以提高时间分辨率：一是减小狭缝宽度；二是提高像的扫描速度，即反射镜的旋转速度。此外，提高被摄物体的发光强度、改善感光胶片的性能也可增强时间分辨率。G. S. J 型摄像机的扫描速度可以事先确定，其最高转速 75 000 r/min。狭缝的宽度不能无限度地减小，当 $b <$ 0.01 mm 时，会出现严重的衍射现象。从保证图像质量出发，G. S. J 型相机的光学系统在胶片上可得到的空间分辨率是 20 对线/mm 时，令 $b = 1/20$ mm，最大扫描速度为 3.75 mm/μs，可算得此时时间分辨率 $\tau = 1.33 \times 10^{-8}$ s。可知摄像机比人眼的时间分辨率提高了 7 个数量级（已知人眼的时间分辨率是 10^{-1} s）。

3）光学特性

（1）相对孔径。发光亮度一定的物体，经光学系统成像后，像面上（胶片像）的照度 E 是由光学系统的相对孔径 D/f 决定的，从几何光学公式可知

$$E = 0.25\pi L k \left(\frac{D}{f}\right)^2 \tag{9-5}$$

式中：L 为被测对象的发光亮度；k 为光学系统的透光系数；D 为镜头的孔径；f 为镜头的焦距。

通常把 $k(D/f)$ 称为光学系统物理光力，像面上的照度和光学系统相对孔径的平方成正比，可见相对孔径是相机的重要参数之一。

扫描相机中，光学系统的相对孔径等于第一物镜的相对孔径乘以第二物镜的角放大率。角放大率为横向放大率的倒数。G. S. J 型相机第一物镜的相对孔径是 1/5，第二物镜的角放大率是 1/3，因此光学系统的孔径为 1/15。

（2）物方线视场。与像面尺寸对应的物方大小称为物方线视场，它和物方离第一物镜的距离有关。

以图 9-5 为例，在光学系统中，像面尺寸 D'' 是胶片尺寸，其固定大小为 24 mm，故狭缝像高 D' 也为固定值，它等于 24/3 = 8 mm，f_1 是第一物镜焦距。随着被摄物体离第一物镜的距离 l 的不同，物方线视场 D 也不一样，对于第一物镜，有

$$\frac{1}{l'} - \frac{1}{l} = \frac{1}{f_1}$$

则

$$l' = \frac{f_1 l}{f_1 + l} \qquad (9-6)$$

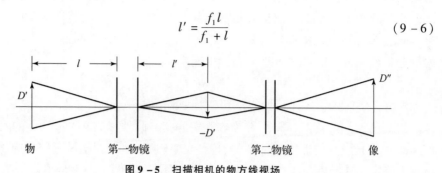

图 9 – 5　扫描相机的物方线视场

令

$$\frac{l}{l'} - \frac{D}{D'}$$

所以

$$D = \frac{l}{l'} D' \qquad (9-7)$$

将式（9 – 6）代入式（9 – 7）可得

$$D = \frac{l(f_1 + l) D'}{f_1} \qquad (9-8)$$

G. S. J 型相机的 $f_1' = 750$ mm，$D'' = 24$ mm，$D' = 8$ mm，$l = 10\ 000$ mm 时，$D = 5$ mm；$l = 15\ 000$ mm 时，$D = 168$ mm。换言之，当距离为 10 m 或 15 m 时，如果物方线视场为 115 mm 或 168 mm，则通过光学系统成像像面的高度正好为 24 mm，并且最终相机的整个像面被物像填充。

（3）成像质量。光学系统衍射情况和光学像差消除情况决定了像面上的成像质量。在测量仪器的前方放置空间分辨图案，通过相机光学系统后，在像面上用目镜放大镜观察，所得结果称为照相分辨率。G. S. J 型相机的第一物镜焦距 750 mm 时，相机的目视分辨率为 40 对线/mm 左右。照相分辨率 N_z 与胶片本身的分辨率 N_J 和目视分辨率 N_M 有关，它们之间用以下经验公式表示：

$$\frac{1}{N_z} = \frac{1}{N_M} + 1/N_J \qquad (9-9)$$

一般高速摄影用的胶片的分辨率在 80 对线/mm 左右，过期胶片远小于这个值。

9.1.1.4　速度测量与精度分析

狭缝扫描在底片上记录了某一物体的物理化学反应过程沿狭缝长度方向扩

展的距离 – 时间函数，如雷管的破裂状态、药柱的爆轰过程等，其图像是一条或多条黑密度突变的曲线（包括直线）。图 9 – 6 所示为炸药药柱爆轰时狭缝扫描拍摄的黑密度变化曲线，下面对它进行分析。

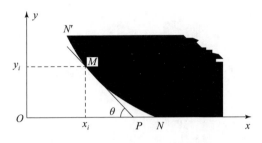

图 9 – 6　狭缝扫描的药柱爆轰

图 9 – 6 中建立了一个 xOy 坐标，使 Oy 轴与狭缝的静止像平行，Ox 轴与水平扫描基线平行。$N' – N$ 是爆轰过程的扫描曲线，在这条曲线上取一点 M，经过 M 点作切线，与水平轴形成夹角 θ。M 点的坐标表示成（x，y），切线的斜率为

$$\tan\theta = \frac{\mathrm{d}y_i}{\mathrm{d}x_i} \qquad (9 – 10)$$

其中，

$$\mathrm{d}y_i = \beta\mathrm{d}h，\quad \mathrm{d}x_i = v\mathrm{d}t$$

式中：β 为光学系统的放大比（像物之比）；$\mathrm{d}h$ 为平行于 Oy 方向的被测物长度的增量；v 为狭缝像在底片上的扫描速度；$\mathrm{d}t$ 为平行于 Ox 方向上的时间增量。

若令爆轰过程的扩展速度为

$$D = \mathrm{d}h/\mathrm{d}t$$

则

$$\tan\theta = \frac{\beta}{v} \cdot \frac{\mathrm{d}h}{\mathrm{d}t} = \frac{\beta D}{v} \qquad (9 – 11)$$

或

$$D = \frac{v\tan\theta}{\beta} = \frac{v}{\beta} \cdot \frac{\mathrm{d}y_i}{\mathrm{d}x_i} \qquad (9 – 12)$$

当 $D = c$（常数）时，有

$$D = \frac{v}{\beta} \cdot \frac{\Delta y}{\Delta x} \qquad (9 – 13)$$

根据以上公式，可以求出各时刻的爆速，也可求出爆轰的平均速度。

爆速 D 的单次精度为

$$\frac{\Delta D}{D} = \sqrt{\left(\frac{\Delta v}{v}\right)^2 + \left(\frac{\Delta \beta}{\beta}\right)^2 + \left(\frac{2\Delta \theta}{\sin 2\theta}\right)^2} = \sqrt{\left(\frac{\Delta v}{v}\right)^2 + \left(\frac{\Delta \beta}{\beta}\right)^2 + \left(\frac{\Delta(\Delta y)}{\Delta y}\right)^2 + \left(\frac{\Delta(\Delta x)}{\Delta x}\right)^2}$$

$$(9-14)$$

式中：$\dfrac{\Delta v}{v}$ 为扫描速度测量相对误差；$\dfrac{\Delta \beta}{\beta}$ 为光学系统放大倍数的相对误差；$\dfrac{2\Delta \theta}{\sin 2\theta}$ 为像的正切角测量精度，由量角仪的读数精度确定；$\dfrac{\Delta(\Delta y)}{\Delta y}$、$\dfrac{\Delta(\Delta x)}{\Delta x}$ 为像的测量精度，由量尺的精度确定。

下面对这些参量进行深一步的分析。

1）扫描速度测量相对误差

扫描速度与下列参数有关：

$$v = 2\phi l k(\varphi) = \frac{1}{15}\pi n l k(\varphi) \qquad (9-15)$$

式中：ϕ 为转镜的角速度，与转速 n 的关系可表示为 $\phi = \pi n/30$；l 为转镜的平均扫描半径，是一个已知数，与相机的结构和装配条件有关；G. S. J 型相机的 $\pi l/15 = 50.00$ mm；$k(\varphi)$ 为转镜扫描速度转角 φ 的修正值，它与相机的结构和装配条件有关，是一个已知数，在较小的 $\Delta \varphi$ 范围内是常数，其值接近于 1。

这样，v 的精度可以表示为

$$\frac{\Delta v}{v} = \sqrt{\left(\frac{\Delta n}{n}\right)^2 + \left(\frac{\Delta l}{l}\right)^2 + \left(\frac{\Delta k(\varphi)}{k(\varphi)}\right)^2} \qquad (9-16)$$

式中：$\Delta n/n$ 为转镜转速的精度，可以达到 $\pm 0.001 \sim \pm 0.002$；$\Delta l/l$ 为转镜平均扫描半径的精度，为 $\pm 0.000\,2 \sim \pm 0.000\,5$；$\Delta k(\varphi)/k(\varphi)$ 为扫描速度的转角修正系数精度，如果取 $k(\varphi) = 1$，则表示不做扫描速度修正，此时精度在 0.005；若做扫描速度转角 φ 的修正，精度在 0.000 5 左右。

因此，当扫描速度做转角修正后，有

$$\left|\frac{\Delta v}{v}\right| \approx \left|\frac{\Delta n}{n}\right| \qquad (9-17)$$

若不做修正时，有

$$\left|\frac{\Delta v}{v}\right| \approx \left|\frac{\Delta k(\varphi)}{k(\varphi)}\right| \qquad (9-18)$$

2）光学系统放大倍数相对误差

若被摄物体在狭缝方向上的长度增量是 Δh，它在底片平面上的像长度增量为 Δy，则光学系统的放大倍数为

$$\beta = \Delta y / \Delta h \qquad\qquad (9-19)$$

β 的精度为

$$\frac{\Delta\beta}{\beta} = \sqrt{\left(\frac{\Delta(\Delta y)}{\Delta y}\right)^2 + 2\left(\frac{\Delta(\Delta h)}{\Delta h}\right)^2} \qquad (9-20)$$

如果像在 y 方向的长度增量为 20 mm，在底片判读器上可以读至 ±0.02 mm，则

$$\frac{\Delta(\Delta y)}{\Delta y} \approx \pm 0.001$$

如果被摄物在 h 方向的增量为 80 mm，可判读到 ±0.02 mm，则

$$\frac{\Delta(\Delta h)}{\Delta h} \approx \pm 0.000\ 25$$

在这种情况下，放大倍数的精度主要取决于底片上长度判读精度：

$$\left|\frac{\Delta\beta}{\beta}\right| \approx \left|\frac{\Delta(\Delta y)}{\Delta y}\right| \cdot \sqrt{2} \qquad\qquad (9-21)$$

3）像的正切 θ 角测量精度误差

$\tan\theta$ 的测量精度取决于量角仪精度和读数误差，用下式表示：

$$\cos 2\theta = 1 - \sqrt{\frac{K\cos 2\theta}{3\cos 2\theta + 1}}$$

$$k = 8\left(\frac{\beta D\tau}{b}\right)^2 \left[2\Delta\theta_1^2 + \left(\frac{1}{NL_0}\right)^2\right] \qquad (9-22)$$

式中：D 为爆速，将 $\beta D\tau$ 称为线性区间；τ 为 x 轴上线性投影长度对应的记录时间；b 为狭缝像宽度；N 为光学系统相平面上的动态分辨率（对线/mm）；L_0 为底片上基线长度，若取 y 方向基线就是狭缝长度，取 x 方向基线应该比狭缝长得多，可根据像扫描长度确定；$\Delta\theta_1$ 为量角仪自身的读数误差。

9.1.2 数字式高速摄影

从物理学得知，任何机械机构都有一定的质量，运动起来必然产生一定的惯性，这给提高拍摄速度带来一定的局限性。变像管避开了机构的运动，它是光电结合的产物。

在变像管高速摄影中，首先把光学图像变成电子图像，然后利用电子扫描技术，实现高速图形扫描运动，最后再把电子图像变成光学图像进行记录。由于变像管高速摄影机利用电磁场控制电子的运行，使之加速、聚焦、偏转、扫描或者中断；由于电子的惯性很小，摄像管的记录速度极快，理论上变像管高速摄影机的时间分辨率能达到几十飞秒。通过采用不同的阴极材料可以实现对红外、可见光甚至 X 射线波段的光谱探测，具有光谱响应范围宽、光增益强、

灵敏度高等优点，因此它已成为从 $10^{-8} \sim 10^{-13}$ 范围超高速摄影的重要手段。变像管高速摄影的不足之处是经过光电和电光转换后，图像的清晰度不如转镜式高速摄影。

变像管高速摄影原理如图 9 – 7 所示。被拍摄的目标，通过光学系统成像在变像管输入窗的光电阴极上；光电阴极在光的照射下发射光电子，完成光学像转换成电子像的过程。由于光电阴极逸出的光电子数目正比于照射到阴极面上各点的照度，因此光电阴极面上发射的电流密度对应于光学图像上各点的亮度分布。

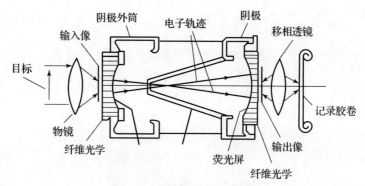

图 9 – 7　变像管高速摄影原理

从技术实现上说，变像管高速摄影技术又可分为扫描、分幅、超快电子显微和光示波器等几种方式。分幅摄影得到的结果是二维图像记录，它可形象地分析高速运动过程，具有较高的灵敏度，并且可以不用像增强器。这种摄影机用于非连接性记录，拍摄不对称目标，其各部分相互作用效果很好，就像前面介绍的转镜高速摄影仪中的分幅型一样。扫描摄影机则具有连续记录和时间分辨率高的优点。当作为扫描型摄影时，扫描速度可达 10^5 mm/μs，时间分辨率可达 5 ns；当作为分幅摄影时，拍摄频率可达到 6×10^7 幅/s，甚至更高。除这两种方式外，还有单幅摄影和像分解摄像等。

变像管由加在其电极上的脉冲进行控制，反应极为灵敏，因而起到高速快门的作用。若在变像管中增设光增强器，能使荧光屏上的亮度比光阴极上的亮度大几十到几百倍，可以进行微光摄影。又因为它能把一种光谱区的图像转换为另一种光谱区的图像，所以能对肉眼看不到的红外、紫外目标进行摄影。

变像管的电控系统是对变像管进行控制，它的主要功能是聚焦控制、快门控制、偏转控制和同步控制。其电控系统框图如图 9 – 8 所示。

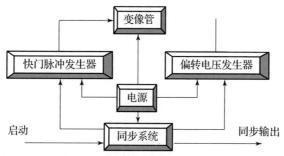

图 9 – 8　变像管高速摄影电控系统框图

为了使变像管给出清晰的图像，电控系统应能提供可在一定范围内调节的高稳定稳压电源，以便调节聚焦性能，提高图像分辨率。快门控制是指对变像管中电子束的通 – 断控制，可以采取向快门电极上加余弦电压，使电子束偏转而不能通过孔径板的小孔飞向荧光屏；也可采用向快门施加持续时间极短的矩形脉冲，在瞬间让电子束通过小孔，而平时管中的电子束因受快门电极上的偏置电压作用而被关闭。偏转控制（偏转电压发生器）是对电子束的偏转与电子束的通 – 断同步性的控制。

在扫描方式下工作时，首先将预偏电压加在偏转板上，使电子束偏至屏边缘，在快门脉冲未加时电子束相当于截止。快门板上先加负偏压，使电子束被拦截。摄影时，向快门和偏转板分别加上互相同步的快门脉冲与线性扫描电压，触发脉冲使快门板上的电压降为零，于是电子束导通，电子束移至孔径板的小孔中央，荧光屏上形成一条垂直狭缝像。一旦快门打开，狭缝像从荧光屏的一端向另一端高速扫描，形成条纹图像。扫描偏转控制电压如图 9 – 9 所示。

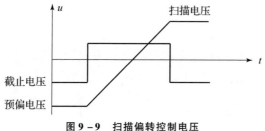

图 9 – 9　扫描偏转控制电压

在分幅方式下工作时，同样先将预偏电压加在偏转板上，使电子束偏离孔径板上的小孔，因而孔径板拦截了电子束。摄影时，同步的快门脉冲序列和阶梯形电压被施加在快门和偏转板，如图 9 – 10 所示。快门脉冲电压使电子束在孔径板上来回扫描，当电子束每次扫过板上的小孔时，就有一束光电子穿过小孔聚焦成像在荧光屏上，于是在屏上获得相分离的图像序列。所施加的偏转电压的大小和阶梯电压的波形决定了图像在屏上空间与时间关系的分布规律，任意图像位置对应的偏转电压必须恒定，以保持该图像位置不变；每次快门脉冲作用时，对应的各阶梯电压要平坦，不能有振荡，否则图形位置晃动，降低分辨率，使图形模糊。

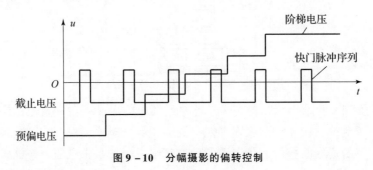

图 9 - 10   分幅摄影的偏转控制

9.1.3   高速摄像系统

高速摄像系统（或称高速运动分析系统）出现在 20 世纪 70 年代，是一种全新的高速瞬发过程的测试记录手段。受当时技术及工艺水平等因素的限制，初期的高速摄像系统与胶片式高速摄影机相比，无论摄像速率还是摄像分辨率都比较低。随着计算机技术、微加工技术、电子技术以及固体图像传感器（CCD、CMOS）和大容量存储技术的发展，高速摄像系统的性能已有大幅提高，像元数超过 $1\,024 \times 1\,024$ 的高速摄像系统业已出现，有些高速摄像系统的拍摄速率可达 10^6 帧/s。随着高速摄像系统性能的进一步提高以及价格的进一步降低，其替代胶片式高速摄影机的设想指日可待，并已经在一些试验中得到了一定应用。例如，在弹体侵彻靶板试验中，高速摄像机用于拍摄记录弹体侵彻靶板的高速瞬时过程；计算机用于采集、传输、存储、处理序列图像；触发器发射触发信号，控制高速摄像机工作状态；背景屏上设置参考标志，用于获取影像缩小率；光源用于增强照明度，提高拍摄图像亮度。

1. 高速摄像的优点

（1）使用简单，记录介质可反复使用，具有较高的性价比。图像处理不需要冲洗胶片，缩短试验时间。摄像机体积小、重量轻，便于携带和灵活布设，使测试变得方便和简捷。

（2）数字式高速摄像没有复杂精密的光补偿及机械传动机构，属于常压小电流驱动方式，因而启动快，记录完善，测试成功率高。

（3）同步性好，易于实现相机与拍摄对象、相机与相机之间的同步。多个摄像机可以从不同的角度记录事件的发生过程，摄像机可同时触发，或按一定的时序进行触发。

（4）即时重放。对试验过程可立即重放，使工程人员知道是否需要下一个试验，这样可以加快在整个过程中发现问题，并进行改正。

2. 固态图像传感器

固态图像传感器是将布设在半导体衬底上许多能实现光到电信号转换的小单元，用所控制的时钟脉冲实现读取的一类功能器件。感光小单元简称为"像元""像点"，它们本身在空间和电气上是彼此独立的。固态图像传感器与普通的图像传感器比较，具有体积小、失真小、灵敏度高、抗振动、耐潮湿、成本低的特点，目前广泛应用于电视、图像处理、测量、自动控制和机器人等领域。

固态图像传感器主要有 CCD（电荷耦合器件）、CMOS（互补金属氧化物半导体器件）、CIS（CID 电荷注入器件）等类型。CCD 是固态图像传感器的敏感器件，与普通的 MOS、TTL 等电路一样，属于一种集成电路，但 CCD 具有光电转换、信号存储、转移（传输）、输出、处理以及电子快门等多种独特功能。CCD 的基本原理是在一系列 MOS 电容器金属电极上，加以适当的脉冲电压，排斥掉半导体衬底内的多数载流子，形成"势阱"的运动，进而达到信号电荷（少数载流子）的转移。若所转移的信号电荷是由光照射产生的，则 CCD 具备图像传感器的功能；若所转移的电荷通过外界注入方式得到的，则 CCD 还可以具备延时、信号处理、数据存储以及逻辑运算等功能。CCD 和 CMOS 两种固态图像传感器的基本共同点是，它们都在光探测方面利用了硅在光照下的光电效应原理，而且都支持光敏二极管型和光栅型。基本区别在于像元里光生电荷的读出方式不同。CCD 的优点是分辨率高、一致性好、低噪声和像素面积小。但是，因为 CCD 是通过时序电压输入邻近电容，电荷被其从积累处迁移到放大器，所以这种电荷迁移过程会造成一些根本缺点：像素值不能提供随机访问，必须被整行或整列地一次性读出；时序电压的同步需要复杂的时钟芯片，多种非标准化的高压时钟和电压偏置也需要。在 CMOS 传感器中，积累电荷不是转移读出，而是立即被像元里的放大器所检测，通过直接寻址方式读出。CMOS（APS）的主要优势是低成本、低功耗、简单的数字接口、随机访问、运行简易、高速率、通过系统集成实现小型化，以及通过片上信号处理电路实现一些智能功能。

综上所述，CCD 与 CMOS 在特性与使用上各有特色。尽管 CMOS 图像传感器在集成度、功耗、防漏光等方面相比 CCD 有比较明显的优势，但在动态范围、分辨率、信噪比、感光度等方面与 CCD 仍存在一定的差距。尽管 CMOS 图像传感器近几年高速发展，在大部分性能上与 CCD 图像传感器的差距正在快速缩小，但综合系统各方面考虑，多选用 CCD 图像传感器。

3. 高速摄像系统的基本构成及原理

高速摄像系统的基本构成及原理如图 9 – 11 所示。缓冲存储器的功能是存放当前时间段的图像信息。当拍摄时间大于缓冲存储器所能容纳图像信息的时间长度时，最早拍摄的一帧图像将被最后拍摄的一帧图像覆盖。时钟控制电路的功能是控制画幅大小、拍摄频率、图像信息存储、电子快门频率、触发方式以及与主控制计算机的数据传输，通过主控制计算机上的软件操作可以实现这些参数的设置和具体控制。

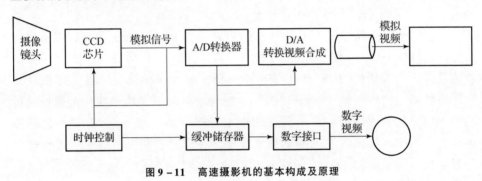

图 9 – 11　高速摄影机的基本构成及原理

|9.2　脉冲 X 射线测试技术|

X 射线是 1895 年由物理学家伦琴发现的。20 世纪三四十年代开始利用 X 射线做测试工作，X 射线可以穿透物质探测到研究对象内部的物理变化状态，迄今为止，在弹药终点效应、高速碰撞、等离子体作用过程中得到广泛应用。

X 射线是由加上电压的 X 射线管产生，它在穿过物体时会发生强度衰减。在测量时要用一个闪烁器把 X 射线转换成光脉冲，再用高速光电二极管或光电倍增器将光脉冲转换成电信号，并由示波器显示出来。为了清除电磁场的干扰，测量应在屏蔽室内进行。因为 X 射线脉冲的前沿和衰减时间为纳秒量级，所以闪烁器的荧光上升和余晖时间必须小于 X 射线脉冲的上升和衰减时间。一般脉冲 X 射线高速摄影仪的脉冲宽度在 $(20 \sim 60) \times 10^{-9}$。高速摄影中如果

X 射线脉冲的持续时间小于 10 ns，闪烁器的响应时间不够，则可用响应时间非常短的（如 1 ns）具有高灵敏度的光敏二极管或光电倍增器进行信号转换和测量。

9.2.1　单个脉冲剂量

脉冲 X 射线装置有一个非常主要的参数：脉冲 X 射线的剂量 D，其单位为 R，现已改为 C/kg。1R 等于使每 0.001 293 g 空气（在标准状态条件下 1 cm³ 干燥空气的质量）中由于射线照射而产生的电离，当离子荷有一个静电单位电量时的辐射量。1R = 2.58 × 10^{-4} C/kg 剂量是表示电离的总量。可以把剂量仪放在距离辐射源 1 m 处辐射强度最大的方向上，通过袖珍式剂量仪测量，用剂量仪直接读出累积射线剂量。此方法的优点是方便简单，但只有借助量热计，才能测得关于 X 射线源辐射能量的准确数据。

可用分光镜法来测量脉冲 X 射线管发射的精确的 X 射线谱分布，但这种方法较复杂，采用滤光镜法简单而近似。

某一种确定的设备，其射线的脉宽是一定的，所以在脉冲 X 射线摄影中重要的是在不同距离上对吸收体的穿透的关系。

从射线源发出的辐射脉冲 X 射线的辐射强度为 I_ε，它是指单位时间，在所考虑的方向上单位立体角内发射的能量。在距离辐射源为的地方，照射到吸收体（厚度为 b）背面的 X 射线底片上的 X 射线强度 I 由下式给出：

$$I = \frac{I_\varepsilon}{r^2} e^{-\mu b} \tag{9-23}$$

设射线是单色的，则吸收系数为常数，上式取对数，得到下列直线方程：

$$\ln r = -\frac{\mu b}{2} + M \tag{9-24}$$

式中：M 为常数。对式（9-24）求导数，得其斜率为

$$\frac{\mathrm{d}(\ln r)}{\mathrm{d}b} = -\frac{\mu}{2} \tag{9-25}$$

一般情况下，会将吸收体做成阶梯状的，使其与 X 射线底片的暗盒接触。在距辐射源不同距离的位置，取得一组相应的照片，并用密度计读出数据，根据数据可以画出在一定的电压下，X 射线底片上一定的光学密度、恒定辐射强度下的 $r = f(a)$ 曲线。测量时需要注意的是，消除散射的 X 射线的影响、对 X 射线底片应选择适当的显影—定影和冲洗，将误差最小化。

9.2.2　脉冲 X 射线源的大小

X 射线发射源的大小对其图片清晰度影响很大，射线源焦点的直径可以用

小孔成像法进行测定，如图 9 – 12 所示。

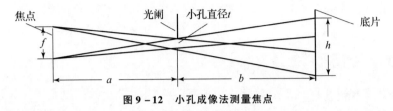

图 9 – 12　小孔成像法测量焦点

测量方法是在一铝板上穿一直径为 t 的小孔，焦点距铝板距离为 a，铝板到底片的距离为 b，X 射线通过小孔在底片上成像为 h 的半阴影光环。

有几何知识可知

$$f = \frac{ah}{b} - t\left(1 + \frac{a}{b}\right) \qquad (9 - 26)$$

如果 $a = b$，此式可化简为

$$f = h - 2t \qquad (9 - 27)$$

更进一步，若 $t \ll h$，那么 $f \approx h$。此时，f 值一般为 $0.2 \sim 2$ mm。

9.2.3　脉冲电压和电流

对电压和电流进行测量，可以了解 X 射线装置的性能。由于被测参数是动态值，而且量值又较大，如电压为 $100 \sim 2\,000$ kV，电流为 $100 \sim 10\,000$ A 级，因此需要高采样速率示波器和大分流比、分压比的相关电路，其响应时间还必须尽可能短。

常用的高压脉冲的衰减器有电容分压、电阻分压或 RC 补偿分压。衰减比在 $10^3 \sim 10^4$。因此，当电压脉冲超过 100 kV 时，由于响应时间的关系，电容分压比电阻分压要好。电阻分流法就是在放电回路中串联一个电阻，由于回路电流 $i(t)$ 很大，所以电阻值 R 要求很小，一般在 0.1 Ω 以下。因为是脉冲电流，因此，要求电阻的电感也很小，一般在 10^{-10} H 以下，这样就可测出电压 $u(t)$，并用下式推算电流 $i(t)$：

$$u(t) = Ri(t) + L\frac{\mathrm{d}i(t)}{\mathrm{d}t} \qquad (9 - 28)$$

但是，有的回路不允许有外加负载，则可用磁传感线圈代替。最常用的是罗果夫斯基线圈，当回路中通过电流 $i(t)$ 时，在线圈内感应电动势 $e(t)$，它正比于 $i(t)$ 所产生的磁感应强度 B 的变化 $\mathrm{d}B/\mathrm{d}t$，即

$$e(t) \propto \frac{\mathrm{d}B}{\mathrm{d}t} \qquad (9 - 29)$$

在线圈后面接上积分电路就可测得与 $i(t)$ 成正比的脉冲信号。

9.2.4 脉冲 X 射线摄影装置

对同步系统各环节的延时控制，包括对传输线、闸流量、脉冲变压器、点火球隙等的严格控制，使摄影仪的各部分能同步运行，以免出现误控或同步精度下降的情况是一个关键环节。另一个关键环节是排除干扰，因为脉冲 X 射线机运行时会高压、大电流脉冲放电，其产生的强电磁干扰信号将严重影响同步系统和其他测试仪器的正常工作。最后是用脉冲 X 射线拍摄高速流逝过程的分幅、扫描照片，需要将信号精确同步地控制。

数控脉冲式 X 射线同步机的工作原理如图 9 – 13 所示。该机采取了光电隔离、反向积分滤波、正确接地双层屏蔽、抑制电网噪声等措施，保证了同步机的抗干扰性能，达到同步精度为（1 ± 0.2）μs，五路通道同步范围在 1 ~ 998 μs。

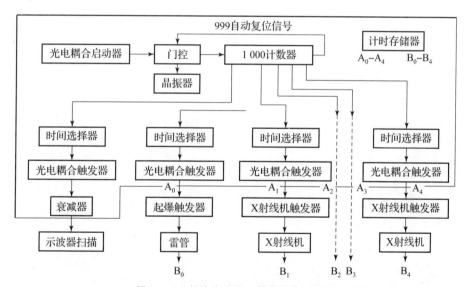

图 9 – 13 数控脉冲式 X 射线同步机原理

从图 9 – 13 中可以看出，光电耦合启动器、门控电路、1 MHZ 晶振电路、1 000 μs 计数器、时间选择器、光电耦合触发器和计时存储器等单元组成了数控脉冲式 X 射线同步机。

当光电耦合启动器动作，1 MHz 晶振脉冲信号通过门控制电路进入 1 000计数器，开始计数，当计到 999 μs 时给出一个自动复位信号，关闭门控电路，计数器停止计数，复位至初始状态。

当 1 000 μs 计数器计数到各路时间选择器预置时间时，各时间选择器启动相应的光电耦合器使其输出电压信号（不小于 200 V），触发起爆器和相应的

X 射线机触发器，使雷管起爆，对应的脉冲 X 射线机发射出 X 射线。

计时存储器记录由起爆触发信号 A_0（或起爆信号 B_0）到发出 X 射线机触发信号 $A_1 \sim A_4$（或 X 射线送出射线信号 $B_1 \sim B_4$）的 4 个间隔时间。由 E3241 时间间隔测定器显示数字，以验证同步系统有无误动作或校准时间间隔。

脉冲 X 射线机运行时，会引起地电位的突然升高，这是因为在启动时产生的电压峰值达 100 kV 以上，电流峰值达 1 000 A，而时间只有几十纳秒，此时产生极强的辐射电磁场。更严重的是，起爆触发器和 X 射线机触发器工作时，使同步机输出端产生一个高达数千伏的瞬间高压干扰信号，这个信号会严重影响摄影仪器正常工作，因此必须采取抗干扰措施。常用措施有外加抗干扰电路，如光电隔离、滤波、接地、屏蔽等。

一种典型的脉冲 X 射线摄影系统的原理框图如图 9-14 所示，浅框线框内是 X 射线摄影装置。该系统由两个与控制设备、辅助设备相连接的脉冲高压发生器组成，可对某一"反应现象"拍摄两个不同时刻的动态照片。系统主体部分是脉冲高压发生器，它是采用改进的马克斯冲击发生器线路原理，利用储能网络并联充电。当触发信号经触发放大器、触发变压器输入后，储能组件内的触发火花球隙击穿，整个网络由并联充电变为串联放电，产生高压脉冲输至 X 射线管。至此，X 射线管产生曝光时间极短的 X 射线。部分射线穿过被摄物体透射到底片夹上，射线激活增感屏的荧光物质发出可见光，使 X 射线底片感光增强。由于被摄物体各部位的透射率不同，使射线穿透强度有差异，相应底片上曝光程度也不同，从而拍摄出物体的动态像。

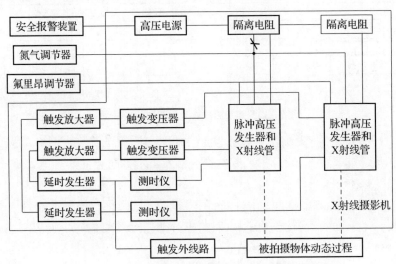

图 9-14 一种典型的脉冲 X 射线摄影系统的原理框图

　　氟利昂调节器用以调节 X 射线管室内气压，提高管室内介质的绝缘性，防止高压放电时沿管外壁"爬电"。氮气调节器用来调节高压发生器内气体压力，以便高压储能组件在充电时有良好的绝缘环境。

　　数字式延时器、触发放大器、触发变压器为该系统的控制设备。两个延时器可分别预置两个不同的延时时间，以控制触发放大器输出的触发点火脉冲时间，从而达到按测试要求拍摄两张不同瞬时的动态图像的目的。

　　系统的安全报警装置包括：X 射线系统控制柜门；高压安全锁；X 射线控制室防护门；爆炸洞门；警铃等装置的连接电路，高压电源是供脉冲高压发生器充电的电源，隔离电阻起限流作用。只有正确无误连接上述所有装置时，才能接通高压，并正常运转该系统。触发外线路是一个辅助设备，其作用是当被测物体上的探针靶接通时产生电压脉冲，去触发 X 射线摄影系统工作。

　　本系统配用脉冲现象测时仪，用来记录各发生器相继放电的时间间隔。在实测过程中，可以精确记录整个系统的延迟时间，最终数据处理时更加精确。

9.2.5　摄影形式

　　使用连续 X 射线摄影来记录物体在不同时刻的状态图形，可以研究一个现象的变化过程。有两种获得分幅和扫描图像的方法，可以用几个 X 射线管依次发射进行拍摄，或者是用一个闪光 X 射线管产生一系列 X 射线脉冲。

1. 单管重复放电

　　拍摄速度可达 10^6 幅/s，用毂轮式相机底片强度不够，采用 X 射线增强器的方法可获得较清晰的分辨图像。荧光屏把 X 射线转换成可见光，前透镜把它成像在像增强器的光阴极上进行放大后成像在荧光屏上，再由高速摄影机照相。

2. 多管连续摄影

　　把多台单管 X 射线照相机组合，由预先制定的时间间隔脉冲触发，依次得到不同时刻 X 射线照片。典型脉冲 X 射线摄影系统中有两个 X 射线管，图 9 - 中则给出 $B_1 \sim B_4$ 的 4 个 X 射线管。拍摄图片时，多个脉冲 X 射线管可以组合使用，按不同的角度和时间顺序安放和排列。也可以采用单管照相，即只用一个 X 射线管。

　　图 9 - 15 给出了三管摄影的排列顺序，其形式是并列直线安置，安置位置

方向与被摄物体的运动方向平行，通过严格控制各管的触发时序，拍摄运动或反应物体的动态过程。这种排列形式常被用于弹药终点效应研究领域中。

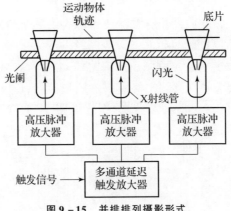

图 9 – 15　并排排列摄影形式

如图 9 – 16 所示的圆周形式排列，可以拍摄形状是旋转轴中心（或中心）对称的对象。这种组合形式目前在我国被很多脉冲 X 射线照相技术所使用。其优点是连续两幅图片之间的时间间隔不受限制，但研究不对称形状的对象时比较困难，而且拍摄帧数有限。

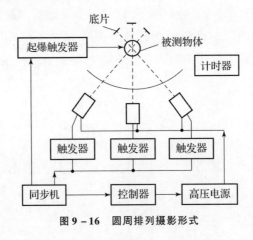

图 9 – 16　圆周排列摄影形式

除此之外，摄影形式还有很多，如立体 X 射线照相、条纹连续照相等等。

9.2.6　图像记录

1. 底片

当需要记录脉冲 X 射线摄影图像时，通常会使用 X 射线底片，选择底片主要会考虑到 X 射线的强度和硬度及所需要的图像质量，即对比度和清晰度。对比度是指 X 射线底片上两相邻面积间的光学密度差，它的产生是由于入射到底片上的 X 射线强度受到空间调制。清晰度指图像的可分辨率，即能分辨出多大直径的金属丝或最小孔径。对一张对比度差的图像，其高清晰度也可使人们能读出画面的细节。对比度和清晰度虽然是独立的概念和评价指标，但它们彼此之间是密切相关的。

一般直接用 X 射线底片记录软 X 射线（小于 70 kV），但随着 X 射线强度增加，X 射线光电子在胶片乳胶层上的衰减会变得非常少，如 500 kV 能量的光子，衰减只有 0.01%，此时无法用 X 射线直接照射底片。

一般可以用每毫米宽度内能够分辨出若干条平行线（或对线），来表示对可见光照相底片的性能鉴别。其方法是拍照一个标准平行线板，经显影后用 50 ~ 70 倍显微镜观察测定其分辨参数。通常快速底片的鉴别率为 40 ~ 70 对线/mm；中速底片的鉴别率为 70 ~ 100 对线/mm；超细的平行线板可达几千对线/mm。

X 射线图像的质量可以通过一张照有"图像质量指示器"的 X 射线底片进行评估。它是由一种均匀材料做成具有不同厚度的阶梯板。阶梯厚度是按几何级数来排列的，阶梯上设置一个或多个小孔，阶梯厚度等于小孔直径。同时还有另一种"图像质量指示器"，它是利用不同直径的金属丝（一般用铜丝）各数根，按与金属丝直径一致的间距排列分布。将指示器放在物体的位置，和 X 射线底片一起进行曝光和冲洗，通过它可以测定出厚度或直径的最小变化，测出可观察到的最小孔的直径。但是这种方法有一定的局限性：不能给出由于物体运动所造成的图像质量下降的程度。

穿透物体的 X 射线束，由于穿透物质的厚度和物体材料光特性的不同，呈现出空间调制的性质，这个调制也取决于入射 X 射线 I_1 的强度。如果 I_1 和 I_2 表示 X 射线入射和出射某平面材料的射线强度，则由下式可求出对比度 C_0：

$$C_0 = \frac{I_1 - I_2}{I_1} \tag{9-30}$$

如果对比度纯粹是由物体厚度变化引起，如图 9-17（a）所示，式（9-30）则可写为

$$C_0 = 1 - e^{-\mu(x_2 - x_1)} \tag{9-31}$$

该公式是在 X 射线为单色光的假定情况下求得的。图 9-17（b）是一种吸收物质内包含另一种物质的情形。

除了透射强度 I_1 和 I_2 外，散射强度 I_d 也可以使对比度下降，可以通过限制隔板及防散射的网格来削弱其影响。

X 射线强度 I_1 和 I_2 在底片上两相邻部位产生的光学密度为 D_1 和 D_2，因此

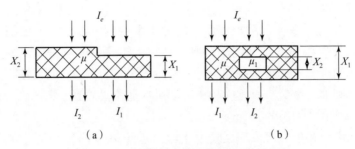

图 9 – 17 两种情况 X 射线强度对应的对比度

(a) 物体厚度变化；(b) 内含另一物体

物体的对比度可以转换成底片的对比度，即

$$\Delta D = D_1 - D_2 \tag{9-32}$$

2. 荧光增感屏

当 X 射线强度增加后，X 射线在胶片乳胶层上的衰减会变得很少，此时就需要在胶片两边加荧光增感屏，其作用是将 X 射线的光子转换成可见光，可以促进乳胶吸收。

在闪光 X 射线照相中，通常都配有荧光增感屏，转换后的可见光会被乳胶很好地吸收。常用的荧光物质有发射蓝色荧光的钨酸钙（$CoWO_4$），发射绿色荧光的稀土物质 $Gd_2O_2S：Tb$，以及近几年新使用的钇氧化物（掺有铈）等。

不同的增感屏所发射的荧光波长范围是不同的，而 X 射线底片有感色性，所以不同的底片和不同的增感屏组合后，得到的拍摄效果差别很大。

增感屏除不仅可以发射某波长范围的荧光，还有两种性能指标：增感因子和清晰度。增感因子是标志增感作用的物理量，也称速度因子。为使底片达到相同黑度，不用增感屏和用增感屏两者曝光时间之比，称为增感屏的增感系数（因子）R，可定义为

$$R = \frac{t_1}{t_2} \tag{9-33}$$

式中：R 为增感系数，t_1 为无屏曝光时间，t_2 为有屏曝光时间。

屏的增感系数和使用时的温度及射线波长有关，所以增感屏有高速、中速和微粒之分，故增感系数并不是唯一的决定因素。应用时，通常将底片紧贴放置在两个增感屏之间，再把它们一起放在一个特殊的不透明的暗盒中；或者用两张底片，此时可把一个两面都发出荧光的增感屏夹在两张底片之间。

图像光学密度的对比度取决于底片和增感屏的种类、显影条件（显影药的活性、温度、时间等）和操作环境的光强等因素。

光学密度 D 与曝光量 B 之间的函数关系为

$$D = f(\lg B) \tag{9-34}$$

其中，曝光量 B 是 X 射线强度和曝光时间的乘积，也就是 X 射线的剂量。

实际拍摄中，影响因素会有很多，为了便于分析，可控制一些变量，如底片、增感屏、显影药、光路材料特性一定的情况下，以曝光量 B 为横坐标，以光学密度 D 为纵坐标，改变 B，即改变 X 射线剂量，就可得到某种底片的特性曲线。由材料厚度变化引起的光学密度对比度的变化曲线如图 9-18 所示。

图 9-18（a）中 D 表示光学密度，B 表示曝光量，a 点以下为曝光不足部分，c 点以上为曝光过度部分，中间为曝光正常部分。

对比度也可以通过选择高反差底片的方法来改善。如一个阶梯形状的物体的 X 射线照片表明，在平均厚度附近很窄的厚度范围内有很好的对比度，而这个平均厚度的值则由底片和增感屏的组合来决定。图 9-18（b）的横坐标用曝光量的对数表示，曲线 1 是底片和增感屏的低速组合，曲线 2 是高速组合情况。底片和增感屏速度的组合对记录对比度很强的阶梯的厚度间隔平均值有很大的影响。

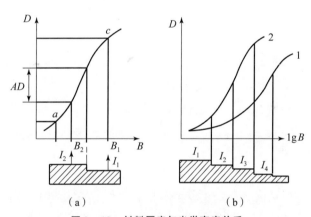

图 9-18 材料厚度与光学密度关系

可以利用底片技术，增加对比度的厚度范围。这个方法是用两张灵敏度不同的底片放在同一个暗盒中，低速底片能记录很薄物体的 X 射线照片，而高速底片则记录厚物体的 X 射线照片，如图 9-19 所示。

图 9-19 中前面一张底片没有增感屏，硬 X 射线穿过它，底片只记录软 X 射线产生的像；后一张有增感屏的底片上记录硬 X 射线，即相当于记录物体吸收 X 射线很强的部位的像。通过这一办法，就能得到相当宽厚度的高对比度。

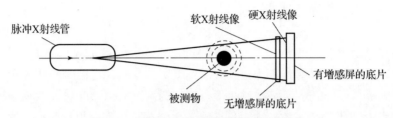

图 9 - 19　软/硬 X 射线图片获得装置的结构

效果最佳的 X 射线底片和增感屏的选择办法，是在试验条件下（实际的距离和防护物体等）对一个所观察的物体性质与厚度均相似的阶梯形状的试验物体进行 X 射线照相，然后进行选择。若用稀土增感屏和感绿高对比度胶片组合，由于感绿胶片的最大吸收峰能够和稀土增感屏的最大 X 射线激发相吻合，有较好的感光光谱匹配，因而增感倍数比常用的发射蓝色荧光的钨酸钙增感屏和感蓝光 X 射线胶片组合提高 3 ~ 5 倍的效果。

脉冲 X 射线照相一般多处在曝光不足的状态，即使运用较好的胶片和增感屏也很难满足试验的要求。因此需加以补偿：采用强化显影等底片冲洗技术；或者采用效率更高的接收方法。

3. 影响图像质量的因素

如果能够很好地确定底片上图像相应的界线，那么就能再现物体的轮廓。同时清晰度的影响因素有很多：增感屏和底片的组合；发射的 X 射线的质量；物体相对于 X 射线源和底片的位置以及物体的运动速度和 X 射线脉宽等。这些因素将在不同程度上造成图像质量低下，底片模糊不清。

1）图像模糊度

胶片感光材料是乳胶中卤化银加上色素，但是银颗粒的形状及大小不同、分布不均匀，使得图像各区域的密度不同，故而底片会产生一些模糊阴影。阴影会随着乳胶速度的增加（银颗粒大）和 X 射线硬度的增加而增加，并随显影条件的变化而变化。

使用增感屏也会使图像模糊，主要原因是：增感屏的颗粒度、发光的不规则性以及由于每个荧光发射点在底片上都有相应的斑点出现。这种原因造成的图像模糊度也随着增感屏速度的增加、X 射线强度的增强而增加。

由于上述原因造成的影响称为图像模糊度，用 B_f 表示。

2）几何模糊度

由于脉冲 X 管出射线处有一定的尺寸和直径，即 X 射线焦点并不是一个点（不能把它看成点光源），会在被摄物体轮廓的周围产生一个半阴影区，区域大小和摄影位置、放大系数有关，如图 9 – 20 所示。这种由射线源和底片位置引起的误差称为几何模糊度，用 B_g 表示。放大系数 k 可用下式表示：

$$k = \frac{D_1}{D_2} \tag{9 – 35}$$

式中：D_1 为被测物体在底片上的尺寸，即像的尺寸（mm）；D_2 为被测物体的实际尺寸（mm）。

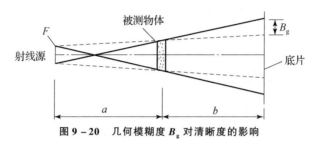

图 9 – 20 几何模糊度 B_g 对清晰度的影响

放大系数 k 可通过先对被测物体拍摄静止像，测出底片上像的尺寸，用它与实际物体的尺寸比较后获得。也可以用位置测量法求得，即

$$k = \frac{a + b}{a} \tag{9 – 36}$$

式中：a 为 X 射线源与被测物体间的距离（mm）；b 为被测物体与底片间的距离（mm）。

几何模糊度 B_g 与下列参数相关：

$$B_g = F \frac{b}{a} \tag{9 – 37}$$

式中：F 为焦点直径（mm）。

一般焦点 F 值在 1 ~ 5 mm 范围内，若 $b/a > 0.2$，则接近底片和增感屏造成的图像阴影 B_f 的数量级。焦点尺寸越大，X 射线源和被测对象之间距离越小，或被测对象和底片距离越大，则几何模糊度越大。为了减小这种模糊度，可以减小 X 射线管的焦点尺寸，在对底片有一定曝光量的情况下增大射线源和被测物体间距离，在防护允许的情况下应尽量减小被测对象和底片间的距离。考虑到上述各种因素的综合影响，实际上选择 $b/a \approx 0.1$ 为宜。

3）运动模糊度

由于被测物体高速运动或冲击造成拍摄图像的不清晰，称为运动模糊度，用 B_m 表示。假设射线源看成点光源，如果被拍摄物的运动速度为 v，在 X 射线曝光维持时间 τ 内，物体运动距离为 $v\tau$，其造成的运动模糊度为

$$b_m = \frac{a + b}{a} \tau v \tag{9 – 38}$$

式中：$a+b/a$ 为放大系数 k。物体运动对图像质量的影响如图 9－21 所示。

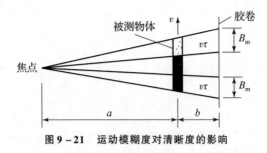

图 9－21　运动模糊度对清晰度的影响

用闪光 X 射线照相研究的冲击、爆炸现象，其运动的最高速度可达 10^4 m/s 数量级，如果炸药爆速为 10^4 m/s，X 射线管曝光时间为 50 ns，则 $B_m = 0.5$ mm。因此，运动模糊度与几何模糊度具有同样的重要性。

脉冲 X 射线是在很短的时间内产生一束 X 射线，一般其脉冲宽度（也就是曝光时间）要小于 10^{-7} s 或 10^{-8} s，图片上的运动模糊度才可以忽略。而底片上的光学密度 D 是由 X 射线强度 I 和曝光时间 τ 的乘积 $I\tau$ 所决定，所以要缩短 τ，必然要加大 I。

4）图像总模糊度

理论分析认为，X 射线照片中各种模糊度引起的物体图像轮廓上相对光学密度的变化是高斯分布函数。在这种假设下，图像总的模糊度 B_r 可以用均方根值来表示：

$$B_r = \sqrt{B_f^2 + B_g^2 + B_m^2} \tag{9－39}$$

式（9－39）已被试验证实，并与试验观察结果一致。当利用荧光增感屏时，脉冲 X 射线照相的总的模糊度一般在 $0.3 \sim 0.5$ mm 范围内，特殊情况可达几毫米。

当一张底片平面和物体平面不平行时，其各部位的放大系数不同，理论上只有和锥底面平行时，平面的放大系数才是相等的。当被研究的对象过厚，这一问题就更明显，圆形投影会变成椭圆形。因此，在研究中，要注意修正数据。

所以，要得到一幅满意的照片，需要防止上述因素造成的图像模糊，同时也要注意操作和测量的准确性，如显影、定影、处理程序、图像尺寸测量、计算等。

4. 速度计算

根据照片上测得的数据和拍摄时间，可以用下式计算物体的平均运动速度：

$$\bar{v} = \frac{L_2 - L_1}{(t_2 - t_1)k} \tag{9－40}$$

式中：$\bar{v}$ 为物体所测部位的平均速度（m/s）；L_2、L_1 为 X 射线图片上两个运动被测点距离原始点的距离（mm）；t_2、t_1 为被测点对应的 X 射线曝光时间（ms）；k 为放大系数。

值得注意的是，当采用并行拍摄时，两 X 射线管中心不在同一点上，因此在拍摄的底片上，两个时刻将存在视角差。所以数据处理时，应根据实际情况进行几何关系的修正。

根据式（9 - 40），可以求出速度计算相对误差：

$$\delta = \sqrt{\left(\frac{\Delta L}{L_1}\right)^2 + \left(\frac{\Delta L}{L_2}\right)^2 + \left(\frac{\Delta t}{t_1}\right)^2 + \left(\frac{\Delta t}{t_2}\right)^2 + \left(\frac{\Delta k}{k}\right)^2} \tag{9 - 41}$$

式中：ΔL 为尺寸测量精度误差；Δt 为时间测量精度误差；Δk 为放大系数精度误差。

|9.3　工程应用|

9.3.1　高速摄影测试炸药爆轰冲击动力学参数

RDX 和 HMX 炸药是密度高、能量高、威力大、感度低、综合性能优良的混合炸药，是当前世界各国在军事上应用最为广泛的混合炸药，广泛应用于各种大中口径榴弹、破甲弹、碎甲弹、航弹、导弹战斗部、水中兵器和火箭增程弹等装药。本节通过高速摄影技术测试炸药装药爆轰动力学（Detonation Shock Dynamic，DSD）参数。

DSD 参数测试试验装置布局如图 9 - 22 所示。

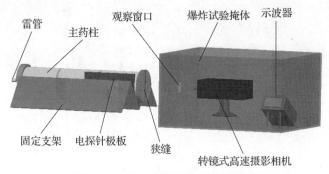

图 9 - 22　DSD 参数测试试验装置布局

利用高速摄影和电探针联合测试法对不同配比 RDX/TNT 炸药及 HMX/TNT 炸药的 DSD 参数分别进行了测试。定态爆速 D_0 由两组对称布置的电探针极板测量，拟定态爆轰波形通过转镜式高速摄影相机测得，本试验转镜式高速摄影相机的扫描速度为 60 000 r/min，即 3.00 mm/μs。转镜式高速摄影相机和示波器布置在爆炸测试掩体内，转镜式高速摄影相机镜头中心、观察窗口中心及主装药药柱端面狭缝中心必须保证在同一直线上。

试验所用炸药装药实物图如图 9 − 23 所示，楔形支架用于固定主装药（RDX/TNT 炸药或 HMX/TNT 炸药）药柱，用雷管起爆主装药药柱，主装药药柱前端用于爆轰波阵面的演化，演化段长度必须足够长以保证在测速之前已形成拟定态爆轰波。两组电探针由医用胶布粘贴在主装药药柱的测速段，两组电探针通过导线与示波器相连。本试验所采用的电探针极板如图 9 − 24 所示。

图 9 − 23　炸药装药实物图

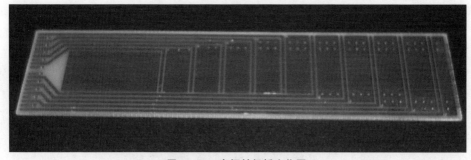

图 9 − 24　电探针极板实物图

转镜式高速摄影相机所拍摄到的不同配比 RDX/TNT 炸药在两种直径条件下的爆轰波形测量结果分别如图 9 − 25、图 9 − 26 所示。底片中的拟定态爆轰波形前沿和边界都很清晰，说明采用转镜式高速扫描相机直接从爆轰装置端部狭缝中测爆轰波形的方法是可行的。从图中可以看出，底片中的爆轰波阵面曲线波形有轻微不对称，不对称的原因可能是由混合炸药密度不均匀或转镜式高速扫描相机测量误差造成的。因此，采用对轴线两边波形进行平均的方法处理数据。炸药在药柱直径为 50 mm 条件下的试验数据处理过程比药柱直径为 25 mm 条件下数据处理过程更容易，且试验数据读取误差更小，建议在药柱直径为 50 mm 条件下进行炸药的 DSD 参数测试。

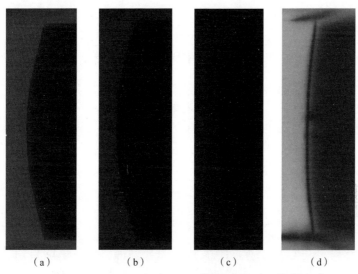

（a）　　　　　（b）　　　　　（c）　　　　　（d）

图 9 - 25　φ50 mm RDX/TNT 药柱不同配比下的波形

（a）60/40；（b）50/50；（c）40/60；（d）20/80

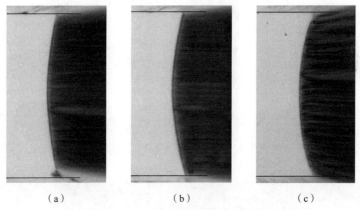

（a）　　　　　　　（b）　　　　　　　（c）

图 9 - 26　φ50 mm HMX/TNT 药柱不同配比下的波形

（a）60/40；（b）50/50；（c）40/60

9.3.2　高速摄影测试爆速增长过程

爆速增长过程试验装置示意图如图 9 - 27 所示。

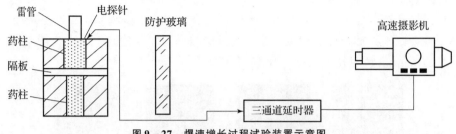

图9－27　爆速增长过程试验装置示意图

　　测试原理如图9－27左图所示，当爆轰波以速度 D 沿药柱轴线方向从上至下传爆时，所发出的光经狭缝照射到高速摄影机的光电阴极上，光电阴极受光后发射电子，电子经聚焦后打在荧光屏上，将电信号又转换成光信号。当电子束以一定的速度 v 在荧光屏上扫描时，底片记录的爆轰波的传播轨迹如图9－28（c）所示，药柱传爆轨迹如图9－29所示，黑密度分界线就是爆轰波运动轨迹。根据图形和已知条件，可求出爆速 D 为

$$D = \frac{v}{\beta}\tan\phi \qquad\qquad (9-42)$$

式中：D 为爆速（km/s）；ϕ 为爆轰波轨迹与扫描速度方向的夹角（°）；v 为扫描速度，由扫描插件的标称值给出（km/s）；β 为像物之比，表示放大倍数。

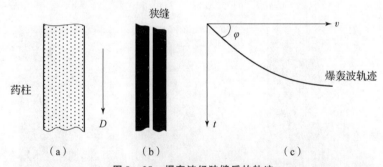

图9－28　爆轰波经狭缝后的轨迹

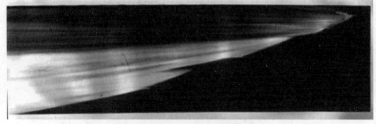

图9－29　药柱爆轰波摄影照片

测试时，先在药柱上确定一个长度 L，并将两端点记为 A 和 B。在静态像胶片中可量得爆轰波的始点 A 和终点 B，由此可测得放大率。由爆速计算公式求出爆速最大相对误差为

$$\delta = \pm \sqrt{\left(\frac{\Delta v}{v}\right)^2 + \left(\frac{2\Delta\phi}{\sin 2\phi}\right)^2 + \left(\frac{\Delta\beta}{\beta}\right)^2} \qquad (9-43)$$

式中：$\dfrac{\Delta v}{v}$ 为由于扫描速度测量不准确引起的相对误差，误差估计为 0.27% ~ 0.40%；$\dfrac{2\Delta\phi}{\sin 2\phi}$ 为由于角度测量不准确引起的误差，误差估值在 0.30% ~ 0.90%；$\dfrac{\Delta\beta}{\beta}$ 为由像物比测量不准确引起的相对误差，差值在 0.60% ~ 1.20%。

9.3.3　高速运动分析系统拍摄弹体侵彻过程

本节以弹体侵彻多层间隔钢筋混凝土靶为例。采用 155 mm 火炮作为加载装置，将弹体加到预定速度，多台高速摄影拍摄试验全过程，以此测量弹体的速度和姿态。通过高速运动分析系统记录的图像测量弹体运动速度以及弹轴偏转角度。具体方法是将高速摄影照片中的弹尖作为测量点，以静态标尺作参照，测量出某一时间间隔弹头在水平和垂直方向的位移，根据与实际尺寸的比例系数，得到弹体的水平速度和竖直速度，通过三角关系得到弹体速度方向与水平的夹角 $\Delta\theta$（即倾角的变化值）。试验布局如图 9-30 所示。

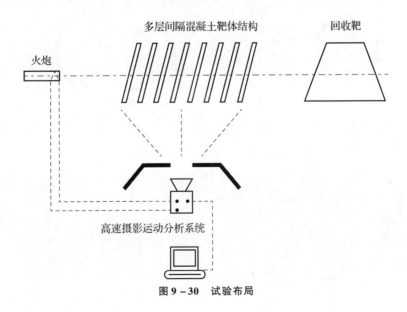

图 9-30　试验布局

　　弹体采用的都是高强度钢。试验弹体头部为截卵形，长径比 L/d 为 4.8，弹体质量为 290 kg。多层间隔混凝土薄靶结构中，每层靶板的设计抗压强度为 40 MPa，配筋率不小于 0.3%，尺寸分别为：第 1 层靶体为 4 m×4 m×0.30 m；第 2 层～第 4 层为 4 m×4 m×0.18 m；第 5 层至第 8 层为 6 m×6 m×0.18 m，靶板间距如图 9-31 所示。

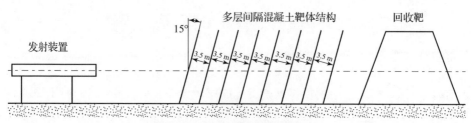

图 9-31　多层间隔靶试验靶场布置

　　高速运动分析系统拍摄的弹体侵彻多层钢筋混凝土靶的过程，如图 9-32 所示。

图 9-32　弹体侵彻贯穿 8 层混凝土靶入靶和出靶图

　　通过高速运动分析系统，既可测试弹体的入靶和出靶速度，也可测试分析弹体侵彻每层靶板的弹道偏转情况，如图 9-33 所示。

图 9-33　多层靶试验弹侵彻弹道图

9.3.4 脉冲 X 射线测试爆破弹爆炸过程

图 9 - 34 所示为国外使用脉冲 X 射线摄影技术拍摄爆破弹的一个应用实例。

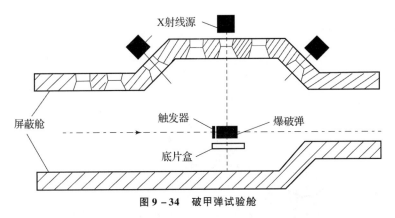

图 9 - 34 破甲弹试验舱

1. 试验装置

试验舱上有 7 个 X 射线窗口供选择使用，可以并排排列或圆周排列形式摄影，将爆破弹、触发器和 X 射线底片安装在试验舱内，如图 9 - 35 所示。试验时使用的是单管 X 射线机。底片夹在两块荧光箔之间。底片盒前面有 10 mm 的轻金属层，防止弹丸破片击中底片、撞击时激波的压力破坏底片。

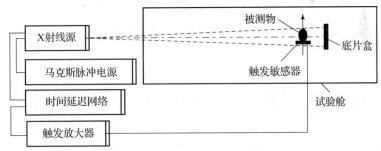

图 9 - 35 脉冲 X 射线摄影装置框图

如图 9 - 35 所示，X 射线源安装在射线窗口后面的操作室内；10 mm 厚的铝硅镁金属板安装在窗口上，用作弹道防护；控制设备置于防辐射操作室内。X 射线源距被测物体 4m 远时有最佳对比度；为避免破甲弹弹片击毁底片盒，把底片盒放在离弹迹 400 mm 的侧面位置，$a:b=10:1$，以确保获得理想的图片质量。

图 9 - 35 中触发敏感器是由镀铝的 CPVC 箔构成，它与破甲弹之间放一层

绝缘材料。在 CPVC 箔和破甲弹上加上 TTL 触发放大器给出的 2.5 V 电压。撞击时炮弹接通触发箔和爆破弹之间的线路，产生的阶跃信号送至时间延迟网络，按预定的延迟时间触发马克斯脉冲电源，在撞击后的预期瞬间启动 X 射线源。

2. 试验图像

由于 X 射线照相的曝光时间很短，只有 30 ns，因此得到的脉冲 X 射线照片的运动模糊度极小，可以清晰分辨出 0.3 mm 直径的破片。

图 9 – 36 所示为演示时得到的 X 射线照片，图中左边的接触金属箔依然可以看到，右边是弹丸撞击爆破弹后 250 μs 后爆破弹的破片云分布。

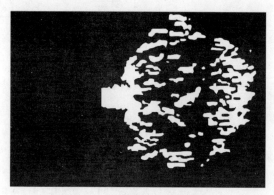

图 9 – 36   爆破弹 X 射线照片

9.3.5   脉冲 X 射线测试杆式射流形成过程

1. 聚能装药

杆式射流是一种介于常规细射流与爆炸成型弹丸之间的较均匀、较粗、速度梯度小的聚能侵彻体。用于制造药型罩的材料，必须具备密度大、塑性好、强度适当、熔点不能太低等特性。材料密度高，侵彻体在相同速度下的比动能高，有利于提高侵彻开孔孔深。材料塑性好，加工中不易产生裂纹，可保证侵彻体在运动延伸中不易断裂，提高连续侵彻体长度。一般采用大锥角药型罩，大锥角罩锥角为 110°～120°，爆炸形成的射流侵彻体具有较大的长细比和较大的初速度，它是一种介于细射流和爆炸成型弹丸之间的一种粗射流。典型杆式射流聚能装药结构如图 9 – 37 所示。

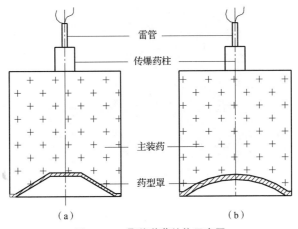

图 9 - 37　聚能装药结构示意图

2. 试验及测试装置

为了观测不同药型罩结构所形成的侵彻体形貌参数和速度参量，建立侵彻体参数与目标毁伤效应之间的联系，为杆式聚能侵彻体侵彻混凝土介质的理论分析提供依据，在聚能装药侵彻混凝土靶板的试验过程中用脉冲 X 射线摄影法观察着靶前侵彻体的形成过程。通过对试验结果的分析，获得侵彻体的头部速度和尾部速度、直径、伸长率等参数。试验测试系统如图 9 - 38 所示。在试验过程中，脉冲 X 射线照相机将获得侵彻体在形成过程中两个不同时刻的形状，通过对获得的图像进行数据处理来确定侵彻体的各项参数。

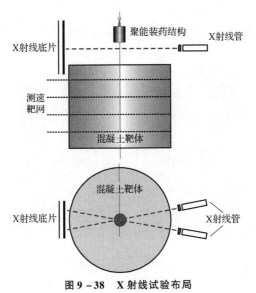

图 9 - 38　X 射线试验布局

图 9 - 38　X 射线试验布局（续）

3. 测试结果

　　利用试验测试系统分别对变壁厚大锥角非截顶、等壁厚大锥角截顶、球缺型三种药型罩的聚能侵彻体形成过程进行 X 射线光测试，图 9 - 39 ~ 图 9 - 41 所示为试验测试照片，表 9 - 1 所列为杆式射流侵彻体参数值。

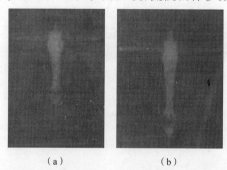

（a）　　　　　　　　　　（b）

图 9 - 39　变壁厚大锥角非截顶药型罩的 X 射线照片

（a）$t_1 = 39.4\ \mu s$；（b）$t_2 = 44.8\ \mu s$

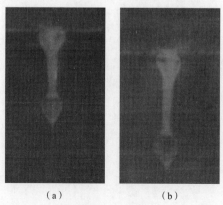

（a）　　　　　　　　　　（b）

图 9 - 40　等壁厚大锥角截顶药型罩的 X 射线照片

（a）$t_1 = 38.8\ \mu s$；（b）$t_2 = 44.8\ \mu s$

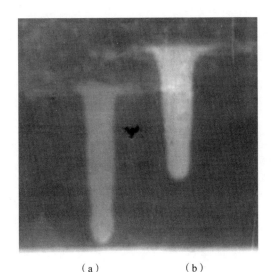

（a）　　　　　　　　　（b）

图 9 - 41　球缺型药型罩的 X 射线照片

（a）$t_1 = 55.6$ μs；（b）$t_2 = 66$ μs

表 9 - 1　杆式射流侵彻体参数

药型罩结构	时间 t/μs	侵彻体长度 /mm	头部速度 u/(m · s^{-1})	尾部速度 v/(m · s^{-1})	伸长率 r/(mm · μs^{-1})
变壁厚大锥角 非截顶罩	39.4	69.87	4 161	1 674	2.49
等壁厚大锥角 截顶药型罩	38.8	67.24	4 108	1 890	2.22
球缺型药型罩	55.6	50.85	2 359	1 288	1.07

　　三种药型罩的聚能装药结构形成的 X 射线照片分析结果表明：在炸高为 2.3~2.5 倍装药口径条件下，大锥角药型罩形成的侵彻体头部速度和尾部速度均分别在 3.8 km/s 和 1.6 km/s 以上，有效侵彻体长度约 80 mm。侵彻体平稳，连续性、拉伸性良好，且侵彻体较平直，侵彻体相对爆轰轴线的同轴度好。大锥角药型罩在炸药作用下能够形成介于射流和爆炸成型弹丸之间直径较大、速度梯度较小的杆式聚能侵彻体。

第 10 章

温度测试技术

温度是确定物质状态的最重要参数之一，它的测量与控制在国防、军事、科学试验及工农业生产中具有十分重要的作用。随着科学技术的发展，温度测量越来越受到重视，而且对测量准确度的要求也越来越高。瞬态温度作为热现象涉及传热、燃烧等多个方面，它可以很好地反映燃烧爆炸过程中一些非常关键的信息。瞬态温度的测量在兵器科学、核能工程、化工容器、火箭发动机、动力机械、热工设备等多种学科领域中都占有极其关键的地位，越来越受到人们的关注，准确快速的温度测量技术显得更加重要。尤其在兵器科学领域中，有很多测量目标都是随时间迅速变化的瞬态表面温度。例如，钻地弹侵彻过程弹头温度，云爆弹、温压弹爆炸瞬间温度场，爆炸与爆轰温度，高能燃烧剂与静态破裂剂的燃烧温度，火箭及导弹燃气射流温度，自动武器导气室内气体温度，膛口气流温度，身管内外壁的瞬态温度，枪炮膛内火药气体的温度等。

温度测量分为接触测温与非接触测温两大类，接触测温法主要有热电偶和热电阻，其测得的温度是物体的真实温度，但其动态特性差。由于要接触被测物体，因而对被测物体的温度场分布有影响，而且受传感器材料耐温上限的限制，不能应用于超高温测量。

非接触测温目前仍以辐射测温法为主，较多使用的还有特定原子光谱法和激光光谱法。非接触测温在理论上不存在测温上限，具有测温范围广、响应速度快、不破坏被测对象温度场等特点。因此，在实际应用中，这一类测温技术越来越受到重视并被广泛应用于瞬态高温测量中。

|10.1 热电偶测温技术|

热电偶是一种热电型的温度传感器，它能将温度的变化转换成电势信号，配以测量毫伏信号的仪表或变换器，便可实现温度的测量。

10.1.1 热电偶测温原理

1. 测温原理

热电偶是基于两种不同导体的热电效应制成的。根据电子理论，不同导体材料的自由电子密度不同，相同材料当温度不同时其自由电子密度也不同。热电偶测温的基本原理是两种不同导体组成闭合回路，当两端存在温度梯度时，回路中就会由于电子流动产生电流，这种现象称为热电效应。此时两端之间就存在电动势，该电动势的方向和大小与导体的材料及两接点的温度有关。如图10 – 1（a）所示，两种不同的导体或半导体 A 和 B 两端相连组成的闭合回路构成了热电偶，这两种导体称为热电极。如果热电偶的两端温度不同，回路内就会产生热电势，这个热电势由两种导体的接触电势和单一导体的温差电势组成，其大小可由图10 – 1所示的电路测出。

1）接触电势

由于两种不同导体的自由电子密度不同在接触处形成的电动势称为接触电

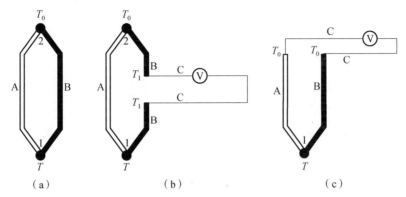

图 10 – 1　两种导体构成的热电偶

（a）基本型；（b）导体中部接入仪表型；（c）接点接入仪表型

势。当两种导体相互接触时，自由电子便从密度大的导体向密度小的导体扩散。自由电子密度小的导体因获得电子带负电，而自由电子密度大的导体因失去电子带正电。通过电子的转移，在接触处便形成了电位差，该电位差称为接触电势。这个电势将阻碍电子进一步扩散，当电子的扩散能力与电势的阻力达到平衡时，接触处的电子扩散达到了动平衡。扩散达到动平衡时，在接触面的两侧就形成稳定的接触电势。接触电势的数值取决于两种不同导体的性质和接触点的温度。

设导体 A、B 的自由电子密度分别为 n_A 和 n_B，并且 $n_A > n_B$，两个导体的两端接触处的温度分别为 T 和 T_0，如图 10 – 2 所示。

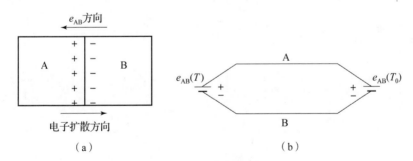

图 10 – 2　接触电势的形成过程

根据电子理论，两端接触电势分别为

$$e_{AB}(T) = \frac{kT}{e}\ln\frac{n_A}{n_B} \tag{10 – 1}$$

$$e_{AB}(T_0) = \frac{kT_0}{e}\ln\frac{n_A}{n_B} \tag{10 – 2}$$

式中：k 为玻耳兹曼常数；e 为电子电量。

热电偶回路的总接触电势为

$$e_{AB}(T) - e_{AB}(T_0) = \frac{kT}{e}\ln\frac{n_A}{n_B} - \frac{kT_0}{e}\ln\frac{n_A}{n_B} = \frac{k}{e}(T - T_0)\ln\frac{n_A}{n_B} \qquad (10-3)$$

由式（10 - 3）可知，热电偶接触电势与导体的性质有关，当两接点的温度相等时，如果回路中两个导体的性质相同（$n_A = n_B$），则总接触电势等于零。在两个导体的性质相同时，热电偶回路中的总接触电势由两接点的温度决定，如果两接点的温度相等（$T = T_0$），则热电偶回路中的总接触电势等于零。

2）温差电势

单一导体两端由于温度不同而在其两端产生的电势称为温差电势。一根同性质的导体，当两端温度不同时，高温端的自由电子能量比低温端的大，因而高温端的自由电子就会向低温端移动，使得高温端失去电子带正电，而低温端获得电子带负电。于是，在导体两端便形成了电位差，该电位差称为温差电势。该电势阻止电子从高温端向低温端扩散，最后达到动态平衡状态，此时在导体上产生一个稳定的温差电势，此电势只与导体性质和导体两端的温度有关。

在图 10 - 3 中，设导体 A、B 两端接触处的温度分别为 T 和 T_0。在 $T > T_0$ 时，单一导体各自的温差电势分别为

$$e_A(T, T_0) = \sigma_A(T - T_0) \qquad (10-4)$$

$$e_B(T, T_0) = \sigma_B(T - T_0) \qquad (10-5)$$

式中：σ_A、σ_B 为汤姆逊系数，表示温差为 1 ℃时所产生的电势，与材料性质有关。

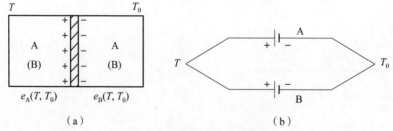

（a）　　　　　　　　　　　　　（b）

图 10 - 3　温差电势的形成过程

热电偶回路的总接触电势为

$$e_A(T, T_0) - e_B(T, T_0) = (\sigma_A - \sigma_B)(T - T_0) \qquad (10-6)$$

式（10 - 6）表明，热电偶回路中的温差电势与导体的性质和两接点的温度有关，如果两个导体的性质相同或者两接点的温度相等，则热电偶回路中的总接触电势等于零。

3）热电偶回路中的总电势

图 10-4 中，热电偶回路中的总电势用 $E_{AB}(T, T_0)$ 表示。图中的 $e_{AB}(T_0)$ 和 $e_{AB}(T)$ 分别表示接点温度为 T_0 和 T 时的接触电势，$e_A(T, T_0)$ 和 $e_B(T, T_0)$ 分别表示导体 A 和导体 B 在两端温度为 T_0 和 T 时的温差电势。图中的电势方向是 $n_A > n_B$、$T_0 > T$ 时的实际描述，则热电偶回路中的总电势为

$$E_{AB}(T, T_0) = e_{AB}(T) - e_{AB}(T_0) - e_A(T, T_0) + e_B(T, T_0)$$

$$= \frac{k}{e}(T - T_0)\ln\frac{n_A}{n_B} - (\sigma_A - \sigma_B)(T - T_0) \tag{10-7}$$

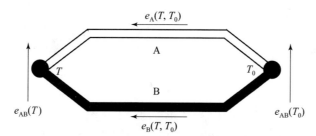

图 10-4　热电偶中的总热电势

由上述分析可知，由导体 A、B 组成的回路中（热电偶）的总热电势由接触电势和温差电势两部分组成。如果回路中两导体材料不同且两接点的温差为零，则回路中的总热电势为零；如果两导体材料相同时，不论两接点的温差有多大，回路中的总热电势始终为零。因此，热电偶必须采用两种不同性质的导体材料，热电偶的两接点必须具有不同的温度，回路中才有热电势产生。

当热电偶的两种不同性质的导体材料确定后，热电偶回路中的热电势大小只与两接点的温度差有关。若使热电偶低温端的温度保持不变，则热电偶回路中的热电势大小只与工作端的温度有关。因此，通过测量热电偶的热电势，即可求得被测温度的大小。

2. 热电偶基本定律

1）中间导体定律

在由 A、B 两种导体组成的热电偶回路中，加入第三种导体 C 后，只要接入的导体 C 两端温度相同，则热电偶产生的热电势将保持不变。因此，在热电偶测温时，可接入测量仪表，测得热电势后，即可知道被测介质的温度。热电偶测量温度时要求其冷端（测量端为热端，通过引线与测量电路连接的端称为冷端）的温度保持不变，其热电势大小才与测量温度呈一定的比例关系。

在图 10-5 中，画出了所有接点和导体中的热电势，其中，$n_A > n_B > n_C$、

$T > T_1 > T_0$。

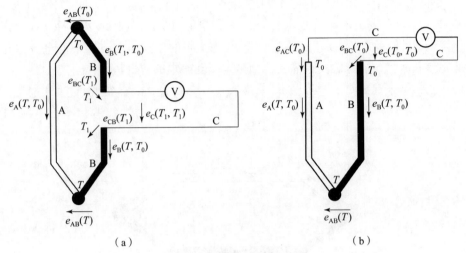

图 10-5   两种导体构成的热电偶

（a）导体中部接入仪表型；（b）接点接入仪表型

图 10-5（a）中，热电偶的导体 B 中间接入了连接仪表的导线 C，热电偶两接点的温度分别为 T 和 T_0，导线 C 两端的温度为 T_1，回路的总热电势为 $E_{ABC}(T, T_1, T_0)$，则

$$E_{ABC}(T, T_1, T_0) = e_{AB}(T) - e_A(T, T_0) - e_{AB}(T_0) +$$
$$e_B(T_1, T_0) + e_{BC}(T_1) + e_{CB}(T_1) +$$
$$e_C(T_1, T_1) + e_B(T, T_1)$$

其中，

$$e_{BC}(T_1) = -e_{CB}(T_1)$$
$$e_C(T_1, T_1) = 0$$
$$e_B(T_1, T_0) + e_B(T, T_1) = e_B(T, T_0) \text{（中间温度定律）}$$

则

$$E_{ABC}(T, T_1, T_0) = e_{AB}(T) - e_{AB}(T_0) - e_A(T, T_0) + e_B(T, T_0) \quad (10-8)$$

图 10-5（b）中，热电偶一个接点断开，接入连接仪表的导线 C，热电偶一个接点的温度为 T，导线 C 两端的温度为 T_0，回路的总热电势为 $E_{ABC}(T, T_0)$，则

$$E_{ABC}(T, T_0) = e_{AB}(T) - e_A(T, \dot{T}_0) - e_{AC}(T_0) -$$
$$e_C(T_0, T_0) + e_{BC}(T_0) + e_B(T, T_0) \quad (10-9)$$

如果回路中各接点的温度都相同，则回路中总的接触热电势应为零，即

$$e_{AB}(T_0) - e_{AC}(T_0) + e_{BC}(T_0) = 0$$

$$-e_{AC}(T_0) + e_{BC}(T_0) = -e_{AB}(T_0) \qquad (10-10)$$

将式（10-10）代入式（10-9），得

$$E_{ABC}(T,T_0) = e_{AB}(T) - e_{AB}(T_0) - e_A(T,T_0) + e_B(T,T_0) \qquad (10-11)$$

式（10-8）、式（10-1）与（10-7）等号右边的内容完全一样，说明了中间导体定律的正确性。

根据中间导体定律，就可以在热电偶回路中接入任意导线，以便连接测量仪表进行热电势（温度）的测量。

2）连接导体定律

在如图 10-6 所示的热电偶回路中，如果两个热电偶导体 A、B 分别与连接导体 A′、B′相连接，接点温度分别为 T、T_n、T_0。则该回路中的总热电势等于热电偶 A、B 在温度为 T、T_n 的热电势与连接导体 A′、B′在温度为 T_n、T_0 的热电势的代数和，即

$$E_{ABB'A'}(T,T_n,T_0) = E_{AB}(T,T_n) + E_{A'B'}(T_n,T_0) \qquad (10-12)$$

这就是连接导线定律，它是热电偶测温时采用补偿导线的理论依据。

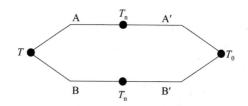

图 10-6 有连接导体的热电偶回路

3）中间温度定律

图 10-6 中，如果导体 A 与 A′、导体 B 与 B′材料分别相同，式（10-2）可以改写成

$$E_{AB}(T,T_0) = E_{AB}(T,T_n) + E_{AB}(T_n,T_0) \qquad (10-13)$$

中间温度定律说明了两种导体组成的热电偶，当两端接点的温度分别为 T、T_0，热电偶的中部某一个接点的温度为 T_n 时，两端接点（温度为 T、T_n）的热电势应等于端接点和中间接点（温度为 T、T_0）所产生的热电势与中间接点和另一端接点（温度为 T_n、T_0）所产生的热电势之和。中间温度定律为制定热电偶分度表奠定了理论基础。在热电偶分度表中，只需列出参考端温度为 0 ℃时各工作端温度与热电势之间的关系，当参考端温度不是 0 ℃时，根据所测热电势、参考端实际温度即可利用中间温度定律计算出被测温度。

4）相配定律

相配定律说明，由导体 A 和 B 组成的热电偶在两端温度为 T 和 T_0 时所产

生的热电势，等于由导体 A 和 C 组成的热电偶在两端温度也为 T 和 T_0 时所产生的热电势与由导体 C 和 B 组成的热电偶在两端温度也为 T 和 T_0 时所产生的热电势的代数和。

10.1.2　热电偶传感器

1. 热电偶的种类和基本特性

根据热电效应，只要是两种不同性质的任何导体都可配置成热电偶，但在实际情况下，考虑到热电偶的灵敏度、线性度、可靠性及稳定性等指标，并不是所有材料都能成为具有实际应用价值的热电偶材料。因此，作为制作热电偶的导体材料应满足：在同样的温差下，产生的热电势应大，且热电势与温度之间应呈线性关系；在测温范围内和长期工作条件下，热电性质不随时间变化，抗氧化、耐腐蚀性好，即物理、化学性能应稳定；电导率高，比热容和电阻温度系数小。

按照工业标准划分，热电偶可分为标准化热电偶（如 S：铂铑 10% —铂；B：铂铑 50% —铂铑 60% ；J：铁 – 铜镍；T：铜 – 铜镍；E：镍铬 – 铜镍；K：镍铬 – 镍硅）和非标准热电偶（如钨铼热电偶、铱铑热电偶、铁 – 康铜热电偶、镍铬 – 金铁热电偶、镍钴 – 镍铝热电偶和双铂钼热电偶）。

按照结构形状划分，热电偶可分为普通热电偶、铠装热电偶、多点式热电偶、微型热电偶和薄膜热电偶。其中，铠装热电偶有碰底型、不碰底型、露头型和帽型；多点式热电偶有棒状、树枝状和梳状；微型热电偶的热电极直径在 $0.01 \sim 0.1 \, \text{mm}$，多为裸露型，响应时间快（小于几百毫秒），常用于燃烧温度测量，如火箭推进剂燃烧测温；薄膜热电偶有片状、针状和表面镀电极，表面镀电极是指被测表面上直接镀上热电极，响应极快，可达微秒级，特别适用于测非金属表面温度。

此外，根据热电偶材料的不同，热电偶可分为难熔金属热电偶、贵金属热电偶、廉价金属热电偶和非金属热电偶；根据测温范围不同，热电偶可分为高温热电偶、中温热电偶和低温热电偶。

目前，常用的标准化热电偶有以下几种。

1）铜 – 铜镍（康铜）合金热电偶（T 型）

T 型热电偶是一种在低温下使用的热电偶， $-250 \sim 350 \, \text{℃}$ 是温度测量范围。当温度高于 $400 \, \text{℃}$ 时，铜会迅速氧化。因此，有必要避免由高热导率的铜电极引起的问题。因为热电偶的一根引线是铜，所以不需要特殊的补偿电缆。值得注意的是，用于铜镍合金的热电偶铜的含量在 35% ~ 50% 范围，每种合金的热电特性将根据合金化比例而有所不同。虽然铜镍合金用于 T、J 和 E 型热电偶，但每种材料的实际情况却略有不同。T 型热电偶具有稳定性高、灵敏度好、响应速度快、价格低廉等特点，且偶丝具有良好的均匀性，可以做得很细长，在复杂条件下，可根据实际测量的需要任意弯曲。此外，T 型热电偶机械强度高，耐压性能好，可以很好地适用于工业测量。

2）铁–铜镍合金热电偶（J 型）

J 型热电偶因其塞贝克系数高、价格低廉而深受欢迎。在氧化气体中连续运行的最高温度可达 800 ℃，它可以很好地应用在 0 ~ 550 ℃ 的还原气体中，但如果温度高于 550 ℃，它会降解迅速。它用于耐氢气和一氧化碳气体腐蚀等的炼油及化工场合。

3）镍铬–铜镍（康铜）合金热电偶（E 型）

E 型热电偶在 –250 ~ 900 ℃ 提供高输出，它结合了 K 型和 T 型热电偶的优点，具有塞贝克系数大、灵敏度好、导热系数低、耐腐蚀性强等优点。

4）镍铬–镍硅合金热电偶（K 型）

K 型热电偶是最常用的热电偶，专门用于氧化环境。最大连续使用温度为 1 100 ℃，虽然 800 ℃ 以上存在氧化引起的漂移和精度降低。值得注意的是，K 型热电偶在 300 ~ 600 ℃ 范围存在滞后不稳定现象，可能会导致不同程度的误差。

5）镍铬硅–镍硅合金（N 型）

N 型热电偶在 1 300 ℃ 的高温下具有很强的抗氧化性，热电动势的长期稳定性和短期热循环的复现性好，对核辐射和低温具有良好的耐受性。改进的线性响应稳定性和热电动势与温度之间的转换算法有效地解决了 K 型热电偶的不稳定性。N 型热电偶的电压—温度曲线略低于 K 型热电偶。

6）铂铑 30–铂铑 6（B 型）

B 型热电偶最高可连续使用在 1 600 ℃ 和间歇使用到 1 800 ℃。然而其热电动势存在局部最小值，具体表现在 0 ~ 42 ℃ 存在双值模糊。它可在氧化性和中性气体环境中长期使用，也可在真空中短期使用。

7）铂铑 10–铂（S 型）

S 型热电偶具有稳定的物理化学性能和较高的测量精度，常作为基准温度计使用和用于精密测量，在氧化性或惰性气体环境中连续测温最高可达 1 400 ℃，短暂测量最高可达 1 650 ℃。

8）铂铑 13–铂（R 型）

R 型热电偶的性能类似于 S 型热电偶，但输出略高，稳定性提高。

2. 热电偶基本结构

根据结构不同，热电偶可分为普通热电偶、铠装热电偶和薄膜热电偶三种。

1）普通热电偶

普通热电偶结构如图 10-7 所示，热电偶的两根热电极焊接在一起作为工作端，另一端固定在接线盒内的接线柱上。保护套管的材料应根据被测介质的性质和温度范围确定。普通热电偶主要用于测量气体、蒸汽和液体等物质的温度，且温度场的变化应缓慢。

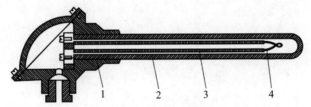

图 10-7　普通热电偶结构

1—接线盒；2—保险套管；3—绝缘套管；4—热电偶丝

2）铠装热电偶

铠装热电偶是由热电极、绝缘材料和金属套管组合加工而成的坚实组合体，也称为套管热电偶。铠装热电偶是拉制成型的，套管外径可以制作得很细，最细可至 0.25 mm。热电极周围由氧化镁或氧化铝粉末填充。主要特点包括：动态响应快、测端热容量小、挠性好、强度高、种类多、可制成不同的长度和形状。铠装热电偶工作端的结构如图 10-8 所示，可分为碰底型、不碰底型、露头型和帽型 4 种结构。

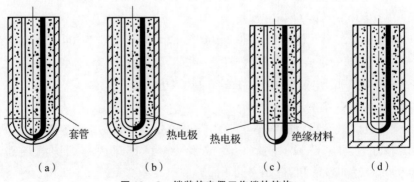

图 10-8　铠装热电偶工作端的结构

（a）碰底型；（b）不碰底型；（c）露头型；（d）帽型

碰底型是将测端和套管焊在一起，动态响应比露头型慢，但比不碰底型快；不碰底型是热电极与套管之间相互绝缘，是常用形式；露头型是其测端露在套管外面，动态响应好，仅在干燥的非腐蚀性介质中使用；帽型是在露头型的测端套上一个保护帽，用银焊密封起来。

3）薄膜热电偶

薄膜热电偶的结构可分为片状、针状等，薄膜热电偶的主要特点是：热容量小，动态响应快，适宜测量微小面积和瞬时变化的温度。其中，片状热电偶外形如图 10 – 9 所示，它是采用蒸镀法将两种热电偶材料蒸镀到绝缘基底上，上面再蒸镀一层二氧化硅保护层。针状热电偶是将一根热电极做成针状，另一极热电极用蒸镀法覆盖在针状电极表面，两电极之间有绝缘涂层，仅以针尖镀层构成测量点，响应时间为几毫秒。表面镀电极热电偶是指被测表面上直接镀上热电极，响应极快，可达微秒级，特别适合测非金属表面温度。目前，我国使用的铁—镍薄膜热电偶的规格为 60 mm × 6 mm × 0.2 mm，金属薄膜厚度在 3 ~ 6 μm，测温范围为 0 ~ 300 ℃。

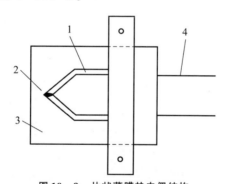

图 10 – 9　片状薄膜热电偶结构

1—热电极；2—热接点；3—绝缘基板；4—引出线

10.1.3　热电偶测温系统

1. 热电偶的冷端温度补偿

热电偶输出的电势是两接点温度差的函数。为了使输出的电势是被测温度的单一函数，一般将 T 作为被测温度端，T_0 作为固定冷端（参考温度端）。通常要求保持 T_0 为 0 ℃，但是在实际使用中要做到这一点比较困难，因而产生了热电偶冷端温度补偿问题。为了保证测量精度，常采用以下措施。

1）冷端恒温

冷端恒温此方法又称为冰浴法，是利用冰水混合物能较长时间地保持在

0 ℃不变的特性，将热电偶冷端置于装有冰水混合物的恒温容器中，来保证冷端温度为 0 ℃。如图 10 - 10 所示，这是一个充满蒸馏水和碎冰块的恒温容器。为使两电极绝缘，将两个电极分别置入两个试管中，在试管内注满了变压器油以改善传热性能。

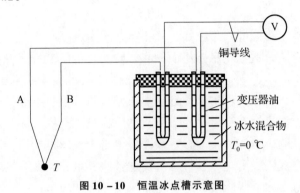

图 10 - 10　恒温冰点槽示意图

冷端恒温法是一种精度很高的参比端温度处理方法，但此种方法应用非常麻烦，而且由于长时间工作，冰也难免会融化，因此仅限于试验室使用。

2）冷端温度校正

在实际测温过程中，热电偶的冷端温度保持在 0 ℃是非常困难的，但可以保持在某一恒定的温度下，此时测量结果将存在系统误差，可采用冷端温度校正的方法进行修正。

如被测温度为 T，热电偶冷端温度为 T_n，（$T_n > 0$），热电偶输出的热电势为 $E(T, T_n)$，根据中间温度定律，相对于热电偶冷端的热电势 $E(T, T_n)$ 可由下式计算，即

$$E(T, T_0) = E(T, T_n) + E(T_n, T_0) \qquad (10 - 14)$$

3）利用电桥补偿

当热电偶用于温度测量时，很难将热电偶的冷端保持在 0 ℃。即使将冷端温度固定在某一值，也需要增加复杂的保温设备，这给温度测量带来了极大的不便。如果不采取保温措施，并且将温度测量过程开始时的环境温度作为热电偶的冷端温度，由于环境温度在测温周期内不断变化，变化的温度将不可避免地导致热电偶的冷端温度变化，从而引入测温误差。电桥补偿法是利用不平衡电桥产生的电势来补偿热电偶因冷端温度变化而引起的热电势变化量的方法。

电桥补偿法，是指在测量回路中，在冷端串联一个补偿电桥。热电偶的热端感受被测温度，它的冷端与补偿电桥相连接。整个补偿电桥由全波整流电桥、滤波电路、稳压二极管以及由三个电阻和热敏电阻共同组成的电桥四部分所组成。全波整流的工作电压是交流电，全波整流电路将交流电变成一个脉动

的直流电压，再经过由电容和电阻组成的滤波电路滤去其中的纹波，从而得到一个相对平滑的直流电压，最后由稳压二极管稳压，从而产生稳定的电桥的工作电压。补偿电桥的电路如图 10-11 所示。桥臂电阻 R_1、R_2、R_3、R_s、R_{Cu} 与热电偶冷端处于同一温度。其中 R_1、R_2、R_3 和限流电阻 R_s 均用锰铜丝绕制而成，电阻值几乎不随温度变化。R_{Cu} 为铜导线绕制的补偿电位器，在滑动触点位置固定的情况下，电阻值随温度的升高而增大。E 为（直流 4 V）电桥电源。桥臂的三个电阻 R_1、R_2、R_3 的阻值均为 1 Ω。

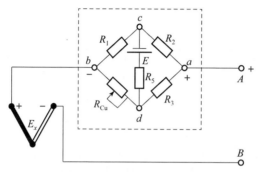

图 10-11　冷端温度补偿电桥

在测温的开始时刻，测量环境温度 T_n，并同时调整电位器电阻，当 $R_{Cu} = 1$ Ω 时电桥平衡，此时电桥输出 $U_{ab} = 0$。在测量温度过程中，当环境温度，也就是热电偶冷端温度升高时，U_{ab} 随着 R_{Cu} 的增大而增大，而热电偶的热电势 E_x 却随之减小。如果 U_{ab} 的增加量等于 E_x 的减少量，则测温电路总的输出量 $E_{AB} = E_x + U_{ab}$ 的大小就不随热电偶冷端温度的变化而变化，从而达到补偿目的。

利用电桥补偿后得到的热电势是相对于冷端温度为 T_n 而言的，因此还必须对获取的热电势采用冷端温度校正方法进行修正。这种方法线路简单、成本较低，适用于环境温度 -25~80℃ 范围。

4）利用导线补偿

补偿导线法，就是用一对与所使用的热电偶具有相同热电特性的廉价金属，作为连接导线来连接热电偶冷端和指示器的方法。当使用热电偶测量温度时，为了使热电偶的冷端温度固定或在小范围内波动，热电偶冷端和测量仪表通常远离工作端。对于贵金属制成的热电偶，如果工作端和冷端做得很长，会造成很大的浪费。因此，一般采用一种价格低廉、在一定温度范围内（0~150 ℃）热电特性与热电偶相匹配的补偿导线将热电偶冷端延伸出来。廉价金属制成的热电偶，可用自身材料延伸。常用补偿导线如表 10-1 所示。

表 10 – 1   常用补偿导线

配用热电偶及分度号	补偿导线			
	正极		负极	
	代号及材料	颜色	代号及材料	颜色
铂铑 – 铂（S）	SPC（铜）	红	SNC（镍铜）	绿
镍铬 – 镍硅（K）	KPC（铜）	红	KNC（康铜）	蓝
镍铬 – 康铜（E）	EPX（镍铬）	红	ENX（康铜）	棕
铜 – 康铜（T）	TPX（铜）	红	TNX（康铜）	白

利用导线补偿的理论基础是连接导体定律和中间温度定律。

使用温度补偿导线时应注意：不同型号的补偿导线只能与相应型号的热电偶相配；连接补偿导线时，极性不得接反，否则会引入较大误差。

2. 热电偶的测温电路

热电偶将被测温度信号转换为电势信号后，需要通过各种仪表来测量电势，以显示温度。常用于测量热电势的仪器包括动圈式仪表、直流电位计和数字电压表等。

1）动圈式仪表

动圈式仪表配热电偶的测量电路如图 10 – 12 所示，由三部分组成，即温度补偿电桥、外线调整电阻 R_0 及动圈仪表。

动圈式仪表实际上是一个电流测量电路，表头 R_D 显示的是温度值。

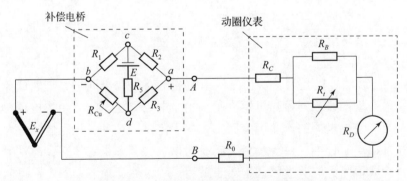

图 10 – 12   动圈式仪表配热电偶的测量电路

为了确保流过移动线圈的电流与热电势之间有严格的对应关系，回路的总电阻应为恒定值。动圈内阻也会因温度而变化，这会导致回路电流的变化，因此需要对动圈电阻进行温度补偿。图中 R_t 是具有负温度系数的热敏电阻。当环境温度升高时，动圈的内阻增大，而热敏电阻的阻值减小，达到补偿目的。为防止补偿过度，与热敏电阻并联设置一个锰铜丝绕制的电阻 R_B，并联后的特性接近于线性变化。此外，测量电路中还串接一个阻值较大的电阻 R_C，可减小由于动圈内阻随温度变化而引起的相对误差。

某一种动圈式仪表只能和特定型号的热电偶相配套，外部电路的总电阻（温度补偿电桥的等效电阻、外线调整电阻、热电偶电阻之和）为 15Ω；否则将引入较大误差。

2）直流电位差计

用动圈式仪表测量热电偶的热电势，实际上测量的是回路电流（流过热电偶的电流）。由于热电偶具有一定的内阻，只要有电流流过，就有内部电压降产生，使得热电偶的端电压（热电势）发生变化而引入测量误差。用电位差计来测量热电势时，输入信号回路没有电流流过。因此，它可以精确反映热电势的大小。

直流电位差计电路如图 10–13 所示，图中 E_N 为标准电池，是一种电势非常稳定的化学电池；R_N 为标准电阻；G 为精度较高的检流计；E_B 为辅助电池；R_s 和 R_x 为电位器。

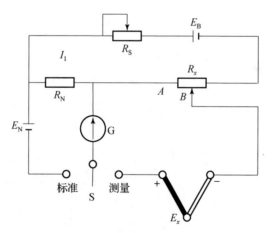

图 10–13 直流电位差计电路

电路中由 E_B、R_s、R_x 与 R_N 组成一个闭合回路，回路电流为 $I_1 = E_B/(R_s + R_x + R_N)$，改变 R_s 的大小可改变回路电流的大小。电流在标准电阻、上的压降为 $E_{R_N} = R_N I_1$。

当开关 S 接通"标准"端时，由标准电池 E_N 标准电阻 R_N 和检流计 G 组成一个闭合回路。当标准电池的电压 E_N 等于标准电阻 R_N 上的压降 E_{R_N} 时，检流计中的电流为零，此时电流 $I_1 = E_N/R_N$ 为精确已知量。然后将开关 S 接通 "测量" 端，因热电偶产生的热电势在回路中有电流，则检流计指针偏转。通过调节电位器 R_x 的中心触点 B，使检流计指示为 0，即热电偶产生的热电势 E_x 与电位器 R_x 的 A，B 两端的电压 U_{AB} 相等，即

$$E_x = U_{AB} = R_{AB}I_1 = R_{AB}\frac{E_N}{R_N} \qquad (10-15)$$

由式（10-15）可知，热电偶的热电势取决于电阻 R_{AB} 的大小，通过 R_{AB} 的测量即可确定热电势的具体数值。在具体的直流电位差计中，电位器 R_x 的中心触点 B 点的位置大都以 mV 为单位进行刻度，根据 B 点所处的位置即可确定出 E 的大小，提高了使用的方便性。

3）数字电压表

数字电压表是一种通用的电压测量仪器，具有量程宽、测量精度高、使用方便等特点。一些先进的数字电压表还可以与计算机、打印机、信号分析仪等设备连接，让设备更实用。数字电压表有多种类型，但其测量原理与其他电压放大器非常相似。由于篇幅限制，这里不再赘述。

3. 热电偶实用测温电路

1）热电偶串联测量线路

将 N 支相同型号热电偶正负极依次相连接，如图 10-14 所示。若 N 支热电偶各热电势分别为 E_1，E_2，$\cdots$，E_N，总热电势为

$$E_{串} = E_1 + E_2 + E_3 + \cdots + E_N = NE$$

式中：E 为 N 支热电偶的平均热电势。

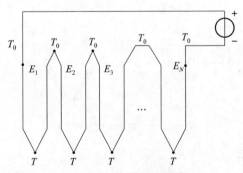

图 10-14　热电偶串联线路

串联线路的总热电势为 E 的 N 倍，$E_{串}$ 所对应温度可由 $E_{串}$—t 关系求得，也可根据平均热电势 E 在相应的分度表上查得。串联线路的主要优点是热电势大，精度比单支高；主要缺点是只要有一支热电偶断开，整个线路就不能工

作，个别短路会引起示值显著偏低。

2）热电偶并联测量线路

如图 10 – 15 所示，将 N 支相同型号热电偶的正负极分别连在一起，如果 N 支热电偶的电阻值相等，并联电路总热电势为

$$E_{\text{并}} = \frac{E_1 + E_2 + E_3 + \cdots + E_N}{N}$$

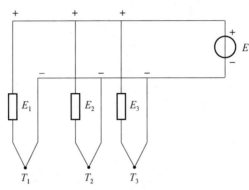

图 10 – 15　热电偶并联线路

由于并联电路总热电势是 N 支热电偶的平均热电势，可直接按相应的分度表查对温度。与串联线路相比，并联线路的热电势小，当部分热电偶发生断路时不会中断整个并联线路的工作。

3）温差测量线路

实际工作中常需要测量两处温差。可选用两种方法测温差，一种是两支热电偶分别测量两处温度，然后求算温差；另一种是将两支同型号热电偶反串联，如图 10 – 16 所示，直接测量温差电势，然后求算温差。前一种测量比后一种测量精度差，对于要求较精确小温差测量，应采用后一种测量方法。

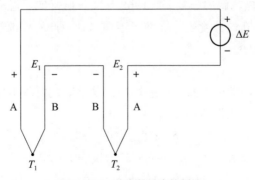

图 10 – 16　热电偶反串接测温

4）自动电位差计测温线路

如果要求高精度测温并自动记录，常采用自动电位差计线路。图 10 - 17 所示为自动电位差计测温线路，图中 R_w 为调零电位器，在测量前调节它使仪表指针置于标度尺起点。

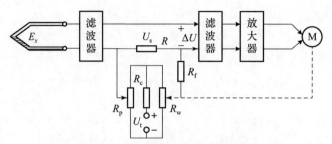

图 10 - 17　自动电位差计测温线路

4. 热电偶测温误差分析

使用热电偶进行测温，结果中不可避免地存在测量误差。引起测量误差的原因是多方面的，下面介绍几种主要的误差来源及处理方法。

1）分度误差

热电偶分度是指在给定温度下测定热电偶的热电势，以确定热电势与温度之间的对应关系。有两种方法：标准分度表分度和单独分度。工业上常用的标准热电偶采用标准分度表分度，而一些特殊用途的非标准热电偶则采用单独分度。这两种分度方法均有自己的分度误差。在使用时应注意热电偶的种类，以免引起不应有的误差。

标准分度表对同一型号热电偶的电势起着统一的作用，这对工业标准热电偶及其配套的显示和记录仪器的生产和使用具有重要意义。过去，中国工业使用的是铂铑$_{10}$ - 铂热电偶的分度表，1968 年实行国际实用温标后，中国的工业标准热电偶均采用新的分度表。在使用不同时期生产的标准热电偶时，应注意其分度号，以免混淆。

2）仪器误差

工业上使用的标准热电偶，一般均与自动平衡式电子电位差计、动圈式仪表配套使用，仪表引入误差为

$$\delta = (T_{max} - T_{min})K \tag{10 - 16}$$

式中：T_{max}，T_{min} 为仪表量程上、下限；K 为仪表的精度等级。

由式（10 - 16）求得的为仪表的基础误差，当其工作条件超出额定范围时还存在附加误差。为了减小仪表引入误差，应选用精度恰当的显示、

记录仪表。

3）引线误差

有两种误差：一种是由于引线和配用热电偶的热特性不一致造成的；另一种原因是导线和热电偶参考端两点之间的温度不一致。应尽可能避免此误差。

4）传热误差

当使用热电偶进行测温时，无论被测介质温度高于或者低于环境温度，都会通过热电偶进行热交换。当环境温度低于被测介质的温度时，沿着热电极存在热量散失。当环境温度高于被测介质的温度时，热量沿着热电极被吸收。使得热电偶工作端与被测介质的接触点处温度发生变化，引入测量误差。消除传热误差的有效方法是热电偶工作端与被测介质表面接触后沿等温线再敷设一段长度。

5）绝缘误差

热电偶测温系统是两种不同的导体材料组成的闭合回路，其会由于两端点温度差异而产生热电动势及电流，确定温度与热电动势之间的关系后即可测量温度；如保护管或接线板的污垢或盐渣过多会使热电偶极间与保护管绝缘不良，特别是温度越高其影响就越大，从而引起热电势的损耗，加大热电偶测温误差。针对热电偶绝缘导致的误差可在热电偶与保护管之间采用物理隔离的方法，如填充绝缘物，保护管对热电偶热电动势的影响即会被阻断；保护管内壁要采用高压清洗，将杂质、污垢导致的绝缘不良降至最低；此外，接线板处要保证良好密封，且工作环境要保持清洁、卫生，减少外部环境导致的氧化物，降低其对热电偶电动势的影响。

6）老化误差

热电偶经过一段时间使用后，热电特性将发生变化，这种现象称为老化。发生老化的主要原因是热电偶材料长期在高温作用下变质，减小或消除该误差的方法是定期对热电偶进行校验。

7）参比端温度误差

对于应用补偿电桥法补偿的自由端温度，只能在个别设计温度下才能完全补偿，其他各点将存在误差。

8）动态响应误差

在测温过程中，接触式温度计根据热平衡原理工作。温度测量元件需要与被测介质接触并进行充分的热交换以实现热平衡。温度测量元件和被测介质之间的热平衡需要一定的时间，也就是说，当被测介质的温度是一个变量时，热电偶工作端的温度与被测介质温度之间存在时间滞后问题。经分析，热电偶是一种一阶线性测量器件，它的工作状态可用微分方程表示，即

$$\tau \frac{dT}{dt} + T = T_i \qquad\qquad (10-17)$$

式中：T 为热电偶所指示的温度函数；T_i 为被测介质温度变化规律；τ 为热电偶的时间常数。

从式（10-6）中可以看出，时间常数 τ 越大，热电偶的动态响应误差 $T_i - T$ 就越大。时间常数不仅取决于热电偶材料的热导率、热电偶接点的表面积、容积、热容，还取决于被测介质的热容和热导率等，即

$$\tau = \frac{C\rho V}{\alpha A_0} \qquad\qquad (10-18)$$

式中：C 为热电偶接点热容；ρ 为热电偶接点密度；V 为热电偶接点容积；α 为传热系数；A_0 为热电偶接点与被测介质接触的表面积。

每个热电偶的时间常数可以通过试验方法确定。减小时间常数的措施如下：第一是减小热电偶接触点的体积，热容量也会随着接触体积的减小而减小，传热系数会随着接触尺寸的减小而增大；第二是增加热电偶接触点和被测介质接触的表面积。对于具有相同体积的热电偶接点，如果球体被压成扁平形状，则体积保持不变，表面积增加，这样可以减小时间常数。实际使用中，电偶丝的粗细、保护管直径的大小均会直接影响到热电偶动态响应时间，因此要选择较细的偶丝及较小的保护管，并在满足设计强度的前提下尽量选择比热容小、导热好的套管材料，在测量端与套管之间填充导热材料，或直接裸露测量材料，也可将其直接连接至套管等，将热端测量传递中的热用量降至最低。

|10.2 热电阻测温技术|

电阻温度计，也称为电阻温度探测器（RTD），是一种使用已知电阻随温度变化特性的材料制成的温度传感器。由于热电偶在低温范围中产生的热电势小，因而对测量仪表的要求比较严格，并且尽管热电偶可以测量 -270 ~ 2 800 ℃ 范围内的温度。但是，当温度低于 500 ℃ 时，热电偶的灵敏度较低，测量结果的相对误差显得特别突出。然而，采用热电阻温度计测量低温是很适宜的，在测量低于 500 ℃ 的温度时，一般利用电阻温度计测温。

电阻温度计作为比较广泛应用的测温元件之一，具有互换性好、耐腐蚀、性能稳定、测量精度高、灵敏度高、使用方便等优点，并且在 500 ℃ 以下输出信号比热电偶大得多；输出的电信号易于实现远距离传输控制和多点

自动测量。

电阻温度计是根据电阻的热效应特性制成的，通过感温热电阻的阻值变化进行测温，工业上的做法经常是将热电阻接到电桥的电桥臂上，通过测量电桥两端输出的不同的电流，转化为温度的不同值，从而知晓测得的温度。在工业生产、国防建设中广泛应用电阻温度计测量 $-250 \sim 500$ ℃的温度。电阻温度计按材料的导电性能可分为金属热电阻和半导体热敏电阻两类。

10.2.1 金属热电阻测温

金属热电阻具有测温范围大、稳定性好和耐氧化等特点，在温度测量中占有重要的地位，因而在工程控制中得到广泛的应用。最常用的电阻温度计都采用金属丝绕制成的感温元件，常用的标准化金属热电阻主要有铂电阻温度计和铜电阻温度计两种，在低温下还有碳、锗和铑铁电阻温度计。

绝大多数金属导体的电阻随温度的升高而升高，金属丝电阻温度计就是利用这一性质进行工作的。金属热电阻可以用下列函数表示其电阻值和所测温度之间的关系：

$$R_t = R_{t_0} \left[1 + \alpha(t - t_0) \right] \qquad (10 - 19)$$

式中：R_t 为温度为 t 时的电阻值（Ω）；R_{t_0} 为温度为 t_0 时的电阻值（通常 $t_0 = 0$ ℃）（Ω）；α 为温度系数（℃$^{-1}$）。

1. 铂电阻温度计

精密的铂电阻温度计是目前最精确的温度计，温度覆盖范围为 $-259.34 \sim 629.85$ ℃，其误差不大于 10^{-4}℃，规定铂的纯度为（R_{100}/R_0）$> 1.392\ 5$（R_{100} 表示 100 ℃时铂电阻的阻值，R_0 表示 0 ℃时铂电阻的阻值）。对于工程中应用的铂电阻的纯度为 $R_{100}/R_0 > 1.391$。铂电阻温度计是能复现国际实用温标的基准温度计。铂热电阻采用高纯度铂丝绕制而成，具有测温精度高、性能稳定、复现性好、抗氧化等优点，因此在基准、试验室和工业中被广泛应用。但其在高温下容易被还原性气氛所污染，使铂丝变脆，改变其电阻温度特性，所以需用套管保护方可使用。铂丝纯度是决定温度计精度的关键。铂丝纯度越高其稳定性越高、复现性越好，测温精度也越高。目前，我国工业、国防上应用的铂电阻温度计的分度号为 Pt10、Pt100 和 Pt1000，对应的电阻值分别为 10 Ω、100 Ω 和 1 000 Ω。热电阻的初值 R_0 的大小应适中，从减小引出线和连接导线电阻变化的影响以及提高热电阻灵敏度两方面考虑，希望 R_0 越大越好；从减小热电阻体积、减小热惯性、提高温度响应能力和减小热电阻本身发热造成测温误差方面考虑，希望 R_0 越小越好。

2. 铜电阻温度计

铜电阻温度计在测温范围内电阻值和温度呈线性关系，温度系数大，适用于无腐蚀介质，而且材料容易提纯，价格比较便宜，但在温度超过 150 ℃ 时易被氧化，因此在 –50 ~ 150 ℃ 温度范围内，大都使用铜电阻温度计测温。另外，铜的电阻率较小，只有 0.017 Ω·m，因此要制作一定阻值的铜电阻温度计，其铜丝的直径要取得很细，长度做得很长，从而使得体积增大，机械强度降低。

我国最常用的铜电阻温度计的分度号为 Cu50 和 Cu100，对应的电阻值为 50 Ω 和 100 Ω。

10.2.2　半导体热敏电阻测温

半导体电阻温度计是采用金属（镍、锰、铜、钛铁、镁）氧化物的粉末按一定比例混合并在 1 000 ~ 1 300 ℃ 的高温下烧结而成的半导体材料制成的。利用半导体热敏电阻作为感温元件的半导体电阻温度计。半导体热敏电阻的阻值和温度关系的函数表达式为

$$R_t = Ae^{B/t} \tag{10-20}$$

式中：R_t 为温度为 t 时的阻值（Ω）；A、B 为常数，由材料的物理性质决定。

相对于金属热电阻，半导体热敏电阻的温度系数更大，常温下的电阻值更高（通常在数千欧以上），而且有正或负的温度系数；电阻率大，可以做成体积很小而电阻很大的电阻温度计；热容小，可用来测量点的温度。但是其性能不稳定，测温精度差；同一型号的热敏电阻的电阻温度特性分散；互换性较差，电阻值的变化与温度的变化非线性严重；且测温范围只有 –50 ~ 300 ℃。因此，半导体热敏电阻的应用受到一定限制。

|10.3　热辐射测温技术|

任何物质，因为与其内部能相关的分子和原子的激发，都会持续地发出电磁辐射。而热辐射是指物质所发出的波长 0.1 ~ 100 μm 的辐射热射线（包括紫外光边缘的长波部分、可见光和红外光部分区域）在空间转移能量的现象，在平衡状态下，这种能量与物质的温度成比例。

在一些用途中，热辐射变得很重要，其中一个理由就是，它所发射出的辐射依赖于温度。与热传导、对流相比，两点间的热量转移大致依赖于温差，但

两点间的热量转移则依赖于两点间的热力学温度差。该方法的另一个重要特征是，两个位点间的热量交换无须任何媒介，可以直接在真空中进行，这也是该方法区别于传统的热传导和对流的本质。通过对目标辐射能量的分析，可以得到目标辐射能量的变化情况，即辐射测温。

辐射温度测量技术具有以下优点。

（1）无接触测量，对被测媒质的温度场无任何影响。

（2）无接触式，测温器不一定要与被测量物保持同一温度，测量值有很高的上界。

（3）测温器无须与被测物达到热平衡，具有较低的热滞和快速的反应能力。

（4）辐射型测温仪具有信号强、灵敏度高等优点。

辐射型测温技术存在着结构烦琐、测量准确度低等问题。

本节将重点讨论热辐射温度计、比色温度计以及红外辐射温度计。

10.3.1　全辐射测温技术

1. 辐射测温的物理基础

物体吸收、反射和穿透热能的能力与物体本身的性质有着密切的关系。例如，落在某物体的总热能用 Q 表示，被物体吸收、反射和穿透的能量分别用 Q_A、Q_B、Q_C 表示，则物体的吸收率 $A = Q_A/Q$、反射率 $B = Q_B/Q$、穿透率 $C = Q_C/Q$。当 $A = 1$ 时，则表示物体上的热辐射能全部被吸收，这种物体称为绝对黑体；当 $B = 1$ 时，则表示物体上的热辐射能全部被反射，这种物体称为绝对白体；当 $C = 1$ 时，即物体上的热辐射能全部被穿透，这种物体称为绝对透明体。在现实中，一般物体的 A、B 和 C 均小于 1，并不存在绝对黑体、绝对白体和绝对透明体，工程上遇到的物体都有吸收、反射和穿透的特性。如果某种物体的 A 在固定温度下对所有波长 λ 都保持不变，则这种物体就称为灰体。

辐射能力是指物体在单位时间内每单位面积所辐射出的辐射能量，用 E 表示，即

$$E = Q/F \tag{10-21}$$

这个辐射能量包含波长 λ 从零到无穷大的所有波长的总辐射能量。

单色辐射能力 E_λ 表示单位时间内每单位面积上辐射出某一固定波长的辐射能量，即

$$E_\lambda = \mathrm{d}E/\mathrm{d}\lambda \tag{10-22}$$

普朗克定律表明：绝对黑体的单色辐射能力 $E_{0\lambda}$ 随波长 λ 和绝对温度 T 变

化而变化，其关系式为

$$E_{0\lambda} = c_1 \lambda^{-5} (e^{\frac{c_2}{\lambda T}} - 1)^{-1} \tag{10-23}$$

式中：c_1 为第一辐射常量，$c_1 = 3.741\ 8 \times 10^{-16}\ \text{W} \cdot \text{m}^2$；$c_2$ 为第二辐射常量，$c_2 = 1.438\ 8 \times 10^{-2}\ \text{m} \cdot \text{K}$。

普朗克定律只给出绝对黑体单色辐射能力随温度的变化规律，若要得到波长 λ 在 $0 \sim \infty$ 全部辐射能力的总和 E_0，把 $E_{0\lambda}$ 对 λ 从 $0 \sim \infty$ 进行积分，即

$$E_0 = \int_0^\infty E_{0\lambda} \mathrm{d}\lambda = \int_0^\infty c_1 \lambda^{-5} (e^{\frac{c_2}{\lambda T}} - 1)^{-1} \mathrm{d}\lambda = \sigma T^4 \tag{10-24}$$

式中：σ 为斯忒藩 – 玻耳兹曼常量，$\sigma = 5.67 \times 10^{-8}\ \text{W}/(\text{m}^2 \cdot \text{K}^4)$。

式（10 – 24）称为斯忒藩 – 玻耳兹曼定律，也称全辐射定律。该定律表明：绝对黑体的全辐射能力和绝对温度的四次方成正比，该式是全辐射高温计测温的理论基础。

由式（10 – 24）可知，若绝对黑体的全辐射能力已知，就可得到绝对温度。全辐射高温计是以黑体的辐射能力与温度的关系进行刻度的。而在现实情况中，被测物体是以灰体性质存在的。灰体的全辐射能力与温度的关系为

$$E_{0h} = \varepsilon_T \sigma T^4 \tag{10-25}$$

式中：ε_T 为灰体物体的全辐射黑度。

由此可以看出，用全辐射型高温计测灰对象的温度，其测量值总是比对象的实际温度要低，即所谓的辐射温度。辐射温度：当灰体物体在温度为 T 时，所辐射的总能量 E_{0h} 与黑体在温度 T_p 时所辐射的总能量 E_0 相等时，这种黑体的温度 T_p 称为物体的辐射温度。从这里可以得出

$$\begin{cases} \varepsilon_T \sigma T^4 = \sigma T_P^4 \\ T = T_P^4 \left(\dfrac{1}{\varepsilon_T} \right)^{\frac{1}{4}} \end{cases} \tag{10-26}$$

从式（10 – 26）可知，当使用全辐射高温计测量灰体物体的温度时，它的温度计读数是被测物体的辐射温度，再从已知物体的全辐射黑度中，就可以换算出被测物体的真实温度。

表 10 – 2 列出了一些灰色物体的全辐射黑度。

表 10 – 2　灰体物质在不同温度下的全辐射黑度值

材料	温度范围/℃	ε_T	材料	温度范围/℃	ε_T
生铁	1 300	0.29	镍	1 000 ~ 1 400	0.056 ~ 0.069

材料	温度范围/℃	ε_T	材料	温度范围/℃	ε_T
铁	1 000 ~ 1 400	0.08 ~ 0.13	氧化镍	600 ~ 1 300	0.540 ~ 0.87
未加工的铸铁	925 ~ 1 115	0.80 ~ 0.95	镍铬合金	125 ~ 1 034	0.640 ~ 0.76
抛光的铁	425 ~ 1 020	0.14 ~ 0.38	铂丝	225 ~ 1 375	0.073 ~ 0.182
抛光的铸钢件	770 ~ 1 040	0.52 ~ 0.56	硅砖	1 000 ~ 1 100	0.800 ~ 0.85
抛光的钢板	940 ~ 1 100	0.55 ~ 0.61	耐火黏土	1 000 ~ 1 100	0.750
氧化铁	500 ~ 1 200	0.85 ~ 0.95	煤	1 000 ~ 1 500	0.520
熔化的铜	1 100 ~ 1 300	0.15 ~ 0.13	钽	1 300 ~ 2 500	0.190 ~ 0.30
氧化铜	800 ~ 1 100	0.66 ~ 0.54	钨	1 000 ~ 3 000	0.150 ~ 0.34
铝	200 ~ 600	0.11 ~ 0.19	银	1 000	0.035
铬	100 ~ 1 000	0.08 ~ 0.26			

2. 全辐射高温计结构与工作原理

该仪器由三大部分组成：辐射感温器、辅助设备和显示器。

辐射式温度传感器的工作原理是把被测量对象的辐射能转换成热电势。普通 WFT - 202 型全辐射式温度测量仪，其辐射式温度传感器的结构如图 10 - 18 所示。从被测量对象发出的热辐射，通过对像镜头，将所发出的热能集中到一个热电堆（由一套极薄的镍铬—康铜热电偶组成）上，然后以与被测量对象的表面温度成正比的温差电位，用电位差计或数字电压表来记录。

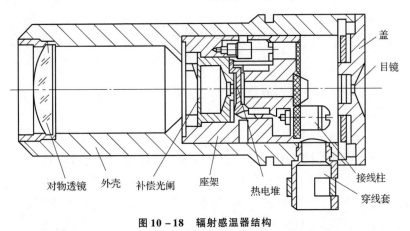

图 10 - 18 辐射感温器结构

对物透镜　外壳　补偿光阑　座架　热电堆　接线柱　穿线套　盖　目镜

10.3.2　比色测温技术

1. 测试原理

由维恩位移规律可知，随着温度的增加，其单色光强也随之增加，并随着波长的增加而增加，其增加幅度随着波长的增加而增加，其峰随着波长的减少而增加。与此同时，在同样的条件下，辐射能量的频谱分布也会按照同样的规则进行变化。所以，在同样的温度下，不同的波长 λ_1 和 λ_2 和相应的亮度以及亮度比值也会发生变化，通过亮度比值，就可以判断出绝对黑体的温度。

温度为 T_s 时，波长为 λ_1 和 λ_2 的绝对黑体所对应的亮度为

$$\begin{cases} L_{0\lambda_1} = cc_1\lambda_1^{-5}\,e^{-\frac{c_2}{\lambda_1 T_s}} \\ L_{0\lambda_2} = cc_2\lambda_2^{-5}\,e^{-\frac{c_2}{\lambda_2 T_s}} \end{cases}$$

以上两式相除并取对数，可得

$$T_s = \frac{c_2\left(\dfrac{1}{\lambda_2} - \dfrac{1}{\lambda_1}\right)}{\ln\dfrac{L_{0\lambda_1}}{L_{0\lambda_2}} - 5\ln\dfrac{\lambda_2}{\lambda_1}} \tag{10-27}$$

由式（10-27）可知，在预先规定的 λ_1 和 λ_2 波长情况下，若该波长的亮度比已知，即可求得绝对黑体的温度。

利用这种方法对灰色物体进行温度测定，其结果被称作比色温度或颜色温度。比色温度的定义是：当温度为 T 的灰体在两个波长的亮度比值与温度为 T_s 的绝对黑体在上述两个波长的亮度比值相等时，T_s 就称为该灰体的比色温度。

根据上述定义，应用维恩公式，由黑体和灰体的单色亮度可得到

$$\frac{1}{T} - \frac{1}{T_s} = \frac{\ln\dfrac{\varepsilon_{\lambda_1}}{\varepsilon_{\lambda_2}}}{c_2\left(\dfrac{1}{\lambda_1} - \dfrac{1}{\lambda_2}\right)} \tag{10-28}$$

式中，T 为被测物体的真实温度；T_s 为被测物体的比色温度；ε_{λ_1}、ε_{λ_2} 为被测物体在波长 λ_1 和 λ_2 时的单色辐射黑度系数。

由式（10-28）可知，若已知被测物体的单色辐射黑度系数 ε_{λ_1} 和 ε_{λ_2}，可由实测的被测物体的比色温度换算出真实温度。在设计比色高温计时，选择合适的滤光片，使 λ_1 和 λ_2 之间满足 $\varepsilon_{\lambda_1} = \varepsilon_{\lambda_2}$，则 $T = T_s$。实际上，由于比色高温计所选波长 λ_1 和 λ_2 非常接近，单色辐射黑度系数 ε_{λ_1} 和 ε_{λ_2} 也非常接近。因此，当比色高温计上不安装任何滤光片时，物体的比色温度与真实温度相差很小。

图 10-19 是 WDS-2 型光电比色高温计的工作原理图，包含变送器和电子电位差计两部分。被测对象的辐射能经物镜 1 聚焦后，经平行平面玻璃 2 成像于光阑 3，再经光导棒 4 混合均匀后投影在分光镜 5 上。分光镜将辐射能分为波长为 λ_1 和 λ_2 的两部分，其中波长为 λ_2 的长波（波长约为 1 μm 的红外光）穿过，经红外滤光片 8 将少量短波部分滤掉，然后由红外接收元件的硅光电池 9 接收，转换成电信号后输入给经改装的电子电位差计。同时，分光镜使波长为 λ_1 的短波（波长约为 0.8 μm 的可见光）部分反射，并经可见光滤光片 6 将其少量的长波部分滤掉，由可见光接收元件的硅光电池 7 接收并转换成电信号，同样也输入给经改装的电子电位差计。

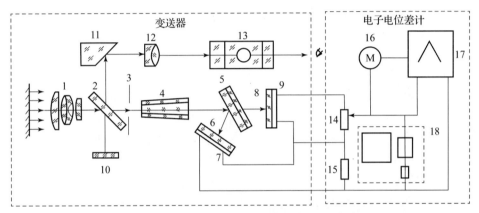

图 10-19　WDS-2 型光电比色高温计的工作原理图

1—物镜；2—平行平面玻璃；3—光阑；4—光导棒；5—分光镜；6—可见光滤光片；

7、9—硅光电池；8—红外滤光片；10—瞄准反射镜；11—圆柱反射镜；12—目镜；

13—多夫棱镜；14—控制电位器；15—负载电阻；16—可逆电动机；17—放大器；18—回零器

光阑 3 前的平行平面玻璃 2 将部分光线反射至瞄准反射镜 10 上，再经圆柱反射镜 11、目镜 12、多夫棱镜 13，从观察系统便能清晰地看到被瞄准的被测对象。

当两个硅光电池 7 和 9 的输出信号电压不相等时，测量电桥失去平衡，不平衡信号经电子电位差计的放大器 17 放大后，驱动可逆电动机带动指针向一定方向移动，直至电桥平衡。此时，指针在刻度标尺上所指示的位置，即为两硅光电池输出电压的比值，也就是被测对象的比色温度。

WDS-2 型光电比色高温计具有 800~1 600 ℃、1 200~2 000 ℃ 两个挡位，其测量精度为上限的 1%。比色高温计比其他辐射式高温计的测温准确度要高，这是因为：①中间介质（如水蒸气、一氧化碳、二氧化碳和灰尘等）的吸收对单色辐射强度比值的影响较小；②色温与实际温度相近，在不能确定被测量对象的全辐射黑度和单色辐射黑度系数的情况下，用比色温度取代实际温度，可以较精确地测量物体；③被测对象的黑度系数难以精确测量，而对象的两种波长的单色辐射黑度系数之比却能精确测量。因此，利用式（10-28）对比色温度进行校正是十分精确的。

2. 比色测温误差修正

比色法是一种以热辐射原理为基础的测量方法，其测量值与真实的物体温度存在较大差异，尽管在某些方面其测量效果要好于单色辐射、全辐射等测温方法，但其测量结果的误差仍然不容忽视。已有的试验结果显示，比色测温在测量金属表面热加工过程时的误差达 9.5%~13%，在测量 FAE 爆炸火球温度时的单次误差为 7.8%~16.7%。

在测温原理方面，以下几个方面的近似处理会引起一些误差。

（1）不同波长下物体的发射率之比等于 1，但是物体的发射率有所不同，而且在燃爆高温条件下发射率会随高温产物产生较大变化，因此产生偏差。

（2）在进行结果的运算时，选择了固定的波长，但因为光线接收元件自身所接收的是一个波段的光谱辐射，其中心波长为某个数值，所以在进行运算时应予以考虑。

（3）测温时，不考虑介质和产物对辐射的吸收和散射所引起的衰减，而粉尘爆炸产生的产物为多相流动，高温、高压、高速，可能会产生很大的衰减。

对于测温系统来说，感光元件对温度的敏感度、辐射接收程度、波长及双波段间隔的选取、测温角度距离、响应时间、放大电路等，以及仪器自身散发的热量和环境辐射都会对结果的准确性产生影响。

下面简要地叙述一些对比色测温结果的精度有一定影响的因素和它们的校正方法。

1）光探测器性能

在温度测量装置的设计中，光电探测器的选用是一个很重要的问题。光电探测器是一种将可见光、红外、紫外光等能量转换为电信号的装置。按其工作原理，可将检测器大致划分为两种类型，即热释电检测器和光检测器。

热释电探测器在吸收红外线辐射时，首先使其升温，继而使一些物性参数发生改变，从而产生一种电信号，用来表示被吸收的红外辐射的能量或功率。目前，应用最广泛的热释电检测技术有热电偶、热敏电阻、热堆、TGS 等，这些技术都存在着响应速度慢、检测精度低等问题。

光电探测器是一种基于光子效应的红外探测器。常见的光电探测器包括光电子发射器件（如光电二极管）、光电导探测器（如 HgCdTe 探测器）、光生伏特器件（如光敏二极管）、光磁电探测器（如 InSb 探测器）。光电探测器最常采用的是光电倍增管（Photo Multiplier Tube，PMT）。这种光电探测器是基于光电子发射、二次电子发射以及电子光学的原理，在透明的真空壳中安装了特殊的电极的器件。光电倍增管灵敏度高，响应速度快，可使时间分辨率达纳秒级。它能在低能级光度学和光谱学方面测量 200～1 200 nm 波长范围内的极微弱辐射功率。

2）最优波长及间隔的选择

黑体的辐射强度与温度、波长等参数有关，由于波长的变化，被测对象热辐射的发射和接收程度也会发生变化。所以，如何选取合适的工作波长，以确保被测物质的能量与温度呈单值函数关系，是实现辐射测温的关键。而对于比色传感器，其波长的选取更加复杂，既与单个探测器的光能量的响应灵敏度有关，也与双通道的能量分辨度有关，具体主要考虑以下三个方面情况。

（1）选取的波长应为所测温度范围内发射的谱线，依据维恩移动规律，2 000～3500 K 时，火焰或爆轰产物（可看作是黑体）的最大吸收波长应在 0.83～1.45 μm，这是各通道光谱波长选取的共性。

图 10-20 表示了在不同的吸收波长下，该仪器的理论输出光电流信号强度 $I(\lambda, T)$ 随着温度的改变而改变。由图可见，电流信号的强弱与所选用的工作波长密切相关，尤其是 2 500 K 以上的影响更加明显。

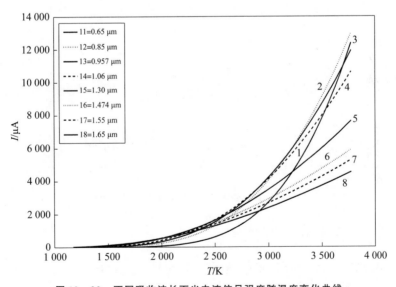

图 10-20 不同吸收波长下光电流信号强度随温度变化曲线

（2）比色测温可以排除烟雾、粉尘等中型介质的影响，但无法排除选择性吸收介质，需要尽量避免。在爆轰产物中主要是非对称分子结构的气体，如

CO、CO_2、$H_2O(g)$以及固态 Al_2O_3 对红外辐射具有强烈的吸收作用，因此选择工作波段必须避开这些吸收带。

在近红外波段，水蒸气在 $0.94~\mu m$、$1.13~\mu m$、$1.47~\mu m$、$1.89~\mu m$ 和 $2.7~\mu m$ 附近有极窄的吸收波段，CO_2 和 CO 在 $2.7 \sim 4.3~\mu m$ 范围内有较大的吸收峰，而其他气体，例如臭氧以及高温固体粉尘等物质则在远红外区域产生较强的吸收，可以忽略不计。

（3）要选择合适的工作波长，从测量温度的精度来说，最好选择两个波长时，使两个波长的发射率非常接近，从而使比值和温度之间的关系更加准确；然而，如果两个波长之间的间隔太近，则会降低系统的响应灵敏度，特别是在高温条件下，会降低系统的信噪比。因此选取双波长及其间隔必须兼顾以上两方面。

3. 仪器及光路的校正

图 10 – 21 所示为试验测试爆炸瞬态温度场热辐射的光路示意图，比色测温仪最前端为一汇聚光能的凸透镜，焦距为 f；其后放置光电探测器以接收辐射能量，即光线进入仪器所成的像，探测器和透镜间的距离近似等于透镜的相距 v；A_s 为辐射能量经测温系统透镜后到达探测器的发光面积，直径为 d；A_r 为进入探测器视场的待测爆炸云雾的发射面积，直径为 D，此区域距仪器最前端凸透镜的距离为 L。$L:D$ 称为仪器的距离系数，具体值为 250 : 1。

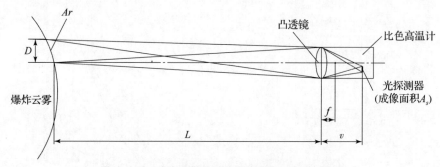

图 10 – 21　比色测温仪测试爆炸温度场光路示意图

10.3.3　红外辐射测温技术

图 10 – 22 所示为根据普朗克定律绘制的物体辐射能力与波长和温度的关系曲线。从该图可以看出，在 2 000 K 以下，该曲线的峰值所对应的波长已移至红外光区，而不是可见光（$400 \sim 760$ nm）。如果是不可见的红外光，则必须使用红外敏感元件（红外辐射测温仪）来探测。红外辐射测温仪由光学系

统、红外探测器、检测电路组成。

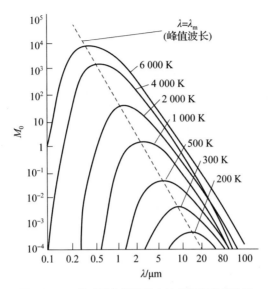

图 10 - 22　绝对黑体辐射能力波长和温度的关系

1. 光学系统

红外辐射测温仪的光学系统主要用于将被测物体辐射的红外线聚焦在红外检测器上，分为反射式和透射式两种。传统的反射式多采用表面镀有金、铝、镍或铬等对红外线辐射反射率很高的材料的凹面镜，这种凹面镜对红外线的吸收率较低，有利于提高设备的灵敏度，但其构造比较复杂。透射式光学系统中，透镜需要使用对所需波段红外线有良好透射性的材质，测量温度为 700 ℃ 及更高温度时，其探测范围为 0.76 ~ 3 μm 近红外区，可选用光学玻璃或石英。测量温度为 100 ~ 700 ℃ 的中温时，其探测范围以 3 ~ 5 μm 中红外区为主，一般采用氟化镁、氧化镁等热压光学材料制成透镜；在 100 ℃ 以下，以 5 ~ 14 μm 的中、远红外区为主要探测区域，目前多采用锗、硅、热压硫化锌等材料制作透镜。

2. 红外探测器

红外辐射测温仪中的红外探测器，是一种接收被测物体的红外辐射能，并把其转换为电信号输出的仪器。按工作原理，红外检测器可分为两种：一种是光电红外探测器，另一种是热敏红外探测器。

1）光电红外探测器

光电红外探测器的工作原理：一些材料中的电子在吸收了红外辐射之后，

其运动状态将会有变化，可以将其划分为两类：一类是光电导型，另一类是光生伏特型。

其中，光电导型探测器的敏感元件为光敏电阻。光敏电阻受红外辐射照射后，其电导率随受红外辐射照射而增大，且随接收辐射功率的变化而变化。光敏电阻是由不同种类的半导体材料制成的，它们仅对某一波段的辐射能具有响应。当前，最常见的是硫化铅（室温下它所探测的波段为 $0.4 \sim 3.2~\mu m$）、硒化铅（室温下它所探测的波段自可见光到 $4.5~\mu m$），还有砷化铟、锑化铟等，探测波长都不超过 $7~\mu m$，需要在较低温度下工作。

光生伏特型探测器的敏感元件是光电池，当它被红外线照射后就有电压输出，输出电压大小与所接收的辐射功率有关。锗光电池、硅光电池和碲锡铅三元合金光电池等都是比较常见的光电池。不同光电池具有不同的探测波段，如锗光电池的探测波长为 $0.4 \sim 2.5~\mu m$，硅光电池的探测波长为 $0.4 \sim 1.1~\mu m$，碲锡铅三元合金光电池在低温下的探测波长可达 $11~\mu m$。

2）热敏红外探测器

热敏红外探测器利用红外辐射的热效应原理，即物体受红外辐射能的作用而温度升高，然后用热敏感元件探测温度的变化。常用的热敏感元件主要有热敏电阻和热电偶。

|10.4　工程应用：温压战斗部爆炸温度场测试|

采用比色测温技术对某温压战斗部爆炸温度场进行测试，其测试原理为普朗克提出的黑体光谱辐射强度分布定律：

$$i'_{\lambda b}(\lambda, T) = \frac{2C_1}{\lambda^5 (e^{C_2 / \lambda T} - 1)} \qquad (10-29)$$

普朗克定律给出的是黑体辐射强度，实际测试条件与普朗克定律条件有以下不同。

（1）温压弹爆炸过程中，其产物不是黑体，而且发射率是变化的。

（2）测试仪器距离爆点较远，空气中水蒸气等环境因素对辐射能量具有吸收作用。

比色测温利用两种不同波长的探测器测得的辐射能量之比确定被测目标温度，能够有效消除发射率及其环境吸收辐射能量所造成的测试误差。

10.4.1　传感器布置

采用红外比色温度测试传感器进行温度测量，该传感器波长为 0.8 ~ 1.2 μm，传感器量程 3 500°，响应时间不大于 10 μs。记录仪采用 32 通道瞬态记录仪记录战斗部作用过程中的辐射能量，采样频率 1 MHz，记录长度 8 s。

测温系统试验现场布置如图 10 - 23 所示。温度探测器位于距离爆心 800 m 处掩体中，共布设 8 个探测器，分别探测距离爆心为 - 50 m、- 30 m、- 20 m、0 m、20 m、30 m 和 50 m 处温度。传感器测点布置参数如表 10 - 3 所示。

爆点　　　　　　　　　　　　　　　　　　　　　　　红外比色测温系统

图 10 - 23　测温系统试验现场布置

表 10 - 3　传感器测点布置参数

测点位置	左路				右路			
距弹心水平距离/m	0	20	30	50	0	20	30	50
高度/m	6.5	6.0	5.0	4.0	6.5	6.0	5.0	4.0

10.4.2　测试结果

弹心位置（0 m）处温度传感器输出信号、信号比值、传感器特性曲线及其温度响应曲线如图 10 - 24 所示。

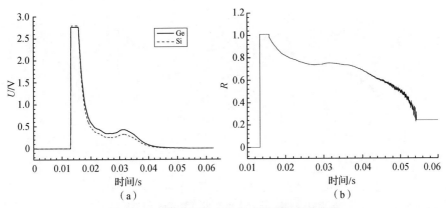

（a）　　　　　　　　　　　　　　　　　　　（b）

图 10 - 24　弹心位置（0 m）温度测试相关曲线

（a）温度传感器输出信号；（b）信号比值

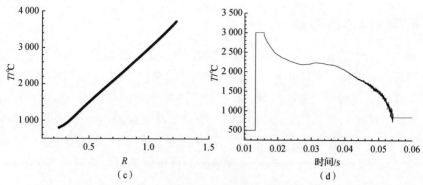

图 10 - 24　弹心位置（0 m）温度测试相关曲线（续）

（c）传感器特性曲线；（d）温度响应

根据两路信号比值及其传感器特性曲线，可得弹心位置处最高温度 3 010 ℃。

右路 0 m 处温度传感器输出信号、传感器特性曲线及其温度响应曲线如图 10 - 25 所示。

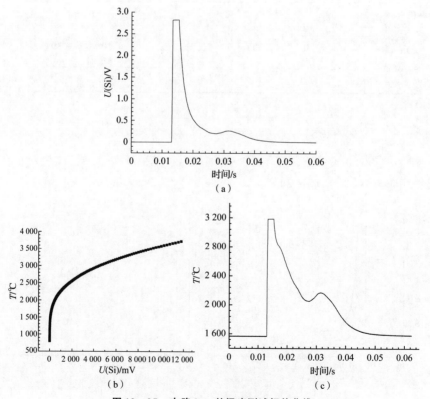

图 10 - 25　右路 0 m 处温度测试相关曲线

（a）温度传感器输出信号；（b）传感器特性曲线；（c）温度响应

根据辐射能量信号及传感器特性曲线，可得右路 0 m 处最高温度 3 180 ℃，如表 10 – 4 所示。

表 10 – 4 各测试点温度

测点位置/m		温度（max）/℃
左路	0	3 010
	20	2 430
	30	2 260
	50	1 560
右路	0	3 180
	20	2 325
	30	2 240
	50	1 920

第 11 章

虚拟试验测试技术

| 11.1　概述 |

"虚拟试验"一般指采用计算机和仿真软件进行的非实物性试验。随着计算技术的发展,虚拟试验测试技术已成为现代设计方法和测试技术的重要组成部分。爆炸虚拟测试技术通过采用先进的数值仿真软件对爆炸过程进行数值模拟仿真,可直观而详细地观测到作用过程及作用结果。由于爆炸虚拟试验代替实物试验,因而该方法具有直观性、周期短、经济性、交互性等特点。

1. 直观性

爆炸过程的瞬变特性使研究者只能直观地看到试验前后或部分中间状态,即便用先进的试验设备,也只能测量到有限信息量的某一物理参数。而通过仿真软件的虚拟试验可以得到整个爆炸过程任意时刻、任意位置的任意物理量,通过仿真可视化环境使得整个试验过程具有直观性。

2. 周期短

爆炸试验的准备周期一般较长,涉及药剂制备、零件机械加工、模具制作等过程。气候条件对试验也有影响,试验后现场的清理、各种试验仪器准备安装和调试等因素都会增加研究周期。而虚拟试验是在计算机上采用软件进行的,只需要建立正确的计算模型就可以计算,一些初始参数(初速、初始压力等）很容易以初始条件和边界条件的方式施加。采用先进的并行处理还可以提高计算速度，缩短计算时间。

3. 经济性

爆炸试验具有消耗性，这不仅是指被测试件消耗，还包括传感器等测试元件的损耗和一次性使用，有些大型试验的成本十分昂贵。而虚拟试验平台（计算机软、硬件）一次搭建，可以重复使用，不断进行性能升级。因而，虚拟试验可有效节约成本。

4. 交互性

借助于友好的可视化界面，提高虚拟试验过程的交互性，可以在虚拟试验进行的过程中干预试验或中止试验，提高计算效率或修正计算模型。

5. 虚拟试验与实物试验的关系

图 11 - 1 所示为虚拟试验与实物试验的关系。通过虚拟试验方案制定、试验模型计算、试验过程及结果分析，可提高对试验本质和细节的认识，在此基础上实现对试验方案的优化，以减少试验数量；同时，通过实物试验来验证虚拟试验的物理模型和计算模型的正确性，提高计算精度。

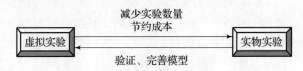

图 11 - 1　虚拟试验与实物试验的关系

在试验前先进行虚拟试验就能事先获得预测结果，这对保证试验测试成功非常有效。例如，空气中爆炸冲击波超压场测试试验，虚拟试验结果可对采用的传感器的采样频率、量程、记录长度的选择提供指导。虚拟试验同时也能对爆炸试验的危险性进行预测，事先采取有效的防护措施。

|11.2　虚拟试验原理|

虚拟试验的平台由计算机硬件系统和软件两部分组成。计算机可以是 PC 或工作站，也可以是具有高性能计算能力的超级计算机。软件包括前后处理和仿真主程序。目前，爆炸领域的仿真软件较多，有美国 ANSYS 公司的 AUTO-DYN、LSTC 公司的 LS – DYNA 和 MSC 公司的 DYTRAN 等。这些软件有包括拉格朗日（Lagrange）、欧拉（Euler）、任意拉格朗日 – 欧拉（ALE）、无网格（SPH）和拉格朗日 – 欧拉耦合等在内的不同计算方法，同时具有多种材料模型，部分软件还建有材料模型数据库供用户直接选用。

　　虚拟试验有三个步骤，即前处理、求解计算和后处理，其原理如图 11 – 2 所示。其中可视化技术和数据库是虚拟试验的两个支撑平台，可视化技术使得前后处理更简单，在求解过程直观地观测试验过程，提供了良好的人机交互环境，能对模型进行实时人为干预。

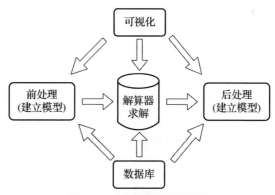

图 11 – 2　虚拟试验原理框图

11.2.1　前处理

　　前处理主要包括实体模型的离散化，选用材料模型，定义边界条件和初始条件，设置控制选项，其中包括求解时间，时间步长控制，输出变量类型和间隔时间等。有些结构复杂的虚拟试验可采用三维实体建模和专业网格生成软件来完成前处理的主要工作，实现计算机辅助设计（CAD）模型和计算机辅助工程（CAE）模型的无缝连接，提高对复杂问题的模拟能力。

11.2.2　求解计算

　　求解计算是将前处理建立的计算模型按照预先选定的算法进行数值计算的过程，是虚拟试验的核心。对于连续介质的非线性动力学分析，动力学系统可由质量守恒方程、动量守恒方程、能量守恒方程以及反映材料特性的状态方程和本构方程以及初始条件和边界条件来描述。基本方程形式如下。

　　质量守恒方程：

$$\rho = \frac{\rho_0 V_0}{V} = \frac{m}{V} \qquad (11-1)$$

动量守恒方程：

$$\begin{cases} \rho\ddot{x} = \dfrac{\partial\sigma_{xx}}{\partial_x} + \dfrac{\partial\sigma_{xy}}{\partial_y} + \dfrac{\partial\sigma_{xz}}{\partial_z} \\[2mm] \rho\ddot{y} = \dfrac{\partial\sigma_{yx}}{\partial_x} + \dfrac{\partial\sigma_{yy}}{\partial_y} + \dfrac{\partial\sigma_{yz}}{\partial_z} \\[2mm] \rho\ddot{z} = \dfrac{\partial\sigma_{zx}}{\partial_x} + \dfrac{\partial\sigma_{zy}}{\partial_y} + \dfrac{\partial\sigma_{zz}}{\partial_z} \end{cases} \qquad (11-2)$$

能量守恒方程：

$$\dot{e} = \frac{1}{\rho}(\sigma_{xx}\dot{\varepsilon}_{xx} + \sigma_{yy}\dot{\varepsilon}_{yy} + \sigma_{xx}\dot{\varepsilon}_{xx} + 2\sigma_{xy}\dot{\varepsilon}_{xy} + \sigma_{yz}\dot{\varepsilon}_{yz} + \sigma_{xx}\dot{\varepsilon}_{xx}) \qquad (11-3)$$

状态方程：

$$p = f(\rho, e) \qquad (11-4)$$

本构方程：

$$\sigma_{ij} = f(\varepsilon_{ij}, \varepsilon_{ij}, e, T, D) \qquad (11-5)$$

适用的主要算法有拉格朗日法、欧拉法、任意拉格朗日 – 欧拉法和无网格法。图 11 – 3 所示为拉格朗日法的计算循环过程。

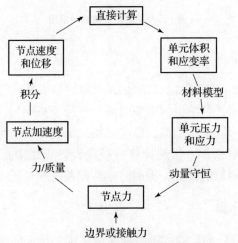

图 11 – 3 拉格朗日法计算循环过程

在爆炸仿真中炸药的状态方程可采用 JWL（Jones – Wilkins – Lee）状态方程，空气采用理想气体（Idea – gas）状态方程。

炸药 JWL 状态方程：

$$p = C_1\left(1 - \frac{\omega}{r_1 V}\right)\exp(-r_1 V) + C_2\left(1 - \frac{\omega}{r_2 V}\right)\exp(-r_2 V) + \frac{\omega e}{V} \quad (11-6)$$

式中：C_1、C_2、r_1、r_2、ω 均为常数；e 为炸药内能。

空气理想气体状态方程：

$$p = (\gamma - 1)\rho e + p_{\text{shift}} \quad (11-7)$$

式中：γ 为多方指数；p_{shift} 为初始压力。

11.2.3　后处理

后处理相当于实物试验测试后的数据读取和处理，可以得到测试参量（如应力、应变、速度、加速度和压力等数据）随时间的变化历程曲线，还可以进行切片处理、生成图片和动画等进一步处理。

|11.3　虚拟仪器|

11.3.1　概述

虚拟仪器是智能仪器之后的新一代测量仪器，是在电子仪器与计算机技术更深层次结合的基础上产生的一种新的仪器模式。虚拟仪器（Virtual Instrument）的概念是由美国国家仪器（NI）公司最先提出的，它是基于计算机的软硬件测试平台，可代替传统的测量仪器（如示波器、逻辑分析仪、信号发生器、频谱分析仪等），可自由构建成专有仪器系统，还可集成于自动控制、工业控制系统之中。

虚拟仪器不强调每一个仪器功能模块就是一台仪器，而是强调选配一个或几个带有共性的基本仪器硬件来组成一个通用硬件平台，通过调用不同的软件来扩展或组成各种功能的仪器或系统。

考察任何一台智能仪表，都可以将其分解成三个部分：一是通过数据的采集，将输入的模拟信号波形进行调理，并经 A/D 转换器转换成数字信号以待处理；二是数据的分析与处理，由微处理器按照功能要求对采集的数据做必要的分析和处理；三是存储、显示或输出，将处理后的数据存储、显示或经 D/A 转换成模拟信号输出。

一般智能仪表是由厂家将上述三种功能的部件根据仪器功能按固定的方式组建而成，通常一类仪器只有一种或几种功能。而虚拟仪器是将上述一种或多种功能的通用模块组合起来，通过编制不同的测试软件来构成任何一种仪器，而不是某几种仪器。例如，激励信号可先由微机产生数字信号，再经 D/A 转换产生所需的各种模拟信号，这相当于一台任意波形发生器。大量的测试功能都可通过对被测信号的采样、A/D 转换成数字信号，再经过处理，即可直接用数字显示从而形成数字电压表，或用图形显示从而形成示波器，或者再对数据进一步分析即可形成频谱分析仪。其中，数据分析与处理以及显示等功能可以直接由软件完成。这样就将由传统硬件构成一件件仪器然后再连成系统的模式，变为由计算机、A/D 转换器及 D/A 转换器等带共性硬件资源和应用软件共同组成的虚拟仪器系统。目前，许多厂家已研制出多种用于构建虚拟仪器的数据采集卡（DAQ），一块 DAQ 可以完成 A/D 转换、D/A 转换、数字输入/输出、计数器/定时器等多种功能，再配以相应的信号调理电路组件，即可构成能生成各种虚拟仪器的硬件平台。目前，由于受器件和工艺水平等方面的限制，这种通用的硬件平台还只能生成一些速度或精度不太高的仪器，现阶段的虚拟仪器硬件系统还广泛使用原有的能与计算机通信的各类仪器。例如，CP－IB 仪器 VXI 总线仪器、PC 总线仪器以及带有 RS－232 接口的仪器或仪器卡。图 11－4 所示为现阶段虚拟仪器系统硬件结构的基本框图。

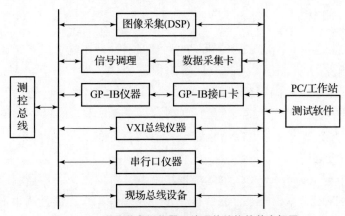

图 11－4　现阶段虚拟仪器系统硬件结构的基本框图

目前，虚拟仪器系统开发采用的专用总线主要是 VXI 总线和 PXI 总线，已经被 PC 广泛采用的 USB 通用串行总线和 IEEE 1394 总线（Fire Wire，火线）也逐步得到开发与应用。

VXI（VME bus eXtension for Instrumentation）系统是一种模块化的仪器系统平台，它是标准工业微机总线 VME 在仪器领域中的扩展。用 VXI 组成的虚拟仪器，适用于测试项目复杂、测试工作量大、精度高、要求测试速度高且空间狭小环境较恶劣的地方，多用在高科技和军工部门。在我国，由于 VXI 价格较高，推广应用受到一定限制，主要集中在国防军工领域。

PXI（PCI eXtension for Instrumentation）模块仪器系统，是将 PCI 总线扩展到仪器方面而推出的以 PC 为基础的高性能低价位的模块仪器测量系统。PXI 是与 Compact PCI（CPCI）完全兼容的系统，它充分利用了当前最普及的台式计算机高速标准总线 PCI，在保留 PCI 总线与 Compact PCI 模块结构的所有优越性能（如易于系统集成，优良的力学性能，数据传输速率高以及比台式计算机更多的扩展槽等）的同时，还增加了成熟的技术规范和要求。它通过增加用于多板同步的触发总线和参考时钟，用于进行精确定时的星形触发总线，以及用于相邻模块间高速通信的局部总线来满足试验和测量用户的要求。再加上用户熟悉使用的 Microsoft Windows 软件，使得 PXI 系统集诸方面优点于一身，成为一种新型的虚拟仪器系统。

基本硬件确定之后，要使虚拟仪器能按用户要求自行定义，必须有功能强大的应用软件。由于相应的软件开发环境并不理想，用户花在编制测试软件上的工时与费用相当高，即使使用 C、C ++ 等高级语言，也很难缩短开发周期。因此，世界各大公司都在改进编程及人机交互方面做了大量的工作，其中基于图形的用户接口和开发环境是软件工作中最流行的发展趋势。典型的软件产品有美国 NI 公司的 LabVIEW 和 LabWindows，HP 公司的 HP VEE 和 HP TIG，Tektronix 公司的 Ez – Test 和 Tek – TNS 等。图 11 – 5 所示为美国 NI 公司开发的图形开发软件 LabVIEW 和 Lab Windows 的软件系统体系结构。

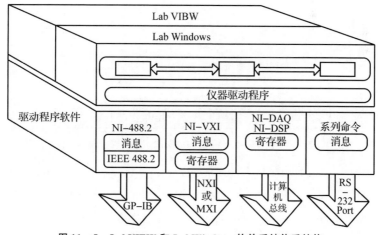

图 11 – 5　LabVIEW 和 LabWindows 软件系统体系结构

11.3.2　LabVIEW 虚拟仪器开发系统

LabVIEW（Laboratory Virtual Instrument Engineering Workbench）是美国 NI

公司研制的一个功能强大的仪器系统开发平台。经过 10 多年的发展，Lab-VIEW 已经成为一个具有直观界面、易于学习、便于开发且具有多种仪器驱动程序和工具的大型仪器系统开发工具。

LabVIEW 是一种图形程序设计语言，它采用了工程人员所熟悉的术语图标等图形化符号来代替常规的基于文字的程序语言，把复杂烦琐、费时的语言编程简化成简单、直观、易学的图形编程。同传统的程序语言相比，LabVIEW 可以节省约 80% 的程序开发时间。这一特点也为那些不熟悉 C、C ++ 等计算机语言的开发者带来极大的方便。LabVIEW 还提供了调用库函数及代码接口节点等功能，方便了用户直接调用由其他语言编写的可执行程序，使得 LabVIEW 编程环境具有一定的开放性。

LabVIEW 的基本程序单位是 VI（Virtual Instrument），LabVIEW 可以通过图形编程的方法建立一系列的 VI，来完成用户指定的测试任务。对于简单的测试任务，可由一个 VI 完成；对于一项复杂的测试任务，则可按照模块设计的概念，把测试任务分解为一系列的任务，每一项任务还可以分解成多项小任务，直至把一项复杂的测试任务变成一系列的子任务，最后建成的顶层虚拟仪器就成为一个包括所有功能的子虚拟仪器的集合。LabVIEW 可以让用户把自己创建的 VI 程序当作一个 VI 子程序节点，以创建更复杂的程序，且这种调用是无限制的。LabVIEW 中各 VI 之间的层次调用结构如图 11 - 6 所示，由图可见，LabVIEW 中的每一个 VI 相当于常规程序中的一个程序模块。

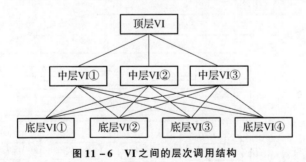

图 11 - 6　VI 之间的层次调用结构

LabVIEW 中的 VI 均有两个工作界面：一个称为前面板（Front Panel）；另一个称为框图程序（Block Diagram）。

前面板是用户进行测试工作时的输入/输出界面，诸如仪器面板等。用户通过 Control 模板，可以选择多种输入控制部件和指示器部件来构成前面板，其中控制部件用来接收用户的输入数据到程序，指示器部件是用于显示程序产生的各种类型的输出。当构建一个虚拟仪器前面板时，只需从 Control 模板中选取所需的控制部件和指示部件（包括数字显示、表头、LED、图标温度计等），其中控制部件还需要输入或修改数值。当 VI 全部设计完成之后，就能使用前面板，通过点击一个开关、移动一个滑动旋钮或从键盘输入一个数据来控制系统。前面板为用户建立了直观形象的界面，使用户感到如同在传统仪器面前一样。

框图程序是用户用图形编程语言编写程序的界面。首先用户可以根据制定的测试方案，通过 Functions 模板的选项，选择不同的图形化节点；然后用连线的方法把这些节点连接起来，即可构成所需的框图程序。Functions 模板共有 13 个模板，每个模板又含有多个选项。这里的 Functions 选项不仅包含一般语言的基本要素，还包括大量与文件输入输出、数据采集、CP – IB 及串口控制有关的专用程序块。

节点类似于文本语言程序的语句、函数或者子程序。LabVIEW 有功能函数、子程序、结构和代码接口节点（CINS）4 种节点类型。功能函数节点用于进行一些基本操作，如数值相加、字符串格式代码等；子程序节点是将以前创建的程序在其他程序中以子程序方式调用；结构节点用于控制程序的执行方式，如 For 循环控制、While 循环控制等；代码接口节点用于框图程序与用户提供的 C 语言文本程序之间的接口。

使用传统的程序语言开发仪器存在许多困难，开发者一方面要关心程序流程方面的问题；另一方面还必须考虑用户界面、数据同步、数据表达等复杂的问题。相比之下 LabVIEW 提供了一个更理想的程序设计环境，大大降低了系统开发难度及开发成本。同时，这样的开发结构增强了系统的柔性。当系统的需求发生变化时，测试人员可以根据具体情况，对功能方框做必要的补充、修改，或者对框图程序的软件结构进行调整，从而很快地适应需求的变化。

第三篇

信号分析与处理

第 12 章

信 号 调 理

12.1　调制与解调测试技术基础

12.1.1　概述

力、位移等经过传感器变换后，往往是一些缓变的电信号，从放大处理的角度来看，直流放大存在着零漂、级间耦合等问题。因此，在使用交流放大器进行放大前，通常首先将缓变信号变成一个频率合适的交流信号；然后再将其还原为原始的直流缓变信号，这一种变换过程就是所谓的调制与解调，在传感器和测量电路中被广泛使用。

调制是利用一种低频信号（缓变信号），在时域中对人为提供的高频信号的某一特征参量（幅度、频率或相位）进行调控，使得其随该缓变信号发生改变。这样，原本的缓变信号就由这种受控的高频振荡信号所携带，然后就可以对这种高频信号进行放大和传输，获得最佳的放大和传输效果。

通常调制信号指的是控制高频振荡信号的缓变信号（低频信号），载送缓变信号的高频振荡信号称为载波，经过调制后的高频振荡信号称为已调制波。若被控参量是幅值、频率、相位，它们对应被称为：幅值调制（Amplified Modulation，AM），即调幅；频率调制（Frequency Modulation，FM），即调频；相位调制（Phase Modulation，PM），即调相。其调制后的波形分别被称作调幅波、调频波和调相波，这三种波都是已调制波，因为被测信号的频率与高频载波相比，属于低频缓变信号，所以在调制中，被测信号就是调制信号。载波信号、调制信号、调幅波及调频波如图 12 - 1 所示。

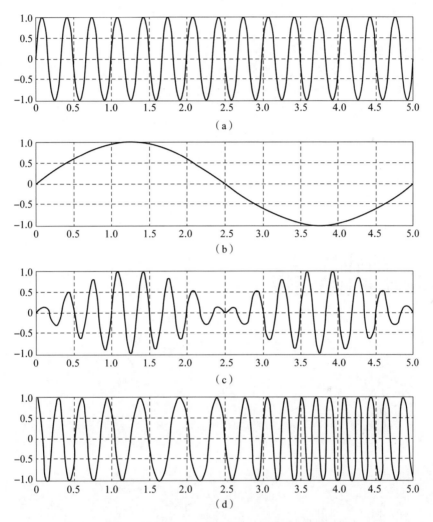

图 12 - 1　载波信号、调制信号、调幅波及调频波
（a）载波信号；（b）调制信号；（c）调幅波；（d）调频波

调频和调相在具体操作过程中有着相同的特征，其实本质都是角度调制。在测试技术中，通常使用的是调幅和调频。

解调是从已调制波中不失真地恢复原有的测量信号（低频调制信号）的过程。调制和解调是将信号进行转换的两种相反的处理方法。

12.1.2 调幅与解调测量电路

1. 调幅的原理

调幅是将待测的缓变信号（调制信号）与一个高频简谐信号（载波信号）的幅值相乘，使得载波信号的幅值随着测试信号的改变而改变。调幅过程中载波、调制信号及已调制波的关系如图 12-2 所示。

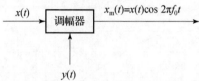

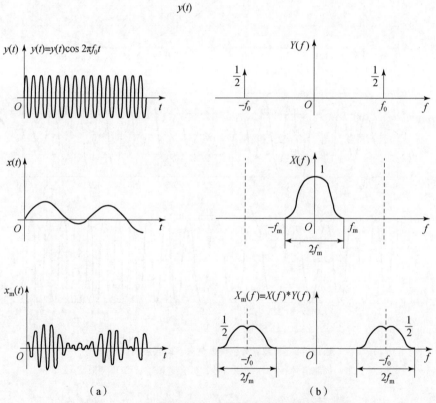

图 12-2　调幅过程中载波、调制信号及已调制波的关系

（a）时域波形；（b）频域谱图

设调制信号为被测信号 $x(t)$，其最高频率成分为 f_m，载波信号为 $\cos 2\pi f_0 t$，其中要求 $f_0 \gg f_m$，则可得调幅波为

$$x_m(t) = x(t)\cos 2\pi f_0 t \qquad (12-1)$$

如果已知傅里叶变换对 $x(t) \Leftrightarrow X(f)$，根据傅里叶变换的频域卷积特性：两个时域函数乘积的傅里叶变换等于两者傅里叶变换的卷积，即

$$x(t)y(t) \Leftrightarrow X(f) * Y(f)$$

而余弦函数的频域图形是一对脉冲谱线，即

$$\cos 2\pi f_0 t \Leftrightarrow \frac{1}{2}\delta(f-f_0) + \frac{1}{2}\delta(f+f_0)$$

根据傅里叶变换的频域卷积特性和 δ 函数的卷积特性，可得

$$x(t)\cos 2\pi f_0 t \Leftrightarrow \frac{1}{2}[X(f) * \delta(f-f_0) + X(f) * \delta(f+f_0)]$$
$$= \frac{1}{2}[X(f-f_0) + X(f+f_0)] \tag{12-2}$$

从单位脉冲函数的特性可以看出，一个函数与单位脉冲函数卷积的结果就是将其频谱图形由坐标原点平移至该脉冲函数频率处。所以，若将高频的余弦信号作为载波，将信号 $x(t)$ 与载波信号相乘，得到的结果等效于把原信号 $x(t)$ 的频谱图形由原点平移至载波频率 f_0 处，其幅值减半，如图 12-2 所示。

从调制过程上讲，载波频率 f_0 必须高于原信号中的最高频率 f_m 才能使已调制波仍能保持原信号的频谱图形，不致重叠。为减小由放大电路所引起的失真，该信号的频宽 $(2f_m)$ 相对中心频率（载波频率 f_0）越小越好。在经过调幅后，原信号 $x(t)$ 中所有的信息都会被转移到以 f_0 为中心、宽度为 $2f_m$ 的频带范围之内，即将原信号从低频区移向高频区，因为没有直流成量，所以可以利用中心频率为 f_0、通频带宽为 $\pm f_m$ 的窄带交流放大器进行放大，再从调制波进行解调，得到原信号。所以，调幅过程相当于频谱"搬移"过程。

总之，调幅的过程是在时域中调制信号乘以载波信号的操作；在频域中调制信号频谱与载波信号频谱卷积的运算，是一个频移的过程。这也是调幅能够被广泛使用的最重要的理论基础。

图 12-3 所示为电桥调幅的输入/输出关系。

不同接法的电桥可表示为

$$U_0 = K\frac{\Delta R}{R_0}U_i \tag{12-3}$$

式中：K 为接法系数。

当电桥输入 $\dfrac{\Delta R}{R_0} = R(t)$ 为被测的缓变信号，交流电源为 $U_i = E_0\cos 2\pi f_0 t$ 时，式（12-3）可表示为

$$U_o = KR(t)E_0\cos 2\pi f_0 t \tag{12-4}$$

由式（12-4）可以看出，电桥的输出电压 U_0 随 $R(t)$ 变化而变化，即 U_0

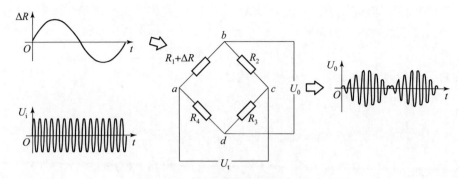

图 12 – 3　电桥调幅的输入/输出关系

的幅值受 $R(t)$ 的控制，其频率为输入电压信号 U_i 的频率 f_0。

与式 $\left(R_1 + \dfrac{1}{\mathrm{j}\omega C_1}\right)R_3 = \left(R_4 + \dfrac{1}{\mathrm{j}\omega C_4}\right)R_2$ 相比较，可以看出，$U_i = E_0 \cos 2\pi f_0 t$ 实

际上是载波信号，电桥的输入 $\dfrac{\Delta R}{R_0} = R(t)$ 实际上是调制信号，$R(t)$ 对载波信号

进行了调幅，U_0 是调幅波。这就是说，电桥是一个调幅器。从时域上讲，调幅器是一个乘法器，被测缓变信号 $R(t)$ 经电桥调幅后，信号的频谱产生了频移，移到了载波的频率 f_0 处，如图 12 – 2（b）所示。例如，假设载波频率 $f_0 = 1\ \mathrm{kHz}$，被测信号所包含的频率为 0 ~ 5 Hz，经过电桥调幅后输出信号的频率为 995 ~ 1 005 Hz。可见，经电桥调幅后将低频信号转换为高频信号，从而可以采用高频交流放大器进行放大，使低频漂移电压的影响及 50 Hz 电源的干扰得以消除。

2. 调幅波的解调

为了从调幅波中将原测量信号恢复出来，就必须对调幅波进行解调。常用的解调方法有同步解调、整流检波解调和相敏检波解调。

1）同步解调

同步解调是将已调制波与原载波信号再做一次乘法运算，即

$$x(t) \cos 2\pi f_0 t \cos 2\pi f_0 t = \frac{1}{2}x(t) + \frac{1}{2}x(t) \cos 4\pi f_0 t \tag{12 – 5}$$

其傅里叶变换为

$$F\left[x(t) \cos 2\pi f_0 t \cos 2\pi f_0 t\right] = F\left[\frac{1}{2}x(t) + \frac{1}{2}x(t) \cos 2\pi f_0 t\right]$$

$$= \frac{1}{2}X(f) + \frac{1}{4}X(f - 2f_0) + \frac{1}{4}X(f + 2f_0)$$

$$\tag{12 – 6}$$

如图 12 – 4 所示，同步解调后的信号在频域图形上又会发生"搬移"，即将以坐标原点为中心的已调制波频谱搬移到载波中心 $2f_0$ 处，因为载波频谱会和调制时的载波频谱一样，因此被调变的波谱会很快地从被调变的位置转移到被调变的频率域分布图。第二次搬移之后的频谱中有一部分搬移到原点，所以同步解调后的频谱，既包含了与原调制信号相同的频谱，又包含了附加的高频频谱。与原调制信号相同的频谱是恢复原信号波形所需要的，附加的高频频谱则是不需要的。在利用低通滤波器滤除大于 f_m 的成分时，原信号的频谱能够再现，即在时域中还原了原波形，将滤除图 12 – 4 中高于低通滤波器截止频率的频率成分。

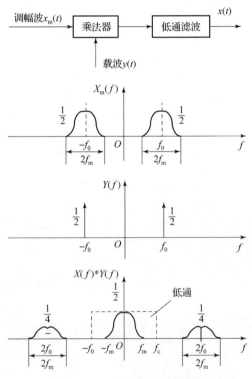

图 12 – 4　同步解调示意图

2）整流检波解调

在时域上，将被测信号即调制信号 $x(t)$ 先预加一直流分量 A，然后再进行调幅，使之不再具有正、负双向极性，然后与高频载波相乘得到已调制波，这种解调方式称为整流检波解调。在进行解调时，只要对已调制波进行整流和检波，再除去所加的直流分量 A，就能够还原出原调制信号，如图 12 – 5（a）所示。

尽管这种方法能够还原出原信号，但是在调制和解调时会有直流分量 A 的加、减过程。由于实际工作中要使每一直流本身很稳定且使两个直流完全对称是较难实现的，因此原信号波形与经调制解调后恢复的波形虽然幅值上可以成比例。但是，在分界正、负极性的零点上可能有漂移，从而使分辨原波形正、负极性上可能有误，如图 12 - 5 （b）所示，而相敏检波解调技术就解决了这一问题。

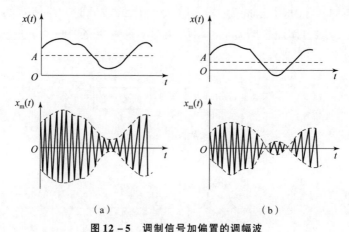

（a）　　　　　　　　　　　　（b）

图 12 - 5　调制信号加偏置的调幅波

（a）偏置电压足够大；（b）偏置电压不够大

3）相敏检波解调

相敏检波解调采用的装置是相敏检波器。常见的二极管相敏检波器的结构及其输出/输入的关系如图 12 - 6 所示。

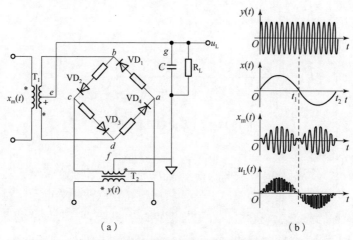

（a）　　　　　　　　　　　　（b）

图 12 - 6　常见的二极管相敏检波器的结构及其输出/输入的关系

（a）相敏检波器的结构；（b）波形之间的关系

相敏检波器由 4 个特性相同的二极管 $VD_1 \sim VD_4$ 沿同一方向串联成一个桥式电路，各桥臂上通过附加电阻将电桥预调平衡。4 个端点分别连接到变压器 T_1 和 T_2 的二次绕组，变压器 T_1 的输入信号为调幅波 $x_m(t)$，变压器 T_2 的输入信号为载波 $y(t)$，$u_L(t)$ 为输出，要求变压器 T_2 的次级输出远大于变压器 T_1 的次级输出。

相敏检波器是一种可以同时反映出调制信号幅度和极性（相）的解调器。在调幅波经过零线时，其相位相对于载波的相位变化了 $180°$（图 12 – 6（b）中的 $x_m(t)$ 波形）。而相敏检波器正是基于这种特性，对调幅波及载波作相位对比，从而使所得信号既能反映被测信号的幅值，又能反映被测信号的极性。

对于相敏检波器的解调处理将结合图 12 – 6（b）和图 12 – 7 进行说明。

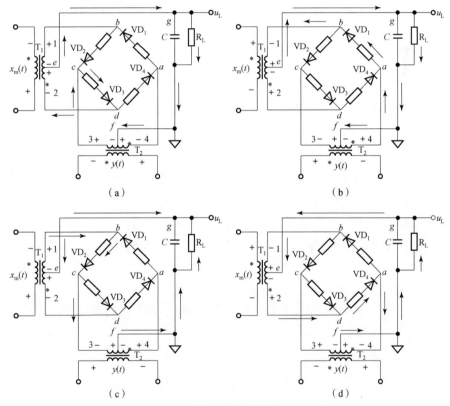

图 12 – 7　二极管相敏检波器解调原理示意

（a）二极管 VD_3 导通时的回答；（b）二极管 VD_1 导通时的回路；

（c）二极管 VD_2 导通时的回路；（d）二极管 VD_4 导通时的回路

当调制信号 $x(t) > 0$ 时，即在图 12 – 6（b）中 $0 \sim t_1$ 时间内，调幅波 $x_m(t)$ 与载波 $y(t)$ 的每一时刻都同相。在这段时间内，当调幅波 $x_m(t)$ 处于每一周期的前半周期时，$x_m(t)>0$，$y(t)>0$。假设此时相敏检波器的两个变压器 T_1 和 T_2 的极性如图 12 - 7（a）所示，电流回路为 $e{\to}g{\to}R_L{\to}f{\to}3{\to}c{\to}VD_3{\to}d{\to}2$。若规定电流向下流过负载电阻 R_L 时，解调器的输出 u_L 为正，则在图 12 - 6（b）中 $0\sim t_1$ 时间内的每一个周期前半周期时，$u_L(t)$ 的波形为正，即 $u_L(t)>0$。

调幅波处于每一周期的后半周期时，$x_m(t)<0$，$y(t)<0$，此时相敏检波器的两个变压器 T_1 和 T_2 的极性与在前半周期时相反，如图 12 - 7（b）所示，则电流回路为 $e{\to}g{\to}R_L{\to}f{\to}4{\to}a{\to}VD_1{\to}b{\to}1$。流经负载电阻 R_L 时电流方向仍向下，因此解调器的输出 u_L 仍为正。在图 12 - 6（b）中，在 $0\sim t_1$ 时间内的每一个周期的后半周期时，$u_L(t)$ 的波形为正，即 $u_L(t)>0$。

由上述过程可知，在调制信号 $x(t)>0$ 时，无论调幅波是否为正，通过相敏检波器解调后的波形都为正，保持了与原调制信号的极性（相位）一致。

当调制信号 $x(t)<0$ 时，即在图 12 - 6（b）中 $t_1\sim t_2$ 时间内，调幅波 $x_m(t)$ 与载波 $y(t)$ 反相。在这段时间内，当调幅波 $x_m(t)$ 处于每一周期的前半周期时，$x_m(t)>0$，$y(t)<0$。假设此时相敏检波器的两个变压器 T_1 和 T_2 的极性如图 12 - 7（c）所示，则电流回路为 $1{\to}b{\to}D_2{\to}c{\to}3{\to}f{\to}R_L{\to}g{\to}e$。若规定电流向上流过负载电阻 R_L 时，解调器的输出 u_L 为负，则在图 12 - 6（b）中，在 $t_1\sim t_2$ 时间内的每一个周期的前半周期时，$u_L(t)$ 的波形为负，即 $u_L(t)<0$。

调幅波在每一周期的后半周期时，$x_m(t)<0$，$y(t)>0$，此时相敏检波器的两个变压器 T_1 和 T_2 的极性与前半周期时相反，如图 12 - 7（d）所示，则电流回路为 $2{\to}d{\to}VD_4{\to}a{\to}4{\to}f{\to}R_L{\to}g{\to}e$。流经负载电阻 R_L 时电流方向仍向上，因此解调器的输出 u_L 仍为负，则在图 12 - 6（b）中，在 $t_1\sim t_2$ 时间内的每一个周期的后半周期时，$u_L(t)$ 的波形为负，即 $u_L(t)<0$。

由上述过程可知，在调制信号 $x(t)<0$ 时，无论调幅波是否为正，通过相敏检波器解调后的波形都为负，保持了与原调制信号的极性（相位）一致。同时，由图 12 - 6（b）中 $u_L(t)$ 的波形可以看出，解调后的频率比原来调制信号的频率增大了 1 倍。

相敏滤波器输出波形的包络线即是所需要的信号，因此必须把它和载波分离。由于被测信号的最高频率 $f_m=\left(\dfrac{1}{10}\sim\dfrac{1}{5}\right)f_0$（载波频率），因此在相敏检波器的输出端再接一个适当频带的低通滤波器，即可得到与原信号波形一致但已经放大了的信号，达到解调的目的。

3. 调幅与解调的应用

调幅与解调在工程技术上的用途很多，下面以图 12 - 8 所示的 Y6D 型动态电阻应变仪作为一个典型实例予以介绍。

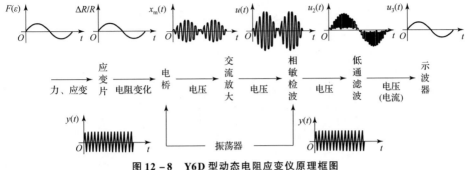

图 12 – 8　Y6D 型动态电阻应变仪原理框图

交流电桥由振荡器供给高频等幅正弦激励电压源作为载波 $y(t)$，贴在试件上的应变片受力 $F(\varepsilon)$ 的作用，其电阻变化 $\dfrac{\Delta R}{R}$ 反映试件上的应变 ε 的变化。由于电阻 R 为交流电桥的一桥臂，因此电桥有电压输出 $x(t)$。作为原信号的 $x(t)\left(\text{电阻变化}\dfrac{\Delta R}{R}\right)$，其与高频载波 $y(t)$ 做调幅后的调幅波 $x_m(t)$，经放大器后幅值将放大为 $u_1(t)$。$u_1(t)$ 送入相敏检波器后被解调为原信号波形包络线的高频信号波形 $u_2(t)$，$u_2(t)$ 进入低通滤波器后，高频分量被滤掉，恢复为原来被放大的信号 $u_3(t)$，最后记录器将 $u_3(t)$ 的波形记录下来，$u_3(t)$ 反映了试件应变的变化情况，其应变的大小及正负都能准确地显示出来。

12.1.3　调频与解调测量电路

调频是指用调制信号（缓变的被测信号）去控制载波信号的频率，使其随调制信号而变化。被测信号经调频后存储在频率中，因此不会产生衰减、混乱和失真，极大地增强了其抗干扰能力；而且，调频信号具有较大的通用性，可实现远距离传输和采用数字技术。调频信号的上述特点使调频技术被广泛地用于测试技术。

1. 调频的基本原理

调频就是利用调制信号的幅值控制一个振荡器产生的信号频率。振荡器输出的是等幅波，其振荡频率变化值和调制信号幅值成正比，当调制信号幅值为零时，调频波的频率（载波频率）就等于中心频率；当调制信号的幅值为正时，调频波的频率上升，而当调制信号的幅值为负时，调频波的频率下降。所以，调频波是一种随着时间而改变的疏密不等的等振幅，如图 12 – 9 所示。

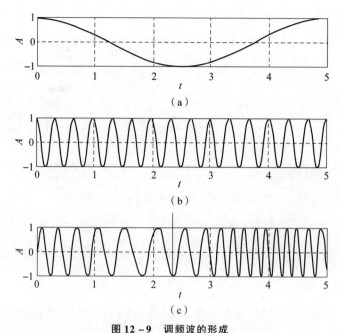

图 12 - 9 调频波的形成

(a) 调制信号；(b) 载波；(c) 调频波

调频波的瞬时频率为

$$f(t) = f_0 \pm \Delta f$$

式中：f_0 为载波频率；Δf 为频率偏移，与调制信号的幅值成正比。

设调制信号 $x(t)$ 是幅值为 X_0、频率为 f_m 的余弦波，其初始相位为零，则

$$X(t) = X_0 \cos 2\pi f_m t$$

载波信号为

$$y(t) = Y_0 \cos(2\pi f_0 t + \varphi_0)$$

调频时载波的幅值 Y_0 和初相位 φ_0 不变，瞬时频率 $f(t)$ 围绕着 f_0 随调制信号幅值做规律变化，则

$$f(t) = f_0 + K_f X_0 \cos 2\pi f_m t = f_0 + \Delta f_i \cos 2\pi f_m t \qquad (12 - 7)$$

式中：Δf_i 为由调制信号幅值；X_0 为决定的频率偏移，$\Delta f_f = K_f X_0$，其中 K_f 为比例常数，其大小由具体的调频电路决定。

由式（12 - 7）可知，频率偏移与调制信号的幅值成正比，而与调制信号的频率无关，这是调频波的基本特征之一。

2. 调频及解调电路

对信号进行调频与解调的方式有很多种，这里将着重阐述应用最为广泛的

几种方式。

谐振电路是把电容、电感等电参量的变化转换为电压变化的电路。图 12–10 中的谐振电路，通过耦合高频振荡器获得电路电源，谐振电路的阻抗值取决于电容、电感的相对值和电源的频率值。在如图 12–11 所示的谐振电路中，谐振频率为

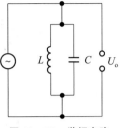

图 12–10 谐振电路

$$f_n = \frac{1}{2\pi\sqrt{LC}}$$

式中：f_n 为谐振电路的固有频率；L、C 为谐振电路的电感和电容。

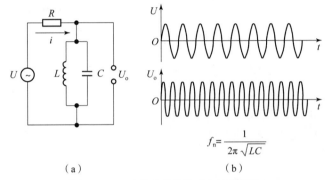

（a）　　　　　　　　　（b）

图 12–11 电抗变化转换为电压的转化

在测试系统中，利用电感或电容来感知被测物体的变化，将传感器的输出当作调制信号的输入，将原有的振荡信号当作载波。当有调制信号输入时，振荡器输出的信号就是被调制后的调频波。对于图 12–12 中所示的电路，设 C_1 为电容传感器，初始电容量为 C_0，则电路的谐振频率为

$$f = \frac{1}{2\pi\sqrt{L(C_0+C)}} \tag{12–8}$$

若电容 C_0 的变化量为 $\Delta C = K_x C_0 x(t)$，K_x 为比例系数，$x(t)$ 为被测信号，结合式（12–8），则谐振频率变为

$$f = \frac{1}{2\pi\sqrt{L(C_0+C+\Delta C)}} = f_0\frac{1}{\sqrt{1+\dfrac{\Delta C}{C+C_0}}} \tag{12–9}$$

将式（12–9）按泰勒级数展开并忽略其高阶项，则

$$f \approx f_0\left[1 - \frac{\Delta C}{2(C+C_0)}\right] = f_0 - \Delta f \tag{12–10}$$

由式（12–10）可知，LC 振荡回路的振荡频率 f 与谐振参数的变化呈线性关系，即振荡频率 f 受控于被测信号 $x(t)$。

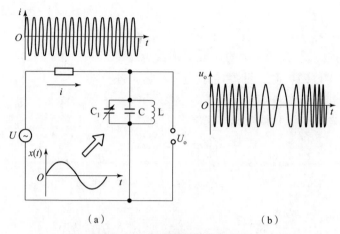

图 12 - 12　振荡电路用作调频图

谐振电路调频波的解调一般使用鉴频器，调频波通过正弦波频率的变化来反映被测信号的幅值变化。因此，调频波的解调首先把调频波变换为调频调幅波，然后进行幅值检波。鉴频器通常由线性变换电路与幅值检波电路组成，如图 12 - 13（a）所示。

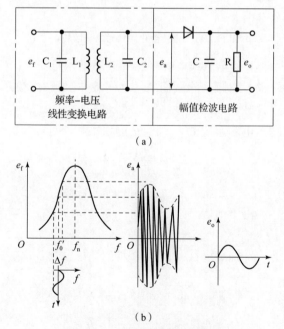

图 12 - 13　调频波的解调原理示意

（a）鉴频器电路；（b）波形图

在图 12 – 13（a）所示的电路中，调频波 e_f 通过变压器耦合后加到 L_1、C_1 组成的谐振电路上，而在 L_2、C_2 并联振荡回路的两端得到如图 12 – 13（b）所示的电压—频率特性曲线。在等幅调频波 e_f 与回路的谐振频率 f_n 频率相等的情况下，线圈 L_1、L_2 中的耦合电流最大，次级输出电压 e_a 也最大。e_f 的频率偏离 f_n，e_a 也随之下降。通常，利用特性曲线的次谐振区近似直线的一段实现频率电压变换。将 e_a 经过二极管进行半波整流，再经过 RC 组成的滤波器滤波，滤波器的输出电压 e_0 与调制信号成正比，复现了被测量信号 $x(t)$，则该解调完成。

|12.2　滤波器测试技术基础|

1. 概念

滤波器，顾名思义，能像筛子一样过滤掉波，能让信号中特定的频率成分通过，而对其他的频率成分有很大的抑制作用，这是一种选频装置。它的筛选功能使其在去除干扰噪声、对系统或设备进行频谱分析等方面得到了广泛的应用。

2. 滤波器的种类

当信号经过滤波器时，某些特定的频率成分能够通过，而其他的频谱成分则受到很大的抑制。对于一个滤波器，信号能通过它的频率范围称为该滤波器的频率通带，简称通带。信号被抑制或极大地衰减的频率范围称为频率阻带，简称阻带。通带与阻带的交界点，称为截止频率。

滤波器按其频率选择范围的不同，可以将其划分为 4 类，即：低通滤波器、高通滤波器、带通滤波器和带阻滤波器，如图 12 – 14 虚线部分所示。

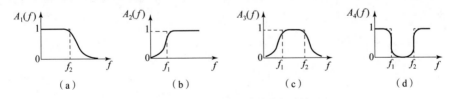

图 12 – 14　4 种滤波器的幅频特性

（a）低通滤波器；（b）高通滤波器；（c）带通滤波器；（d）带阻滤波器

1）低通滤波器

通频带为 $0 \sim f_2$，幅频特性平直，如图 12 – 14（a）所示。它可以使信号中

大于 f_2 的频率成分都被衰减掉而小于 f_2 的频率成分通过（几乎不受衰减），所以称为低通滤波器。f_2 称为低通滤波器的上截止频率。

2）高通滤波器

与低通滤波器相反，当频率大于 f_1 时，其幅频特性平直，如图 12 - 14（b）所示。它可以使信号中小于 f_1 的频率成分衰减掉，而大于 f_1 的频率成分几乎不受衰减地通过，所以称为高通滤波器。f_1 称为高通滤波器的下截止频率。

3）带通滤波器

通频带为 $f_1 \sim f_2$。它使信号中大于 f_1 且小于 f_2 的频率成分几乎不受衰减地通过，如图 12 - 14（c）所示，而其他的频率成分则被极大地衰减，所以称为带通滤波器。f_1、f_2 分别称为带通滤波器的下截止频率和上截止频率。

4）带阻滤波器

阻带为 $f_1 \sim f_2$，与带通滤波器相反，它使信号中大于 f_2 及小于 f_1 的频率成分被极大地衰减，其余频率成分几乎不受衰减地通过，如图 12 - 14（d）所示。

这 4 种滤波器的特性之间存在一定的联系。

高通滤波器幅频特性可从进行负反馈的低通滤波器得到，即 $A_2(f) = 1 - A_1(f)$；带通滤波器的幅频特征可从进行负反馈的带阻滤波器得到；带阻滤波器由高通滤波器与低通滤波器两部分组成。

根据组成电路的特性，滤波器可以划分为有源滤波器和无源滤波器两类；根据所处理信号的特性，可将其划分为模拟滤波器和数字滤波器两类。在此将只讨论有源滤波器和无源滤波器。

12.2.1　理想滤波器

从理论上讲，理想滤波器是一种无法从物理角度得到的理想化模型，但是，我们可以从理想模型的角度出发，对其传播特性进行更深层次的理解。

根据线性系统的不失真测试条件，理想测试系统的频率响应函数为

$$H(f) = A_0 \mathrm{e}^{-\mathrm{j}2\pi f t_0} \qquad (12 - 11)$$

式中：A_0 与 t_0 均为常数。

若滤波器的频率响应函数满足

$$H(f) = \begin{cases} A_0 \mathrm{e}^{-\mathrm{j}2\pi/t_0}, & |f| < f_c \\ 0, & |f| \geq f_c \end{cases} \qquad (12 - 12)$$

式中：f_c 为滤波器的截止频率，则该滤波器称为理想低通滤波器，其幅频和相频特性分别为

$$\begin{cases} A(f) = A_0, \\ \varphi(f) = -2\pi f t_0, \end{cases} |f| < f_0 \qquad (12 - 13)$$

幅频特性曲线在纵轴上是对称的，相频特性曲线是一条穿过原点并且斜率为 $-2\pi t_0$ 的直线，如图 12-15 所示。一个理想滤波器，在其通带内幅频特性为常数，它的相频特性是一条穿过原点的线，在通带以外应该是为零。这样，理想滤波器能使通带内输入信号的频率成分不失真地传输，而在通带外的频率成分全部被衰减掉。

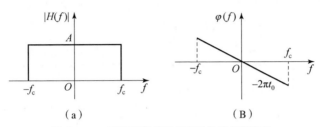

图 12-15 理想滤波器的幅频特性和相频特性

（a）幅频特性；（b）相频特性

在单位脉冲信号输入的情况下，滤波器的单位脉冲响应函数为

$$h(t) = F^{-1}[H(f)] = \int_{-\infty}^{\infty} H(f)\,\mathrm{e}^{\mathrm{i}2\pi ft}\,\mathrm{d}f = 2A_0 f_c \frac{\sin[2\pi f_c(t-t_0)]}{2\pi f_c(t-t_0)}$$

（12-14）

若没有相角滞后，即 $t_0 = 0$，式（12-14）变为

$$h(t) = 2A_0 f_c \frac{\sin 2\pi f_c t}{2\pi f_c t}$$

（12-15）

脉冲响应函数的图形表达如图 12-16 所示。显然，$h(t)$ 具有对称性，时间 t 为 $-\infty \sim \infty$。

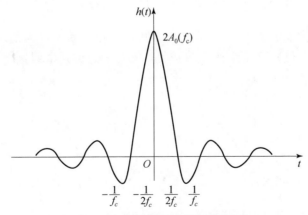

图 12-16 脉冲响应函数的图形表达

$h(t)$ 的波形以 $t = 0$ 为中心向左右无限延伸。其物理意义是在 $t = 0$ 时对一个理想滤波器输入一个单位脉冲，滤波器的输出蔓延到整个时间轴上，不仅延伸到 $t \to +\infty$，并且延伸到 $t \to -\infty$。在真实的物理系统中，响应只可能出现于输入到来之后，不可能出现于输入到来之前。因此，当上面的 t 数值为负的时候，$h(t)$ 的数值就不会为零。因为单位脉冲在 $t = 0$ 时才作用于系统，而系统的输出 $h(t)$ 在 $t < 0$ 时不为零，说明在输入脉冲 $\delta(t)$ 到达前系统经有了响应，但这几乎是不可能的。滤波器的这种特性是无法达到的。同样，也没有"理想"的高通滤波器、带通滤波器和带阻滤波器。在实际应用中，滤波器的幅频特性并不是在有限的频率内被完全切断，而且不会产生"直角"的边缘（幅值由 A 突然变为 0 或由 0 变为 A）。从原则上说，真正的滤波器幅频特性将延伸到 $|f| \to \infty$，因此一个滤波器对信号通带以外的频率成分只能极大地衰减，而不能完全阻止。

在此基础上，对其进行理论分析，建立滤波器的通频带宽与滤波器稳定输出所需时间之间的关系。尽管实践上很难做到这一点，但是在理论上却是值得讨论的。

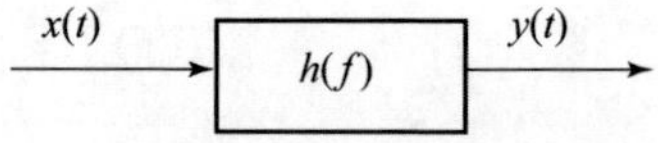

设滤波器的传递函数为 $H(f)$，如图 12 - 17 所示，若给滤波器一个单位阶跃输入 $x(t)$ 由下式给出，即

$$x(t) = u(t) = \begin{cases} 1, t \geqslant 0 \\ 0, t < 0 \end{cases} \qquad (12-16)$$

图 12 - 17　滤波器框图

则滤波器的输出 $y(t)$ 在时域上将是该输入 $u(t)$ 和脉冲响应函数 $h(t)$ 的卷积，即

$$y(t) = u(t) * h(t) = \int_{-\infty}^{\infty} u(\tau) h(t - \tau) \mathrm{d}\tau \qquad (12-17)$$

$y(t)$ 的图形表达如图 12 - 18 所示。可以看出，若不考虑前后皱波，输出响应从零点（a 点）到稳定值 A_0（b 点）需要一定的建立时间 $T_e = t_b - t_a$。时移只影响输出曲线 $y(t)$ 的右移，不影响 $t_b - t_a$ 值。

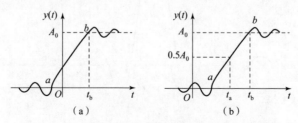

图 12 - 18　理想低通滤波器对单位阶跃输入的响应

（a）无相角滞后，时移 $t_0 = 0$；（b）无相角滞后，时移 $t_0 \neq 0$

滤波器对阶跃输入的响应有一定的建立时间，这是因为其脉冲响应函数 $h(t)$ 的图形主瓣有一定的宽度 $1/f_c$。可以想象，如果滤波器的通带很宽，即 f_c 很大，那么 $h(t)$ 的图形将很陡峭，响应建立时间 $(t_b - t_a)$ 将很小。反之，如果频带较窄，f_c 较小，则建立时间较长。计算积分式表明

$$T_e = t_b - t_a = \frac{0.61}{f_e} \qquad (12-18)$$

式中：f_e 为低通滤波器的截止频率。

如果将理论响应值的 $0.1 \sim 0.9$ 作为计算建立时间的标准，则

$$T_e = t'_b - t'_a = \frac{0.45}{f_c} \qquad (12-19)$$

由式（$12-19$）可以得出，低通滤波器对阶跃响应的建立时间 T_e 和带宽 B（即通带的宽度，对于低通滤波器，$B = f_c - 0 = f_c$）成反比，即

$$T_e B = \text{const} \qquad (12-20)$$

该结果可适用于其他类型的滤波器。

此外，滤波器的带宽也反映了其频谱分辨力，通带越小，其频谱分辨力越高。这就造成了滤波器的高分辨力与快响应速度的矛盾。在利用滤波器从信号中提取出一个特定的频率成分时，必须要有一定的时间。如果时间不够，将会得到错误的结果，而且测定的时间太长，也没有必要，平均 $T_e B$ 为 $5 \sim 10$ 即可。

12.2.2 实际带通滤波器

1. 实际带通滤波器的基本参数

图 $12-19$ 中显示了一个实际带通滤波器的幅频特性。虚线代表理想带通滤波器的幅频特性曲线，它是一个尖锐、陡峭，通带为 $f_{c1} - f_{c2}$ 的幅频特性曲线，通带内的幅值为常数 A_0，通带之外的幅值为零。实际滤波器的幅频特性曲线如实线所示，它没有理想滤波器的幅频特性曲线那样尖锐、陡峭，没有显著的转折点，通带与阻带部分也不是那么平坦，通带内幅值也不是为常数。所以，有必要对真实的滤波器通过更多的参数描述。

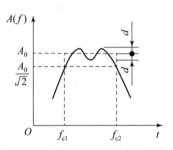

图 12 - 19　实际带通滤波器的幅频特性

1）截止频率

幅频特性值为 $A_0/\sqrt{2}$ 时所对应的频率称为滤波器的截止频率。如图 $12-19$

所示，以 $A_0/\sqrt{2}$ 作平行于横坐标的直线与幅频特性曲线相交两点的横坐标值为 f_{c1}、f_{c2}，分别称为滤波器的下截止频率和上截止频率。若以 A_0 为参考值，则 $A_0/\sqrt{2}$ 相对于 A_0 衰减 -3 dB $\left(20\lg\dfrac{A_0/\sqrt{2}}{A_0} = -3\ \text{dB}\right)$。

2）带宽

滤波器上截止频率和下截止频率之间的频率范围称为滤波器的带宽，单位为 Hz。带宽决定滤波器分离信号中相邻频率成分的能力——频率分辨力。根据带宽的类型，滤波器一般做成恒带宽滤波器和恒带宽比滤波器。

恒带宽滤波器的带宽为

$$B = f_{c2} - f_{c1} \tag{12-21}$$

恒带宽比滤波器的截止频率满足

$$f_{c2} = 2^n f_{c1} \tag{12-22}$$

式中：n 为倍频程数；当 $n=1$ 时，为倍频程滤波器；当 $n=1/3$ 时，为 $1/3$ 倍频程滤波器。这类滤波器的带宽为

$$B = f_{c2} - f_{c1} = 2^n f_{c1} - f_{c1} = f_{c1}(2^{n-1} - 1) \tag{12-23}$$

因为 $A_0/\sqrt{2}$ 相对于 A_0 衰减 -3 dB，故称实际带宽为负 3 dB 带宽，以 $B_{-3\text{ dB}}$ 表示。

3）中心频率

对于恒带宽滤波器，其中心频率定义为

$$f_0 = \frac{f_{c1} + f_{c2}}{2} \tag{12-24}$$

对于恒带宽比滤波器，其中心频率定义为

$$f_0 = \sqrt{f_{c1} f_{c2}} \tag{12-25}$$

4）品质因数 Q

中心频率 f_0 和带宽 B 之比称为滤波器的品质因数，即

$$Q = \frac{f_0}{B} \tag{12-26}$$

5）波纹幅度 d

实际的滤波器在通带内可能出现波纹变化，其波动幅度 d 与幅频特性的稳定值 A_0 相比，越小越好，一般应远小于 -3 dB，即 $d \ll A_0/\sqrt{2}$。

6）倍频程选择

在两截止频率之外，实际的滤波器存在一个过渡带，该过渡带的幅频曲线的倾斜度反映了幅频特性的衰减速度，其决定了滤波器对带宽外的频率成分的

衰减能力，常被称为倍频程选择性。倍频程选择性，是指在上截止频率 f_{c2} 与 $2f_{c2}$ 之间（或者在下截止频率 f_{c1} 与 $f_{c1}/2$ 之间）幅频特性的衰减值，也就是频率改变一个倍频程时的衰减量，用 dB 来表示。可以看出，衰减越快，滤波器的选择性越好。

7）滤波器因数（或矩形系数）

滤波器选择性的另一种表示方法是用滤波器幅频特性的 -60 dB 带宽与 -3 dB 带宽的比值即 $\lambda = \dfrac{B_{-60\,dB}}{B_{-3\,dB}}$ 来表示。

理想滤波器 $\lambda = 1$，通常使用的滤波器 $\lambda = 1 \sim 5$。有些滤波器因器件影响（如电容漏阻等）阻带衰减倍数达不到 -60 dB，则以标明的衰减倍数（如 -40 dB 或 -30 dB）带宽与 -3 dB 带宽之比来表示其选择性。

12.2.3 *RC* 滤波器的基本特性

RC 滤波器的优点是电路简单，抗干扰能力强，具有良好的低频特性，电阻、电容元件标准，易于选择。所以，在测试系统中，通常选择 *RC* 滤波器。

1. 一阶 *RC* 低通滤波器

一阶 *RC* 低通滤波器的典型电路如图 12 − 20（a）所示。设滤波器的输入信号电压为 u_x，输出信号电压为 u_y，电路的微分方程式为

$$RC \frac{\mathrm{d}u_y}{\mathrm{d}t} + u_y = u_x \qquad (12-27)$$

令 $\tau = RC$，称为时间常数，对式（12 − 27）进行傅里叶变换，得到其频响函数为

$$H(\mathrm{j}\omega) = \frac{1}{\mathrm{j}\omega\tau + 1} \qquad (12-28)$$

其幅频特性及相频特性分别为

$$A(\omega) = \frac{1}{\sqrt{1 + (\omega\tau)^2}} \qquad (12-29)$$

$$\varphi(\omega) = -\arctan \omega\tau \qquad (12-30)$$

这是一个典型的一阶系统，其幅频特性曲线及相频特性曲线如图 12 − 20（b）和（c）所示。

由特性曲线可知：当 $f \ll \dfrac{1}{2\pi RC}$ 时，$A(f) \approx 1$，信号几乎不受衰减地通过，并且相频特性也近似于一条通过原点的直线。因此，可以认为在此情况下一阶 *RC* 低通滤波器是一个不失真传输系统。

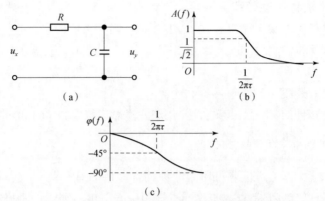

图 12 – 20　一阶 *RC* 低通滤波器的典型电路及其幅频特性曲线和相频特性曲线
（a）典型电路；（b）幅频特性电路；（c）相频特性电路

当 $f = \dfrac{1}{2\pi RC}$ 时，$A(f) = \dfrac{1}{\sqrt{2}}$，即幅频特性值为 – 3 dB 点，滤波器的上截止频率为

$$f_{c2} = \frac{1}{2\pi RC} \qquad (12 - 31)$$

式中，*RC* 值决定着滤波器的上截止频率。因此，适当改变 *RC* 值就可以改变滤波器的上截止频率。

当 $f \gg \dfrac{1}{2\pi RC}$ 时，输出 u_y 与输入 u_x 的积分成正比，即

$$u_y = \frac{1}{RC}\int u_x \mathrm{d}t \qquad (12 - 32)$$

此时，一阶 *RC* 低通滤波器起着积分器的作用，对高频成分的衰减为 – 20 dB/10 倍频程（或 – 6 dB/倍频程）。如果要加大衰减率，应提高低通滤波器的阶数。但是，*n* 个一阶低通滤波器串联使用后，后一级的滤波电阻、滤波电容对前一级电容起并联作用，产生负载作用，需要进行处理。

2. *RC* 高通滤波器

RC 高通滤波器的典型电路如图 12 – 21（a）所示。设输入信号电压为 u_x，输出信号电压为 u_y，则微分方程为

$$u_y + \frac{1}{RC}\int u_y \mathrm{d}t = u_x \qquad (12 - 33)$$

同样，将 $RC = \tau$ 代入，然后做傅里叶变换，得到频响函数为

$$H(\mathrm{j}\omega) = \frac{\mathrm{j}\omega\tau}{1 + \mathrm{j}\omega\tau} \qquad (12 - 34)$$

其幅频特性和相频特性分别为

$$A(\omega) = \frac{\omega\tau}{\sqrt{1 + (\omega\tau)^2}} \qquad (12-35)$$

$$\varphi(\omega) = -\arctan\frac{1}{\omega\tau} \qquad (12-36)$$

这是另一类的一阶系统，其幅频特性曲线和相频特性曲线如图 12 - 21 （b）及图 12 - 21 （c）所示。

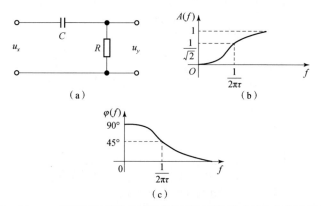

（a）

（b）

（c）

图 12 - 21　*RC* 高通滤波器的典型电路及其幅频特性曲线和相频特性曲线

（a）典型电路；（b）幅频特性曲线；（c）相频特性曲线

当 $f = \dfrac{1}{2\pi RC}$ 时，$A(f) = \dfrac{1}{\sqrt{2}}$，即滤波器的 - 3 dB 截止频率为

$$f_{c1} = \frac{1}{2\pi RC} \qquad (12-37)$$

当 $f \gg \dfrac{1}{2\pi RC}$ 时，$A(f) \approx 1$，$\varphi(f) \approx 0$，即当 f 相当大时，幅频特性接近于 1，相频特性趋于零，这时 *RC* 高通滤波器可视为不失真传输系统。

同样，当 $f = \dfrac{1}{2\pi RC}$ 时，输出 u_y 与输入 u_x 的微分成正比，即

$$u_y = \frac{1}{RC}\frac{\mathrm{d}u_x}{\mathrm{d}t} \qquad (12-38)$$

RC 高通滤波器起着微分器的作用。

3. *RC* 带通滤波器

在此基础上，将 *RC* 带通滤波器的幅频特性分解为两个滤波器的串联，即高通滤波器与低通滤波器的串联，如图 12 - 22 所示。串联所得的带通滤波器以原高通滤波器的截止频率为上截止频率，即 $f_{c1} = 1/2\pi\tau_1$；相应地，其下截

止频率为原低通滤波器的下截止频率，即 $f_{c2} = 1/2\pi\tau_2$。分别调节高通及低通环节的时间常数 τ_1 及 τ_2，就可得到不同的上截止频率、下截止频率和带宽的带通滤波器。

带通滤波器的频率响应函数为

$$H(j\omega) = H_1(j\omega)H_2(j\omega) \qquad (12-39)$$

其幅频特性及相频特性分别为

$$A(j\omega) = A_1(j\omega)A_2(j\omega) \qquad (12-40)$$

$$\varphi(j\omega) = \varphi_1(j\omega) + \varphi_2(j\omega) \qquad (12-41)$$

在高通和低通两级串联的情况下，需要排除两级耦合时的干扰。因为后一级成为前一级的"负载"，而前一级又是后一级的信号源内阻。在实际应用中，通常采用射极输出器，也可以选择利用选用运算放大器的阻抗变换特性进行隔离。所以，现实中的带通滤波器通常都是有源的。

图 12 – 22　带通滤波器

12.2.4　有源滤波器

运算放大器可以用来搭建滤波器电路，进而避免电感的使用和输出负载所带来的问题。这些有源滤波器具有非常陡峭的下降带、任意平直的通带，以及可调的截止频率。

图 12 – 23 所示为基本有源滤波器电路。无源滤波器网络与一个运算放大器连接，此放大器可以提供能量并且改善阻抗特性。无源滤波器网络仅由电阻和电容两部分组成，电感的特性可通过电路来模拟。由于输出阻抗一般较低，这些滤波器可以提供输出电流而不降低电路的性能。一些典型的一阶有源滤波器电路如图 12 – 24 所示。

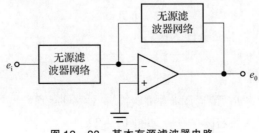

图 12 – 23　基本有源滤波器电路

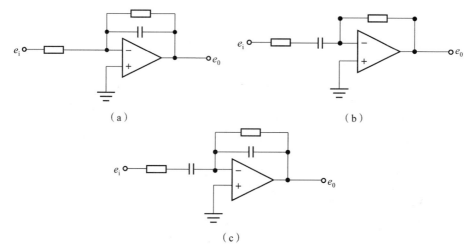

图 12 – 24　典型的一阶有源滤波器电路

（a）低通滤波器；（b）高通滤波器；（c）带通滤波器

12.2.5　恒带宽比滤波器和恒带宽滤波器

要进行信号的频谱分析，或者需要提取信号中某些特性频率成分，可将信号通过多个有相同的放大倍数、不同的中心频率的带通滤波器。各个滤波器的输出主要反映信号中在该通带频率范围内的量值。通常做法分为以下两种。

第一种是使用中心频率可调的带通滤波器，通过改变 RC 调谐参数而使其中的频率跟随所需要测量（处理）的信号频段。由于受到可调参数的限制，其可调范围是有限的。

第二种是使用一组各自中心频率固定，但又按一定规律参差相隔的滤波器组。图 12 – 25 所示为倍频程频谱分析装置，将各滤波器（中心频率如图中所标明）依次接通。如果信号经过足够的功率放大，各滤波器的输入阻抗也足够高（只从信号源取电压信号而且只取很小的输入电流），那么可以把该滤波器组并联在信号源上，各滤波器的输出同时显示或记录，这样就能瞬时获得信号的频谱结构，这就成为"实时"的谱分析。

在谱分析中，各个滤波器通带必须是连通的，并能完全覆盖目标频率范围，从而不会造成频率成分的"丢失"。一般的做法是，前面的滤波器的 – 3 dB 上截止频率（高端）是后面的过滤器的 – 3 dB 下截止频率（低端）。当然，滤波器组应该有相同的放大率（对于它们各自的中心频率）。这样的一组滤波器将覆盖整个频率范围，将是"邻接的"。

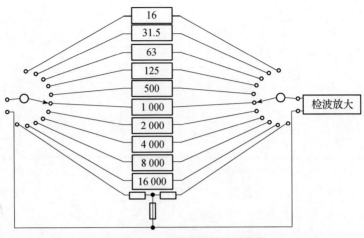

图 12 – 25　倍频程频谱分析装置

1. 恒带宽比滤波器

由式（12 – 26）可知，品质因数 Q 为中心频率 f_0 和带宽 B 之比，若采用具有相同 Q 值的调谐式滤波器做成邻接式滤波器，则滤波器组是由恒带宽比滤波器构成的。因此，中心频率 f_0 越大，其带宽 B 也越大，频率分辨力越低。

从恒带宽比滤波器的截止频率 f_{c1}、f_{c2} 和中心步骤 f_0 的关系式（12 – 22）和式（12 – 25），可得

$$f_{c2} = 2^{\frac{\pi}{2}} f_0 \qquad (12 - 42)$$

$$f_{c1} = 2^{-\frac{\pi}{2}} f_0 \qquad (12 - 43)$$

则

$$f_{c2} - f_{c1} = B = f_0/Q \qquad (12 - 44)$$

$$\frac{1}{Q} = \frac{B}{f_n} = 2^{\frac{n}{2}} - 2^{-\frac{n}{2}} \qquad (12 - 45)$$

对于不同的倍频程，其滤波器的品质因数如表 12 – 1 所示。

表 12 – 1　不同的倍频程滤波器的品质因数

倍频程 n	1	1/3	1/5	1/10
品质因数 Q	1.41	4.32	5.21	14.42

对一组邻接的滤波器组，利用式（12 – 22）和式（12 – 25）可以推得后一个滤波器的中心频率 f_{02} 与前一个滤波器的中心频率 f_{01} 之间也有下列关系：

$$f_{02} = 2^n f_{01} \qquad\qquad (12 - 46)$$

因此，根据式（12 - 45）和式（12 - 46），只要选定 n 值就可设计覆盖给定频率范围的邻接式滤波器组。

例如，对于 $n = 1$ 的倍频程滤波器如表 12 - 2 所示。

表 12 - 2　　$n = 1$ 的倍频程滤波器

中心频率/Hz	16	31.5	63	125	250	…
带宽/Hz	11.3	22.27	44.55	88.39	175.8	…

对于 $n = 1/3$ 的倍频程滤波器如表 12 - 3 所示。

表 12 - 3　　$n = 1/3$ 的倍频程滤波器

中心频率/Hz	12.5	16	20	25	31.5	40	50	63	…
带宽/Hz	2.9	3.7	4.6	5.8	5.3	9.3	11.6	14.6	…

2. 恒带宽滤波器

上述利用 RC 调谐电路做成的调谐式带通滤波器都是恒带宽比的。对这样一组增益相同的滤波器，若选定了基本电路，其 Q 值及带宽比将共同接近。显然，在低频区其滤波性能较好，但是在高频区则由于带宽增加而使分辨力下降。

为使滤波器在所有频段都具有同样良好的频率分辨力，可采用恒带宽的滤波器。图 12 - 26 所示为理想的恒带宽比滤波器和恒带宽滤波器的特性对照。

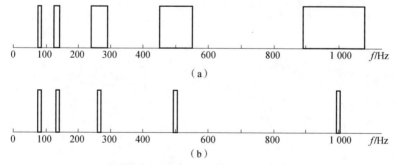

图 12 - 26　理想的恒带宽比滤波器和恒带宽滤波器的特性对照
(a) 恒带宽比滤波器；(b) 恒带宽滤波器

为了提高滤波器的分辨力，带宽应越窄越好，但这样为覆盖整个频率范围所需要的滤波器的数量就很大，因此恒带宽滤波器就不宜做成固定中心频率的。一般利用一个定带宽、定中心频率的滤波器，同时使用可变参考频率的差频变换，来适应各种不同中心频率的定带宽滤波的需要。参考信号的扫描速度应能满足建立时间的要求，尤其在滤波器带宽很窄的情况，参考频率变化不能太快。实际使用中，只要对扫频的速度进行限制，使它不大于$(0.1 \sim 0.5)B^2$，单位为 Hz/s，就能获得相当精确的频谱图。

传统的恒带宽滤波器有相关滤波器和变频跟踪滤波器，这两种滤波器的中心频率都能自动跟踪参考信号的频率。

下面通过举例进一步说明滤波器的带宽和分辨力。

设有一个信号是由幅值相同而频率分别为 940 Hz 和 1 060 Hz 的两个正弦信号合成，其频谱如图 12 - 27（a）所示。现用恒带宽比的倍频程滤波器和恒带宽跟踪滤波器分别对它进行频谱分析。图 12 - 27（b）所示为用 1/3 倍频程滤波器（倍频程选择接近于 25 dB，$B/f_0 = 0.23$）分挡测量的结果；图 12 - 27（c）所示为用相当于 1/10 倍频程滤波器（倍频程选择 45 dB，$B/f_0 = 0.06$）测量并用笔式记录仪连续走纸记录的结果；图 12 - 27（d）所示为用恒带宽跟踪滤波器（ - 3 dB 带宽 3 Hz， - 60 dB 带宽 12 Hz，滤波器因数 $\lambda = 4$）测量的结果。

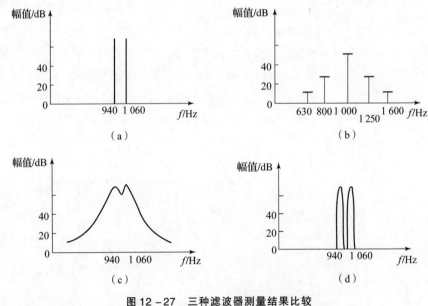

图 12 - 27　三种滤波器测量结果比较

（a）实际信号；（b）用 1/3 倍频程滤波器测量的结果；

（c）用 1/10 倍频程滤波器测量的结果；（d）用恒带宽跟踪滤波器测量的结果

比较三种滤波器的测量结果可知：1/3 倍频程滤波器分析效果最差，它的带宽太大（如在 1 000 Hz 时，$B = 230$ Hz），无法确切分辨出两频率成分的频率和幅值。同时由于其倍频程选择性较差，以致将中心频率改为 800 Hz 和 1 250 Hz 时，尽管信号已不在滤波器的通带中，但滤波器的输出仍然有相当大的幅值。因此，这时仅就滤波器的输出，人们是无法辨别这个输出究竟是来源于通带内的频率成分还是通带外的频率成分。相反，恒带宽跟踪滤波器的带宽窄，选择性好，足以消除上述两方面的不确定性，实现良好的频谱分析效果。

|12.3 信号记录仪器|

12.3.1 概述

完成信号获取处理以后，需要进行信号的输出，使其可读、易读。另外，由于测试系统的对象和要求不一样，其需要的记录和显示仪器可能也不一样，这就要求我们对信号的记录和显示装置有所了解。

信号的记录和显示仪器是测试系统不可缺少的重要环节，其作用是显示测试系统所获取的信号，并使之变成人们能够直接观察的图形，以及保存测试系统所获取的信号，并使所保存的信息能够借助其他仪器进行分析和重放。实测环境中，往往要求对数据进行存储以便后续重放、处理、分析；在瞬态过程的测量中，记录器对于记录曲线的时间坐标的放大为我们的研究提供了极大的便利。

根据显示信号的特征不同，信号显示可分为模拟显示和数字显示。常用显示仪器包括磁电式指示仪表、CRT（阴极射线管）显示器、TFT（薄膜晶体管）显示器、数码管、LED（发光二极管）、LCD（液晶显示器）等。常见的记录仪分类如图 12 – 28 所示。

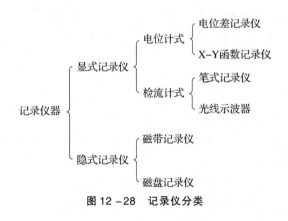

图 12 – 28 记录仪分类

显式记录仪的输出结果，能够立即或经适当后续处理，在记录介质（如纸带、感光纸等）上观感到所测信号的变化情况。

隐式记录仪所记录的信号不能在记录介质上直接观察到，需要通过其他仪器设备才能显示出来。但是，隐式记录仪器所记录的信号可以方便地进行变换和频谱分析等，还可以方便地通过计算机对信号进行再处理，从而获得所测信号携带的多种信息。为实现对各种机械设备的状态监测和故障诊断，要求记录介质容量十分大。显式记录仪器所用的记录介质（如纸带、感光纸等）已远不能满足这种要求。而以磁带或磁盘等作为记录介质的隐式记录仪器正适应了近代控制技术和计算机技术的发展要求，因此最近几年来得到了迅速发展。

显示和记录仪器一般包括指示和显示仪表及记录仪器。根据记录信号的特征可分为模拟信号记录仪器和数字信号记录仪器两大类（图 12 – 29）。

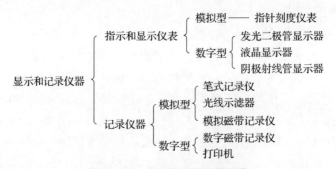

图 12 –29　显示和记录仪器分类

显示、记录是测试系统的最后一个环节，其性能同样直接决定了测试结果的可信度。为了正确选用光线示波器，必须对其工作原理、特性有所了解。本节主要介绍 3 种最常用的显示和记录仪器：光线示波器、新型记录仪和数字显示器等。

12.3.2　光线示波器

光线示波器是一种由光学、机械系统和磁电系统组成的模拟式记录仪，主要用于模拟量的数据记录，它将信号调整仪输入的电信号转换为光信号并记录在感光纸或胶片上，从而得到试验变量与时间的关系曲线。与其他记录仪相比，光线示波器的工作频率较高，可达 10 000 Hz，而一般笔式记录仪不超过 100 Hz，喷射式记录仪也不超过 1 000 Hz。光线示波器具有较高的电流灵敏度、较低的记录误差以及仪器小巧轻便等优点，还能制成同时记录几个或几十个不同参数的多线示波器；其缺点是波形图须经一定处理后才能显现，且所用的记录纸较贵。

光线示波器的工作原理图如图 12 – 30 所示。光源发出的光经透镜把一束光线投射到振子的反射镜片上，镜片反射的光束经另一个透镜射到感光记录纸上。反射镜片和处在恒磁场 N – S 中的线圈同被固定在一根拉紧的张丝上，当有被测信号电流流过线圈时，在磁场的作用下，线圈、张丝、反射镜片一同发生偏转，镜片反射光束照射到感光记录纸上的光点在垂直于感光记录纸运动方向产生相应的位移，与此同时在感光记录纸上用频闪灯打上时间标记。感光记录纸在传动系统的带动下匀速运动，于是光点在记录纸上描绘出被测信号电流变化的模拟曲线。光线示波器可以同时记录若干条波形曲线，也可以用于记录静力试验的数据。

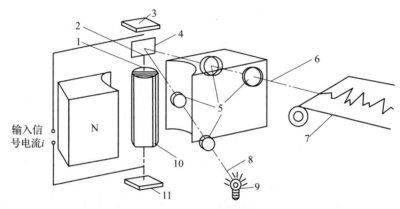

图 12 – 30 光线示波器的工作原理图

1—振动子张丝；2—振动子；3—振动子固定端；4—反光镜（旋转）；5—透镜；6—反射光束；
7—感光纸或胶片；8—光束；9—灯；10—振动子线圈；11—振动子固定端

第一台光线示波器出现于 20 世纪初。20 世纪 60 年代开始，光线示波器采用紫外线直接记录纸，大大简化了波形图的显现处理过程，使操作更为方便可靠。图 12 – 31 所示为光线示波器的结构示意图。光线示波器一般由振动子与磁系统、光学系统、传动系统、时标和电气系统几大部分组成。

（1）光源和光学系统。光线示波器使用的光源主要有以下几种：白炽灯、超高压水银灯、碘钨灯和氙灯等。白炽灯光源用于普通照相使用的感光纸和胶片上，通常在暗室内进行显影和定影；超高压水银灯和碘钨灯光源用于紫外线感光纸，能在普通光线下直接显示曲线；氙灯发出的脉冲光线是专用在时标装置上的。

（2）传动系统。光线示波器传动系统由电动机、齿轮变速箱和摄影机构等组成。如 SC28 型光线示波器，由于变速机构采用了新颖的轴承离合器和弹簧离合器，所以使其噪声降低、运转灵活、启动迅速。速度为 2 000 mm/s ~

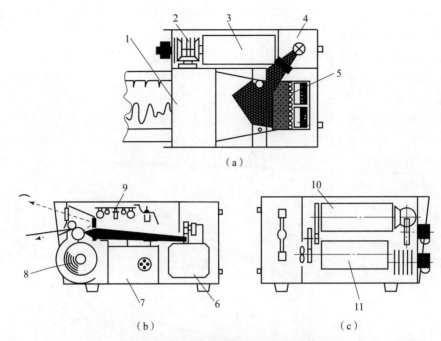

图 12－31　光线示波器的内部结构示意图

（a）俯视图；（b）主视图；（c）左视图

1—拍摄部分；2—控制部分；3—传动部分；4—光源部分；5—振动子；

6—磁系统；7—电源部分；8—记录纸；9—晶体管时标；10—变速器；11—电动机

200 mm/min，共分 10 挡。全部采用电子移位电路控制，操作简便、可靠。

（3）电气系统。光线示波器电气系统由变压器及记录控制电路、振动子信号输入电路、时标电路、纸速及时标控制电路、水银灯电路五部分组成。

（4）振动子及磁系统。振动子是光线示波器的测量元件。振动子的基本原理是利用可动部分截流线圈与永久磁铁产生的磁场之间的相互作用来带动反射镜偏转而使光点产生偏移。一般有 3 种类型，即回线式（如 FC1 型）、动圈式（如 FC6、FC7、FC11 型）和动磁式（FC9 型）。其中，最常用的是动圈式振动子，它主要由反射镜片、张丝和线圈组成。张丝一端用绝缘支承固定，另一端用弹簧张紧，小镜片贴在垂直于线圈平面的张丝上。振动子的体积很小，以便实现多个振动子同步记录。例如，SC60 型光线示波器，可同时记录 60 路信号。

磁系统有单磁式和共磁式两种。目前，光线示波器大多采用共磁式动圈振动子，即许多振动子插入一个公共的磁系统中。磁系统上设有调节振动子俯仰角和水平位置转角的调节装置，以便振动子获得最佳位置。为了保证振动子的基本持性不受或少受环境温度的影响，磁系统上还装有自动控制的电热器，以保证振动子处于恒温（45 ℃ ±5 ℃）环境中。

振动子是把电信号转换为光线摆动信号的核心部件，它的特性决定了光线示波器的特性。为了正确选用振动子，有必要了解其工作原理及特性。实际上，振动子是典型的二阶测量系统，会给测量带来误差。只有掌握振动子的特性，正确地选择和使用振动子，才能把误差控制在最小限度内。下面简单介绍振动子的原理及特性。

1. 振动子的力学模型

在实际测量过程中，当信号电流通过振动子的线圈时，振动子转动部分受到以下几个力矩的作用。

（1）与信号电流 $i(t)$ 成正比的电磁转矩 M_i：

$$M_i = WBA_i = k_i i(t) \qquad (12-47)$$

式中：W 为线圈匝数；B 为磁场强度；A_i 为线圈面积；k_i 为比例系数；$i(t)$ 为信号电流。

（2）大小与张丝转角 θ 成正比、方向与张丝转角相反的张丝弹性反抗力矩 M_G：

$$M_G = G\theta \qquad (12-48)$$

式中：G 为张丝扭转刚度。

（3）大小与振子角速度成正比、方向与振子角速度相反的阻尼转矩：

$$M_c = C\frac{\mathrm{d}\theta}{\mathrm{d}t} \qquad (12-49)$$

式中：C 为扭转阻尼系数。

（4）大小与振子角加速度成正比、方向与振子角加速度方向相反的惯性力矩：

$$M_a = J\frac{\mathrm{d}^2\theta}{\mathrm{d}t^2} \qquad (12-50)$$

式中：J 为振动子转动部分的转动惯量。

根据牛顿第二定律可得

$$M_a + M_G + M_c = M_i \qquad (12-51)$$

于是，振动子转动部分的动力学微分方程为

$$J\frac{\mathrm{d}^2\theta}{\mathrm{d}t^2} + C\frac{\mathrm{d}\theta}{\mathrm{d}t} + G\theta = k_i i(t) \qquad (12-52)$$

2. 振动子的静态特性

振动子的静态特性描述的是当输入恒定电流 I 时,振动子的输入与输出之间的关系。由于测量时振子的角速度、角加速度都为 0,因此镜片输出的偏转角为

$$\theta = \frac{k_i}{G}I = SI \qquad (12-53)$$

式中:S 为振动子的直流电流灵敏度。

直流电流灵敏度 S 表示单位电流流过振动子时,光点在记录纸上移动的距离。流过单位电流光点移动距离越大,灵敏度越高;反之,移动距离越小,灵敏度越低。当偏转角相同时,由振动子镜片到记录纸面的光路长不同时,光点移动的距离也不同。因此,振动子技术数据中给出的灵敏度,都指明了其对应的一定值光路长。有时为了便于比较,都折算为光路长 1 m、电流 1 mA 时,光点在记录纸上移动的距离。式(12-53)表明,当偏转角 θ 很小时,光点位移与电流 I 成正比。由光点位移的大小可知电流的大小。

3. 振动子的动态特性

振动子的动态特性直接反映了光线示波器的动态特性。当光线示波器用于记录测试的动态过程时,要使记录下来的信号真实地反映原信号,即要求记录不产生失真,就需认真研究光线示波器的动态特性,即振动子的动态特性。由振动子的运动方程式可直接获得振动子的频率响应函数,即

$$H(j\omega) = \frac{k_i}{-\omega^2 J + jC\omega + G} = \frac{k_i/G}{1 - \left(\dfrac{\omega}{\omega_n}\right)^2 + 2j\omega\left(\dfrac{\omega}{\omega_n}\right)} \qquad (12-54)$$

幅频特性和相频特性分别为

$$\begin{cases} A(\omega) = \dfrac{k_i/G}{\sqrt{\left[1 - \left(\dfrac{\omega}{\omega_n}\right)^2\right]^2 + 4\xi^2\left(\dfrac{\omega}{\omega_n}\right)^2}} \\[4mm] \psi(\omega) = -\arctan 2\xi\dfrac{\dfrac{\omega}{\omega_n}}{1 - \left(\dfrac{\omega}{\omega_n}\right)^2} \end{cases} \qquad (12-55)$$

式中:ξ 为振动子扭转系统的阻尼比,$\xi = C/2\sqrt{GJ}$;ω 为信号电流的角频率;ω_n 为振动子扭转系统的固有频率,$\omega_n = \sqrt{G/J}$。

根据二阶系统动态测试不失真要求,为确保测量精度,应采用阻尼比 ξ 为

$0.6 \sim 0.8$，$\omega/\omega_n < 0.5 \sim 0.6$ 的振动子。

4. 振动子的固有频率选择

使用光线示波器时，应根据被测信号变化的频率选择合适的固有频率的振子。

1）被测信号为正弦信号

由光线示波器振子的结构原理可知：当其阻尼比 ξ 为 $0.6 \sim 0.8$ 时，要使振子的幅值误差小于 $\pm 5\%$，则振子的相对频率比 η 应取 $0.4 \sim 0.45$（$\eta = f/f_0$，f 是被测信号频率，f_0 是振子的固有频率），这主要是因为阻尼液使振子的可动部分的有效质量加大。

2）被测信号为脉冲、非周期和随机过程

振子的固有频率一般要求越高越好。但实际上固有频率越高，其灵敏度就越低，这并不符合我们对于试验仪器的预期。实际上，在这些信号的频谱中，振子的固有频率应大于幅值低于基频分量 5% 的高频分量中的最低频率的 2 倍。

3）振子使用频率范围的扩展

目前国内光线示波器常用振子的固有频率最高为 10 kHz，但有时需要更高的振子固有频率。为此可在振子与被测信号之间串接校正网络，调整可变电阻改变 Q 值，使谐振峰值补偿振子幅频特性曲线在高于固有频率的部分有下降的趋势，因而使其直线部分延长，以扩展振子的使用频率范围。

5. 振动子的阻尼

振动子的阻尼比对其动态特性有很大影响。理论上，阻尼比 $\xi = 0.7$ 较为合适。为了达到该阻尼比，目前一般采用液体阻尼和电磁阻尼来作为振动子的阻尼。

1）液体阻尼

有些振动子的活动部分浸在油中，形成液体阻尼。所使用的介质是化学及热稳定性好的甲基硅油。在 45 ℃ 时，甲基硅油的黏度能保证振动子的阻尼比 $\xi = 0.7$。所以，在光线示波器的磁系统中装有电热恒温装置，以使油温保持在 $+45 \ ℃ \pm 5 \ ℃$。为了减小由于温度变化使阻尼比温改变从而引起的误差，要求在将振动子插入磁系统中后，先预热 20 min 后才能正式记录。一般固有频率在 1 200 Hz 以上的振动子采用油阻尼，而 400 Hz 以下的振动子一般采用电磁阻尼。

2）电磁阻尼

当振动子线圈在磁场中转动时，就会产生感应电动势，该电动势使线圈和输入信号组成的闭合电路中有感应电流通过，其方向与信号电流的方向相反。因此，感应电流产生的力矩起着阻止线圈转动的作用，这就是电磁阻尼的基本工作原理。

进一步分析可得出，电磁阻尼比为

$$\xi = \frac{(WBS)^2}{2\sqrt{JG}} \cdot \frac{1}{R_g + R} \tag{12-56}$$

式中：R_g 为振动子线圈内阻；R 为外电路电阻。

由式（12-56）可知，在振动子结构确定后，即参数 W、B、S、J、G 和 R_g 确定后，电磁阻尼比 ξ 只取决于外电路的电阻 R。

电磁阻尼振动子所要求的外电路电阻值一般由制造厂家通过试验测得，在振动子技术数据卡片上标出，用户应根据要求对外电路的电阻进行适当匹配。如图 12-32 所示，所谓外电路的匹配，就是要使图中圆圈内的电阻值等于所要求的外电阻 R。

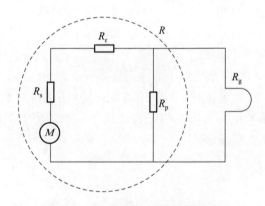

图 12-32　电磁阻尼振子的外电路

R—振子要求的外电阻；R_g—振子的内阻；

R_s—信号源内阻；R_ε—附加串联电阻；R_p—附加并联电阻

（1）当信号源内阻 $R_s < R$ 时，只需在电路中串联电阻 R_ε，其阻值为

$$R_\varepsilon = R - R_s \tag{12-57}$$

（2）当 $R_s > R$ 时，只需在电路中并联电阻 R_p，其阻值为

$$R_g = \frac{R_s R}{R_s - R} \tag{12-58}$$

（3）当信号源输出电流超过振动子所允许的最大电流时，则需在电路中串联电阻 R_ε 同时并联电阻 R_p。串并联后总的电阻值需满足振动子外阻的要求，且通过 R_p 分流后，使流经振动子的信号电流不超过允许值。R_ε 和 R_p 的值

可由下式决定：

$$\begin{cases} \dfrac{R_g}{R_g + R_p} = n \\ R_p = \dfrac{(R_s + R_g)\,R}{(R_s + R_g) - R} \end{cases} \qquad (12-59)$$

式中：n 为分流系数，即流过分流电阻 R_p 的电流与总信号电流之比。

6. 振动子的选用

为了测量各种不同特性的信号，光线示波器配有高频低灵敏度和低频高灵敏度一系列振动子，以供选用。

1）固有频率的选择

振动子的工作频率 f 不能低于被测信号中振幅不能忽略的高次谐波的频率，一般应为被测信号基频的 10 倍左右。工作频率范围确定后，可根据振动子的频率响应特性来确定其固有频率 f_n，即对电磁阻尼振动子 $f = 0.6f_n$；液体阻尼振动子 $f = (0.4 \sim 0.45)f_n$。

2）灵敏度的选择

根据信号电流的大小和所需记录曲线的相应振幅，选择适当灵敏度的振动子。由于振动子灵敏度与其固有频率的平方成反比，故振动子灵敏度的选择和固有频率的选择是矛盾的。一般情况下，应以固有频率为主，其次再考虑灵敏度，因为灵敏度的不足往往可以通过调节前置放大器的增益来弥补。

3）限制输入信号最大电流和光点最大偏移量

必须注意，信号电流最大值不得超过振动子的最大允许电流幅值，否则会损坏振动子。另外，光点的最大振幅不得超过振动子保证线性度的最大偏转值，否则会增大非线性误差。

4）正确配置振动子光点位置

应正确配置振动子光点位置，使光点位置尽量与振动子位置相对应。其最大偏离角 δ（图 12-33 振动子光点位置的配置）不要大于 2°~3°，以尽量减小圆弧误差。

12.3.3　新型记录仪

示波器是使用极为广泛的显示记录仪器。用感光纸来记录信号的光线示波器目前已很少使用。以 CRT 来显示信号的电子示波器可分为模拟型和数字型两种，且多为数字存储示波器，其原理框图如图 12-34 所示。

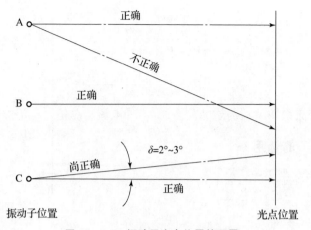

图 12－33　振动子光点位置的配置

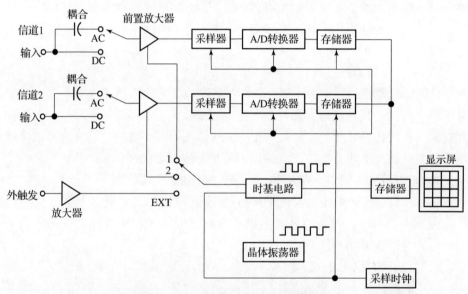

图 12－34　数字存储示波器原理框图

1. 数字存储示波器

数字存储示波器（图 12－35）以数字形式存储信号波形，然后再作显示，因此波形可稳定保留在显示屏上供使用者分析。数字存储示波器中的微处理器可对记录波形做自动计算，在显示屏上同时显示波形的峰值、上升时间、频率及均方根值等。数字存储示波器通过计算机接口可将波形送至打印机打印或送至计算机做进一步处理。

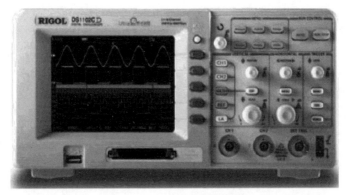

图 12 - 35　数字存储示波器

2. 无纸记录仪

无纸记录仪是 20 世纪 90 年代中期发展起来的一种新型记录仪。由于使用了 CPU（微处理器）、大容量存储介质和 LCD 等先进技术，使它较为彻底地解决了机械式记录仪存在的诸多问题，具有可靠性高、长期运行费用低、可对记录数据进行分析处理等优点，因此得到了人们的普遍关注。无纸记录仪主要有以下特点。

（1）采用大屏幕、高亮度、高密度 LCD，能显示测量数据和模拟曲线。

（2）以内存和磁盘作为数据存储载体，能通过上位机软件平台，对磁盘上记录的数据进行各种显示、计算、分析和打印，显示值和曲线醒目、直观。

（3）利用 RS - 485 等通信接口可与计算机联网，组成一个数据自动监控系统。

（4）无须更换记录纸和记录笔，长期运行费用低。

无纸记录仪系统组成如图 12 - 36 所示。

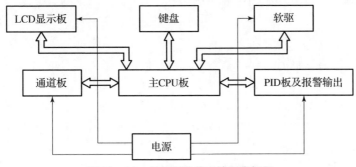

图 12 - 36　无纸记录仪系统组成框图

电源用来为通道板、主 CPU 板、LCD 显示板、PID（比例、积分、微分控制）板、报警板以及软盘驱动器等提供所需的工作电压；通道板对输入信号进行适当放大后，送至主 CPU 板处理器；LCD 显示板接收主 CPU 送来的各种信息，并将其显示在屏幕上；PID 板在主 CPU 控制下产生 4~20 mA 的 PID 调节电流信号；主 CPU 板统一管理整个系统，使之协调工作，并处理各种信号；软盘驱动器用于驱动磁盘以记录采集到的数据。

无纸记录仪的输入通道数一般在 1~8 个，可输入 0~10 mA，0~5 V，4~20 mA，1~5 V 的标准信号，或热电偶、热电阻等脉冲信号。使用时只需将不同类型的输入信号接在相应通道的输入端上，并在记录仪上设置好输入信号的类型及量程，便能实现多种信号的输入。

无纸记录仪的存储介质可分为内部存储器（固定式存储器）和外部存储器（移动式存储器）两类，主要用于存储记录数据。内部存储器主要有 SRAM（静态随机存取存储器）和 Flash 存储器两种。SRAM 是一种大容量静态存储芯片，使用时必须提供掉电保护，否则停电时记录数据会丢失。Flash 存储器（又称闪速存储器）是一种半导体存储器，它可在掉电的情况下，保持记录数据，具有存储速度快、易于擦除和重写、功耗小等优点。内部存储器主要用在数据存储容量较小、保存时间较短的场合。

对需要长期保存记录数据的部门（如电力部门等），可以采用外部存储器。外部存储器主要有 3.5 in（1.44 MB）软盘和电子卡盘两种，使用时只需在计算机上安装无纸记录仪厂家提供的软件，就能对记录的数据进行分析、处理和打印。

3. 光盘刻录机

光盘有 CD-R、CD-RW、DVD-R、DVD-RW 和 DVD-RAM 等类型。常见的光盘储存器是 CD-ROM。CD-ROM 光盘大致可以分为以下几种：只读光盘、只写一次光盘（CD-R）、可读/写光盘（CD-RW）。其工作原理是把被记录信息经过数字化处理，变成 "0" 与 "1"，其对应在光盘上就是沿着盘面螺旋形状的信息轨道上的一系列凹点（Pits）和平面（Lands）。所有的凹点都具有相同的深度和长度，其深度为 0.11~0.13 μm，宽度为 0.4~0.5 μm，而激光光束能在 1 μm 内从 1 μm² 的面积内获得清晰的反射信号。一张 CD 上约有 28 亿个这样的凹点，当激光映射到盘片上时，如果是照在平面上就会有 70%~80% 的激光被反射回；如果照在凹点上就无法反射回激光。根据其反射回激光的状况，光盘驱动器就能将其解读为 "0" 或 "1" 的数字编码。

DVD 最主要的特色在其超大的记录容量，两层式双面记录的最大容量可达 17 GB。DVD 可分为 DVD – ROM（通常所说的 DVD 盘片）、DVD – R（可一次写入）、DVD – RAM（可多次写入）、DVD – RW（可重写）4 种，其中 DVD – RAM 是以后的发展趋势。

目前，光盘的基片材料一般都采用聚甲基 – 丙烯酸甲酯（PMMA）。它是一种耐热性较强的有机玻璃，具有极好的光学性能和力学性能。

光盘的记录介质分为不能重写的只写一次性介质和能重写的可擦式介质两大类型。只读光盘就是使用的前者，它的材料一般都是光刻胶。其记录方式是用氩离子激光器等对其进行烧录。而能重写的可擦式介质其材料多种多样，在这里就不再详细介绍了。

12.3.4　数字显示器

一个数字显示器通常由计数器、寄存器、译码器和显示器 4 个部分组成，如图 12 – 37 所示。下文仅介绍计数器、译码器、显示器。

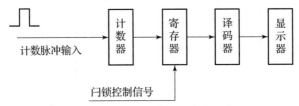

图 12 – 37　数字显示系统的组成

1. 计数器

计数器能对输入脉冲进行计数，完成计数、分频、数控、数据处理等功能。计数器种类繁多。在数字系统和计算机中计数器常用于脉冲计数和分频。计数器通常由具有记忆功能的触发器和门电路组成。按照计数进制的不同，计数器可分为二进制计数器、二进制至十进制计数器和 N 进制（任意进制）计数器等。在数字显示系统中应用最多的是 BCD8421 码的二进制至十进制计数器。

2. 译码器

译码器用于码制变换，将一种数码转换为另一种数码。把代码的特定含义翻译出来的过程称为译码，实现译码功能的电子电路称为译码器。数字显示系统中常用 BCD8421 码二进制至十进制的七段译码器来驱动数码管。

3. 显示器

显示器按照显示内容的不同，可分为数码显示器与图像显示器两种。其中数码显示器按发光材料的不同，可分为 LED 显示器和 LCD 显示器。用于图像显示的有 CRT 显示器、TFT 显示器、PDP 显示器等。

1）发光二极管

发光二极管在正向偏压作用下，将会发射具有一定波长的电磁辐射波。

图 12-38 所示为发光二极管及其特性曲线。当半导体二极管加正向偏压 U_F 时，便有电流 i_F 流过，如图 12-38（a）所示。正向偏压 U_F 与电流 i_F 的对数 $\ln i_F$ 具有近似的线性关系，如图 12-38（b）所示。发光二极管在正向偏压作用下，将会发射具有一定波长的电磁辐射波。常用的发光二极管材料有两种：镓砷磷化合物（发红光）和镓磷化合物（发绿光或黄光），这两种材料的二极管发出光的强度 I_v 随 i_F 的增加而增加。图 12-38（c）所示为镓砷磷化合物二极管的 $I_v - i_F$ 曲线。目前，新型蓝光、白光二极管也广泛应用。用作显示时，二极管由逻辑信号"1"和"0"控制打开和关闭。通常使用 LED 组成数码管用来显示字符信息，采用 LED 数码管显示时，数码管的显示亮度及清晰度对显示效果有很大的影响，一般用于简单字符的显示。

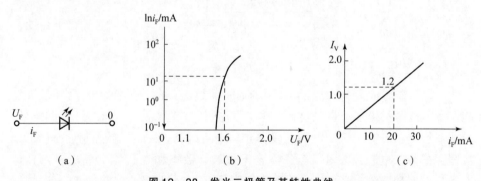

图 12-38 发光二极管及其特性曲线

（a）二极管；（b）二极管 U_F 与对数 $\ln i_F$ 的关系；（c）二极管 $I_v - i_F$ 曲线

图 12-39 所示为七段共阴极接法的发光二极管数码管，它由 7 个条形 LED 组成，a~g 的 7 个 LED 排列成 8 字的形状，靠接通相应发光二极管来显示数字 0~9。下表为相应发光段的编码。

LED 显示器的显示清晰度有一定的限制。例如，观察者可能将 3 或 0 错读成 8。如要显示十六进制数（0~9 和 A、B、C、D、E、F 等 16 种状态），则需要 22 个点状 LED。这时清晰度会得到改善，但逻辑转换线路将很复杂。

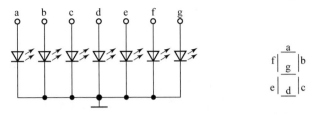

发光段	0	1	2	3	4	5	6	7	8	9
BCD8421代码	0000	0001	0010	0011	0100	0101	0110	0111	1000	1001
发光段码	abcdef	bc	abdeg	abcdg	bcfg	acdfg	acdefg	abc	abcdefg	abcdfg

图 12-39　七段共阴极接法的 LED 数码管

2）液晶显示器

液晶显示器是在两块透明电极基板间夹持液晶，当液晶厚度小于数百微米时，界面附近的液晶分子发生取向并保持有序性，当电极基板上施加受控的电场方向后就产生一系列电光效应，液晶分子的规则取向随即相应改变。液晶分子的规则取向形态有平行取向、垂直取向、倾斜取向 3 种，液晶分子的取向改变，即发生了折射率的异向性，从而产生光散射效应、旋光效应、双折射效应等光学反应。这就是 LCD 图像电子显示器最基本的成像原理。

液晶图像显示器的特点：极低的工作电压，微功耗 $10^{-6} \sim 10^{-5}$ W/cm^2；平板显示结构，显示信息量大，工作寿命长，无辐射，无污染。但是与 CRT 型彩色图像显示器相比，显示视角相对较小、响应速度较慢。

第 13 章

信号分析

　　信号的频域分析又称频谱分析，是把一个复杂的信号分解成一个相对简单的信号的一种方法。所有的物理信号都可以用一些具有不同频率的简单信号之和来表示。频谱分析是指从一个信号中提取出其在各个频率上的相关信息，如幅度、功率、强度、相位等。频谱指的是一个时域的信号在频域下的表示，它可以对信号进行傅里叶变换（FT）得到，得到的结果分别为以幅度及相位为纵轴、频率为横轴的两张图，也就是将信号的幅值和相位变换为以频率 f 或 ω 表示的函数，从而对信号的频率特性进行分析，如振幅谱、相位谱、功率谱、能量谱等。

|13.1　周期信号的频谱分析|

傅里叶级数是对周期信号进行频谱分析的一种数学工具，它的展开式有两种形式：一种是三角函数；另一种是复指数函数。本节将重点对傅里叶级数的三角函数展开式进行介绍。

在此基础上，将其他的周期信号通过傅里叶级数进行分解，使之成为一组具有不同频率的谐波的线性叠加。对于满足狄里赫利条件的周期信号 $x(t)$，其中所包含的谐波分量可以由三角函数形式的傅里叶级数给出，即

$$x(t) = a_0 + \sum_{n=1}^{+\infty}(a_n \cos n\omega_0 t + b_n \sin n\omega_0 t) \qquad (13-1)$$

其中，

$$\begin{cases} a_0 = \dfrac{1}{T_0} \displaystyle\int_{-\frac{T_0}{2}}^{\frac{T_0}{2}} x(t)\,\mathrm{d}t \\[3mm] a_n = \dfrac{2}{T_0} \displaystyle\int_{-\frac{T_0}{2}}^{\frac{T_0}{2}} x(t)\cos n\omega_0 t\,\mathrm{d}t \\[3mm] b_n = \dfrac{2}{T_0} \displaystyle\int_{-\frac{T_0}{2}}^{\frac{T_0}{2}} x(t)\sin n\omega_0 t\,\mathrm{d}t \end{cases} \qquad (13-2)$$

式中：a_0、a_n、b_n，为傅里叶系数，分别是常值分量、余弦分量的幅值、正弦分量的幅值；ω_0 为信号基频，$\omega_0 = \dfrac{2\pi}{T_0}$，频率为 ω_0 的谐波分量为基波；T_0 为

信号基波成分的周期；$n\omega_0$ 为第 n 次谐波的频率（n 次谐频）。

当 $n=1$ 时，对应的谐波分量称为一次谐波；当 $n=2$ 时，对应的谐波分量称为二次谐波；当 $n>2$ 时，对应的谐波分量称为高次谐波。

令 $a_n = A_n\cos\varphi_n$，$b_n = -A_n\sin\varphi_n$，则式（13-1）可写为

$$x(t) = A_0 + \sum_{n=1}^{+\infty} A_n\sin(n\omega_0 t + \varphi_n) \qquad (13-3)$$

式中：A_n 为第 n 次谐波分量的幅值，$A_n = \sqrt{a_n^2 + b_n^2}$；$\varphi_n$ 为第 n 次谐波分量的初相位，$\varphi_n = \arctan\dfrac{a_n}{b_n}$。

相比于式（13-1），该频谱表达式（13-3）更为直观。

由上述分析可知，任意一种周期性的信号，在符合狄里赫利条件时，均可被分解为一个恒定的分量以及多种频率的多个谐波分量，且用傅里叶序列对这些周期性的信号进行处理后，得到各个谐波成分的振幅、相位等信息。

在对信号进行分析时，把构成时间信号的各个频率分量找出，并按其顺序排列，就得到了该信号的频谱。由于每个频率成分都需要用幅值和相位来表示，因此，以频率为横坐标，分别以幅值和相位为纵坐标来表示频谱。其中，$A_n-\omega$ 称为幅值谱，$\varphi_n-\omega$ 称为相位谱。频谱是组成一个信号 $x(t)$ 的各个频率成分的总称，它能全面反映出一个信号的频率组成。

周期信号的频谱具有以下特点。

（1）离散性。周期信号的频谱是由一系列相隔 ω_0 的谱线组成的，每条谱线对应着一种谐波分量，因此周期信号的频谱为离散谱。

（2）谐波性。每条谱线只出现在 0、ω_0、$2\omega_0$、…等与基频 ω_0 成整数倍关系的离散频率点上，不可能存在基频非整数倍数的频率分量。

（3）收敛性。各谐波分量的幅值（谱线高度）随谐波次数 n 的增加而减小。因此，在频谱分析中不必取次数过高的谐波分量。

13.2 瞬态信号的频谱分析

非周期信号包括准周期信号和瞬变非周期信号。由于准周期信号中各个谐波分量之比值并非有理数，因此在合成之后，不能经过一段时间间隔后复现。这种信号的频谱是离散谱。瞬变非周期信号包括衰减函数和各种持续时间较短的脉冲函数。一般非周期信号通常是指瞬变非周期信号，以下讨论的就是这种

非周期信号的频谱。

1. 傅里叶变换

利用傅里叶变换展开式，可以将非周期信号从时域转换到频域，并表示出其频率结构。非周期信号可视为周期趋向于无穷大的周期信号。如前所述，周期信号的频谱是离散谱，谱线间隔为 $\Delta\omega = \omega_0 = 2\pi/T_0$。当 $T_0 \to +\infty$ 时，$\Delta\omega \to 0$，即相邻谱线紧靠在一起。因此，非周期信号的频谱是连续谱。

非周期信号及其傅里叶变换之间的关系为

$$\begin{cases} X(\omega) = \displaystyle\int_{-\infty}^{+\infty} x(t)\,\mathrm{e}^{-\mathrm{j}\omega t}\,\mathrm{d}t \\ x(t) = \dfrac{1}{2\pi}\displaystyle\int_{-\infty}^{+\infty} X(\omega)\,\mathrm{e}^{\mathrm{j}\omega t}\,\mathrm{d}\omega \end{cases} \tag{13-4}$$

将 $\omega = 2\pi f$ 代入，式（13-4）可改写为

$$\begin{cases} X(f) = \displaystyle\int_{-\infty}^{+\infty} x(t)\,\mathrm{e}^{-\mathrm{j}2\pi ft}\,\mathrm{d}t \\ x(t) = \displaystyle\int_{-\infty}^{+\infty} X(f)\,\mathrm{e}^{\mathrm{j}2\pi ft}\,\mathrm{d}f \end{cases} \tag{13-5}$$

$X(\omega)$ 和 $X(f)$ 为 $x(t)$ 的傅里叶变换，而 $x(t)$ 也可称为 $X(\omega)$ 和 $X(f)$ 的傅里叶逆变换（IFT），两者组成傅里叶变换对，可表示为

$$x(t) \underset{\mathrm{IFT}}{\overset{\mathrm{FT}}{\rightleftharpoons}} X(\omega)$$

$$x(t) \underset{\mathrm{IFT}}{\overset{\mathrm{FT}}{\rightleftharpoons}} X(f)$$

一般情况下，$X(f)$ 是实变量 f 的复函数，可写成

$$X(f) = \mathrm{Re}X(f) + \mathrm{jIm}X(f) = |X(f)|\,\mathrm{e}^{\mathrm{j}\varphi(f)} \tag{13-6}$$

式中：$\mathrm{Re}X(f)$、$\mathrm{Im}X(f)$ 为 $X(f)$ 的实部和虚部；$|X(f)|$ 为 $X(f)$ 的模，$|X(f)| = \sqrt{[\mathrm{Re}X(f)]^2 + [\mathrm{Im}X(f)]^2}$；$\varphi(f)$ 为 $X(f)$ 的辐角，$\varphi(f) = \arctan\dfrac{\mathrm{Im}X(f)}{\mathrm{Re}X(f)}$。

$|X(f)|$ 称为信号 $x(t)$ 的幅值谱密度（简称幅值谱），$\varphi(f)$ 称为信号 $x(t)$ 的相位谱密度（简称相位谱），$|X(f)|^2$ 称为信号 $x(t)$ 的能量谱密度（简称能量谱）。

2. 傅里叶变换的主要性质

傅里叶变换（Fourier Transform）是一种将非周期性信号在时间与频率间相

互转化的重要数学方法，通过对傅里叶变换性质（表 13 – 1）的认识，可以帮助我们理解一个频域内的一个信号的改变会对其他频域造成什么样的影响，进而对复杂的信号进行简单的分析与计算。

表 13 – 1 傅里叶变换的主要性质

性　质	时　域	频　域
奇偶虚实性	实偶函数	实偶函数
	实奇函数	实奇函数
	虚偶函数	虚偶函数
	虚奇函数	虚奇函数
线性叠加	$ax(t) + by(t)$	$aX(f) + bY(f)$
对称	$X(\pm t)$	$x(\mp f)$
尺度改变	$x(kt)$	$\dfrac{1}{k}X\left(\dfrac{f}{k}\right)$
时移	$x(t \pm t_0)$	$X(f)\,\mathrm{e}^{\pm j2\pi f t_0}$
频移	$x(t)\,\mathrm{e}^{\mp j2\pi f_0 t}$	$X(f \pm f_0)$
翻转	$x(-t)$	$X(-f)$
共轭	$x^*(t)$	$X^*(-f)$
时域卷积	$x_1(t) * x_2(t)$	$X_1(f) X_2(f)$
频域卷积	$x_1(t) x_2(t)$	$X_1(f) * X_2(f)$
时域微分	$\dfrac{\mathrm{d}^n x(t)}{\mathrm{d}t^n}$	$(j2\pi f)^n X(f)$
频域微分	$(-j2\pi t)^n x(t)$	$\dfrac{\mathrm{d}^n X(f)}{\mathrm{d}f^n}$
积分	$\displaystyle\int_{-\infty}^{t} x(t)\,\mathrm{d}t$	$\dfrac{1}{j2\pi f}X(f)$

在傅里叶变换的性质中，奇偶虚实性可用于估计傅里叶变换的相应图形，从而降低了无谓的运算；在线性叠加特性方面，可以首先将复杂信号分解成一系列的简单信号，并将这些简单信号单独地进行频谱分析，之后再用线性叠加的方式，就可以完成对复杂信号的频谱分析，这将帮助降低信号分析处理的难度；在振动测试中，如果测得振动系统的位移、速度或加速度中的任意参数，利用微分和积分特性便可以获得其他参数的频谱。

对称性表明傅里叶变换和傅里叶逆变换之间存在对称关系，利用这一性质，可由已知的傅里叶变换对获得逆向的变换对，如图 13 – 1 所示。

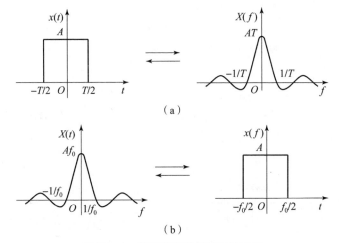

(a)

(b)

图 13 - 1　傅里叶变换的对称性示例

时间尺度改变特性反映了信号持续时间与频谱分散程度之间的关系。由图 13 - 2 可以看出，在时域中，随着时间的缩短，信号的频域中的离散程度增大，并且幅度减小，反之亦然。这种特性有助于对测试系统的分析。例如，缓

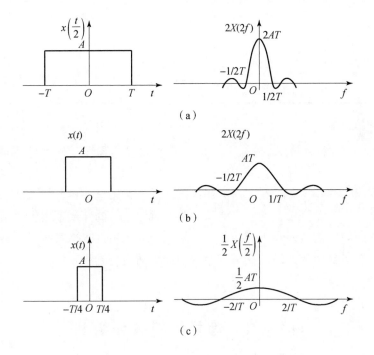

(a)

(b)

(c)

图 13 - 2　傅里叶变换的时间尺度改变性质示例

（a）$k = 0.5$；（b）$k = 1$；（c）$k = 2$

慢地录制录音磁带后快速地播放，意味着压缩了时间尺度，虽然可以提高处理信号的效率，但是所得到的播放信号的频带会加宽。此时如果放大器、滤波器等后续处理设备的通频带宽度不够，就会导致信号失真。反之，磁带快录慢放，时间尺度加大，则播放信号的带宽变窄，这样对后续处理设备的通频带要求可以降低，但是随之而来的却是信号处理效率的降低。

时移和频移特性表明，将信号在时域中平移时，其幅值谱不变，而相位谱中相位的改变量与频率成正比，如图 13 – 1 所示。

傅里叶变换的时移和频移特性如表 13 – 2 所示。

表 13 – 2　傅里叶变换的时移和频移特性

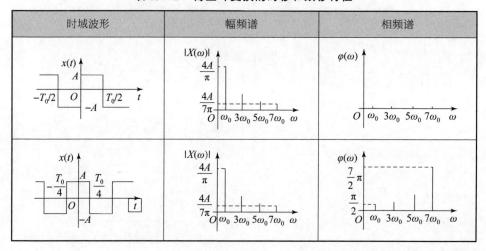

时域和频域卷积特性即一个域（例如，时域）中的卷积等于另一个域（如频域）中的逐点乘法。具体分为时域卷积定理和频域卷积定理，时域卷积定理即时域内的卷积对应频域内的乘积；频域卷积定理即频域内的卷积对应时域内的乘积，两者具有对偶关系。在很多情况下，用直接积分的方法来计算卷积很困难，但可以利用变换的方法来解决。对于复杂的非周期信号，可以将其分解为两个简单信号的乘积或卷积，然后利用卷积特性求取其频谱，从而使信号分析工作得到简化，因此在信号分析中应灵活运用卷积特性。

|13.3　信号的相关分析|

信号的相关分析就是对信号中确实具有联系的标志进行分析，其主体是对信号中具有因果关系标志的分析。它是描述客观事物相互间关系的密切程度并用适当的统计指标表示出来的过程。线性相关是指两变量之间存在一一对应的线性关系。若单次测试，两变量之间不存在一一对应的线性关系，但通过大量统计发现二者之间存在着某种近似的线性关系，称为相关。除此之外的其他关系是线性无关，两变量之间的关系如图13－3所示。

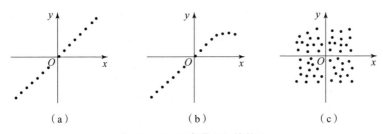

图13－3　两变量之间的关系

（a）线性相关；（b）相关；（c）线性无关

两个变量的相关系数用 ρ_{xy} 表示，即

$$\rho_{xy} = \frac{E[(x-\mu_s)(y-\mu_y)]}{\sigma_x \sigma_y} = \frac{E(xy) - \mu_x \mu_y}{\sigma_x \sigma_y} \tag{13-7}$$

若 $\rho_{xy} = \pm 1$，x、y 线性相关；若 $\rho_{xy} = 0$，x、y 之间线性无关；若 $\rho_{xy} \neq 0$，x、y 之间相关。

13.3.1　自相关函数

$x(t)$ 与 $x(t+\tau)$ 之间的相关系数为

$$\rho_{x(t)x(t+\tau)} = \frac{E[x(t)x(t+\tau)] - \mu_x \mu_y}{\sigma_x \sigma_y}$$

$$= \frac{\left(\lim_{T\to\infty}\frac{1}{2T}\int_{-T}^{T}x(t)x(t+\tau)\mathrm{d}t\right) - \mu_x^2}{\sigma_x^2} = \frac{R_x(T) - \mu_x^2}{\sigma_x^2} \tag{13-8}$$

$$R_x(\tau) = \lim_{T\to\infty}\frac{1}{2T}\int_{-T}^{T}x(t)x(t+\tau)\mathrm{d}t = E[x(t)x(t+\tau)]$$

$$= \rho_{x(t)x(t+\tau)} = \sigma_x^2 + \mu_x^2$$

式中：$R_x(\tau)$ 为自相关函数，即信号 $x(t)$ 与其自身平移 τ 后所得的 $x(t+\tau)$ 的乘积的平均值。

自相关函数有以下特点。

（1）当 $\tau = 0$ 时，$\rho = 1$，$R(0) = \rho\sigma_x^2 + \mu_x^2$ 最大，对随机信号 $\tau \to \infty$，$\rho = 0$，$R(\infty) = \mu_x^2$，$R(\tau)$ 包络衰减越快说明信号变化越剧烈。

（2）$R(\tau) = R(-\tau)$ 是偶函数，证明：

$$\int_{-\infty}^{+\infty} x(t) x(t-\tau) \mathrm{d}t = \int_{-\infty}^{+\infty} x(k+\tau) x(k+\tau-\tau) \mathrm{d}(k+\tau)$$

$$= \int_{-\infty}^{+\infty} x(k+\tau) x(k) \mathrm{d}k$$

（3）周期信号的自相关函数仍是周期函数，利用该性质可以发现和提取混在噪声中的周期信号，所以自相关函数是区别信号类型的一个非常有效的手段。4 种典型信号的自相关函数如图 13 – 4 所示。

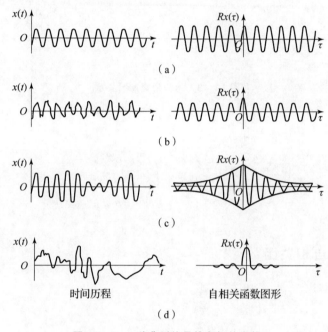

图 13 – 4 4 种典型信号的自相关函数

（a）正弦波；（b）正弦波加随机噪声；（c）窄带随机噪声；（d）宽带随机噪声

13.3.2 互相关函数

对于各态历经过程，两个随机信号 $x(t)$ 和 $y(t)$ 的互相关函数定义为

$$R_{xy}(\tau) = \lim_{T \to \infty} \frac{1}{2T} \int_{-T}^{T} x(t) y(t+\tau) \mathrm{d}t \tag{13-9}$$

互相关函数描述一个信号的取值对另一个信号的依赖程度，显然，自相关函数是互相关函数的特殊情况。

互相关系数如下：

$$\rho_{xy}(\tau) = \frac{R_{xy}(\tau) - \mu_x \mu_y}{\sigma_x \sigma_y}$$

$$R_{xy}(\tau) = \rho_{xy}(\tau)\sigma_x \sigma_y + \mu_x \mu_y \qquad (13-10)$$

互相关函数特点如下。

（1）当 $x(t)$、$y(t+\tau)$ 线性相关时，$\rho_{xy} = \pm 1$，$R_{xy}(\tau) = \pm \sigma_x \sigma_y + \mu_x \mu_y$。$R_{xy}(\tau) = \sigma_x \sigma_y + \mu_x \mu_y$，是最大值；$R_{xy}(\tau) = -\sigma_x \sigma_y + \mu_x \mu_y$，是最小值。$x(t)$、$y(t+\tau)$ 线性无关时，$\rho_{xy} = 0$，$R_{xy} = \mu_x \mu_y$，该值不是最小值，故不能以互相关函数大小判断两信号之间的相关性。

（2）当 $R_{xy}(\tau)$ 最大值时的 τ 是 $x(t)$ 为输入，$y(t)$ 为输出的线性系统的延迟时间。

（3）周期相同的两个周期信号的相关函数仍是周期函数，其周期与原周期相同，且不丢失相位差信息。

证明：设信号 $x(t) = A\sin(\omega_1 t + \alpha)$，$y(t) = B\sin(\omega_2 t + \beta)$，计算两信号的互相关函数为

$$R_{xy}(\tau) = \lim_{T \to \infty} \frac{1}{2T} \int_{-T}^{T} x(t)y(t+\tau)\,\mathrm{d}t$$

$$R_{x,y}(\tau) = \frac{1}{2T} \int_{-T}^{T} A\sin(\omega_1 t + \alpha)B\sin(\omega_2 t + \omega_2 \tau + \beta)\,\mathrm{d}t$$

$$= \left(-\frac{AB}{2T}\right)\Big[\int_0^T \cos(\omega_1 t + \omega_2 t + \omega_2 \tau + \alpha + \beta)\,\mathrm{d}t\Big] -$$

$$\int_0^T \cos(\omega_1 t - \omega_2 t - \omega_2 \tau + \alpha - \beta)\,\mathrm{d}t$$

当 $\omega_1 \neq \omega_2$ 时，$R_{xy}(\tau) = 0$。

两个均值为零的不同频率的周期信号的互相关函数为零，$\rho = -\dfrac{\mu_x \mu_y}{\sigma_x \sigma_y} = 0$，说明两个均值为零的不同频率的周期信号线性无关。

当 $\omega_1 = \omega_2$ 时，有

$$R_{xy}(\tau) = \left(-\frac{AB}{2T}\right)\Big[\int_0^T \cos(2\omega_1 t + \omega_2 \tau + \alpha + \beta)\,\mathrm{d}t - \int_0^T \cos(\omega_1 \tau - \alpha + \beta)\,\mathrm{d}t\Big]$$

$$= \left(-\frac{AB}{2T}\right)\Big[-\int_0^T \cos(\omega_1 \tau - \alpha + \beta)\,\mathrm{d}t\Big]$$

$$= \left(\frac{AB}{2T}\right)[-T\cos(\omega_1 \tau - \alpha + \beta)] = \left(\frac{AB}{2}\right)[\cos(\omega_1 \tau - \alpha + \beta)]$$

说明两个同频的周期信号的互相关函数既保留了频率信息，又保留了相位差信息。

当 $\omega_1 = \omega_2$ 且 $\alpha = \beta$ 时，有

$$R_{xy}(\tau) = \left(\frac{AB}{2}\right)\left[\cos(\omega_1\tau)\right]$$

说明均值为 0 的信号的自相关函数既保留了振幅信息，又保留了频率信息。

13.3.3　相关函数应用

图 13 – 5 是确定输油管道破裂位置示意图。油管破裂时，在破裂处会发出振动信号，且这个振动信号向油管两端传播。经过一段时间后，传感器 S_1、S_2 将感受到该振动信号。设振动信号通过管道传播的速度为 v，传感器 S_1 感受到的信号 x 波形与传感器 S_2 感受到的信号 y 波形相似，且 y 信号较 x 信号延迟 t_0。由此可知，$y(t+t_0)$ 与 $x(t)$ 线性相关，此时有

$$R_{xy}(\tau) = \frac{1}{T}\int_0^T x(t)y(t+\tau)\,\mathrm{d}t$$

最大，找到互相关函数的最大点对应的 τ，就是 y 滞后 x 的时间 t_0。由图 13 – 5 可得

$$\frac{l_2+d}{v} - \frac{l_1}{v} = \tau \tag{13-11}$$

$$\frac{2d}{v} = t$$

$$d = \frac{v\tau}{2}$$

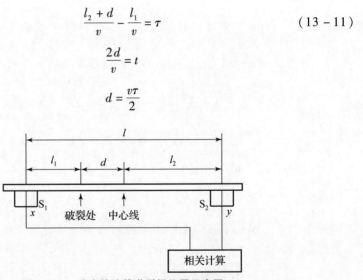

图 13 – 5　确定输油管道裂损位置示意图

第 14 章

误差估算与数据处理

|14.1 测量误差的基本概念|

在科学研究和生产实践中，需要通过测量获得各种物理量的具体量值。但由于科技水平的限制、人们对事物认识的局限性以及被测量的数值变化形式的不确定性，测量与试验所得数据和被测量的实际量值之间不可避免地存在着差异，这在数值上即表现为误差。随着科学技术的日益发展和人们认识水平的不断提高，可将误差控制得越来越小，但完全消除它是不可能的。误差存在的必然性和普遍性已为大量实践所证明，通过误差分析，认清误差的来源、性质及其影响，并设法消除或减小误差，提高试验的精确性或测量的准确性。对测量误差进行分析和估算，在评判试验或测量结果的不确定性与设计方案等方面具有重要的意义。

14.1.1 真值与平均值

1. 真值

介绍误差之前，首先要了解真值。真值即真实值，是在一定的时间及空间（位置或状态）条件下被测量的客观实在值。在自然界中各种物质都在永恒的运动当中，物理量的真值通常是未知的，但在一定条件下，可把某一数值看成该物理量的真值。根据误差公理，真值通常是个未知量，一般包括理论真值、规定真值、相对真值和约定真值。

1）理论真值

理论真值也称绝对真值，是某一物理量客观存在的值。如平面三角形的三个内角之和恒为 180°。

2）规定真值

规定真值是国际公认的基准量值，如国际计量大会规定 "米是光在真空中在 1/299 792 458 s 时间间隔内所经过的距离"。

3）相对真值

认定精确度高一个数量级的测定值作为低一级测量值的真值，如标准试样对应的各参数值。相对真值在误差测量中应用最为广泛。

4）约定真值

约定真值通常是国际计量大会所约定的长度、质量、物质的量单位等数值。例如，国际千克原器为 1 kg。一般测量中也将最佳估计值、更高精度的测量值看作约定真值。

2. 平均值

在实际当中，一般情况下真值未知，只能用约定真值进行代替。测量次数无限多时，根据正负误差出现的概率相等的误差分布定律，在不存在系统误差的情况下它们的平均值极为接近真值。因此，在科学试验中真值的定义为无限多次观测值的平均值。

实际情形是任何工程试验或测量的观察次数都是有限的，故用有限观察次数求出的平均值只能是近似真值，或称为最佳值。一般也称这一最佳值为约定真值。常用的平均值求取方法有以下几种。

1）算术平均值

这种平均值最常用。凡测量值的分布服从正态分布时，用最小二乘法原理可以证明：在一组等精度的测量中，算术平均值为最佳值或最可信赖值，即

$$\bar{x} = \frac{x_1 + x_2 + \cdots + x_n}{n} = \frac{\sum\limits_{i=1} x_i}{n} \tag{14-1}$$

式中：x_1，x_2，$\cdots$，x_n 为各次观测值；n 为观察的次数。

2）均方根平均值

均方根平均值为

$$\bar{x}_{均} = \sqrt{\frac{x_1^2 + x_2^2 + \cdots + x_n^2}{n}} = \sqrt{\frac{\sum\limits_{i=1}^{n} x_i^2}{n}} \tag{14-2}$$

3）加权平均值

设对同一物理量用不同方法去测定，或对同一个物理量由不同人去测定，计算平均值时，常对比较可靠的数值予以加重平均，称为加权平均，则

$$\bar{w} = \frac{w_1 x_1 + w_2 x_2 + \cdots + w_n x_n}{w_1 + w_2 + \cdots + w_n} = \frac{\sum\limits_{i=1}^{n} w_i x_i}{\sum\limits_{i=1}^{n} w_i} \qquad (14-3)$$

式中：x_1，x_2，$\cdots$，x_n 为各次观测值；w_1，w_2，$\cdots$，w_n 为各测量值的对应权重。各观测值的权数一般凭经验确定。

4）几何平均值

几何平均值为

$$\bar{x}_{\text{几}} = \sqrt[n]{x_1 \cdot x_2 \cdot x_3 \cdots x_n} \qquad (14-4)$$

5）对数平均值

对数平均值为

$$\bar{x}_{\text{对}} = \frac{x_1 - x_2}{\ln x_1 - \ln x_2} = \frac{x_1 - x_2}{\ln \dfrac{x_1}{x_2}} \qquad (14-5)$$

以上介绍的各种平均值，其目的是从一组测定值中找出最接近真值的那个值。平均值的选择主要取决于一组观测值的分布类型，若数据分布较多属于正态分布，通常采用算术平均值，该内容在14.1.2节中将具体介绍。

14.1.2 误差

在任何一种测量中，无论所用仪器多么精密，方法多么完善，试验者多么细心，在不同时间所测得的结果都不一定完全相同，可能有一定的误差和偏差。严格来讲，误差是指试验测量值（包括直接和间接测量值）与真值（客观存在的准确值）之差，偏差是指试验测量值与平均值之差，但习惯上通常将两者混淆而不加以区别。

测量误差按表示方法来分类，通常有绝对误差、相对误差、引用误差等几种形式。

1. 绝对误差（E_a）

绝对误差是某量值的测得值和真值之差，通常简称为误差。可用下式表示：

$$E_a = x - x_T \qquad (14-6)$$

由式（14-6）可知，绝对误差可能是正值，也可能是负值。

2. 相对误差（E_r）

相对误差是绝对误差与被测量的真值之比（用百分数表示），即

$$E_r = \frac{E_a}{x_T} \times 100\% \tag{14-7}$$

由式（14-7）可见，相对误差也可能为正值或负值，且无单位。

一般情况下，实践中被测量的真值不可知，因此式（14-6）和式（14-7）不具有可操作性。实际误差估计中常用约定真值代替上式中的真值以实现误差的计算。相对误差的概念和数值常用于仪表或测量结果的精度评定，相对误差越小，精度越高。

3. 最大引用误差（E_{qmax}）

最大引用误差定义为仪表量程范围内最大绝对误差 E_{qmax} 与仪表量程之比的百分数，即

$$E_r = \frac{E_{amax}}{仪表量程} \times 100\% \tag{14-8}$$

经过对 E_{qmax} 的适当分级处理就可以用于定义仪表的精度等级。测量中的仪表示值一般为仪表量程的 2/3 或更小，因此测量误差很可能大于仪表的最大引用误差或精度等级。

对于相同的被测量，绝对误差可以评定其测量精度的高低；但对于不同的被测量，绝对误差往往很难评定其测量精度的高低，通常用相对误差来评定较为确切。

14.1.3 误差来源

测量数据经一定的方法处理以后，即可得到待求结果，这个结果称为估计量，或称为测量结果。这一结果的主要误差成分是测量误差，它是由测量过程中的诸因素造成的，可概括为如下几方面。

1. 测量方法误差

测量方法误差是由测量原理的近似、测量方法的不完善、测量操作不正确等原因造成的，有时被测对象本身也会造成一定误差。

对测量原理或测量方法作某种简化和近似后，可能产生一定的误差，这是原理误差。例如，用线性关系代替非线性关系，用弦长代替弧长等都会带来这种误差。

这类误差有时会限制测量精度的进一步提高。

2. 测量器具误差

测量仪器、设备和各种器具是测量误差的重要来源，包括仪器设备设计的原理误差，仪器零、部件的加工、装配、调整及检验误差，零件的磨损、受力变形，元器件的老化等。

恰当的测量方法和正确的测量操作可在一定程度上控制测量器具误差。例如，当度盘有偏心误差时，使用对径位置上的两条刻线测量，测量结果的平均值即可消除这一误差的影响；在尺寸测量时，将被测尺寸放在标准尺的延长线上，可减小或消除仪器的一次方误差。

通常，作为商品的仪器设备，均由检定证书或检定规程给出了相应的精度指标，在作精度分析时可直接查用。

3. 测量环境条件误差

测量环境条件对测量结果有很大影响，如测量环境的温度、大气压力、湿度、振动、灰尘、气流等。环境条件偏离标准状态会引入一定的测量误差。例如，激光光波比长测量中，空气的温度、湿度和大气压力影响到空气的折射率，因而影响到激光波长，造成测量误差。气流对高精度的准直测量也有一定影响。在一般的几何量计量中，温度的波动常会造成较大的影响。

通过对环境条件的改善可减小这种误差，但要付出一定的经济代价。在采取适当的测量方法以后，也可获得减小这种误差的效果。例如采用相对法测量时，温度偏差引起的工件变形和标准件的变形相近，因而可消除或减小这种误差。

4. 人员误差

测量者调整仪器和测量操作的熟练程度、操作习惯、生理条件，以及测量时的情绪、责任心等都可能影响到测量结果。随着测量技术的进步，自动化的测量仪器有了很大发展，测量过程和数据处理摆脱了人的具体干预，使测量者对测量过程与数据处理的人为影响大为减小。此时人为因素只在仪器的调整等环节中才起一定的作用，因而对测量者的要求也有所降低。

对测量误差来源的分析是测量精度分析的依据，并为我们指出了减小测量误差、提高测量精度的途径。进一步分析这些误差因素，可帮助我们分析误差的系统性和随机性，这对数据处理和精度估计极为有用。

14.1.4　误差分类

根据误差的性质及其产生原因，可将误差分为随机误差、系统误差和粗大误差 3 类。

1. 随机误差

在同一实际测量条件下对同一个被测量进行多次重复测量时，各测量数据的误差或大或小，或正或负，其取值的大小和符号没有确定的规律性，是不可预知的，这类误差称为随机误差，也称为偶然误差。例如，在同一条件下对某一工件的尺寸进行多次测量，测量结果的微小的无规则的变化就表明存在随机误差。

随机误差就个体而言，从单次测量结果来看是没有规律的，但就其总体来说，即对一个量进行等精度的多次测量后就会发现，随机误差服从一定的统计规律，其取值具有一定的分布特征，因而可利用概率论提供的理论和方法来研究。一般来说，因为产生随机误差的原因不明，故而无法彻底消除。

2. 系统误差

若观测过程中，观测误差在符号或大小上表现出一定的规律性，在相同观测条件下，该规律保持不变或变化可预测，则称具有这种性质的误差为系统误差。例如，用一把标称长度为 30 m，而其实际长度为 29.99 m 的钢尺来量距，则每量 30 m 的距离，就会产生 1 cm 的误差，丈量所得 60 m 的距离，实际长度仅为 59.98 m。

系统误差是由于仪器构造不完善、观测环境不理想等有规律的因素造成的。系统误差对观测值的影响所具有的符号、大小上的规律性，使其一般不能通过多次观测简单地取平均值加以削弱，其对观测值的影响通常具有积累的作用，对成果质量危害特别显著。因此，测量作业时必须采取相应的处理措施将其消除，或削弱到可以忽略不计的程度。实践中的做法主要有两类：①模型改正法：根据这些误差的规律性，建立数学模型计算对其观测值的改正量，如对丈量的距离观测值加尺长来改正数值，从而消除钢尺标称长度与实际不符对距离测量的影响；计算折光改正数，削弱大气折光对距离测量的影响等。②观测程序法：利用一定的观测程序来消除或减弱系统误差的影响。例如，在测量角度时，盘左、盘右分别测定上下半，测回取中数；水准测量时，保持前后视距相等。以上操作都可以消除仪器构造不完善对观测值产生的影响。

3. 粗大误差

误差数值特别大，超出正常范围的误差称为粗大误差，也称为过失误差。所谓正常范围是指误差的正常分布规律决定的分布范围，只要误差取值不超过这一正常的范围，应是允许的。而粗大误差则超出了误差的正常分布范围，具有较大的数值。它虽具有随机性，但不同于随机误差。含有粗大误差的数据是个别的、不正常的，粗大误差使测量数据受到了歪曲。因此，含粗大误差的数据应舍弃不用。一般出现粗大误差的原因是测量中的失误。例如，使用有缺陷的测量器具，测量操作不当，读数或记录错误，突然的冲击振动，电压波动，空气扰动等，都可使测量结果产生个别的粗大误差。

14.1.5 测量误差的统计特性

1. 直方图

直方图是以组距为底、相对频率为高而绘成的一系列参差有序的矩形，每个矩形的面积恰好等于测量值落在该矩形所对应的组内的频率。所有矩形面积之和等于频率的总和 1，即

$$S_{总} = \sum S_i = \sum_{i=1}^{I} y_i \Delta\delta = \sum_{i=1}^{I} \frac{f_i}{\Delta\delta} \Delta\delta = \sum_{i=1}^{I} \frac{m_i}{n} = 1 \qquad (14-9)$$

直方图在横轴上跨越的范围就是测量值分布的范围，这个范围并不小，说明测量值是分散的；另外，直方图两边低，中间高，说明有较大或较小的值，即偏离较远的值出现的频率小；中间值，即趋近于样本均值的值出现的频率大。直方图初步形象地表明了测量值既分散又集中的分布规律。

绘制直方图的步骤如下。

（1）找出 δ_1，δ_2，$\cdots$，δ_n 的最大值 δ_{max} 与最小值 δ_{min}。

（2）选 a（略小于 δ_{min}），选 b（略大于 δ_{max}）。

（3）等分区间 $[a, b]$，令 $\Delta\delta = t_{i+1} - t_i = \dfrac{b-a}{I}$，取 $I \approx \dfrac{n}{8}$（$I \geqslant 8$，当测量次数 $n < 80$ 时，取 $I = 8$），每个区间为左闭、右开区间，即 $[t_i, t_{i+1}]$。

（4）对落在各区间的 δ_i 进行计数得 m_i（共 I 个区间），则误差 δ_i 落在第 i 个区间的频率为

$$f_i = \frac{m_i}{n} \qquad (14-10)$$

（5）令 $y_i = \dfrac{f_i}{\Delta\delta} = \dfrac{f_i}{t_{i+1} - t_i}$

（6）作直方图，取 δ 为横坐标，以 O 为原点，将区间 $[a, b]$ 等分为 I 等份。以各 $[t_i, t_{i+1}]$ 为底边，作 I 个矩形，高度分别为 y_i，即可得如图 14-1 所示的统计直方图。

在对精密仪器的误差分析与计量检定工作中，为了使试验统计方法具有足够的可靠程度，在绘制统计直方图时应注意以下问题。

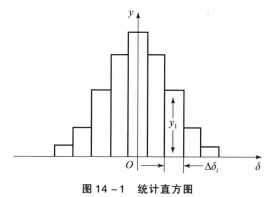

图 14 – 1 统计直方图

1）样本大小

样本大小也就是测量次数 n。显然 n 越大，样本呈现的分布规律越稳定。但 n 太大，不仅会耗费大量资源，而且难以保证多次测量都满足相同的测量条件。实践表明，在仅要确定误差的分布范围时，可取 $n = 50 \sim 200$；若要确定误差分布规律时，则可取 $n = 200 \sim 1\,000$。

2）子区间的间距 Δx

子区间间距的下限应大于仪器分辨力，并且子区间的数目要合适。子区间数目随样本大小 n 的增大而增加，一般情况下，子区间个数的选取方法大致如下。

（1）当 $n = 50 \sim 100$ 时，子区间的个数是 $6 \sim 10$。

（2）当 $n = 100 \sim 200$ 时，子区间的个数是 $9 \sim 12$。

（3）当 $n = 200 \sim 500$ 时，子区间的个数是 $12 \sim 17$。

（4）当 $n > 500$ 时，子区间的个数是 20。

也可利用下列两个公式之一来计算分组数 m 或间距 Δx，即

$$m = 2n^{\frac{1}{3}} \text{ 或 } m = 1.87(n-1)^{\frac{2}{5}}$$

$$\Delta x = \frac{x_{\max} - x_{\min}}{1 + 3.3\lg n}$$

2. 概率密度

直方图的上部为一锯齿折线。可以设想，如果测量值越来越多，组分得越来越细，那么锯齿将越来越小，如果测量值无限多，组分得无限细，那么锯齿折线将渐趋于一条平滑曲线——正态分布曲线。

需要指出的是，在折线渐趋于平滑曲线的过程中，纵坐标已由相对频率变为概率密度。为了便于说明如上所述纵坐标的变化，将直方图渐趋于正态分布曲线的两个条件：测量值无限多、组分得无限细表示为 $n \to \infty$，$\Delta x \to 0$。显然，

如果 $n \to \infty$，那么频率 n_i/n 即为概率，而 $n_i/n \cdot \Delta x$ 为相对概率，即微小区间 $[x_i, x_i + \Delta x]$ 上的平均概率密度。又当 $\Delta x \to 0$，令

$$\lim_{\Delta x \to 0} \frac{n_i}{n \cdot \Delta x} = f(x_i)$$

则 $f(x_i)$ 即为点 x_i 上的概率密度。一般地表示为

$$\lim_{\Delta x \to 0} \frac{\Delta P}{\Delta x} = \frac{\mathrm{d}P}{\mathrm{d}x} = f(x) \tag{14-11}$$

式中：$\Delta P = \lim_{\Delta x \to \infty} n_i/n$，可视为概率在微小区间 $[x_i, x_i + \Delta x]$ 上的增量。

式（14-11）即为概率密度的定义式。这与直线材料上线密度的定义非常相似。

设想在一直线材料上质量按某确定规律分布，假设在某一点处，长度 L 得一增量 ΔL，对应的质量的增量为 Δm，则比值 $\Delta m/\Delta L$ 即为线段 ΔL 上的平均线密度。当 $\Delta L \to 0$，此平均线密度的极限，或质量对于长度的导数：

$$\lim_{\Delta L \to 0} \frac{\Delta m}{\Delta L} = \frac{\mathrm{d}m}{\mathrm{d}L} = f(L)$$

即为该直线材料上的线密度。由此可得如下结论。

（1）点上的质量为零，某点的线密度大，说明质量在该点附近分布得多。

（2）无穷小线段上的质量为 $\mathrm{d}m = f(L)\mathrm{d}L$

（3）线段 ab 上的质量为 $m[a,b] = \int_a^b f(L)\mathrm{d}L$

类似地，由概率密度的定义可得如下结论。

（1）点上的概率为零，某点的概率密度大，说明测量值出现在该点附近的概率大。

（2）无穷小区间上的概率为

$$\mathrm{d}P = f(x)\mathrm{d}x$$

（3）区间 $[a, b]$ 上的概率为

$$P[a,b] = \int_a^b f(x)\mathrm{d}x$$

14.1.6　常见误差分布

1. 正态分布

在实践中，最典型的测量总体及其误差分布是正态分布（normal distribution）。这是因为当产生误差的因素很多，且彼此相互独立，又是均匀的小时，其误差根据中心极限定理接近于正态分布。正态分布便于理论分析，又具有很多优良

的统计特性，所以在实践中最常用。

正态分布的概率密度函数为

$$f(x) = \frac{1}{\sigma\sqrt{2\pi}}\exp\left[-\frac{(x-\mu)^2}{2\sigma^2}\right]$$

式中：μ 为测量总体 X 分布的数学期望，如不计系统误差，则 $\delta = x - \mu$ 即为随机误差；$\sigma = \sqrt{\frac{1}{n}\sum_{i=1}^{n}(x_i - \mu)^2}$ 为测量总体 X 分布的标准差，也是 $\delta = x - \mu$ 随机误差分布的标准差。

误差在分布区间 $[\mu - k\sigma, \mu + k\sigma]$ 的置信概率为

$$P = \int_{-k\sigma}^{k\sigma}\frac{1}{\sigma\sqrt{2\pi}}\exp\left(\frac{-\delta^2}{2\sigma^2}\right)d\delta = \int_{\mu-k\sigma}^{\mu+k\sigma}\frac{1}{\sqrt{2\pi}}\exp\left[-\frac{(x-\mu)^2}{2\sigma^2}\right]dx = \phi(k)$$

$$(14-12)$$

对作式（14-12）变换，使 $t = \dfrac{\delta}{\sigma}$，即 $\delta = t\sigma$，则式（14-12）变为

$$P = \phi(k) = \frac{2}{\sqrt{2\pi}}\int_0^t\exp\left(-\frac{t^2}{2}\right)dt = 2\phi(t) \qquad (14-13)$$

式（14-13）称为正态积分函数。图 14-2 表示了 3 种不同分布区间的置信概率。一些常用的置信概率 P 与其对应的置信因子 k 见表 14-1。

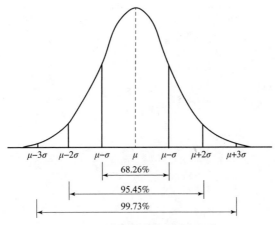

图 14-2　正态分布的置信概率

表 14-1　正态分布的某些 k 值的置信概率 $P(|x-\mu| \leqslant k\sigma) = 1 - \sigma$

k	3.30	3.0	2.58	2.0	1.96	0.645	1.0	0.674 5
P	0.999	0.997 3	0.99	0.954	0.95	0.90	0.683	0.5
a	0.001	0.002 7	0.01	0.045 6	0.05	0.10	0.317	0.5

一般认为，当影响测量的因素在 15 个以上，且相互独立时，其影响程度相当，可以认为测量值服从正态分布；若要求不高，则影响因素在 5 个（至少 3 个）以上时，也可视为正态分布。自高斯 1795 年系统性地研究了正态分布后，正态分布得到了广泛应用，并成为经典误差理论的基础。

2. 其他常见误差分布

1）均匀分布（uniform distribution）

若误差在某一范围中出现的概率相等，称其服从均匀分布（图 14 - 3），也称为等概率分布。均匀分布的概率密度公布函数为

$$f(\delta) = \begin{cases} \dfrac{1}{2a}, & |\delta| \leqslant a \\ 0, & |\delta| > a \end{cases} \tag{14 - 14}$$

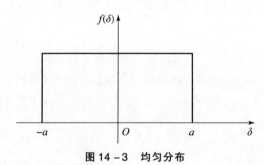

图 14 - 3　均匀分布

其数学期望为

$$E(\delta) = \int_{-a}^{a} \frac{\delta}{2a}\mathrm{d}\delta = 0$$

方差和标准差分别为

$$\sigma^2 = \frac{a^2}{3}, \quad \sigma = \frac{a}{\sqrt{3}}$$

置信因子为

$$k = \frac{a}{\sigma} = \sqrt{3}$$

服从均匀分布的可能情形有：数据切尾引起的舍入误差；数字显示末位的截断误差；瞄准误差；数字仪器的量化误差；齿轮回程所产生的误差，以及基线尺滑轮摩擦引起的误差；多中心值不同的正态误差总和接近均匀分布。

2）三角分布（triangular distribution）

若测量总体分布的概率密度分布函数为

$$f(\delta) = \begin{cases} \dfrac{a+\delta}{a^2}, & -a \leqslant \delta \leqslant 0 \\[2mm] \dfrac{a-\delta}{a^2}, & 0 \leqslant \delta \leqslant a \end{cases} \qquad (14-15)$$

则称其服从三角分布，如图 14 - 4 所示。其数学期望与标准差分别为

$$\mu = 0, \quad \sigma = \frac{a}{\sqrt{6}}$$

对于两个分布范围相等的均匀分布，其合成误差就是三角分布。

3）反正弦分布（arcsine distribution）

若测量总体服从如下概率密度函数：

$$f(\delta) = \begin{cases} \dfrac{1}{\pi} \dfrac{1}{\sqrt{a^2 - \delta^2}}, & -a \leqslant \delta \leqslant a \\[2mm] 0, & 其他 \end{cases} \qquad (14-16)$$

则称其在 $(-a, a)$ 上服从反正弦分布，如图 14 - 5 所示。其数学期望和标准差分别为

$$\mu = 0, \quad \sigma = \frac{a}{\sqrt{2}}$$

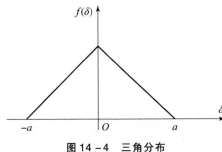

图 14 - 4　三角分布

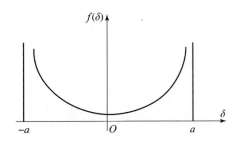

图 14 - 5　反正弦分布

根据实际经验，服从反正弦分布的可能情形有：度盘偏心引起的测角误差；正弦（或余弦）振动引起的位移误差；无线电中失配引起的误差。

4）瑞利分布（Rayleigh distribution）

瑞利分布又称为偏心分布，其概率密度函数为

$$f(\delta) = \frac{\delta}{a^2} e^{\frac{-\delta^2}{2a^2}}, \quad 0 \leqslant \delta < \infty \qquad (14-17)$$

瑞利分布如图 14 - 6 所示，其数学期望和标准差分别为

$$\mu = \sqrt{\frac{\pi}{2}} a, \quad \sigma = \sqrt{\frac{4-\pi}{2}} a$$

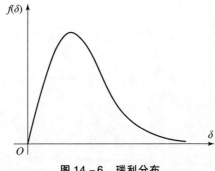

图 14-6　瑞利分布

服从瑞利分布的可能情形有：偏心值；在非负值的单向误差中，由于偏心因素所引起的轴的径向跳动；齿轮和分度盘的最大齿距累积误差；刻度盘、圆光栅盘的最大分度误差。

5）投影分布（projection distribution）

测量时由于安装调整的不完备，对测量结果会带来误差 δ。比如，在长度测量中，常需要用激光或标准尺测量被测件，激光光线或标准尺长度总会偏离测量线长度 l 一个 β 角，如图 14-7 所示，这样就造成测量误差 δ 有如下的投影关系：

$$\delta = l - l' = l - l\cos\beta = l(1 - \cos\beta)$$

实际研究中，在较小的范围 $[-A, A]$ 内常服从均匀分布 $U[-A, A]$。投影分布（图 14-8）的概率密度分布函数为

$$f(\delta) = \begin{cases} \dfrac{1}{A\sqrt{1-(1-\delta)^2}}, & \delta \in [0, 1-\cos A] \\ 0, & \text{其他} \end{cases} \qquad (14-18)$$

其期望和标准差分别为

$$\mu = \frac{A^2}{6} = \frac{\Delta}{3}\left(\Delta = \frac{A^2}{2}\right), \quad \sigma = \frac{3}{10}\Delta$$

在仪器的安装调整中广泛存在投影分布误差，它是关于偏角的二阶小量。

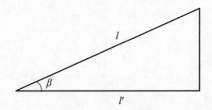

图 14-7　基线偏离 β 角造成的测长误差 l'

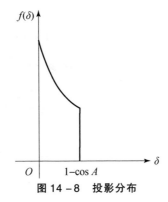

图 14-8　投影分布

6）β 分布（Beta distribution）

β 分布（贝塔分布）的概率密度分布函数为

$$f(\delta) = \frac{1}{(b-a)B(a,b)}\left(\frac{\delta-a}{b-a}\right)^{a-1}\left(1-\frac{\delta-a}{b-c}\right)^{b-1} \quad (a \leqslant \delta \leqslant b) \quad (14-19)$$

式中：$B(a,b)$ 为 β 函数，$B(a,b) = \int_0^1 u^{a-1}(1-u)^{b-1}\mathrm{d}u$。

β 分布如图 14-9 所示。

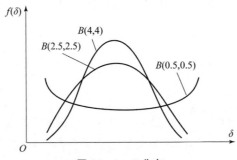

图 14-9　β 分布

β 分布的期望和标准差分别为

$$\mu = \frac{bg+ah}{g+h}, \quad \sigma = \frac{(b-a)\sqrt{gh}}{(g+h)\sqrt{g+h+1}}$$

在给定分布界限 $[a, b]$ 下通过参数 (g, h) 取不同值，β 函数 $B(g,h)$ 可呈对称分布、非对称分布、单峰分布、递增或递减分布等，可逼近常见的正态分布、三角分布、均匀分布、反正弦分布、瑞利分布等各种典型分布。可见，β 分布具有可逼近各种实际误差分布的多态性。

特别是，β 分布在理论上就是有界的，且可通过其参数 g、h 求得 $[a, b]$；而不像正态、瑞利等呈拖尾型分布，它完全符合误差的基本特性——有界性。

在实际工作中，常用到以上几种常见分布的数字特征量，特别是不同分布的区间半宽度与标准差的倍数关系，现归纳如表 14 - 2 所示。

表 14 - 2   常见分布的数字特征量

名称	区间半宽度	标准差	期望值	等价
正态分布	$\Delta = 3\sigma$ ($P = 0.9973$)	$\dfrac{\Delta}{\sqrt{9}}$	μ	$B(4, 4)$
三角分布	a	$\dfrac{\Delta}{\sqrt{6}}$	0	$B(2.5, 2.5)$
均匀分布	a	$\dfrac{\Delta}{\sqrt{3}}$	0	$B(1, 1)$
反正弦分布	a	$\dfrac{\Delta}{\sqrt{2}}$	0	$B(0.5, 0.5)$
瑞利分布	$\Delta = \dfrac{A^2}{2}$	$\sigma = \sqrt{\dfrac{(4-\pi)}{2}}\mu$	$E = \sqrt{\dfrac{\pi}{2}}\mu$	$B(2, 3.4)$

14.1.7   测量结果质量指标——测量精度

通常所说的精度（精确度）反映了测量结果与真值接近的程度。精度高，则误差小；精度低，则误差大。根据误差的分类，精度包含两方面内容。

1. 准确度

准确度又称精确度，表示测量结果中系统误差影响的程度。也可以说，由于系统误差而使测量结果与被测量真值偏离的程度。系统误差越小，测量结果越准确。

2. 精密度

测量的精密度表示测量结果中随机误差大小的程度。它反映了在一定条件下进行多次测量时，所得结果之间的符合程度。随机误差和变值系统误差越小，测量结果越精密。精密度通常用标准差表征。

精度表示测量结果中系统误差与随机误差综合大小的程度。它综合反映了测量结果与真值偏离的程度，精度越好，综合误差越小，测量结果越精确。精度在数量上可用相对误差表示，如相对误差为 0.01%，其精度为 10^{-4}。若误差纯属随机误差，则其精密度为 10^{-4}；若误差纯属系统误差，则其准确度为 10^{-4}；若误差由随机误差和系统误差两部分组成，则其精确度为 10^{-4}。

|14.2　随机误差分析|

在一次测量中，随机误差没有规律可言，但是当测量次数增加时，随机误差的总体服从统计学规律。要消除或减弱随机误差的影响，首先应该了解随机误差的分布规律。

14.2.1　随机误差的数字特征

用于描述随机误差分布特征的数值叫作随机误差的数字特征。

对于离散型或连续型的随机误差，它在数轴上的分布规律虽可采取分布函数或分布密度函数及其相应的分布曲线图形来表示，但在实际测量数据处理中，要确定误差的分布函数或分布密度函数是很困难的，一般也是不必要的，若知道了随机误差的数字特征，就能明确地说明随机误差分布的特征。

常用的随机误差的数字特征主要有两个：算术平均值和标准差。前者通常是随机误差的分布中心，后者则是分散性指标。例如，当随机误差服从正态分布时，在算术平均值处随机误差的概率密度最大，由多次测量所得的测得值是以算术平均值为中心而集中分布的；而标准差则可描述随机误差的散布范围，标准差越大，测量数据的分散范围也越大。显然，算术平均值可以作为等精度多次测量的结果，而标准差可以描述测量数据和测量结果的精度。

1. 算术平均值

对一个真值为 x_0 的物理量进行等精度的 n 次测量，得到 n 个测得值 x_1，x_2，$\cdots$，x_n，它们都含有误差 δ_1，δ_2，$\cdots$，δ_n，统称真差。通常，我们是以算术平均值 $\bar{x}$ 作为 n 次测量的结果，即

$$\bar{x} = \frac{1}{n}(x_1 + x_2 + \cdots + x_n) = \frac{\sum x_i}{n} \quad (14-20)$$

则

$$\begin{cases} \delta_1 = x_1 - x_0 \\ \delta_2 = x_2 - x_0 \\ \quad\vdots \\ \delta_n = x_n - x_0 \end{cases}$$

因此真值 x_0 可以写为

$$x_0 = x_1 - \delta_1 = x_2 - \delta_2 = \cdots = x_n - \delta_n$$

或

$$n x_0 = \sum x_i - \sum \delta_i$$

将上式代入式（14 - 20）可得

$$\bar{x} = x_0 + \frac{\sum \delta_i}{n} \qquad\qquad (14 - 21)$$

式中：δ_i 为真差，即为随机误差，当测量次数 $n \to \infty$ 时，$\sum \delta_i \to 0$，则得

$$\bar{x} = x_0$$

这个结果说明，当测量次数 n 无限增大时，测得值的算术平均值 $\bar{x}$ 就等于真值 x_0。但在实际上，进行无穷多次的测量是不可能的，因此真值 x_0 实际上也不可能得到，然而可以认为，当测量次数 n 适当大时，算术平均值是最接近于真值 x_0 的。

通常在有限次测量时，$\bar{x}$ 不可能等于真值 x_0。设想进行 m 组的"多次测量"，各组所得的算术平均值为 $\bar{x}_1$，$\bar{x}_2$，$\cdots$，$\bar{x}_m$，这些算术平均值 $\bar{x}_i$ 本身并不含系统误差，它们是围绕真值 x_0 而随机变动，故 $\bar{x}_i$ 是无偏估计量。

在计量测试中，都以 $\bar{x}$ 作为多次测量的结果，它是诸测得值中最可信赖的，常称最或然值。

为了计算方便，算术平均值 $\bar{x}$ 也可按下式计算：

$$\bar{x} = \frac{\sum m_i x_i}{n} = C + \frac{\sum m_i (x_i - C)}{n} \qquad\qquad (14 - 22)$$

式中：m_1，m_2，$\cdots$，m_k 是测量值 x_1，x_2，$\cdots$，x_k 重复出现的个数，总测量次数 $n = \sum m_i$；C 为任意常数。

例 14 - 1 求 20.000 5，19.999 6，20.000 3，19.999 4，20.000 2 五个测得值的算术平均值。

解：

一般算法：

$$\bar{x} = \frac{20.000\ 5 + 19.999\ 6 + 20.000\ 3 + 19.999\ 4 + 20.000\ 2}{5} = 20.000\ 0$$

简化算法：

$$\bar{x} = 20.000\ 0 + \frac{0.000\ 5 - 0.000\ 4 + 0.000\ 3 - 0.000\ 6 + 0.000\ 2}{5} = 20.000\ 0$$

2. 标准差（或标准偏差）

标准差作为随机误差的代表，是随机误差绝对值的统计均值。在国家计量技术规范中，标准差的正式名称是标准偏差，简称标准差，用符号 σ 表示。当对一个参数进行有限次测量时，应将其视为对测量总体取样而求得的标准差估计值，称为评定该组测得值的精度，用 s 表示，以区别于总体标准差 σ，数学上常采用二次矩来描述，因为二次矩可避免正、负随机误差的相消。为便于教学描述，本书对标准差估计值仍用 σ 表示。

1）单次测量的标准差

测量列中任意测量值的标准差定义为

$$\sigma = \sqrt{\frac{\sum_{i=1}^{n} (x_i - \mu)^2}{n}} = \sqrt{\frac{\sum_{i=1}^{n} \delta_i^2}{n}} \qquad (14-23)$$

式中：x_i 为测量值；μ 为真值；δ_i 为各测量值的测量误差；n 为趋于无穷大的测量次数。

2）算术平均值的标准差

如果在相同条件下对同一量值进行多组重复的系列测量，则每一系列测量都有一个算术平均值。由于误差的存在，各个测量列的算术平均值也不相同，它们围绕着被测量的真值有一定的分散，此分散说明了算术平均值的不可靠性。而算术平均值的标准差则是表征同一被测量的各个独立测量列算术平均值分散性的参数，可作为算术平均值不可靠性的评定标准。

由式（14-23）可得

$$\begin{cases} \sigma^2 = \dfrac{\sum_{i=1}^{n} (x_i - \mu)^2}{n} = \dfrac{\sum_{i=1}^{n} \delta_i^2}{n} = D(x) \\[3mm] \sigma_{\bar{x}}^2 = D(\bar{x}) = D\left(\dfrac{1}{n}\sum_{i=1}^{n}\delta_i^2\right) = \dfrac{1}{n^2}D\left(\sum_{i=1}^{n}\delta_i^2\right) = \dfrac{1}{n^2}\sum_{i=1}^{n}\sigma_i^2 = \dfrac{1}{n^2}n\sigma^2 = \dfrac{\sigma^2}{n} \\[3mm] \sigma_{\bar{x}} = \dfrac{\sigma}{\sqrt{n}} \end{cases}$$

$$(14-24)$$

式（14-24）表明，对 n 次独立重复测量到的数据取算术平均值后，其标准差为单次测量标准差的 $1/\sqrt{n}$，测量次数 n 越大，$\sigma_{\bar{x}}$ 越小，即其越接近真值。可见，增加测量次数可以减小随机误差。但是，不能靠增加测量次数 n 无限地提高算术平均值的精度。统计结果表明，当 $n > 10$ 后，精度的提高已经非常缓慢；且测量次数的增加，也难以保证测量条件的恒定。通常情况下，取 $10 \leqslant n \leqslant 15$ 较为适宜。

14.2.2 标准差的计算方法

对于一组测量数据，通常用其标准差来表述这组数据的分散性，如果这组数据是来自某测量总体的一个样本．则该组数据的标准差是对总体标准差的一个估计，称为样本标准差，亦称为试验标准差。

1. 标准法——贝塞尔（Bessel）公式

对于一组等精度测量的测量值 x_1，x_2，$\cdots$，x_n，其算术平均值为 $\bar{x}$ 残余误差 v_i 是各测得值与算术平均值之间的差，也称为残差，即

$$v_i = x_i - \bar{x}$$

n 次测量的残差为

$$\begin{cases} v_1 = x_1 - \bar{x} \\ v_2 = x_2 - \bar{x} \\ \quad\vdots \\ v_n = x_n - \bar{x} \end{cases} \tag{14-25}$$

将式（14-25）中的方程组左右两边分别相加，可得

$$\begin{cases} \displaystyle\sum_{i=1}^{n} v_i = \sum_{i=1}^{n} x_i - n\bar{x} \\ \displaystyle\frac{1}{n}\sum_{i=1}^{n} v_i = \frac{1}{n}\sum_{i=1}^{n} x_i - \bar{x} \end{cases} \tag{14-26}$$

将算术平均值 $\bar{x} = \dfrac{1}{n}\displaystyle\sum_{i=1}^{n} x_i$ 代入式（14-26），可得

$$\frac{1}{n}\sum_{i=1}^{n} v_i = 0$$

即有

$$\sum_{i=1}^{n} v_i = 0 \tag{14-27}$$

将上式算术平均值 $\bar{x}$ 的真误差 $\Delta = \bar{x} - \mu$，其中 μ 为待测量的真值。

对某一待测量进行 n 次测量，测得值 x_i 的真误差 $\delta_i = x_i - \mu$。

对 δ_i 作如下变换：

$$\delta_i = x_i - \bar{x} + \bar{x} - \mu$$

则

$$\delta_i = v_i + \Delta$$

将上式展开为如下方程组：

$$\begin{cases} \delta_1 = v_1 + \Delta \\ \delta_2 = v_2 + \Delta \\ \quad\vdots \\ \delta_n = v_n + \Delta \end{cases} \tag{14-28}$$

将式（14-28）中各等式左右两边相加，可得

$$\sum_{i=1}^{n} \delta_i = \sum_{i=1}^{n} v_i + n\Delta$$

将式（14-27）代入上式，可得

$$\sum_{i=1}^{n} \delta_i = n\Delta$$

将上式等号两边平方后得

$$\Delta^2 = \frac{1}{n^2} \left(\sum_{i=1}^{n} \delta_i \right)^2 \tag{14-29}$$

将式（14-28）等号左右两边平方后再相加，可得

$$\sum_{i=1}^{n} \delta_i^2 = \sum_{i=1}^{n} v_i^2 + n\Delta^2 + 2\Delta \sum_{i=1}^{n} v_i$$

将式（14-27）代入上式，可得

$$\sum_{i=1}^{n} \delta_i^2 = \sum_{i=1}^{n} v_i^2 + n\Delta^2 \tag{14-30}$$

将式（14-29）代入式（14-30），可得

$$\sum_{i=1}^{n} \delta_i^2 = \sum_{i=1}^{n} v_i^2 + \frac{1}{n} \left(\sum_{i=1}^{n} \delta_i \right)^2 \tag{14-31}$$

其中，

$$\left(\sum_{i=1}^{n} \delta_i \right)^2 = \sum_{i=1}^{n} \delta_i^2 + \sum_{\substack{i,j=1 \\ i \neq j}}^{n} (\delta_i \delta_j)$$

考虑到随机误差的对称性，有

$$\sum_{\substack{i,j=1 \\ i \neq j}}^{n} (\delta_i \delta_j) = 0$$

则

$$\left(\sum_{i=1}^{n} \delta_i \right)^2 = \sum_{i=1}^{n} \delta_i^2 \tag{14-32}$$

将式（14-32）代入式（14-31），可得

$$\sum_{i=1}^{n} \delta_i^2 = \sum_{i=1}^{n} v_i^2 + \frac{1}{n} \sum_{i=1}^{n} \delta_i^2$$

因有式（14 - 23），则

$$n\sigma^2 = \sum_{i=1}^{n} v_i^2 + \sigma^2$$

最后得

$$\sigma = \sqrt{\frac{1}{n-1} \sum_{i=1}^{n} v_i^2} \qquad (14-33)$$

式（14 - 33）称为贝塞尔公式，根据该式可由残差求得一系列测得值的标准差。

2. 绝对差法——佩特斯（Peters）公式

当由贝塞尔公式求标准差时，需多次平方求和平均后再开方，当测量次数较多时计算过程比较麻烦。因此，可利用简单的算术平均误差来估算标准差。

平均误差是各随机误差绝对值的算术平均值，用符号 θ 表示，即

$$\theta = \frac{|\delta_1| + |\delta_2| + |\delta_3| + \cdots + |\delta_n|}{n} = \frac{\sum_{i=1}^{n} |\delta_i|}{n} \qquad (14-34)$$

若用残余误差 v_i 代替随机误差 δ_i，式（14 - 34）可转化为

$$\theta = \frac{\sum_{i=1}^{n} |v_i|}{\sqrt{n(n-1)}} \qquad (14-35)$$

设误差 δ 发生的概率密度是 y，则在 $[\delta, \delta + \mathrm{d}\delta]$ 各种误差发生的概率为 $y\mathrm{d}\delta$。如果误差总数是 n，则在 $[\delta, \delta \pm \mathrm{d}\delta]$ 的误差数目便是 $ny\mathrm{d}\delta$，而误差总和则是 $n\delta y\mathrm{d}\delta$。那么，在整个误差分布的区域上，误差的总和应为

$$\int_{-\infty}^{+\infty} n\delta y\mathrm{d}\delta = 2n \int_{0}^{+\infty} \delta y\mathrm{d}\delta$$

根据算术平均误差的定义，θ 应是误差总和除以误差总数目 n，则

$$\theta = 2 \int_{0}^{\infty} \delta y\mathrm{d}\delta \qquad (14-36)$$

将 $y = \frac{1}{\sqrt{2\pi}\sigma} \mathrm{e}^{-\frac{\delta^2}{2\sigma^2}} = \frac{h}{\sqrt{\pi}} \mathrm{e}^{-h^2\delta^2}$ 代入式（14 - 36），可得

$$\theta = \frac{2h}{\sqrt{\pi}} \int_{0}^{\infty} \delta \mathrm{e}^{-h^2\delta^2} \mathrm{d}\delta = \frac{1}{\sqrt{\pi}h} \qquad (14-37)$$

式中：h 为精密度指数，$h = \frac{1}{\sigma\sqrt{2}}$。

式（14 – 37）可表示为

$$\theta = \sqrt{\frac{2}{\pi}}\sigma$$

则

$$\sigma = \sqrt{\frac{\pi}{2}}\theta \qquad (14 – 38)$$

将式（14 – 35）代入式（14 – 38），可得

$$\sigma = \sqrt{\frac{\pi}{2}}\theta = 1.2533 \frac{\sum\limits_{i=1}^{n}|v_i|}{\sqrt{n(n-1)}} \approx \frac{5}{4} \frac{\sum\limits_{i=1}^{n}|v_i|}{\sqrt{n(n-1)}} \qquad (14 – 39)$$

式（14 – 39）是用各测得值残差绝对值之和来估算标准偏差，称为佩特斯公式。

3. 极差法

极差法是一种估算标准偏差的快速简便方法。在多次独立测得的数据 x_1，x_2，$\cdots$，x_n 中，找出最大值 $x_{\max}$ 和最小值 $x_{\min}$，计算两者的差值，即为极差，用符号 R 表示，即

$$R = x_{\max} - x_{\min} \qquad (14 – 40)$$

当测量误差服从正态分布时，可按式（14 – 41）计算标准偏差：

$$\sigma = \frac{R}{d_n} \qquad (14 – 41)$$

式中：d_n 为极差系数，与测量次数 n 有关，具体数值见表 14 – 3。

表 14 – 3　极差系数（d_n）表

n	2	3	4	5	6	7	8	9	10	11
d_n	1.13	1.69	2.06	2.33	2.53	2.79	2.85	2.97	3.08	3.17
n	12	13	14	15	16	17	18	19	20	21
d_n	3.26	3.34	3.41	3.47	3.53	3.59	3.64	3.69	3.74	3.78

极差法计算方便，并具有一定精度，一般要求测量次数 $n < 15$。若 n 较大，可把数据均分成几组，分别对每组求极差，然后求平均极差。若分为 k 组，其平均极差为

$$\bar{R} = \frac{1}{k}\sum\limits_{j=1}^{k}R_i \qquad (14 – 42)$$

则标准偏差估计值为

$$\sigma = \frac{\bar{R}}{d_{(n,k)}} \qquad\qquad (14-43)$$

式中，$d_{(n,k)}$ 为分组极差系数。

分组极差系数可查表 14-4 获得，表中 n 是每组中数据个数，k 是组数。

表 14-4 分组极差系数 ($d_{(n,k)}$)

n \ k	1	2	3	4	5	6	7	8	9	10	15	20
2	1.41	1.28	1.23	1.21	1.19	1.18	1.17	1.17	1.16	1.16	1.15	1.16
3	1.91	1.81	1.77	1.75	1.74	1.73	1.73	1.72	1.72	1.72	1.71	1.70
4	2.24	2.15	2.12	2.11	2.10	2.10	2.09	2.08	2.08	2.08	2.08	2.06
5	2.48	2.40	2.38	2.37	2.36	2.35	2.35	2.35	2.34	2.34	2.33	2.33
6	2.67	2.60	2.58	2.57	2.56	2.56	2.55	2.55	2.55	2.55	2.54	2.54
7	2.83	2.77	2.75	2.74	2.73	2.73	2.72	2.72	2.72	2.72	2.71	2.71
8	2.96	2.91	2.89	2.88	2.87	2.87	2.86	2.86	2.86	2.86	2.85	2.85
9	3.08	3.02	3.01	3.00	2.99	2.99	2.99	2.98	2.98	2.98	2.98	2.98
10	3.18	3.13	3.11	3.10	3.10	3.10	3.09	3.09	3.09	3.09	3.08	3.08

4. 最大误差法

在有些情况下，被测量的真值是已知的，对多次独立测得的数据 x_1, x_2, …, x_n，计算它们的真误差 δ_1, δ_2, …, δ_n，从中找出绝对值最大的 $|\delta_i|_{max}$。当测量误差服从正态分布时，可按下式计算标准偏差：

$$\sigma = \frac{|\delta_i|_{max}}{k_n} \qquad\qquad (14-44)$$

一般情况下，被测量的真值是未知的，此时可用均值代替真值，得到一组残余误差及一个最大残差 $|v_i|_{max}$，按最大残余误差来计算该组数据的标准差：

$$\sigma = \frac{|v_i|_{max}}{k'_n} \qquad\qquad (14-45)$$

式（14-44）中 $\frac{1}{k_n}$ 的值可查表 14-5，式（14-45）中的 $\frac{1}{k'_n}$ 值可查表 14-6。表中的 n 是数据个数。

表 14 – 5 样本数 n 与 $1/k_n$ 关系

n	1	2	3	4	5	6	7	8	9	10
$1/k_n$	1.25	0.88	0.75	0.68	0.64	0.61	0.58	0.56	0.55	0.53
n	11	12	13	14	15	16	17	18	19	20
$1/k_n$	0.52	0.51	0.50	0.50	0.49	0.48	0.48	0.47	0.47	0.46
n	21	22	23	24	25	26	27	28	29	30
$1/k_n$	0.46	0.45	0.45	0.45	0.44	0.44	0.44	0.44	0.43	0.43

表 14 – 6 样本数 n 与 $1/k_n'$ 关系

n	2	3	4	5	6	7	8	9	10	15
$1/k_n'$	1.77	1.02	0.83	0.74	0.68	0.64	0.61	0.59	0.57	0.51
n	20	25	30							
$1/k_n'$	0.48	0.46	0.44							

以上共介绍了 4 种计算标准偏差的方法，它们的特点是：贝塞尔公式计算标准偏差的精度较高，但计算麻烦；佩特斯公式计算速度快，但计算精度较低；极差法计算方便迅速，且当测量次数不太多时（$n < 10$），其计算精度与贝塞尔公式相当；最大误差法计算更迅速，而且容易掌握，当 $n < 10$ 时，计算精度与贝塞尔公式相当，当 $n = 1$ 时，只能用此方法。

14.2.3 标准差的传递

在某些情况下，直接测量有困难或无法进行时，必须通过测量其他一些量并按一定公式计算而得到需要的物理量，直接测得值的标准偏差就会传递给计算所得值。本节将介绍以直接测得数据的标准差估算计算所得数据的标准差的方法。

1. 误差传递的一般表达式

在日常工作中遇到的大多数测量都是间接测量，即被测量需通过许多直接测量的结果，经过一定的组合关系才能得到。如何根据各直接测得的测量误差来评定组合后的误差，或总的精度要求为已知，在满足总要求的前提下，如何解决组合内各直接测得量误差的合理分配问题，都是误差传递理论所要解决的问题。误差传递理论实质上就是根据直接测量结果的精度参数，来评定间接测量结果的精度参数问题，即找出直接测得值与间接测得值的误差的相互关系。

设各直接测量参数为 x_1，x_2，$\cdots$，x_n，间接测量值为 y，二者间的函数关

系式为

$$y = f(x_1, x_2, \cdots, x_n) \qquad (14-46)$$

式（14-46）所表示的函数关系是理论上存在的，即表示间接测量值 y 与各直接测量值 x_i 之间的真实关系。

若将每次直接测量值 x_i 出现的随机误差表示为 Δx_1，Δx_2，$\cdots$，Δx_n，由于 x_i 测量存在误差，导致间接测量值 y 也出现误差，表示为 Δy，则

$$y + \Delta y = f(x_1 + \Delta x_1, x_2 + \Delta x_2, \cdots, x_n + \Delta x_n) \qquad (14-47)$$

将式（14-47）等号右边按泰勒级数展开，可得

$$f(x_1 + \Delta x_1, x_2 + \Delta x_2, \cdots, x_n + \Delta x_n)$$

$$= f(x_1, x_2, \cdots, x_n) + \frac{\partial y}{\partial x_1} \Delta x_1 + \frac{\partial y}{\partial x_2} \Delta x_2 + \cdots + \frac{\partial y}{\partial x_n} \Delta x_n \qquad (14-48)$$

$$\Delta y = \frac{\partial y}{\partial x_1} \Delta x_1 + \frac{\partial y}{\partial x_2} \Delta x_2 + \cdots + \frac{\partial y}{\partial x_n} \Delta x_n \qquad (14-49)$$

式（14-49）就是间接测量误差的传递公式，也称为误差累积定律。

2. 标准差的传递

假设有函数关系：

$$y = f(x_1, x_2, \cdots, x_m)$$

若对于每个自变量 x_i，测量次数为 n 次，则每个待测值 x_i 都有 n 个随机误差：δ_{1i}，δ_{2i}，δ_{3i}，$\cdots$，δ_{mi}（$i = 1 \sim n$），由式（14-23），测量列 x_{11}，x_{12}，$\cdots$，x_{1n} 数据组的标准差为

$$\sigma_{x1} = \sqrt{\frac{1}{n} \sum_{i=1}^{n} \delta_{1i}^2}$$

测量列 x_{21}，x_{22}，$\cdots$，x_{2n} 的标准差为

$$\sigma_{x2} = \sqrt{\frac{1}{n} \sum_{i=1}^{n} \delta_{2i}^2}$$

测量列 x_{m1}，x_{m2}，$\cdots$，x_{mn} 的标准差为

$$\sigma_{xm} = \sqrt{\frac{1}{n} \sum_{i=1}^{n} \delta_{mi}^2} \qquad (14-50)$$

由式（14-49）可得

$$\begin{cases} \delta_{y1} = \dfrac{\partial y}{\partial x_1} \delta_{11} + \dfrac{\partial y}{\partial x_2} \delta_{21} + \cdots + \dfrac{\partial y}{\partial x_m} \delta_{m1} \\[2mm] \delta_{y2} = \dfrac{\partial y}{\partial x_1} \delta_{12} + \dfrac{\partial y}{\partial x_2} \delta_{22} + \cdots + \dfrac{\partial y}{\partial x_m} \delta_{m2} \\[2mm] \qquad\qquad\qquad\qquad \vdots \\[2mm] \delta_{yn} = \dfrac{\partial y}{\partial x_1} \delta_{1n} + \dfrac{\partial y_2}{\partial x_2} \delta_{2n} + \cdots + \dfrac{\partial y}{\partial x_m} \delta_{mn} \end{cases} \qquad (14-51)$$

将式（14-51）中各等式左右两边平方后相加，可得

$$\sum_{i=1}^{n} \delta_{yi}^2 = \left(\frac{\partial y}{\partial x_1}\right)^2 \sum_{i=1}^{n} \delta_{1i}^2 + \left(\frac{\partial y}{\partial x_2}\right)^2 \sum_{i=1}^{n} \delta_{2i}^2 + \cdots + \left(\frac{\partial y}{\partial x_m}\right)^2 \sum_{i=1}^{n} \delta_{mi}^2 +$$

$$2 \sum_{k=1}^{n} \left(\sum_{i,j=1, i \neq j}^{m} \frac{\partial y}{\partial x_j} \frac{\partial y}{\partial x_i} (\delta_{jk} \delta_{ik}) \right) = \left(\frac{\partial y}{\partial x_1}\right)^2 \sum_{i=1}^{n} \delta_{1i}^2 + \left(\frac{\partial y}{\partial x_2}\right)^2 \sum_{i=1}^{n} \delta_{2i}^2 + \cdots +$$

$$\left(\frac{\partial y}{\partial x_m}\right)^2 \sum_{i=1}^{n} \delta_{mi}^2 + 2 \sum_{i,j=1, i \neq j}^{m} \left(\frac{\partial y}{\partial x_j} \frac{\partial y}{\partial x_i} \sum_{k=1}^{n} (\delta_{jk} \delta_{ik}) \right) \quad (14-52)$$

若直接测量各参数的随机误差相互独立且服从正态分布，考虑到正态分布随机误差的对称性，有

$$2 \sum_{\substack{i,j=1 \\ i \neq j}}^{m} \left(\frac{\partial y}{\partial x_i} \frac{\partial y}{\partial x_i} \sum_{k=1}^{n} (\delta_{jk} \delta_{ik}) \right) = 0$$

则

$$\sum_{i=1}^{n} \delta_{yi}^2 = \left(\frac{\partial y}{\partial x_1}\right)^2 \sum_{i=1}^{n} \delta_{1i}^2 + \left(\frac{\partial y}{\partial x_2}\right)^2 \sum_{i=1}^{n} \delta_{2i}^2 + \cdots + \left(\frac{\partial y}{\partial x_m}\right)^2 \sum_{i=1}^{n} \delta_{mi}^2$$

由式（14-52）得 $y = f(x_1, x_2, \cdots, x_m)$ 的标准差为

$$\sigma_y = \sqrt{\frac{\sum_{i=1}^{n} \delta_{yi}^2}{n}} = \sqrt{\frac{\left(\frac{\partial y}{\partial x_1}\right)^2 \sum_{i=1}^{n} \delta_{1i}^2 + \left(\frac{\partial y}{\partial x_2}\right)^2 \sum_{i=1}^{n} \delta_{2i}^2 + \cdots + \left(\frac{\partial y}{\partial x_m}\right)^2 \sum_{i=1}^{n} \delta_{mi}^2}{n}}$$

标准差的传递公式为

$$\sigma_y = \sqrt{\left(\frac{\partial y}{\partial x_1}\right)^2 \sigma_{x1}^2 + \left(\frac{\partial y}{\partial x_2}\right)^2 \sigma_{x2}^2 + \cdots + \left(\frac{\partial y}{\partial x_m}\right)^2 \sigma_{xm}^2} \quad (14-53)$$

3. 间接测量标准差传递公式的应用

利用标准差传递公式可以对间接测量标准差进行估计。

1）相加、减的函数关系

设间接测量函数关系为

$$y = C_1 x_1 \pm C_2 x_2$$

根据式（14-53）可得

$$\sigma_y = \sqrt{C_1^2 \sigma_{x1}^2 \pm C_2^2 \sigma_{x2}^2} \quad (14-54)$$

2）相乘的函数关系

设间接测量函数关系为

$$y = C x_1 x_2$$

根据式（14-53）可得

$$\sigma_y = C \sqrt{x_2^2 \sigma_{x1}^2 + x_1^2 \sigma_{x2}^2} \quad (14-55)$$

3）相除的函数关系

设间接测量的函数关系为

$$y = C\frac{x_1}{x_2}$$

根据式（14 - 53）可得

$$\sigma_y = \frac{C}{x_2}\sqrt{\sigma_{x1}^2 + \left(\frac{x_1}{x_2}\right)^2 \sigma_{x2}^2} \qquad (14 - 56)$$

4）指数函数关系

设间接测量函数关系为

$$y = cx_1^a x_2^b$$

式中：c、a、b 均为常数。

根据式（14 - 53）可得

$$\sigma_y = \sqrt{(cax_2^b x_1^{a-1})^2 \sigma_{x1}^2 + (cbx_1^a x_2^{b-1})^2 \sigma_{x2}^2} \qquad (14 - 57)$$

对这种函数关系，有时直接计算 σ_y 太麻烦，可先计算相对标准差，然后再计算绝对标准差较为方便。

由式（14 - 57）可得

$$\frac{\sigma_y}{y} = \sqrt{\frac{(cax_2^b x_1^{a-1})^2 \sigma_{x1}^2 + (cbx_1^a x_2^{b-1})^2 \sigma_{x2}^2}{(cx_1^a x_2^b)^2}} = \sqrt{\frac{a^2 x_2^2 \sigma_{x1}^2 + b^2 x_1^2 \sigma_{x2}^2}{(x_1 x_2)^2}}$$

$$= \sqrt{\frac{a^2 \sigma_{x1}^2}{x_1^2} + \frac{b^2 \sigma_{x2}^2}{x_2^2}} = \sqrt{a^2 \rho_{x1}^2 + b^2 \rho_{x2}^2} \qquad (14 - 58)$$

式中：ρ_{x1}，ρ_{x2} 为直接测量值的相对标准偏差，$\rho_{x1} = \dfrac{\sigma_{x1}}{x_1}$，$\rho_{x2} = \dfrac{\sigma_{x2}}{x_2}$。

y 值的标准差为

$$\sigma_y = \rho_y y = y\sqrt{a^2 \rho_{x1}^2 + b^2 \rho_{x2}^2} \qquad (14 - 59)$$

14.2.4 正态分布的随机误差

在很多情况下，随机误差是对测量值影响微小且相互独立的多种影响因素的综合结果，即测量中随机误差通常是多种因素造成的许多微小误差的综合，根据随机变量的中心极限定理，可知随机误差的概率分布大多接近于正态分布。

1. 正态分布的随机误差的特性

在实际的测量问题中，大多数情况满足中心极限定理的条件，因而，测得值及其随机误差服从正态分布。正态分布在误差理论中占有十分重要的位置。

下面通过实际例子分析正态分布随机误差的特性。假设对某一个零件的长度进行 $n = 120$ 次重复测量，将测得值按等区间进行分组，该区间宽度 $\Delta =$

0.001 m，120 个测得值分布在 15 个区间。将每个区间的中心值用 x_i[x_i =（区间上限 – 区间下限）/2，亦称 x_i 为组中值] 表示，即 x_i = x_1，x_2，…，x_{15}，并将其列入表 14 – 7 的第 2 列。表 14 – 7 的第 4 列是各区间内出现测得值的次数 n_i。假设用其他方法已测出零件长度的真值 a = 2.597 m，则可算出各个组中值的绝对误差 δ_i，δ_i 列在表的第 3 列。表 14 – 7 的最后一列列出了各区间出现测得值的频率 f_i，频率为某区间出现测得值的次数与总次数之比，即 $f_i = n_i/n$。显然，存在下列数量关系：

$$\sum_{i=1}^{n} f_i = 1$$

表 14 – 7　重复测量零件长度的数据测得值误差

序号	测得值 x_i/m	误差 δ_i/m	出现次数 n_i	频率 f_i	序号	测得值 x_i/m	误差 δ_i/m	出现次数 n_i	频率 f_i
1	2.590	– 0.007	1	0.008 3	9	2.598	0.001	16	0.122 3
2	2.591	– 0.006	2	0.016 7	10	2.599	0.002	13	0.108 3
3	2.592	– 0.005	2	0.0167	11	2.600	0.003	8	0.066 7
4	2.593	– 0.004	7	0.058 3	12	2.601	0.004	5	0.041 7
5	2.594	– 0.003	12	0.100 0	13	2.602	0.005	3	0.025 0
6	2.595	– 0.002	15	0.125 0	14	2.603	0.006	0	0
7	2.596	– 0.001	17	0.141 7	15	2.604	0.007	1	0.008 3
8	2.597	0.000	18	0.150 0	Σ		0.000	120	1.000 0

为了观察误差的分布规律，以误差为横坐标，各误差区间的频率为纵坐标，作出如图 14 – 10 所示频率直方图。从表 14 – 7 和图 14 – 10 可以看出，正态分布随机误差具有以下一些特性。

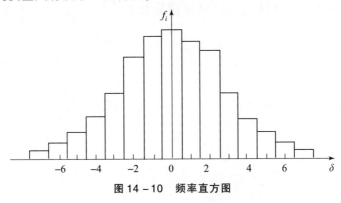

图 14 – 10　频率直方图

1）有界性

从这组数据看出，最大负误差为 - 0.007 m，最大正误差为 0.007 m，120个测得值的误差全部落在 ±0.007 m 的范围内，误差极限值是有界的。测量条件改变时，这个误差极限值虽然有所变化，但它总是有界的。

2）对称性

应该指出，并不是所有的随机误差都具有上述性质，当造成随机误差的随机因素个数很少时，随机误差可能不呈现上述特性。

4）抵偿性

由正态分布随机误差的对称性可以推出另一个特性——误差的抵偿性，即绝对值相等的正、负误差出现的次数基本相等，当测量次数无限多时，它们可以互相抵消。误差的算术平均值随着测量总次数的增加而趋近于零，即

$$\lim_{n \to \infty} \overline{\delta} = \lim_{n \to \infty} \frac{\sum_{i=1}^{n} \delta_i}{n} = \frac{1}{n} \lim_{n \to \infty} \sum_{i=1}^{n} \delta_i = 0$$

抵偿性是正态分布随机误差的最本质的特性之一，也是随机误差与系统误差的根本区别之一。

2. 正态分布的随机误差的产生原因

如果在测量条件不变的情况下对某参数进行重复测量，并且已知测量误差由多种随机因素（这些因素既是随机的，对测量的影响又是微小的）综合影响而产生，便能获得正态分布的随机误差。所谓测量条件保持不变，是指对一些明显的影响因素（如温度、电源电压等）进行了控制，使其稳定在一定的水平上，但它们仍有随机性的波动。除此以外，还有未被控制的环境条件作随机变化，如振动、空气湿度等；另外，测量仪表内部也可能有各种随机的细微变化，这些因素的共同作用导致产生正态分布的随机误差。

3. 正态分布的随机误差的概率密度计算

正态分布的随机误差概率密度曲线如图 14 - 11 所示。

随机误差 δ 服从正态分布。标准差 σ 决定了该正态分布曲线的特性。图 14 - 11 中 $\sigma_1 < \sigma_2 < \sigma_3$，即 σ 值越小，其曲线峰值越大，分布曲线越陡，误差散布越小，测量的精度越高；σ 值增大，情况则与此相反。因此，常用标准差 σ 值来表征测量的精密度。

服从正态分布的随机误差概率密度函数的表达式为

$$y = \frac{1}{\sqrt{2\pi}\sigma} e^{-\frac{(x-\mu)^2}{2\sigma^2}} = \frac{1}{\sqrt{2\pi}\sigma} e^{-\frac{\delta^2}{2\sigma^2}} \tag{14-60}$$

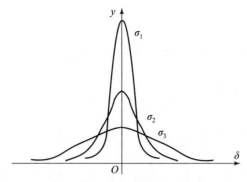

图14-11　正态分布的随机误差概率密度曲线

式中：μ 为均值或中心值；σ 为随机分布的标准差。

由此可以求得随机误差落在区间 $[-\delta, +\delta]$ 的概率为

$$P[-\delta, +\delta] = \int_{-\delta}^{+\delta} \frac{1}{\sqrt{2\pi}\sigma} e^{-\frac{\delta^2}{2\sigma^2}} d\delta \qquad (14-61)$$

令

$$\frac{\delta}{\sqrt{2}\sigma} = t, \quad d\delta = \sqrt{2}\sigma dt$$

则

$$P[-\delta, +\delta] = \int_{-\frac{\delta}{\sqrt{2}\sigma}}^{+\frac{\delta}{\sqrt{2}}} \frac{1}{\sqrt{\pi}} e^{-t^2} dt = \frac{1}{\sqrt{\pi}} \int_{-\frac{\delta}{\sqrt{2}\sigma}}^{+\frac{\delta}{\sqrt{2}\sigma}} e^{-t^2} dt$$

因为

$$e^x = 1 + x + \frac{x^2}{2!} + \cdots + \frac{x^n}{n!}$$

$$e^{-t^2} = 1 + (-t^2) + \frac{t^4}{2!} - \frac{t^6}{3!} + \cdots + (-1)^n \frac{t^{2n}}{n!}$$

将上式代入式（14-61），可得

$$P[-\delta, +\delta] = \frac{1}{\sqrt{\pi}} \int_{-\frac{\delta}{\sqrt{2}\sigma}}^{+\frac{\delta}{\sqrt{2}}} \left[1 + (-t^2) + \frac{t^4}{2!} - \frac{t^6}{3!} + \cdots + (-1)^n \frac{t^{2n}}{n!}\right] dt$$

$$= \frac{1}{\sqrt{\pi}} \left[2t - \frac{2t^3}{3 \times 1!} + \frac{2t^5}{5 \times 2!} \frac{2t^7}{7 \times 3!} + \cdots + (-1)^n \frac{2t^{2n+1}}{(2n+1) \times n!}\right]$$

因为 $\frac{\delta}{\sqrt{2}\sigma} = t$，改变 $|\delta|$ 值，所以就改变了 t 值，可得不同的 $P[-\delta, +\delta]$。

分别令

$$\delta = c\sigma = 0.6745\sigma, \quad 则 \quad t = \frac{0.6745}{\sqrt{2}}, \quad P[-\delta, +\delta] = 0.50$$

$$\delta = c\sigma = 1\sigma, \ 则 \ t = \frac{1}{\sqrt{2}}, \ P[-\delta, +\delta] = 0.6827$$

$$\delta = c\sigma = 1.96\sigma, \ 则 \ t = \frac{1.96}{\sqrt{2}}, \ P[-\delta, +\delta] = 0.95$$

$$\delta = c\sigma = 2\sigma, \ 则 \ t = \frac{2}{\sqrt{2}}, \ P[-\delta, +\delta] = 0.9545$$

$$\delta = c\sigma = 2.58\sigma, \ 则 \ t = \frac{2.58}{\sqrt{2}}, \ P[-\delta, +\delta] = 0.99$$

$$\delta = c\sigma = 3\sigma, \ 则 \ t = \frac{3}{\sqrt{2}}, \ P[-\delta, +\delta] = 0.9973$$

式中：c 为置信系数；$c\sigma$ 为置信限；$[-\delta, +\delta]$ 为置信区间；P 为置信概率。

将上面数据列表（表 14 – 8）。

表 14 – 8　置信限与置信概率对应表

c	0.674 5	1	1.96	2	2.58	3
δ	0.674 5σ	1σ	1.96σ	2σ	2.58σ	3σ
P	0.50	0.682 7	0.95	0.954 5	0.99	0.997 3

由以上分析可知，误差 δ 落在 $[-3\sigma, +3\sigma]$ 内的概率为 $P = 99.73\%$，落在 $[-3\sigma, +3\sigma]$ 之外的概率为 $P = 1 - 99.73\% = 0.27\%$。这就意味着测量 370 次才有一次落在 $[-3\sigma, +3\sigma]$ 之外，可能性很小。所以常把 3σ 这个误差值称为单次测量的极限误差，把误差超过 $[-3\sigma, +3\sigma]$ 之外的误差视为粗大误差。

|14.3　系统误差分析|

当测量某一样品后进行数据处理时，在相同条件下，多次测量样品的同一量时，测量值具有一定的规律，总是高于真实值或总是低于真实值，误差的绝对值和正负保持恒定；而改变条件时，其误差可按某一个确定规律变化，这种误差称为系统误差。其严格定义是，在实际测量条件下，多次测量同一个量值时，数值和符号保持不变或按一定规律变化的误差，称为系统误差。因为系统误差对测量结果的影响往往比随机误差严重，并且不能通过多次测量同一参数来减少这种影响。因此，研究系统误差的特征和规律，用一定的方法发现和消除系统误差的影响就显得十分重要。对于系统误差，虽然它的存在是固定的或根据某些规律变化，但它的大小和变化规律往往不容易从测量结果中发现，这在很大程度上取决于测试人员的经验、知识和技巧。本节将讨论有关系统误差的分类、系统误差影响的一般原则及如何通过合理安排试验和数学计算的方法减小或消除系统误差。

14.3.1　系统误差分类

系统误差按其表现特点可分为两类：恒值系统误差和变值系统误差。

1. 恒值系统误差（已定系统误差）

恒值系统误差是指在测量过程中误差的绝对值和符号都固定不变的系统误差。例如：天平砝码质量有误差，米尺长度不精确等。

2. 变值系统误差（未定系统误差）

变值系统误差是指在测量过程中误差的绝对值和符号不定，或按一定规律变化着的误差。按其变化规律的不同又可分如下误差。

（1）线性变化系统误差，是指在测量过程中，随着时间或测量次数的增加而按一定比例不断增加或减少的误差。

（2）周期性变化的系统误差，指系统误差的数值和符号按周期性规律变化。例如，存在周期性干扰时产生的误差。

（3）复杂规律变化的系统误差。这种误差不是简单地随时间的线性变化或周期性变化，而是根据相对复杂的规律变化的。例如，根据对数曲线或指数曲线变化，或根据某种形式的多项式变化等。

14.3.2　系统误差对测量结果的影响

恒值系统误差和变值系统误差对测量结果的影响是不同的。

1. 恒值系统误差的影响

在进行多次重复测量时，设恒值系统误差为 ε_0，一个测得值的影响是相同的。为消除该系统误差，只要对算术平均值 $\bar{x}_0$ 进行修正即可。含有恒值系统误差的一系列测得值为 x_{0i}，不含系统误差的测得值为 x_i，算术平均值为 $\bar{x}_0$。根据误差定义可得

$$\varepsilon_0 = x_{0i} - x_i \tag{14-62}$$

$$x_{0i} = x_i + \varepsilon_0 \tag{14-63}$$

$$\bar{x}_0 = \bar{x} + \varepsilon_0 \tag{14-64}$$

通过式（14-64）可知，测得值的算术平均值包含恒值系统误差，即恒值系统误差影响测量结果的准确度。

则含有恒值系统误差的残余误差为

$$v_{0i} = x_{0i} - \bar{x}_0 = (x_i + \varepsilon_0) - (\bar{x} + \varepsilon_0) = x_i - \bar{x} \tag{14-65}$$

由式（14-65）可知，恒值系统误差不影响残余误差计算，不影响标准偏差的计算，即不影响测量结果的精密度。

2. 变值系统误差的影响

变值系统误差对每一个测得值的影响是不同的，所以它不仅影响算术平均值，也影响标准偏差。设变值系统误差为 ε_i，含有变值系统误差的一系列测得值为 x_{0i}，算术平均值为 $\bar{x}_0$，不含变值系统误差的测得值为 x_i，算术平均值为 $\bar{x}_0$，则有

$$\begin{cases} x_{01} = x_1 + \varepsilon_1 \\ x_{02} = x_2 + \varepsilon_2 \\ \quad\vdots \\ x_{0n} = x_n + \varepsilon_n \end{cases}$$

将上式取其平均值可得

$$\bar{x}_0 = \bar{x} + \bar{\varepsilon} \tag{14-66}$$

由式（14-66）知，变值系统误差将以均值方式影响测得值的算术平均值，即影响测量结果的准确度。可以用 $-\bar{\varepsilon}$ 来消除 $\bar{\varepsilon}$ 的影响，但 $\bar{\varepsilon}$ 不易确定。

含变值系统误差的残余误差为

$$v_{0i} = x_{0i} - \bar{x}_0 = (x_i + \varepsilon_i) - (\bar{x} + \bar{\varepsilon}) = v_i + (\varepsilon_i - \bar{\varepsilon}) \tag{14-67}$$

式（14-67）表明，变值系统误差直接影响残余误差的数值，即影响测量结果的精密度。变值系统误差对标准偏差的影响则难以估算和校正，因此应着重于发现它，并从产生的原因入手加以消除或设法找出其规律，分别对测得值进行修正后，再进行数据处理。

14.3.3　系统误差的发现

为了消除系统误差的影响，首先必须发现系统误差。下面介绍几种常用的方法。

1. 残余误差观察法

残余误差观察法是按测量的先后顺序将一系列等精度测量值及其残差值列表，观察其残差数值及符号的变化规律。如果残差数值有规律地增加或减少，并且在测量的开始和结束时符号相反，则可以判断测量列包含线性系统误差；如果残差的符号有规律地从正变为负，然后从负变为正，或循环交替变化多次，则可判断该测量列含有周期性系统误差，如图 14-12 所示。该方法适合于 v_i 较小的情况。

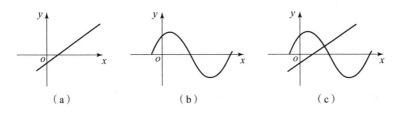

图 14-12   系统误差的分类

（a）线性系统误差；（b）周期性系统误差；（c）线性＋周期性系统误差

例如，对恒温箱的温度进行了 10 次测量，测量数据和残差如表 14-9 所示。试判断有无系统误差存在。

表 14-9   恒温箱测量数据

测温序号(n)	测温值(x_i)/℃	残差(v_i)/℃
1	20.06	-0.06
2	20.07	-0.05
3	20.06	-0.06
4	20.08	-0.04
5	20.10	-0.02
6	20.12	0
7	20.14	0.02
8	20.18	0.06
9	20.18	0.06
10	20.21	0.09

测温序号(n)	测温值(x_i)/℃	残差(v_i)/℃
	$\tilde{x} = 20.12$	$\sum\limits_{i=1}^{3} v_i = -0.23$ $\sum\limits_{i=6}^{10} v_i = 0.23$

从表 14 - 9 可看出，虽然 $\sum\limits_{i=1}^{10} v_i = 0$ 但残差符合由负到正、数值由小到大的规律，则可判断该测量结果中存在线性系统误差。

2. 残余误差核算法

如果在测量过程中出现的随机误差较大，即不满足 $v_i \to 0$，此时观察法往往检查不出系统误差的存在，需要用残差核算法，即

$$v_{0i} = v_i + (\varepsilon_i - \overline{\varepsilon}) \tag{14 - 68}$$

若测量有 n 个残差，将其分为前半组和后半组。n 为偶数时，$k = \dfrac{n}{2}$；n 为奇数时，$k = \dfrac{n+1}{2}$，两者相减，可得

$$\Delta = \sum_{i=1}^{k} v_{0i} - \sum_{i=k+1}^{n} v_{0i} = \sum_{i=1}^{k} v_i + \sum_{i=1}^{k} (\varepsilon_i - \overline{\varepsilon}) - \sum_{i=k+1}^{n} v_i - \sum_{i=k+1}^{n} (\varepsilon_i - \overline{\varepsilon})$$

当测量次数足够多时，有

$$\Delta \approx \sum_{i=1}^{k} (\varepsilon_i - \overline{\varepsilon}) - \sum_{i=k+1}^{n} (\varepsilon_i - \overline{\varepsilon}) \tag{14 - 69}$$

若存在线性系统误差，前后两个和式符号相反，Δ 显著不为零。

例如，表 14 - 9 中所列数据，$n = 10$，则 $h = 5$。

由式（14 - 69），可得

$$\Delta = \sum_{i=1}^{5} v_{0i} - \sum_{i=6}^{10} v_{0i} = (-0.23) - (+0.23) = -0.46 \neq 0$$

显然 Δ 显著非零，则测量列中存在系统误差。该值又称为马利可夫判据，适用于检查测量列中是否存在线性系统误差。

3. 阿贝赫梅特判据

阿贝赫梅特判据是用于判别测量中是否存在周期性系统误差的法则。该判据公式为

$$\left| \sum_{i=1}^{n-1} v_i v_{i+1} \right| > \sqrt{n-1}\sigma^2 \qquad (14-70)$$

只要测量列满足式（14-70），就认为该测量列存在周期性系统误差。

例如，对某电阻测量 10 次，测得结果列于表 14-10 中，试判断该测量列有无周期性系统误差。

表 14-10　电阻测量结果

测温序号/n	测温值 x_i/℃	残差 v_i/℃	v_i^2	$v_i v_{i+1}$
1	120.14	-0.06	0.003 6	0.002 4
2	120.16	-0.04	0.001 6	-0.000 8
3	120.22	0.02	0.000 4	0.001 0
4	120.25	0.05	0.002 5	0.001 5
5	120.23	0.03	0.000 9	-0.001 8
6	120.14	-0.06	0.003 6	0.003 0
7	120.15	-0.05	0.002 5	-0.000 5
8	120.21	0.01	0.000 1	0.000 4
9	120.24	0.04	0.001 6	0.002 4
10	120.26	0.06	0.003 6	
	$\tilde{x} = 120.20$		$\sum_{i=1}^{n} v_i^2 = 0.020\ 4$	$\sum_{i=1}^{n-1} v_i v_{i+1} = 0.007\ 6$

根据表 14-10 可得

$$\left| \sum_{i=1}^{n-1} v_i v_{i+1} \right| = 0.007\ 6$$

$$\sigma^2 = \frac{\sum_{i=1}^{10} v_i^2}{n-1} = \frac{0.020\ 4}{9} = 0.002\ 3$$

$$\sqrt{n-1}\sigma^2 = 0.006\ 8$$

由此可判断出该测量列中有周期性系统误差存在。

14.3.4　系统误差的消除

1. 恒值系统误差的消除方法

1）标定法

对测量系统输入与标定机产生的与被测量相当的标准量，检查测量系统的输出，根据输出结果判断测量系统是否存在系统误差，并计算系统误差的大小。

2）比较法

使用几个不同的测量系统测试相同的物理量，并比较测试结果以确定测试仪器的系统误差和误差大小，在处理测试结果时加以消除。

3）交替法

对测量系统中可疑部分交替安装，取两种安装方式测量结果的算术平均值作为最终测量结果的方法。

4）修正法

利用理论分析和经验公式进行修正。

5）补偿法

对同一个被测量样品进行两次测量，并使两次测量状态下，定值系统误差的影响大小相等而方向相反，取两次读数的平均值作为测量结果即可消除系统误差。例如，在万能工具显微镜上测量螺纹的螺距时，可分别在螺牙左、右两侧进行测量，并取左、右螺距的平均值作为测量结果，可以消除由于零件轴线与测量轴线间的微小夹角而引入的系统误差；又如，用直角尺测量零件的垂直度时，常以直角尺两侧面为基准，分别测量零件的垂直度误差，然后取平均值作为测量结果，这样可以消除由于直角尺本身的垂直度误差而引入的测量误差。

2. 可变系统误差的消除方法

1）线性变化系统误差的消除——对称法

由于线性变化系统误差的误差值随测量时间或测量次数线性变化，因此消除这种系统误差的方法是对称测量。具体方法是确定一个两侧有若干对称点的中点，取各对称点读数的算术平均值作为测得值。在该中点处，向系统输入标准量，并根据系统输出确定该中点处线性变化系统误差的大小，该误差和测量值之和是不含线性系统误差的测量结果。

2）周期性变化系统误差的消除——半周期法

周期性变化系统误差的特点是每隔半周期产生的误差大小相等、符号相反，可表示为正弦函数、余弦函数等。因此，只要读取相隔半周期两次测量值，然后取平均值为测量结果，即可消除。

|14.4 误差舍弃|

粗大误差是指由于测量人员的主观原因或客观外界条件的原因而引起的歪

曲测量结果的数据。因此，粗大误差产生的原因既有测量人员的主观因素，如读错、记错、写错、算错等，又有环境干扰的客观因素，如测量过程中突发的机械振动、温度的大幅度波动、电源电压的突变等，使测量仪器示值突变，产生粗大误差。此外，使用有缺陷的计量器具，或者计量器具使用不正确，也是产生粗大误差的原因之一。含有粗大误差的测量数据属于异常值，是不合理试验数据，应予以剔除。但剔除数据时应有充分的依据，在排除存在粗大误差的测量数据的同时，保留那些不含有粗大误差的测量数据。常用的粗大误差判断方法有以下几种。

（1）现场判断。如果在记录测量数据时，操作人员出现了差错，或测量系统工作异常及时地被测量人员发现了，则所得数据存在粗大误差，应当舍弃。

（2）理论分析。有关的数据存在粗大误差还有一种情况是测量结果与所研究的物理过程的物理定律不符。例如，弹丸飞行速度测试，如果该种弹的初速图定值是 930 m/s，若测得的结果小于 850 m/s，则该数据存在粗大误差。

（3）统计判断。如果某些测量数据无法用上述两种方法进行判断，必须用统计判断的方法进行。本节介绍三个常用的判定准则——拉依达准则、罗曼诺夫斯基准则和格罗布斯准则。

1. 拉依达准则（3σ 准则）

拉伊达准则是以 3 倍测量列的标准偏差为极限取舍标准，其给定的置信概率为 99.73%。当测量数据呈正态分布时，误差大于 3σ 的概率仅为 0.27%。测量误差（通常用残差代替）大于 3σ 即可判定该测量数据含有粗大误差，应予以剔除。

该准则简单实用，但不适合于测量次数 $n \leqslant 10$ 的情况，可以证明，当 $n \leqslant 10$ 时，残差总是小于 3σ。

例 14-2 对某量进行了 15 次等精度测量，测量数据如表 14-11 所示，试用拉依达准则判定该组测量数据中是否存在粗大误差。

表 14-11　测量数据

23.39	23.42	23.43	23.43	23.40
23.39	23.41	23.40	23.42	23.42
23.40	23.43	23.30	23.39	23.43

解：

（1）计算测量列平均值：

$$\bar{x} = \frac{1}{n} \sum_{i=1}^{n} x_i = 23.404$$

（2）用贝塞尔公式计算测得列标准偏差估计值：

$$\hat{\sigma}_x = \sqrt{\frac{1}{n-1} \sum_{i=1}^{n} v_i^2} = 0.033$$

（3）寻找可疑数据。最大数据为 $x_{max} = 23.43$，最大数据的残差为 $|v_{max}| = |23.43 - 23.404| = 0.026$。最小数据为 $x_{min} = 23.30$，最小数据的残差为 $|v_{min}| = |23.30 - 23.404| = 0.104$。

（4）判断：

$$3\hat{\sigma}_x = 3 \times 0.033 = 0.099 < |v_{min}| = 0.104$$

因此，可以判定数据 23.30 含有粗大误差，应当剔除。

（5）剔除 23.30 后，根据剩下的 14 个测得值重新计算，可得

$$\overline{x'} = 23.411, \quad \hat{\sigma}'_x = 0.016$$

最大数据为 $x_{max} = 23.43$，最大数据的残差为 $|v_{max}| = |23.43 - 23.411| = 0.019$。最小数据为 $x_{min} = 23.39$，最小数据的残差为 $|v_{min}| = |23.39 - 23.411| = 0.021$，则

$$3\hat{\sigma}_x = 3 \times 0.016 = 0.048 > |v_{min}| = 0.021$$

因此可以判定其余 14 个测得值不再含有粗大误差。

2. 罗曼诺夫斯基准则

罗曼诺夫斯基准则又称 t 分布检验准则，其特点是首先删除一个可疑的测得值；然后按 t 分布检验被剔除的测量值是否含有粗大误差。测量结果在测量次数较少的情况下是呈 t 分布规律，而并不是正态分布规律。此时，按 t 分布的实际误差分布范围来判断粗大误差较为合理。使用罗曼诺夫斯基准则的步骤如下。

（1）寻找一组测量结果 x_1，x_2，…，x_i，…，x_n 的一个可疑数据 x_j。

（2）计算剔除 x_j 后的算术平均值：

$$\bar{x} = \frac{1}{n-1} \sum_{i=1}^{n-1} x_i, i \neq j$$

（3）计算剔除 x_j 后的标准偏差：

$$\sigma = \sqrt{\frac{\sum_{i=1}^{n-1} (x_i - \bar{x})^2}{n-2}}, i \neq j$$

（4）计算可疑数据 x_j 的误差 $\lceil x_i - \bar{x} \rceil$ 与 σ 的比值：

$$K = \frac{|x_j - \bar{x}|}{\sigma}$$

（5）选取危险率 α（常取值为 0.05，0.01）。α 值的含义是用该方法判断某一测量值为可疑数据时发生错判的可能性，也称为显著度。如 $\alpha = 0.05$ 时，发生错判的可能性为 5%。

（6）根据测量次数和所选危险率，可由表 14-4 查得 t 检验系数 $K_{(n,\alpha)}$ 值。

（7）判断，当 $K > K_{(n,\alpha)}$ 时，x_j 含有粗大误差，应剔除。

例 14-3 试用罗曼诺夫斯基准则判断例 14-2 中是否存在粗大误差（取 $\alpha = 0.05$）。

解：首先怀疑第 13 个测得值（23.30）含有粗大误差，将其剔除。然后根据剩下的 14 个测量值计算平均值和标准偏差，可得

$$\bar{x} = 23.411$$

$$\sigma = 0.016$$

根据 $\alpha = 0.05$ 和 $n = 15$ 查表 14-12，可得

$$K_{(n,\alpha)} = 2.24$$

$$K = \frac{|x_j - \bar{x}|}{\sigma} = \frac{|23.30 - 23.411|}{0.016} = 6.938$$

因为 $K > K_{(n,\alpha)}$，因而第 13 个测得值含有粗大误差，应将其剔除，然后对剩下的 14 个测得值用同样的方法进行判别，可知这些测得值不再含有粗大误差。

表 14-12 t 分布检验系数

α / $K_{(n,\alpha)}$ / n	0.05	0.01	α / $K_{(n,\alpha)}$ / n	0.05	0.01	α / $K_{(n,\alpha)}$ / n	0.05	0.01
4	4.97	11.46	13	2.29	3.23	22	2.14	2.91
5	3.56	6.53	14	2.26	3.17	23	2.13	2.90
6	3.04	5.04	15	2.24	3.12	24	2.12	2.88
7	2.78	4.36	16	2.22	3.08	25	2.11	2.86
8	2.62	3.96	17	2.20	3.04	26	2.10	2.85
9	2.51	3.71	18	2.18	3.01	27	2.10	2.84
10	2.43	3.54	19	2.17	3.00	28	2.09	2.83
11	2.37	3.41	20	2.16	2.95	29	2.09	2.82
12	2.33	3.31	21	2.15	2.93	30	2.08	2.81

3. 格罗布斯准则

格拉布斯准则适用于测量次数较少的情况。通常取置信水平为 95% ，对样本中仅混入一个异常值的情况判别效率最高。如果测量列中某数据 x_i 与测量列平均值 $\bar{x}$ 之残差 v_i 大于格罗布斯鉴别阈值 $\Phi(n)$ ，即认定为含有粗大误差，该测量数据 x_i 应予以剔除。其中，

$$\Phi(n) = T(n, \alpha)\hat{\sigma}_x \qquad (14-71)$$

式中：$T(n, \alpha)$ 为格罗布斯准则鉴别系数；$\hat{\sigma}_x$ 为测量列的标准偏差估计值。

格罗布斯准则鉴别系数见表 14 – 13，格罗布斯准则鉴别系数与测量次数 n 和显著度 α 有关，α 的含义见罗曼诺夫斯基准则中的说明。

表 14 – 13 格罗布斯准则鉴别系数

α $K_{(n,\alpha)}$ n	0.05	0.01	α $K_{(n,\alpha)}$ n	0.05	0.01	α $K_{(n,\alpha)}$ n	0.05	0.01
3	1.153	1.155	13	2.331	2.607	23	2.624	2.963
4	1.463	1.492	14	2.371	2.659	24	2.644	2.987
5	1.672	1.749	15	2.409	2.705	25	2.663	3.009
6	1.822	1.94	16	2.443	2.747	30	2.745	3.103
7	1.938	2.097	17	2.475	2.785	35	2.811	3.178
8	2.032	2.221	18	2.504	2.821	40	2.866	3.240
9	2.110	2.323	19	2.532	2.854	45	2.914	3.292
10	2.176	2.410	20	2.557	2.884	50	2.956	3.336
11	2.234	2.485	21	2.580	2.912			
12	2.285	2.550	22	2.603	2.939			

上面介绍了三种判断粗大误差的准则，其中拉依达准则适用于测量次数较多的测量列。通常，测量次数较少，因此该准则的可靠性不高，但它便于使用，不需要查找表格，因此经常在要求不高或测量次数超过 30 次时使用。对测量次数较少而要求较高的测量列，应采用罗曼诺夫斯基准则和格罗布斯准则，其中格罗布斯准则在测量次数为 20 ~ 100 时可靠性最高。若测量次数很少时应采用罗曼诺夫斯基准则。

必须指出，在剔除粗大误差时，每次只能剔除一个数据，剔除数据后，应重新计算出测量数据的平均值和标准偏差，然后按照上述步骤检验，直到粗大

误差全部剔除为止。

除了以上方法，实际测量中可能由于条件有限，获得的测量数据个数往往较少，不能保证其满足某种概率分布，若此时仍采用统计方法等来判别其是否含有粗大误差，则不一定会获得可靠的判别结果，也难以有效地将含有粗差的数据剔除出去。因此，也可以根据实际情况采用如信息熵判别法等非统计的判定方法来对粗大误差进行剔除。

|14.5 测量结果的表示方法|

在测试过程中，将获得大量数据，这些数据必须进行分析、处理并最终以某种形式表达。

通过分析获得的测量结果可分为两种类型：测量结果是特征量和测量结果是函数关系。

14.5.1 测量结果为特征量时的表示方法

测量结果为特征量时，可由下式表示：

$$x_0 = \bar{x} \pm \Delta \text{ 置信水平} \times \% \tag{14-72}$$

式中：x_0 为被测物理量的真值；$\bar{x}$ 为测量数据的算术平均值；Δ 为置信区间半长；置信水平为真值落在 $\bar{x} \pm \Delta$ 范围内的可能性。

被测物理量的真值会落在 $\bar{x} \pm \Delta$ 的区间内，这是我们从式（14-72）知道的。然而，置信区间半长的选取则决定了能否保证真值100%落在这个区间内。置信水平反映了真值落在该区间的可能性。

置信区间半长通常用算术平均值的标准偏差 $\sigma_{\bar{x}}$ 1~3 倍确定。当 $\Delta = \sigma_{\bar{x}}$ 时，置信水平为68.26%；当 $\Delta = 2\sigma_{\bar{x}}$ 时，置信水平为95.44%；当 $\Delta = 3\sigma_{\bar{x}}$：时，置信水平为99.77%。

14.5.2 测量结果为函数关系时的表示方法

测量结果为函数关系时，常用的表示方法有表格表示法、曲线表示法和经验公式表示法。

（1）表格表示法。具有简单直观的优点，然而，它不容易看到函数的变化规律，也不能给出所有数据之间的关系。制表的目的是显示测量结果或方便未来计算，表格表示法是曲线表示法和经验公式表示法的基础。

（2）曲线表示法。使用曲线表示测量数据的最大优点是直观明了。它可以清楚地看到函数的变化规律，如单调性、周期性、极值等。然而，不能直接对其进行数学分析。例如，火炮炮膛压力变化曲线、天气温度变化曲线等。

（3）经验公式表示法。测量数据不仅可用曲线表示出函数之间的关系，还可以建立一个与曲线相对应的公式来表示所有的测量数据（不可能完全准确地表达全部数据）。这个公式叫作经验公式，它的优点是所有测量数据都用一个公式表示，该公式简洁紧凑，可对其进行各种数学运算和分析。

经验公式建立步骤如下。

（1）描绘曲线，以自变量为横坐标，函数为纵坐标，把数据点描绘成测量曲线。

（2）分析所描述的曲线，并根据数据点的直观形象确定公式的基本形式。如果近似直线，就是元线性回归；如果是曲线，就是一元非线性回归；无法判断，则是多项式回归。

（3）曲线化直。如果测量数据图形被确定为某种类型的曲线，则先将曲线方程变换为直线方程。

（4）确定公式中的系数。主要方法有图解法、端值法、平均法及最小二乘法等。

（5）检查确定公式的准确性。将自变量代入公式，计算出函数值，看函数值是否等于测量值。如果差别很大，说明所确定的公式基本形火炮动态测试技术式可能有错误，此时应建立另一个形式的公式。

|14.6　一元线性与非线性回归|

如果 x 和 y 两个变量有某种关系，则可以通过测量得到多组一对一的数据，并经过数学分析得到两个变量间的关系式，这种过程称作拟合（也称回归），而得到的关系式称作拟合方程、经验公式或回归方程。

如果两个变量之间存在线性关系，称之为直线拟合或一元线性回归；如果两个变量之间存在非线性关系，这种关系称为曲线拟合或一元非线性回归。

14.6.1　一元线性回归（直线拟合）

设两变量之间的关系为 $y = f(x)$，有一系列测量数据为

$$x_1, x_2, \cdots, x_n, y_1, y_2, \cdots, y_n$$

若 x，y 的图形基本上是线性关系，近似直线，则可用一个线性方程表示，即

$$y = a_0 + a_1 x \qquad (14-73)$$

这就是根据以上测量数据，拟合出相应的方程。直线拟合，其实就是从一组测量数据，经过数学处理，得到对应的直线方程，也就是求得两个常数值 a_0 和 a_1。

常用的求直线拟合方程的方法主要有以下几种。

1. 端值法

将测量数据中的两个端点值 (x_1, y_1)、(x_n, y_n) 代入式（14-73）求常数 a_0 和 a_1，也就是用两个端点连成的直线来代表所有测量数据，即

$$\begin{cases} y_1 = a_0 + a_1 x_1 \\ y_2 = a_0 + a_1 x_2 \\ \vdots \\ y_n = a_0 + a_1 x_n \end{cases} \qquad (14-74)$$

求解式（14-74）可得

$$a_1 = \frac{y_n - y_1}{x_n - x_1}$$

$$a_0 = y_n - a_1 x_n \qquad (14-75)$$

将所求得的 a_0 和 a_1 代入式（14-75），即得用端值法拟合的线性方程。这种方法运算简单，但是误差较大。

2. 平均法

将全部测量数据代入式（14-75），可得

$$\begin{cases} y_1 = a_0 + a_1 x_1 \\ y_2 = a_0 + a_1 x_2 \\ \vdots \\ y_n = a_0 + a_1 x_n \end{cases}$$

将上面 n 个方程分为两组，当 n 为偶数时，每组 $k = \dfrac{n}{2}$ 个。当 n 为奇数时，一组 $k_1 = \dfrac{n+1}{2}$ 个，另一组 $k_2 = \dfrac{n-1}{2}$ 个，分别相加，可得

$$\begin{cases} \sum\limits_{i=1}^{k_1} y_i = k_1 a_0 + a_1 \sum\limits_{i=1}^{k_1} x_i \\ \sum\limits_{i=k_1+1}^{k_1+k_2} y_i = k_2 a_0 + a_1 \sum\limits_{i=k_1+1}^{k_1+k_2} x_i \end{cases}$$

对上进行变形后可得

$$\begin{cases} \dfrac{\sum\limits_{i=1}^{k_1} y_i}{k_1} = a_0 + a_1 \dfrac{\sum\limits_{i=1}^{k_1} x_i}{k_1} \\ \dfrac{\sum\limits_{i=k_1+1}^{k_1+k_2} y_i}{k_2} = a_0 + a_1 \dfrac{\sum\limits_{i=k_1+1}^{k_1+k_2} x_i}{k_2} \end{cases} \qquad (14-76)$$

则

$$\begin{cases} \bar{y}_{k1} = a_0 + a_1 \bar{x}_{k1} \\ \bar{y}_{k2} = a_0 + a_1 \bar{x}_{k2} \end{cases} \qquad (14-77)$$

求解式（14－77）可得

$$a_1 = \frac{\bar{y}_{k2} - \bar{y}_{k1}}{\bar{x}_{k2} - \bar{x}_{k1}}$$

$$a_0 = \bar{y}_{k1} - a_1 \bar{x}_{k1}$$

平均法其实就是首先确定两个点（$\bar{x}_{k1}$，$\bar{y}_{k1}$）和（$\bar{x}_{k2}$，$\bar{y}_{k2}$）；然后用端值法，即可得到需要拟合的线性方程。

3. 最小二乘法

最小二乘法的基本含义是：在具有等精度的多次测量中，最可靠（最可信赖）值，是当各测量值的残差平方和为最小时所求得的值。各测量值残差平方和最小，即

$$\sum_{i=1}^{n} v_i^2 = \min$$

应用到直线拟合时，各数据点与某一拟合直线间残差平方和最小，则该拟合直线方程是最可靠的。

设拟合直线方程为

$$y = a_0 + a_1 x$$

残差平方和为

$$Q = \sum_{i=1}^{n} \left[y_i - (a_0 + a_1 x_i) \right]^2 \qquad (14-78)$$

式（14-78）分别对 a_0 和 a_1 求偏导数，可得

$$\begin{cases} \dfrac{\partial Q}{\partial a_0} = -2(y_1 - a_0 - a_1 x_1) - 2(y_2 - a_0 - a_1 x_2) - \cdots n \\[2mm] \quad -2(y_n - a_0 - a_1 x_n) = -2\sum_{i=1}^{n} y_i + 2na_0 + 2a_1 \sum_{i=1}^{n} x_i \\[4mm] \dfrac{\partial Q}{\partial a_1} = -2x_1(y_1 - a_0 - a_1 x_1) - 2x_2(y_2 - a_0 - a_1 x_2) - \cdots \\[2mm] \quad -2x_n(y_n - a_0 - a_1 x_n) = -2\sum_{i=1}^{n}(x_i y_i) + 2a_0 \sum_{i=1}^{n} x_i + 2a_1 \sum_{i=1}^{n} x_i^2 \end{cases}$$

$$(14-79)$$

若要残差平方和最小，应满足

$$\begin{cases} \dfrac{\partial Q}{\partial a_0} = 0 \\[3mm] \dfrac{\partial Q}{\partial a_1} = 0 \end{cases}$$

对式（14-79）整理后可得

$$\begin{cases} a_0 - \dfrac{1}{n} \sum_{i=1}^{n} y_i + a_1 \dfrac{1}{n} \sum_{i=1}^{n} x_i = 0 \\[4mm] a_0 \sum_{i=1}^{n} x_i - \sum_{i=1}^{n}(x_i y_i) + a_1 \sum_{i=1}^{n} x_i^2 = 0 \end{cases}$$

因为

$$\overline{x}_i = \frac{1}{n} \sum_{i=1}^{n} x_i \qquad (14-80)$$

$$\overline{y}_i = \frac{1}{n} \sum_{i=1}^{n} y_i \qquad (14-81)$$

将式（14-81）、式（14-82）代入式（14-80）并求解，可得

$$a_0 = \frac{\overline{y}_i \sum_{i=1}^{n} x_i^2 - \overline{x}_i \sum_{i=1}^{n}(x_i y_i)}{\sum_{i=1}^{n} x_i^2 - n x_i^{-2}} \qquad (14-82)$$

$$a_1 = \frac{n \overline{x}_i \overline{y}_i - \sum_{i=1}^{n}(x_i y_i)}{n x_i^{-2} - \sum_{i=1}^{n} x_i^2} \qquad (14-83)$$

将求得的 a_0 和 a_1 代入原假设拟合方程，即是最小二乘法得到的拟合方程。

以上三种方法所拟合的线性方程与测量数据之间的偏差，是用拟合方程的精密度，即拟合方程的标准偏差来衡量的，根据贝塞尔公式，其标准偏差为

$$\sigma = \sqrt{\frac{\sum_{i=1}^{n} v_i^2}{n-m}} \tag{14-84}$$

式中：$v_i = y_i - (a_0 + a_1 x_i)$；$m$ 为拟合未知量的个数，对不过原点直线方程有 $m=2$。

在这三种拟合方法中，用最小二乘法拟合的线性方程误差最小，平均法次之，端值法最差。

14.6.2　一元非线性回归（曲线拟合）

在现实工作中，除了常规的线性关系之外，两个变量之间还存在着非线性的关系，寻找这种关系的过程被称为一元非线性回归。

一元非线性回归是按照下列步骤进行的。

（1）绘制曲线，将数据点绘制为一条以自变量为横坐标，以函数为纵坐标的测量曲线。

（2）分析曲线，得出公式的基本形式。根据数据的直观形状，判定出公式形式。在图 14-13 中显示了典型曲线与所对应的公式形式。

（3）曲线化直。当确定测量数据图是某种类型的曲线时，首先要把曲线方程转换成一条直线方程。

利用坐标转换，可以把曲线变成直线。

例如：

$$1/y = a_0 + 1/x$$
$$y' = 1y, x' = 1x$$

则

$$y' = a_0 + x'$$

再如：

$$y = a_0 x^{a_1}$$

对上式两边取对数可得

$$\ln y = \ln a_0 + a_1 \ln x$$

令

$$y' = \ln y, x' = \ln x$$

则

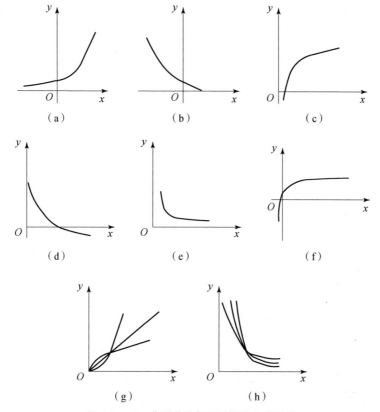

图 14-13 典型曲线与所对应的公式形式

（a） $y = a_0 e^{a_1 x}$ （$a_1 > 0$）；（b） $y = a_0 e^{a_1 x}$ （$a_1 < 0$）；（c） $y = a_0 + a_1 \ln x$ （$a_1 > 0$）；

（d） $y = a_0 + a_1 \ln x$ （$a_1 < 0$）；（e） $y = a_0 + \dfrac{a_1}{x}$；（f） $\dfrac{1}{y} = a_0 + \dfrac{a_1}{x}$；

（g） $y = a_0 x^{a_1}$ （$a_1 > 0$）；（h） $y = a_0 x^{a_1}$ （$a_1 > 0$）

$$y' = \ln a_0 + a_1 x'$$

（4）确定公式中的 a_0、a_1 等常量。方法与一元线性回归相同。

（5）检验所确定公式的正确性。将自变量代入公式计算出对应的函数值，并利用计算值与测量值的残差计算标准偏差。若该标准偏差较大，说明所确定公式的基本形式不准确，这时应重新建立其他形式的公式。通常是建立多种不同形式的公式，进行比对，选择标准偏差最小的公式作为最终回归结果。

例 14-5 某种物质的黏度随温度升高而降低，不同温度下的黏度值数据如图 14-13 和表 14-14 所示，试求黏度与温度间的函数关系。

表 14 – 14　测量数据

温度 x_i	10	15	20	25	30	35	40	45	50	55	60	65	70	75	80
黏度 y_i	4.24	3.51	2.92	2.52	2.20	2.00	1.81	1.70	1.60	1.50	1.43	1.37	1.32	1.29	1.25

解：

（1）描绘曲线，把所有数据一一对应画在一个坐标系中，绘制成一条光滑曲线，如图 14 – 14 所示。

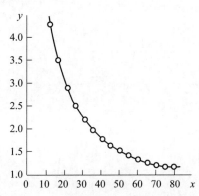

图 14 – 14　黏度随温度升高而降低曲线

（2）将图 14 – 14 中曲线与图 14 – 13 中常见曲线进行比较，选择一个最相似的公式形式，即

$$y = a_0 x^{a_1} (a_1 < 0) \tag{14 – 85}$$

（3）对图 14 – 14 中的曲线化直，对式（14 – 85）两边取对数可得

$$\ln y = \ln a_0 + a_1 \ln x$$

令

$$y' = \ln y, x' = \ln x, a'_0 = \ln a_0$$

则

$$y' = a_0' + a_1 x' \tag{14 – 86}$$

（4）采用直线拟合方法，求解式（14 – 86）中的 a_0'，a_1。这里采用最小二乘法，首先将各需要参数计算出来并列入表 14 – 15 中。

表 14 – 15　计算参数

序号	x_i	y_i	$x'_i = \ln x_i$	$y'_i = \ln y_i$	x'^2_i	$x'_i y'_i$
1	10	4.24	2.3026	1.4446	5.3019	3.32623
2	15	3.51	2.7081	1.2556	7.33354	3.40027

序号	x_i	y_i	$x'_i = \ln x_i$	$y'_i = \ln y_i$	x'^2_i	$x'_i y'_i$
3	20	2.92	2.995 7	1.071 6	8.974 41	3.210 18
4	25	2.52	3.218 9	0.924 3	10.361 16	2.975 07
5	30	2.2	3.401 2	0.788 5	11.568 14	2.681 7
6	35	2	3.555 3	0.693 1	12.640 5	2.464 38
7	40	1.81	3.688 9	0.593 3	13.607 83	2.188 71
8	45	1.7	3.806 7	0.530 6	14.490 68	2.019 92
9	50	1.6	3.912	0.47	15.303 92	1.838 67
10	55	1.5	4.007 3	0.405 5	16.058 72	1.624 83
11	60	1.43	4.094 3	0.357 7	16.763 66	1.464 44
12	65	1.37	4.174 4	0.314 8	17.425 51	1.314 14
13	70	1.32	4.248 5	0.277 6	18.049 71	1.179 52
14	75	1.29	4.317 5	0.254 6	18.640 7	1.099 41
15	80	1.25	4.382	0.223 1	19.202 16	0.977 82
合计	675	30.66	54.813 4	9.604 9	205.722 5	31.765 3

根据上述步骤解得

$$a'_0 = \frac{\bar{y}'_i \sum\limits_{i=1}^{n} x_i^2 - \bar{x}'_i \sum\limits_{i=1}^{n} (x'_i y'_i)}{\sum\limits_{i=1}^{n} x'^2_i - n \bar{x}'^2_i}$$

$$= \frac{0.650\ 3 \times 205.722\ 5 - 3.654\ 2 \times 31.765\ 3}{205.722\ 5 - 15 \times 3.654\ 2^2} = 2.884\ 4$$

$$a_1 = \frac{n \bar{x}'_i \bar{y}'_i - \sum\limits_{i=1}^{n} (x'_i y'_i)}{n \bar{x}'^2_i - \sum\limits_{i=1}^{n} x'^2_i}$$

$$= \frac{15 \times 3.654\ 2 \times 0.640\ 3 - 31.765\ 3}{15 \times 13.353\ 4 - 205.722\ 5} = -0.614\ 4$$

（5）计算 a_0 值。

因为

$$a'_0 = \ln a_0$$

所以

$$a_0 = e^{a_0'} = e^{2.8844}$$

（6）将上面的 a_0、a_1 代入式（4-67），可得

$$y = e^{2.8844} x^{-0.6144} \qquad (14-87)$$

式（14-87）就是所要拟合的曲线方程，解题过程中省略了检验部分。

参 考 文 献

[1] 田东恩. 火电厂燃用印尼煤的爆炸特性实验与分析 [D]. 北京：华北电力大学，2013.

[2] 刘春含. 有限元和光滑粒子耦合方法在爆炸问题中的应用研究 [D]. 长沙：湖南大学，2013.

[3] 孙涛. 材料表面改性粉末超音速冷喷涂试验研究 [D]. 大连：大连理工大学，2002.

[4] 段文广. 基于 FLUENT 的液体分布器内部流场分析 [J]. 现代制造技术与装备，2009，189（02）：17-18.

[5] 刘丹，陈凤馨. CFD 在计算船舶螺旋桨敞水性能中的应用研究 [J]. 现代制造工程，2010，355（04）：18-20+66.

[6] 李猛，赵凤起，徐司雨，等. 三种能量计算程序在推进剂配方设计中的比较 [J]. 火炸药学报，2013，36（03）：73-77.

[7] 同霄. 应力波在单桩和单桩——承台系统中传播的数值计算 [D]. 兰州：兰州交通大学，2012.

[8] 牛发亮. 感应电机转子断条故障诊断方法研究 [D]. 杭州：浙江大学，2006.

[9] 严鹏. 基于信号理论的桥梁健康监测降噪处理和损伤识别研究 [D]. 成都：西南交通大学，2012.

[10] 姜衍猛. 基于 MATLAB 的数据采集与分析系统的研究及设计 [D]. 济南：山东大学，2012.

[11] 吴志明. 车辆噪声与振动测试系统研究 [D]. 秦皇岛：燕山大学，2011.

[12] 陈耿. 基于多普勒雷达的风力发电机监测技术研究 [D]. 南京：南京理工大学，2020.

[13] 原帅，盛美菊，王学勤，等. 复合微多普勒效应中几种时频方法的比较 [J]. 电光与控制，2008，122（08）：57-60+75.

[14] 梁亚捷. 基于雷达中频信号的脉内特征分析 [D]. 成都：电子科技大学，2011.

[15] 闫宏彪. 无线分布式冲击波测试研究 [D]. 太原：中北大学，2016.

［16］汪涛．传爆药输出压力试验方法研究［D］．太原：中北大学，2014.

［17］汪嗣良．压装 CL－20 炸药爆轰特性参数测试［D］．北京：北京理工大学，2016.

［18］张云娇．水下冲击波数据处理系统的设计与实现［D］．西安：西安工业大学，2014.

［19］董冰玉．水下爆炸冲击波超压测试系统研究［D］．太原：中北大学，2010.

［20］张衍芳．冲击波信号处理方法的研究［D］．太原：中北大学，2011.

［21］杨帆，梁永烨，杜红棉，等．毁伤威力场冲击波无线分布式测试方法研究［J］．传感技术学报，2015，28（01）：71－76.

［22］焦新泉，张燕．爆炸冲击波对舰船的毁伤效果研究［C］//西南财经大学信息技术应用研究所，《计算机科学》杂志社．2008 中国信息技术与应用学术论坛论文集（一）．《计算机科学》杂志社，2008：3.

［23］辛春亮，徐更光，刘科种，等．考虑后燃烧效应的 TNT 空气中爆炸的数值模拟［J］．含能材料，2008，70（02）：160－163.

［24］张福强．电磁波信号测试系统中的误差分析与控制方法［J］．信息通信，2012，119（03）：245－248.

［25］黄玮．压水反应堆堆内外监测系统虚拟实现技术研究［D］．哈尔滨：哈尔滨工程大学，2012.

［26］欧阳东．桥梁检测中的数据处理及分析研究［D］．合肥：合肥工业大学，2003.

［27］王辉林．发动机振动传感器的设计研究［D］．大连：大连理工大学，2003.

［28］吴斌．电量测试虚拟仪器的研究［D］．重庆：重庆大学，2006.

［29］代靠．某重卡悬架的非线性振动试验与仿真研究［D］．长沙：湖南大学，2011.

［30］魏强，张承进，张栋，等．压电陶瓷驱动器的滑模神经网络控制［J］．光学精密工程，2012，20（05）：1055－1063.

［31］赵呈恺．通用测试台模拟信号源的设计［D］．太原：中北大学，2009.

［32］殷红彩．压电加速度传感器测量电路的研制［D］．合肥：安徽大学，2007.

［33］王建．基于 Zigbee 无线通信协议的鞋垫式足底压力测量系统研究［D］．淄博：山东理工大学，2007.

［34］张轶君．变压器直流偏磁引起的振动噪声监测方法研究［D］．北京：华

北电力大学, 2008.

[35] 罗勇. 压电式六维力传感器结构仿真及信号处理电路设计 [D]. 重庆: 重庆大学, 2008.

[36] 陶玉贵. 压电加速度传感器测量电路的研究与开发 [D]. 合肥: 安徽大学, 2007.

[37] 刘俊. 基于差动式压电多维力（6维）传感器的研究 [D]. 重庆: 重庆大学, 2005.

[38] 查万纪. 压电加速度传感器测量电路的研究与设计 [D]. 合肥: 安徽大学, 2005.

[39] 张鑫. 压电式动态压力变送器及其在管道泄漏检测中的应用研究 [D]. 北京: 北京化工大学, 2007.

[40] 闫晓东. 飞机复合材料结构智能敲击检测系统研究 [D]. 南京: 南京航空航天大学, 2007.

[41] 杨树臣. 喷流压电泵的理论分析与试验研究 [D]. 长春: 吉林大学, 2006.

[42] 黄琴. 压电驱动技术测试技术与方法研究 [D]. 长春: 吉林大学, 2007.

[43] 李伟. 用于直升机多路振动主动控制的智能旋翼试验系统研究 [D]. 南京: 南京航空航天大学, 2005.

[44] 石岩. 基于路桥动态响应的过载实时监测系统研制 [D]. 大连: 大连理工大学, 2011.

[45] 宋育. 飞机复合材料无损检测敲击技术的研究和应用 [D]. 南京: 南京航空航天大学, 2009.

[46] 李永超. 冲击波超压存储测试关键技术研究 [D]. 南京: 南京理工大学, 2015.

[47] 何翔, 杨建超, 王晓峰, 等. 常规战斗部动爆威力研究综述 [J]. 防护工程, 2022, 44 (01): 1 - 9.

[48] 张龙. DNAN基熔铸炸药空中爆炸能量输出规律研究 [D]. 北京: 北京理工大学, 2016.

[49] 刘晓文. 延期药燃烧性能及表征方法的研究 [D]. 合肥: 安徽理工大学, 2011.

[50] 王惠娥. 含能材料的反应性光声特性研究 [D]. 南京: 南京理工大学, 2014.

[51] 段祥利. PVDF在雷管输出冲击波测试中的应用 [D]. 南京: 南京理工大学, 2008.

[52] 王伟，陈丽洁，贲庆玲，等. 抗高过载加速度计微结构的设计与分析 [J]. 计量与测试技术，2009，36（09）：5-7.

[53] 侯海周. 酚醛层压复合材料冲击动力学行为及其在雷管模具中的应用 [D]. 南京：南京理工大学，2016.

[54] 龙新平，蒋治海，李志鹏，等. 凝聚态炸药爆轰测试技术研究进展 [J]. 力学进展，2012，42（02）：170-185.

[55] 佘金虎. 多薄层组合材料在 X 射线辐照下的热——力学效应研究 [D]. 长沙：国防科学技术大学，2009.

[56] 石培杰. 爆炸容器冲击波载荷行波杆测量技术研究 [D]. 长沙：国防科学技术大学，2007.

[57] 佘金虎，汤文辉. 压阻法在轻气炮实验上的应用研究 [J]. 试验技术与试验机，2008（02）：28-31+39.

[58] 雷霄. 压力传感器准δ校准技术的研究 [D]. 太原：中北大学，2014.

[59] 刘颖. 基于 DRVI 平台的传感器实验开发与设计 [D]. 成都：成都理工大学，2011.

[60] 温丽晶，段卓平，张震宇，等. 不同加载压力下炸药冲击起爆过程实验和数值模拟研究 [J]. 兵工学报，2013，34（03）：283-288.

[61] 温丽晶，段卓平，张震宇，等. HMX 基和 TATB 基 PBX 炸药爆轰成长差别的实验研究 [J]. 爆炸与冲击，2013，33（S1）：135-139.

[62] 张伟. DNAN 基熔铸炸药临界直径的影响因素研究 [D]. 北京：北京理工大学，2016.

[63] 王虹富，白帆，刘彦，等. 爆炸冲击波作用下黑索今基含铝炸药的冲击点火反应速率模型 [J]. 兵工学报，2021，42（02）：327-339.

[64] 白志玲，段卓平，景莉，等. 飞片冲击起爆高能钝感高聚物粘结炸药的实验研究 [J]. 兵工学报，2016，37（08）：1464-1468.

[65] 魏林. 炸药爆轰波压力测试技术研究 [D]. 太原：中北大学，2012.

[66] 段卓平，关智勇，黄正平. 箔式高阻值低压锰铜压阻应力计的设计及动态标定 [J]. 爆炸与冲击，2002（02）：169-173.

[67] 金山，汤铁钢，陈永涛，等. 两种组合电探针在爆轰实验中的应用 [J]. 兵工学报，2012，33（08）：1016-1019.

[68] 金山，陈永涛，汤铁钢，等. 多点激光干涉测速系统和电探针技术在飞片速度测量中的应用对比 [J]. 高压物理学报，2012，26（05）：571-576.

[69] 李丽萍，孔德仁，易春林，等. 战斗部破片速度测量方法综述 [J]. 测控

技术，2014，33（11）：5 − 7 + 13.

[70] 张华丽. 典型破片速度衰减规律实验研究［D］. 南京：南京理工大学，2015.

[71] 田会. 六幕光幕靶测试技术研究［D］. 西安：西安工业大学，2007.

[72] 易春林，李丽萍，吕永柱，等. Φ8 钨球破片速度衰减试验及速度预报方法研究［J］. 弹箭与制导学报，2014，34（06）：61 − 63 + 67.

[73] 马竹新. 基于变阻靶网的多通道破片测速系统研究［D］. 太原：中北大学，2022.

[74] 项续章. 刘雁安. 战斗部破片通靶测速法［J］. 兵工学报，1990（03）：64 − 69.

[75] 程松. 小尺寸装药爆轰驱动飞片速度测试研究［D］. 太原：中北大学，2010.

[76] 刘江江. 围棋矩阵模拟信号远程数字传输控制系统的研究［D］. 天津：天津大学，2007.

[77] 张书魁. 二维半导体光电探测性能增强机理与器件研究［D］. 上海：中国科学院大学中国科学院上海技术物理研究所，2021.

[78] 杨明鹏. 基于多自由度超声电机的灵巧弹药构型及驱动［D］. 南京：南京航空航天大学，2014.

[79] 王彦华，刘希璐. 光敏电阻器原理及检测方法［J］. 装备制造技术，2012（12）：101 − 102 + 113.

[80] 李亮，马国欣，赵小兰. 基于 PLC 的反射率测量装置［J］. 电子测量技术，2009，32（03）：60 − 63.

[81] 张玮，杨景发，闫其庚. 硅光电池特性的实验研究［J］. 实验技术与管理，2009，26（09）：42 − 46.

[82] 冯阳. 全光纤 VISAR 技术的研究与应用［D］. 上海：复旦大学，2011.

[83] 成建兵. 多普勒光纤速度传感器［D］. 成都：电子科技大学，2004.

[84] 虞德水. 点爆发散爆轰驱动平板飞片的实验与计算研究［D］. 绵阳：中国工程物理研究院，2005.

[85] 何真. 线面结合 VISAR 技术及其在爆轰驱动中的应用研究［D］. 绵阳：中国工程物理研究院，2013.

[86] 黄玉玲. 多普勒光纤速度传感器的研究［D］. 成都：电子科技大学，2004.

[87] 张晓琳. 基于激光干涉的水表面声波探测技术研究［D］. 哈尔滨：哈尔滨工业大学，2010.

[88] 桂毓林. 电磁加载下金属膨胀环的动态断裂与碎裂研究 [D]. 绵阳：中国工程物理研究院, 2007.

[89] 覃文志. 起爆药 BNCP 的爆轰性能研究 [D]. 哈尔滨：中国工程物理研究院, 2011.

[90] 李天密. PMMA 圆环动态拉伸碎裂特征研究 [D]. 宁波：宁波大学, 2018.

[91] 贾学五. 添加低表面张力物质对气液传质影响的实验研究 [D]. 天津：天津大学, 2014.

[92] 王一驰. 基于离散元法的三七挖掘机理研究 [D]. 昆明：昆明理工大学, 2021.

[93] 李尚杰. 高精度硼/铬酸钡延期药配方及制备工艺研究 [D]. 太原：中北大学, 2011.

[94] 宋志军. 紧凑型间歇式高速摄影机设计 [D]. 成都：电子科技大学, 2008.

[95] 石科峰. 超高速摄影机电机控制系统研究 [D]. 西安：中国科学院研究生院西安光学精密机械研究所, 2010.

[96] 畅里华, 汪伟, 尚长水, 等. 超高速转镜式扫描相机的时间分辨率测量 [J]. 光学与光电技术, 2012, 10 (02)：32 - 36.

[97] 胡升海. 导爆管及其雷管传爆性能的试验研究 [D]. 武汉：武汉理工大学, 2013.

[98] 邹翔. 高速转镜相机高性能同步与速度传感器的研究 [D]. 成都：电子科技大学, 2006.

[99] 邹翔, 叶玉堂, 吴云峰, 等. 高速转镜式条纹相机同步传感器和速度传感器 [J]. 光电子技术与信息, 2006 (03)：58 - 61.

[100] 柳雪玲. 一种高偏转灵敏度同步扫描变像管的研制 [D]. 西安：中国科学院西安光学精密机械研究所, 2021.

[101] 曹希斌. 多狭缝条纹变像管的研制 [D]. 西安：中国科学院西安光学精密机械研究所, 2008.

[102] 刘宏波. 大动态范围扫描变像管的理论与实验研究 [D]. 西安：中国科学院西安光学精密机械研究所, 2004.

[103] 杨威. 多狭缝条纹相机电子控制系统的研制 [D]. 西安：中国科学院西安光学精密机械研究所, 2008.

[104] 梁嘉. 爆破过程的高速影像分析 [D]. 沈阳：东北大学, 2009.

[105] 赵丽峰. 基于 Nios Ⅱ 软核的人脸识别系统研究与设计 [D]. 兰州：兰州

理工大学, 2009.

[106] 王世玉. 单张纸高速印刷机印版套准快速检测装置设计 [D]. 济南：山东大学, 2011.

[107] 张景明. 基于 CCD 的平面二次包络环面蜗杆精度的非接触检测方法研究 [D]. 西安：西华大学, 2008.

[108] 崔庆胜, 尹海潮, 周婷婷, 等. 红外测宽技术及其在热轧带钢宽度检测中的应用 [J]. 仪表技术与传感器, 2009, 311 (01)：43 – 44 + 52.

[109] 陈延平. 基于智能信息技术的金免疫层析试条定量测试系统的研究 [D]. 福州：福州大学, 2003.

[110] 林凡, 吴孙桃, 郭东辉. CMOS 图象传感器技术及其研究进展 [J]. 半导体技术, 2001 (12)：40 – 44.

[111] 黄亨建, 董海山, 张明. B 炸药的改性研究及其进展 [J]. 含能材料, 2001 (04)：183 – 186.

[112] 张宏亮, 黄风雷. 不同配比 RDX/TNT 炸药的 DSD 参数研究 [C] //中国力学学会爆炸力学专业委员会冲击动力学专业组, 北京理工大学爆炸科学与技术国家重点实验室 (State Key Laboratory of Explosion Science and Technology). 第十届全国冲击动力学学术会议论文摘要集. [出版者不详], 2011：1.

[113] 张宏亮, Shakeel A R, 黄风雷. HMX/TNT 炸药爆速与曲率及组分关系实验研究 [J]. 爆炸与冲击, 2011, 31 (04)：439 – 443.

[114] 马兆芳, 段卓平, 欧卓成, 等. 弹体斜侵彻贯穿薄混凝土靶姿态变化实验和理论研究 [J]. 兵工学报, 2015, 36 (S1)：248 – 254.

[115] 马兆芳, 段卓平, 欧卓成, 等. 弹体斜侵彻多层间隔混凝土靶实验和数值模拟 [J]. 北京理工大学学报, 2016, 36 (10)：1001 – 1005.

[116] 李鹏飞, 吕永柱, 周涛, 等. 弹头形状对侵彻多层靶弹道的影响 [J]. 含能材料, 2021, 29 (02)：124 – 131.

[117] 张见升, 孙浩, 李超, 等. 典型破片破坏混凝土靶毁伤试验研究 [J]. 兵器装备工程学报, 2022, 43 (09)：309 – 314.

[118] 范航. 爆炸温度场三维测量技术研究 [D]. 西安：西安工业大学, 2017.

[119] 王文革. 辐射测温技术综述 [J]. 宇航计测技术, 2005 (04)：20 – 24 + 32.

[120] 朱剑华. 基于比色测温的高能毁伤爆炸场瞬态高温测试 [D]. 太原：中北大学, 2011.

[121] 赖建军. 基于 ARM 处理器和 MODBUS - RTU 协议的温控系统设计 [D]. 杭州：浙江工业大学，2016.

[122] 朱亚民. 薄膜温度传感器的研制 [D]. 大连：大连理工大学，2007.

[123] 张胜利. 基于微电阻测量的短路故障定位仪 [D]. 杭州：浙江理工大学，2016.

[124] 谢清俊. 热电偶测温技术相关特性研究 [J]. 工业计量，2017，27 (05)：5 - 8.

[125] 杨斌，李国芳，方淑萍. 浅谈热电阻测温的精度分析和使用 [J]. 现代制造技术与装备，2013，217 (06)：42 + 45.

[126] 李磊，刘庆明，汪建平. 比色高温传感器参数分析及其在爆炸场中的应用 [J]. 光谱学与光谱分析，2013，33 (09)：2466 - 2471.

[127] 沈辉，关振宏. 基于 PXI 的虚拟仪器测试技术 [J]. 现代科学仪器，2004 (06)：16 - 18.

[128] 吴元艳. 精密传动链动态精度检测与分析系统的研制 [D]. 南京：南京理工大学，2008.

[129] 金国瑞，刘军，张超，等. 数值模拟在含能材料焚烧炉设计中的应用 [J]. 含能材料，2022，30 (01)：34 - 42.

[130] 姜志玲. 基于 CPCI/PXI 平台的虚拟测控技术研究 [D]. 成都：西南交通大学，2002.

[131] 郑英杰. 声频钻机的动力学优化及振动测试 [D]. 西安：西安石油大学，2015.

[132] 侯彬. 基于线圈电磁振动光放大系统的数字化实现研究 [D]. 大庆：东北石油大学，2014.

[133] 王阿春. 光线示波器振子的选用 [J]. 宇航计测技术，2003 (04)：51 - 56.

[134] 方正. 无纸记录仪的关键技术及发展趋势 [J]. 化工自动化及仪表，1999 (02)：3 - 5 + 72.

[135] 谢燊，毕监勃. 无纸记录仪技术的现状及发展趋势 [J]. 自动化与仪器仪表，2001 (03)：3 - 6.

[136] 刘立军. 纳米金刚石场致发射显示器驱动电路设计 [D]. 西安：西北大学，2008.

[137] 彭桂力，刘知贵. R2000 无纸记录仪的关键技术和应用 [J]. 中国仪器仪表，2006 (04)：75 - 77.

[138] 何扬名. 工程信号分析虚拟仪器的开发 [D]. 昆明：昆明理工大

学，2003.

[139] 祝良谦. 飞机故障与温度变化的相关性分析 [J]. 现代制造技术与装备，2021，57（03）：128 – 129 + 137.

[140] 席雷. 测量误差对统计推断的影响及其对策 [D]. 南京：南京信息工程大学，2007.

[141] 王四棋. TLJ400 连续挤压机动态参数检测分析系统的研究 [D]. 大连：大连交通大学，2008.

[142] 李张苗. 考虑多种误差的结构可靠度指标置信度研究 [D]. 上海：上海交通大学，2013.

[143] 朱家明. 带有单侧区间信息的正态均值的贝叶斯估计 [D]. 上海：华东师范大学，2002.

[144] 陈旭东. 考虑测量不确定度的材料强度统计推断 [D]. 西安：西安建筑科技大学，2008.

[145] 聂小刚. IC 测试探针尺寸及表面缺陷的图像测量方法及系统 [D]. 赣州：江西理工大学，2011.

[146] 李晓玲，李晓东，孙亮. 系统误差对测量结果的影响及消除方法的探讨 [J]. 计量技术，2005（02）：53 – 54.

[147] 孙启嘉，李晓东. 浅谈消除系统误差的方法 [J]. 理化检验（物理分册），2011，47（01）：42 – 43 + 48.

[148] 刘学斌. 智能化在线大直径测量技术研究与误差分析 [D]. 哈尔滨：哈尔滨工程大学，2003.

[149] 金涛. 虚拟仪器系统的误差分析方法的研究 [D]. 重庆：重庆大学，2005.

[150] 安建军. 冲击波压力传感器动态灵敏度研究 [D]. 太原：中北大学，2008.

[151] 李世平，付宇，张进. 一种基于 EMD 的系统误差分离方法 [J]. 中国测试，2011，37（03）：9 – 13 + 36.

[152] 吴华伟. 不确定度在实验流体动力学中的应用研究 [D]. 武汉：华中科技大学，2004.

[153] 叶美凤. 引信解除保险距离数理统计试验方法理论与仿真研究 [D]. 南京：南京理工大学，2012.

索　引

N ~ O

P ~ Q